艾伦斯新阅读名著系列

教育部指定书目
原著无障碍 四步导读版

昆虫记

(法)法布尔 著
陶红亮 编译

江苏人民出版社

图书在版编目(CIP)数据

昆虫记 / (法) 法布尔著；陶红亮编译. — 南京：江苏人民出版社, 2016.4
(艾伦斯新阅读名著系列丛书)
ISBN 978-7-214-17470-3

Ⅰ. ①昆… Ⅱ. ①法… ②陶… Ⅲ. ①昆虫学—普及读物 Ⅳ. ①Q96-49

中国版本图书馆 CIP 数据核字(2016)第 061353 号

书　　名	艾伦斯新阅读名著系列丛书　昆虫记
著　　者	(法)法布尔
编　　译	陶红亮
责任编辑	王　溪　胡天阳
封面设计	猫头鹰工作室
出版发行	江苏人民出版社
出版社地址	南京市湖南路 1 号 A 楼，邮编：210009
出版社网址	http://www.jspph.com
照　　排	武汉嘉印图文设计有限公司
印　　刷	安徽宣城海峰印刷包装有限公司
开　　本	787 毫米×1092 毫米　1/16
印　　张	28.5
字　　数	396 千字
版　　次	2016 年 4 月第 1 版　2018 年 4 月第 3 次印刷
标准书号	ISBN 978-7-214-17470-3
定　　价	44.80 元

告诉你一个真实的艾伦斯新阅读名著！

互动原著：本套丛书精选自古今中外经典名著，按照一线教学要求，根据中学阶段的阅读能力和需求，组织百位名师，经过精心打磨和专业分析，对重要篇章、句段、字词进行注音、注解并设置对应的习题，真正达到与经典互动、充分理解和吸收的目的，是中学生不可多得的一套名著阅读丛书。

实用原著：本套丛书以实用为基本原则，力求易读、易懂、易解，最大限度地保持原著内容；同时追求适用原则，在充分理解原著的基础上系统加强阅读和写作能力。具体地，艾伦斯系列名著具有以下特色：1.四步导读法，通过名师导读、精解点评、考点巩固、强化训练四个步骤，加强对名著思想内容的理解、经典写作技巧的了解、书中涵盖考点的掌握，达到有效阅读、提升能力的目的。2.以中学生阶段性阅读能力和特点为依据，尽量保持原著的精华，用平实流畅的语言解析、阐释相关问题，让孩子们更好地感受名著的魅力。相信孩子们通过阅读这些优秀作品，既能感受到最鲜活的生活，又能和文学大师进行情感互动、思想交流，达到陶冶情操、滋养心灵、自我提升的目的，真正做到无障碍阅读。

四步导读法

1 名师导读

对文章所述内容进行相关提示，引导阅读的方向，紧扣文章知识点，让学生带着问题去阅读，明确阅读任务和阅读目标。

2 精解点评

点出文章的精彩之处，并深入分析其内涵及表达的情感，其中包括词语、句子等，以此让学生学习相关写作技巧，提高阅读、写作能力。

3 考点巩固

以文章众多知识点为基础，有针对性地提出适当问题，以此让学生回顾文章的中心思想，进一步激发学生自主学习、自我探索的能力，并且明确最终的学习任务和目的。

三步法

4 强化训练

对文章内容进行深入理解和把握之后，以问题形式，进一步了解、探讨内容背后让人深思之处，以此培养学生的发散思维，促进阅读能力的提高。

四步法

精读说明书

（《昆虫记》举例说明）

艾伦斯新阅读名著系列丛书

论祖传

本书以“名师导读”开启阅读，对相关内容进行提示，引导学生带着问题阅读文章。

名师导读

作者将每个人的个性特点，与他将来的能力联系起来，并以自身为例，说明了儿时的兴趣爱好和性格特点对未来的人生影响很大。那么，作者能够成为昆虫学家，与他儿时的性格和兴趣爱好有什么关系呢？别急，文章会告诉你答案。

……前文内容略

“精解点评”主要是对阅读本段基本思路和方法的提示，并且以词语突出本段内容的表达重点。

在这之后，我时常自问：“在树林里的，在草原上的，我许许多多的朋友，它们叫什么名字呢？萨克锡柯拉究竟是什么意思呢？”【精解点评：第一次的经历对作者的影响很大，使得他对大自然和昆虫界产生浓厚的兴趣。从这几个问题，我们可以看出，儿时的作者有很强的好奇心，这也成为他研究昆虫的动力之一。】

在这座美丽的树林里，我第一次采集到了野菌。这野菌的形状，乍一看去，就像是母鸡生在青苔上的蛋一样，可爱极了。还有许多其他种类的野菌，它们形状不一，颜色也各不相同。有的长得像小铃儿，有的长得像灯泡，而有的则像是茶杯，还有些是破了的，会流出像牛奶一样的“泪”，而还有些被我不小心踩到的时候，还会变成蓝蓝的颜色。【写作参考点：这里将野菌比作小铃儿、灯泡和茶杯等事物，表现了野菌的形态各异。】

文中“写作参考点”点出词语、句子等在文章中烘托出来的气氛、效果，主要目的是为了让学生体会文字所表达出来的情感。

我的哈麻司的墙壁建筑好了，到处都有建筑工人们遗留下来的成堆成堆的石子和细沙，它们被堆弃在那里，并且不久就被各种住户给霸占了。泥水匠蜂选了个石头的缝隙，用来安放它们柔软的床。若是

文中点着重号的词语为重点解释的词语，以此让学生进一步了解其含义，明白词语的语境以及表达的感情。

[ ]里的拼音，是对前面的生僻单字或词语的注音，以此帮助学生更好地阅读，也有益于对字、词的积累。

昆虫记

有凶悍的蜥蜴[xī yì]（也作“蜥易”。爬行动物。又名石龙子，通称四脚蛇），一不小心压到它们的时候，它们就会出去攻击人和狗……

“学海导航”这一栏目，是对全文内容及写作特点的简要分析，以此指导学生学会阅读，抓住重点。

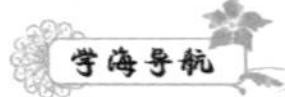

学海导航

作者开篇以三个不同性格的小孩为例，带我们走进这部与昆虫相关的科学巨著。文中以拟人化的语言，再现了作者与小昆虫的有趣交往过程。作者以自身经历为例，回忆了童年时与昆虫结缘的过程，开启了昆虫研究的征程。

“读品悟思”先对文章内容进行简单回顾，然后从中得出文章中心思想，并进一步阐述故事背后的教育意义。

读品悟思

作者开篇就说，“每个人都有自身的才能和个性”，而作为后来享誉世界的昆虫研究者，他的才能也不出意料地源于儿时对昆虫的好奇和热爱，作者通过回忆自己与昆虫的相识、相知，将读者带进有趣的昆虫世界，一起品读昆虫的史诗。

“考点巩固”栏目，采取选择、填空、问答等多种形式，对文章内容进行回顾，以此检验学生对本文知识点的掌握情况，以此查漏补缺。

考点巩固

1.文章开头的例子中，三个小孩分别对什么感兴趣，而后在相关方面有所成就？

2.作者初次接触小昆虫，是去做什么事情？

“参考答案”是“考点巩固”中问题的答案。

参考答案

1.算数、乐器和雕塑黏土。

2.寻找鸟巢、采集野菌。

“强化训练”栏目，是以文章内容为基础，以问题形式对相关内容进行拓展延伸，以此打开学生思维，提高阅读和写作能力。

强化训练

1.作者说“我没有放弃我的目标，而是朝着我眼前的目标不停地走”，他的目标是什么？

2.是谁教授作者解剖学知识的？

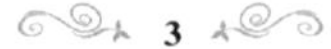

前　言

《昆虫记》是一部非常著名的作品，曾经被众多系列图书所收纳，更被列为世界名著。我们可以像看小说散文一样来读它，也可以把它当做昆虫学的专著来看，甚至可以像品味寓言故事一样来理解其中的内涵。

它的作者是19世纪末法国杰出的昆虫学家、文学家法布尔。这部《昆虫记》堪称他的传世佳作，更是一部经历了时间和历史考验的世界名著。法布尔将其毕生的研究成果与人生感悟完全地再现于这部书中，他没有用枯燥的论文式写法来阐释自己的成果，而是将昆虫世界与人类生活紧密地联系起来，将昆虫人性化。整部作品仿佛不是在描述昆虫的生活，而是像讲述童话故事一样，其间的主人公就是各种各样的昆虫家族的成员。

著名的文学家、文学批评家周作人先生曾经这样评价这部书："法布尔的书中所讲的是昆虫的生活，但我们读了却觉得比看那些无聊的小说戏剧更有趣味、更有意义。他不去做解剖和分类的工夫，却用了观察与实验的方法，实地记录昆虫的生活现象、本能和习性之不可思议的神妙与愚蒙。我们看了小说戏剧中所描写的同类的命运，受得深切的铭感，现在见了昆虫界的这些悲喜剧，仿佛是听说远亲——的确是很远的远亲——的消息，正是一样迫切的动心，令人想起种种事情来。"

整部作品没有华丽的词藻和热烈的激情，那种朴素的笔墨，恰恰成就了一部严肃且优美的散文，它不仅让我们从中获得昆虫学的知识，不仅引发我们反省自身、反观社会的思考，不仅使我们得到哲学性思想的启示，而且，阅读本身就是一次独特且意义非凡的审美享受。

原著本身具有很大的艺术魅力，成为许多青少年学生的最爱读物之一，

而本书在尊重原著的基础上，增添了“名师导读”“写作参考点”“精解点评”“学海导航”“读品悟思”“考点巩固”“参考答案”和“强化训练”八个栏目，旨在帮助青少年朋友更好地理解和读懂名著，并在阅读过程中，学习阅读方法，以提高自己的阅读能力，并适当借鉴名家的写作方法，以提高自己的写作水平。

目 录

论祖传

名师导读

作者将每个人的个性特点，与他将来的能力联系起来，并以自身为例，说明了儿时的兴趣爱好和性格特点对未来的人生影响很大。那么，作者成为昆虫学家，与他儿时的性格和兴趣爱好有什么关系呢？别急，文章会告诉你答案。

每个人都有自身的才能和个性。似乎，这些性格都是遗传自我们的伟大祖先，是我们从祖先那里继承下来的遗产。可是，如果真的要追寻这些性格的真正来源，却又似乎是极其困难的。

举例来说，有一个牧童，他在放牧的时候喜欢低声地数着一颗颗小石子，计算着这些小石子的数量，似乎把这当做一种游戏，可是他长大以后竟然成了一位十分著名的教授，或许最终，他可以成为数学家。另外又有一个孩子，他的年龄比起其他小孩子也大不了多少，可是这个孩子却不和别的孩子一样只注意一些玩闹的事情，更不和其他的孩子一起玩耍，而是整日幻想着乐器的声音。于是当他独自一人的时候，竟能听到一种神奇美妙的合奏曲。这个孩子真的可以说是音乐的天才。第三个小孩，不仅长得瘦小，年龄也很小，也许在他吃面包和果酱的时候，还会不小心涂到脸上，但他却有着独特的爱好——雕塑黏土。他可以用黏土制成各种各样的小模型，并且各具形态和特色。可以说，如果这个孩子有好运的话，他将来总有一天会成为一名出色的雕刻家。【精解点评：举例说明，作者通过对三个不同性格孩子的事例的描写，说明了孩子的兴趣和性格，直接决定了他以后的人生走向。】

我也了解，在背后闲话别人的私事，是一种很让人讨厌的行为，但是我想，也许大家能允许我来解释，听一听我的讲解，并借此机会介绍我自己和我的研究。

在我年幼的时候，我就觉得自己已经有了一种能与自然界亲密接触的感觉。如果你认为我的这种喜欢观察植物和昆虫的性格传承于我的祖先，那简直就是一个天大的笑话。因为，我的祖先们都是没有接受过教育的乡下佬，他们对其他的东西都一无所知，只有亲手养大的牛羊才是他们唯一了解和关心的。这都是真的，在我的祖父辈之中，也就只有一个人接触过书本儿，我甚至都不理解他对于字母的拼法。我是这些人的后代，如果要说我曾经受过什么专门的训练，那是根本谈不上的。从小就没有指导者，更没有老师教过我，而且也几乎没有书可看。不过，值得庆幸的是，我没有放弃我的目标，而是朝着我眼前的目标不停地走，这个目标就是有朝一日在昆虫的历史上，加几页我对于昆虫的见解。

回忆往昔，在多年以前，我还是一个很不懂事的小孩子，那个时候我才刚刚学会认字母，但是，当时我所拥有的初次学习的勇气和决心，至今都令我感到非常骄傲。

一直以来，我都对那一次经历记忆犹新——那是我第一次去寻找鸟巢、采集野菌的情景——我直到今天还会时常想起当时那种兴奋愉悦的心情。

记得那一天，我去攀登我家附近的一座山。在那个山顶上，有一片很早以前就引起我浓厚兴趣的树林。每次我都是透过我家的小窗子看它们在山顶矗立，被风吹得摇晃，被雪压得弯腰。它们是那么诱人，使我很早就希望能有机会跑到那里去看一看了。这一次的爬山，爬了好长的

时间，因为那时我还很小，腿很短，而且陡峭的草坡就像屋顶一样，更阻碍了我爬山的速度。

正当我缓慢前进的时候，在我的脚下，我发现了一只十分可爱的小鸟。当时我猜想这只小鸟一定是从它藏身的大石头上飞下来的。于是我开始寻找它的巢，一会儿工夫，便找到了。它的鸟巢是用干草和羽毛做成的，令人惊喜的是里面还排列着6 个小巧的蛋。这些蛋具有美丽的纯蓝色，而且十分光亮。【精解点评：作者连蛋的数量和颜色都清楚地记得，可见，作者对这次经历的记忆有多深刻。】

这是我第一次寻找到鸟巢，也正是这些小鸟开启了我的快乐之门。当时的我简直高兴极了，我伏在草地上，十分认真地观察它们。

正在这时，母鸟来了，她十分焦急地在石上盘旋，而且还“哒克！哒克！”地叫着，看上去很不安的样子。我当时年纪还太小，并不懂得它为什么会那么焦急和痛苦。当时，我正兴奋于我的计划——我要先带回去一只蓝色的蛋，作为这第一次的纪念，然后，两星期后再来，趁着这些小鸟的翅膀还没有成熟不能飞的时候，将它们拿走。我还算幸运，当我把蓝鸟蛋放在青苔上，小心翼翼地捧回家时，恰巧遇见了一位善良的牧师。

他问我：“呵！一个萨克锡柯拉的蛋！你从哪里把这只漂亮的蛋捡来的？”

我向他叙述了令人心动和愉悦的经历，并且说：“我还要等到新生出的小鸟们刚长出羽毛的时候再回去拿走其余的蛋。”

“哎！不许你那样做！”牧师叫了起来，“你不可以这么残忍，去抢那可怜的鸟妈妈的孩子。现在我要你做一个善良的孩子，答应我从此以后再也不要碰那个鸟巢。”

这一番谈话，使我懂得了两件事：偷鸟蛋是件残忍的事；而鸟兽是同人类一样的，它们各自都有各自的名字。

在这之后，我时常自问：“在树林里的，在草原上的，我许许多多的朋友，它们叫什么名字呢？萨克锡柯拉究竟是什么意思呢？”【精解点评：

第一次的经历对作者的影响很大，使得他对大自然和昆虫界产生浓厚的兴趣。从这几个问题，我们可以看出，儿时的作者有很强的好奇心，这也成为他研究昆虫的动力之一。】

几年以后，我才晓得萨克锡柯拉的意思，它是岩石中的居住者，而那种生出蓝色鸟蛋的小鸟则是被叫做石鸟。

我们的村子旁边有一条小河悄悄地流过。在河的对岸，有一片树林，那里全是光滑笔直的树木，就像柱子一般高高地耸立，地上也铺满了青苔。

在这座美丽的树林里，我第一次采集到了野菌。这野菌的形状，乍一看去，就像是母鸡生在青苔上的蛋一样，可爱极了。还有许多其他种类的野菌，它们形状不一，颜色也各不相同。有的长得像小铃儿，有的长得像灯泡，而有的则像是茶杯，还有些是破了的，会流出像牛奶一样的“泪”，而还有些被我不小心踩到的时候，还会变成蓝蓝的颜色。【写作参考点：这里将野菌比作小铃儿、灯泡和茶杯等事物，表现了野菌的形态各异。】

其中，有一种最稀奇的，有梨一样的形状，在它们顶上有一个圆孔，大概是一种烟筒吧。我用指头在下面戳一戳，会有一簇烟从孔里面喷出来。我把它们装了满满一袋子，每到心情好的时候，我就把它们拿出来弄得冒烟，直到后来它们缩成像火绒一样的东西为止。

在这以后，我又无数次回到这片有趣的树林。我在研究乌鸦群的时候，尤其注重真菌学的初步功课，我从这些采集活动中得到的，是呆在房子里永远也不可能获得的。

在这种实验与观察自然相结合的方法之下，我的所有功课，除了两门，差不多都这样学过了。而我从别人那里，只学过两种科学性质的功课，而且在我的一生之中，也就只有这两种：解剖学和化学。

传授我解剖学的是造诣很深的自然科学家摩根·斯东，是他教会我如何在盛水的盆中观察蜗牛身体的内部结构。虽然这门功课的时间很短，但是能学到的东西真的很丰富。

但是，当我初次学习化学时，运气就差得多了。在一次实验中，玻璃瓶爆炸，使许多同学受了伤，有一个人险些瞎了眼睛，老师的衣服也被烧成了碎片，教室的墙上被溅了许多污点。后来，我重新回到这间教室时，已经不再是学生而是教师了，墙上的斑点却还留在那里。这一次事故，使我至少学到了一件事，那就是以后每当我做试验的时候，总是让我的学生们离得远一点。

一直以来我都有一个最大的愿望，那就是在野外建立一个试验室。但当时我的生活状况差极了，甚至在为每天没有买面包的钱而发愁，在那时这个愿望简直就像天方夜谭一样！

我40年来的梦想是拥有一块小小的土地，把土地的四周围起来，让它成为我私人所有的土地。荒凉、寂寞、阳光的曝晒、荆草的蔓延，这些都是黄蜂和蜜蜂所喜好的生存条件。【精解点评：用简单的几个词，概括了蜜蜂的生存条件，语言精练。】

在我的这块土地里，没有烦扰，我可以自由愉快地与我的朋友们生活，如猎蜂手，用一种难解的语言相互问答，这当中包含着多少观察与试验呢？在这里，没有长途的旅行与远足，不会白白浪费了时间与精力，这样我就可以时时留心我的昆虫们了！

最终，我实现了我的愿望，我终于在一个小村落的幽静之处得到了我的第一块土地。这是一块哈麻司，这个名字是给我们洽布罗温司的一个地方起的，那里有许多石子，并不能耕种。那里除了一些百里香，几乎是养不活什么植物的。如果说花费些功夫耕耘，也是可以长出东西的，可实在又不值得，不过到了春天下雨的时候，如果有些羊群从那里走过，也是可以生长一些小草的。

然而，我自己专有的这块哈麻司，却有一些曾经被人粗粗地耕种过的掺着石子的红土。有人说，在这块地上曾经生长过葡萄树，于是我心里真有几分懊恼，因为原来的植物已经被人用二脚叉铲掉了，现在连百里香也已经没有了。

百里香对于我也许有用，它们可以用来做黄蜂和蜜蜂的猎场，所以我又不得不把它们重新培育起来。

后来，在我的辛勤劳作之下，这里长满了偃卧草、刺桐花以及西班牙的牡莉植物——那是长满了橙黄色的花，并且有硬爪般花序的植物。在这些上面，覆盖生长着一层伊利里亚的棉蓟，它有着耸然直立的枝干，甚至可以长到6尺高，而且末梢还长着大大的粉红球，带着小刺，武装齐备，使得采集植物的人不知从哪里下手摘取才好。在它们当中，还有穗形的矢车菊，它们长了长长的一排钩子，悬钩子的嫩芽爬在地上。假使你在有这么多刺的树林里不穿上高筒皮鞋，那么你就要因为你的粗心而受到惩罚了。

这就是我的乐园啊！40年来拼命奋斗得来的属于我的乐园啊！

我的这个稀奇而又冷清的王国，是无数蜜蜂和黄蜂快乐的猎场。我从来没有在单独的一块地方，看见过这么多的昆虫。各种生意都以这块地为中心，这块水草丰富的土地引来了猎取各种野味的猎人、泥土匠、切叶者、纺织工人、纸板制造者，还有石膏工人在拌和泥灰，木匠在钻木头，矿工在掘地下隧道，各种各样的成员都在这里快乐的生活。【精解点评：将蜜蜂比作猎人、泥土匠、切叶者、纺织工人、纸板制造者等，说明了这里汇聚了各种不同特色的蜜蜂种类。】

瞧！这里有一种会缝纫的蜜蜂：它剥下开有黄花的刺桐的网状线，采集了一团填充其中的东西，很骄傲地用它的腮（即颚）带走了。它准备到地下，用采来的这团东西储藏蜜和卵。那里还有一群切叶蜂。它们的身躯下面，带着黑的、白的，或者血红色的毛刷，它们用这些毛刷切割树叶。这些切叶蜂经常到邻近的小树林中，把树叶子割成圆形的小片来包裹它们的收获品。

这里又是一群穿着黑丝绒衣的泥水匠蜂，它们是做水泥与沙石工作的，在我的哈麻司里经常能在石头上发现它们工作用的工具。还有的蜜蜂生着角，有些蜜蜂后腿头上长着刷子，这些都是用来收割的。另外，蜜蜂们安家的地方也各有特色，这有一种野蜂，它们把窝巢藏在空蜗牛壳的盘梯里；还有一种，会把它的蛴螬安置在干燥的悬钩子秆的木髓[suǐ]

里;第三种则会利用干芦苇的沟道做它的家;至于第四种,就更会取巧了,它们直接住在泥水匠蜂的空隧道中,而且连租金都用不着付。

我的哈麻司的墙壁建筑好了,到处都有建筑工人们遗留下来的成堆成堆的石子和细沙,它们被堆弃在那里,并且不久就被各种住户给霸占了。泥水匠蜂选了个石头的缝隙,用来安放它们柔软的床。若是有凶悍的蜥蜴[xī yì](也作“蜥易”。爬行动物。又名石龙子,通称四脚蛇),一不小心压到它们的时候,它们就会出去攻击人和狗。它们还会挑选一个洞穴,伏在那里等待路过的蜣螂。黑耳毛的鸫鸟,穿着黑白相间的衣裳,像是黑衣僧一样,坐在石头顶上唱着简单的歌曲。而那些藏有天蓝色小蛋的鸟巢,会在石堆的什么地方才能被找到呢?

当有人挪动石头的时候,那些生活在石头里面的小黑衣僧自然也一块儿被移动了。我十分惋惜这些小黑衣僧的离开,因为它们是太可爱的小邻居。至于那个蜥蜴,我可一点也不喜欢它,所以对于它的离开,我心里没有丝毫的惋惜与不愉快。

本来在沙土堆里,还隐藏着猎蜂和掘地蜂的群落,但是这些可怜的掘地蜂和猎蜂们后来都被无情的建筑工人给无辜地驱逐走了,这令我遗憾极了。

但是仍然还有一些猎户们留下来了,它们整天忙忙碌碌,四处奔波,寻找着小毛虫。还有一种体形巨大的黄蜂,竟然胆大包天敢去捕捉毒蜘蛛——有许多这种相当厉害的蜘蛛居住在哈麻司的泥土里。另外你也可以看到,还有强悍勇猛的蚂蚁,它们常常派遣出一个兵营的力量,排着长长的队伍,向战场进军,去猎取比它们强大得多的猎物。

此外,有各种各样的鸟雀住在屋子附近的树林里面,它们之中有很多会唱出动听的旋律,有的是绿莺,有的是麻雀,竟然还有猫头鹰。【精解点评:将鸟雀拟人化,将它们的鸣叫比作动听的旋律,表达了作者对小动物的喜爱之情。】

在这片树林里还有一个小池塘,池中住满了青蛙,每当5月份来临的时候,它们就组成乐队,发出震耳欲聋的鸣叫。

在我的这些居民之中，最霸道的还要数黄蜂了，它们竟然不经允许就霸占了我的屋子。在我的屋门口，还居住着白腰蜂，每次当我进出屋子的时候，我都要十分小心，生怕会踩到它们，破坏了它们开矿的工作。

还有在我那扇关闭的窗户里，泥水匠蜂在软沙石的墙上建筑了土巢，它们利用了我在窗户的木框上不小心留下的小孔来做门户。在那百叶窗的边线上，还有少数几只迷了路的泥水匠蜂建筑起了它们的蜂巢。而当午饭时候一到，那些黄蜂就翩然来访，它们的目的明确而又简单，就是想看看我的葡萄成熟了没有。

这些与我共同生活的昆虫都是我的伙伴，我亲爱的小动物们，我从前和现在所熟识的朋友们，它们全都在这里与我同住。它们每天打猎，修建自己的房屋，养活它们的家族。而且，假如我打算移动一下住处，大山就在我的旁边，到处都长满了岩蔷薇、野草莓树和石楠植物，而黄蜂与蜜蜂都是喜欢聚集在那里的，因此不管我搬到哪里，都不会少了这些伙伴。我有很多理由，使我逃避都市而来到乡村，来到西内南，做些除杂草和灌溉萵苣[wō jù]的农事。

作者开篇以三个不同性格的小孩的例子，带我们走进这部与昆虫相关的科学巨著。文中以拟人化的语言，再现了作者与小昆虫的有趣交往过程。作者以自身经历为例，回忆了童年时与昆虫结缘的过程，开启了昆虫研究的征程。

作者开篇就说，“每个人都有自身的才能和个性”，而作为后来享誉世界的昆虫研究者，他的才能也不出意外地源于儿时对昆虫的好奇和热爱，作者通过回忆自己与昆虫的相识、相知，将读者带进有趣的昆虫世界，一起品读昆虫的史诗。

1.文章开头的例子中，三个小孩分别对什么感兴趣，而后在相关方面有所成就？

2.作者初次接触小昆虫，是去做什么事情？

3.与牧师的对话，使得作者明白了两件什么事？

（答案见最后）

强化训练

1.作者说“我没有放弃我的目标，而是朝着我眼前的目标不停地走”，他的目标是什么？

2.是谁教授作者解剖学知识的？

3.“这就是我的乐园啊！ 40年来拼命奋斗得来的属于我的乐园啊！”这里的“乐园”是指什么？

爱好昆虫的孩子

名师导读

大自然中的所有生物都有一种天生的能力，人类把自身的这种能力叫做天才，而将动物的这种天才称为本能。作者是否同意这种观点？他对昆虫的喜爱又是源于什么？他所观察到的动物们有什么本能呢？读完本章你就会了解。

现在，有许多人总喜欢把人的品格、才能、爱好等归于对祖先的遗传，也就是说承认一切动物包括人类的智慧都是从祖先那儿继承而来的。我并不完全赞成这种观点。现在，我就用自己的故事来证明我对于昆虫的喜爱并不是从哪个先辈身上继承而来的。【精解点评：总领全文，引出下文中对自己故事的详细介绍。】

我的外祖父母从来就没有对昆虫产生过丝毫的兴趣和好感。我并不是很了解我的外祖父，我只知道他曾经历苦难，过过非常艰难的日子。我敢说，如果要说他曾经和昆虫之间有过什么联系的话，那就是他曾一脚把它们踩死。而我的外祖母是没有文化、不识字的，每天为琐碎的家务操劳，从没有什么时间和精力去欣赏那些风花雪月的故事，当然更不会对科学或昆虫产生兴趣。她与昆虫之间的联系，也许就只有蹲在水龙头下洗菜的时候，会立刻把偶尔在菜叶上发现的可恶的毛虫打掉。

而对于我的祖父母，我的了解就详细得多了。因为在我小的时候，我的家很穷，穷得无法养活我，所以从五六岁时起，我就跟着祖父母一同生活了。祖父母的家住在偏僻的乡村，用以维持生计的，仅仅是几亩薄田。他们不识字，一生之中也从未接触过书本。祖父对于牛和羊了解得很多，可是在这之外的便什么也不知道了。如果让他知道将来在他家里的一个人花费了很多时间去研究那些微不足道的昆虫，他该会多么惊讶啊！如果他再知道那个对昆虫喜爱到疯狂的人正是坐在他旁边的小孙子，那么他一定会愤怒地打我一巴掌的。

“哼！把时间和精力都花费在这种没出息的事情上！”他一定会怒吼。【写作参考点：语言描写，通过这短短的一句话，表现出祖父的严厉和对孙子喜爱研究昆虫的不理解。】

而我的祖母是一个慈祥善良的人，她整天忙着各种各样的家务：洗衣服，照看孩子、纺纱、烧饭、看小鸭、制作奶油和乳酪，一心一意为这个家操劳。

曾经有无数个夜晚，我们都围坐在火炉边，听她给我们讲一些关于狼的故事。那个时候，我很想见一见这匹狼，它是在一切故事里都使人胆战心惊的英雄，可是我从来没有亲见的机会。我亲爱的祖母，我一直以来都是深深地感激着您的，在您温暖的膝上，我第一次得到了温柔的安慰，它们安慰了我痛苦的心灵和忧伤的情感。我承认我强壮的体质和爱好工作的品格的确是从你那里遗传来的，可是你也的确没有给我爱好昆虫的性格。

说到我自己的父母，他们都是不爱好昆虫的。母亲没有受过教育，父亲小时候虽然进过学校学习，也只是稍稍能够读写，而且整天为了生活忙得焦头烂额，再也没有时间顾及别的事情，就更谈不上爱好昆虫了。而我从他那里还是得到过鼓励的，那一次他看到我把一只虫子钉在了软木上，便不由分说狠狠地打了我一拳。

尽管父辈祖辈并没有给我这方面的遗传，但是从幼年开始，我就喜欢观察和怀疑周围的一切事物了。【精解点评：总结性话语，说明喜欢观察和怀疑周围事物的性格，对作者以后的昆虫研究有一定的影响。】每次回忆起童年往事，总有一件时常出现在我的脑海，现在回想起来还是觉得很有趣。那是在我五六岁时的一天，我光着小脚丫站在我们的田地前面的荒地上，粗糙的石子刺痛了我。我记得当时我有一块用绳子系在腰间的手帕——惭愧得很，那时手帕常常被我遗失掉，然后只能用袖子代替，所以不得不把宝贵的手帕系在腰上。

我面向太阳，那是使我心醉的眩目光辉。这种光辉对我的吸引力甚至要比光对于任何一只飞蛾的吸引力还要大得多。当我这样站着的时候，我的脑海里突然冒出一个问题：我究竟在用哪个器官来享受这灿烂的光辉？是嘴巴？还是眼睛？——请读者千万不要见笑，这的确算得上一种科学的怀疑。于是我把嘴也张得大大的，又闭起眼睛来，然后光明消失了；而当我张开眼睛闭上嘴巴，光明又重新出现了。这样反复试验了几次，得出的结果都是相同的。于是我的问题被自己解决了：我确定我是用眼睛来看太阳的。后来我才知道这种方法叫做“演绎法”。这个发现是多么伟大啊！而晚上当我兴奋地把这件事告诉大家时，对于我的幼稚和天真，只有祖母在对我微笑，其余的人都大笑不止。

另外一次是在夜晚的树林里，极大地引起我注意的是一种断断续续的叮当声。这种声音在寂静的夜里显得分外优美而柔和。究竟是谁在发出这种声音？是在巢里唱歌的小鸟？还是小虫子们在开演唱会呢？【写作参考点：通过猜测的方式，将叮当声当做是小鸟的叫声和小虫子发出的声音，同时将这些小动物拟人化，形象而充满爱意。】

“哦，我们快去看看吧，那很可能是一只狼。狼总是在这种时候发出声响的，”同行的人告诫我，“我们一起走，但不要走远，声音就是从那一堆黑沉沉的木头后面发出来的。”

我一直站在那里守候着，但很长时间也没有发现什么异样。后来终于有一个轻微的响声从树林中发出，仿佛是谁动了一下，接着那叮当声便也消失了。第二天，第三天，我仍然去守候，不发现真相我决不会罢休。

终于，我这种不屈不挠的精神获得了回报——嘿！我终于抓到它了，在我的股掌之间的便是这一个音乐家了。然而它并不是一只鸟，而是一只蚱蜢。我的同伴曾告诉我它有着味道鲜美的后腿。这就是我守候了那么久所得到的微乎其微的回报。不过令我沾沾自喜的，倒不是那两只像虾肉一样鲜美的大腿，而是我又学到了一种知识，而且是我通过努力得来的。现在，通过我个人的观察，我知道蚱蜢也是会唱歌的。而我并没有把这发现告诉别人，只是因为害怕再像上次看太阳的事情那样遭到别人的嘲笑。

哦，我们屋子旁边的花长得多漂亮啊！它们好像是张着无数彩色的大眼睛向我甜甜地笑。后来，在那里，我又看到一堆堆又大又红的樱桃。我吃过了，滋味普通得很，并没有看上去的那么诱人，而且也没有核，这些樱桃究竟是什么品种呢？

在夏天将要离去的时候，祖父拿出铁锹来，把这块土地的泥土整个翻起来，从地底下掘出了许许多多圆圆的根。我是认得那种根的，在我们的屋子里面经常会有很多被堆在那里，我们时时把它们放在煤炉上煨[wēi]（在带火的灰里烧熟东西，或是用微火慢慢地煮）着吃。那就是马铃薯，普通得不能再普通的马铃薯。我的探索一下戛然而止，不过，那紫色的花和红色的果子被我永远地留在了记忆的深处。

我会利用自己这双对动植物都特别敏感的眼睛，独自观察着一切奇异的事物。尽管那时候我只有6岁，在旁人看来什么也不懂。我研究花，研究虫子；我也观察着，怀疑着。这些并不是受到了遗传的影响，而是好奇心的驱使和对大自然的热爱。

不久之后我又回到了父亲的家里。那时候我已经7岁了，到了该去学校读书的年龄。可我仍然觉得我以前那种自由自在地沉浸在大自然中的生活比在学校学习更有趣味。我的教父就是老师。而我该称呼那间我坐在里面学习字母的屋子为什么呢？真的很难有一个恰如其分的名字，因为那屋子用处太多了：它既是学校，又是卧室；既是厨房，又是餐厅；既是鸡窝，又是猪圈。这也没有什么，在那种年代，不会有人梦想有王宫般金碧辉煌的学校，无论什么样的破棚子都可以被认为是最理想的学校。【精解点评：将自己学习的那间屋子的多种用处列出，突出表明了这间屋子的破败和脏乱。】

在这间屋子里，有一张很宽的梯子通到楼上去，梯子脚边是一个凹形的房间，那里有一张大床。而楼上究竟有什么东西我并不知道，只是有时候我们会看见老师从楼上捧来一捆干草喂给驴子吃；有时候也会看见他从楼上提着一篮马铃薯下来，交给师母去煮猪食。因而我猜想这一定是间堆放物品的仓库，是人和畜牲共同的储藏室。

至于那间用做教室的房间，我再在这里详细介绍一下吧。在这间屋子里仅有一扇朝南的窗，而且又小又矮。当你的头碰着窗顶的时候，你的肩膀也就同时碰到了窗栏。这个能透进阳光的小窗户是这个屋子里唯一有生气的地方，它俯视着大部分的村庄，从窗口往外望去，你会发现这是一个散落在山坡上的村落。在窗口下面还有老师的一张小桌子。

对面的墙上有一个壁龛[bì kān]（安置在墙壁内的小阁子，墙上的龛穴，多指佛龛），里面放着一只盛满水的发亮的铜壶，孩子们口渴的时候可以信手从里面倒水出来解渴。在壁龛的顶端有几个架子，上面放着闪闪发光的碗，只有在举办盛会时那些碗才能被拿出来使用。

在光线所能照射到的墙壁上，挂满了色彩并不协调的图画。而最远的那垛墙边有一只大大的壁炉，壁炉左右用木石筑成，上面放着塞了糠的垫褥，用两块可以滑动的板充当门。如果把门关起来，你便可以独自安静地躺下睡觉了。而那两张床是给主人和主妇睡的。无论北风在黑暗的谷口怎样怒吼，无论雪花在外面如何飘散，在这里面，他们一定会睡得很舒服的。

其余的地方就放着一些零碎的杂物：一条三脚凳，一只挂在壁上的盐罐，一个重得需要两只手一起使劲才拿得动的铁铲，最后还有那风箱。和我祖父家里的那个一样，拉起风箱，炉里的木柴就会燃烧起来。我们如果要享受火炉的温暖，那么每人每天早上就必须得带一块小柴来。

可是这炉子并不是专为我们而生的，那是因为有三只煮猪食的锅子。

老师和师母总是挑一个最舒适的座位坐下，而其余的人都在那大锅子周围围成一个半圆形。那锅里不住地冒着热气，发出呼呼的声响。我们当中总会有人大着胆子趁先生看不见的时候用小刀挑出一个煮熟了的马铃薯，夹在他的面包里吃。我不得不承认，如果说我们没有在学校里白白生活的话，那就是因为我们吃了很多。而且在写字的时候剥着栗子或咬着面包，似乎已经成为终生的习惯了。

至于我们这些年纪较小的学生，除了享受读书时丰富美味的食物之外，还有两件令人愉快的事情，而且在我看来不见得比栗子的味道差。我们的教室后门外是一个庭院，在那里，常有一群小鸡围着母鸡在扒土，还有小猪们自娱自乐地打着滚。有时候，我们之中会有人偷偷地溜出去，而且回来的时候故意不关门，于是门外边有了阵阵马铃薯的香味。

外面那些可爱的小猪闻到香味，便会一个个追循着跑来。我的长凳子——是年纪最小的学生们坐的——恰巧靠着墙壁，在铜壶的下方，这正是小猪们的必经之路。于是我每次都能看见小猪们愉快地跑着，边跑边大声地欢叫，摇着它们的小尾巴。它们用身体蹭我们的腿，把又冷又红的鼻子拱到我们的手掌里寻找剩下的面包屑。它们用那小小的圆溜溜的眼珠望着我们，似乎在询问在我们的口袋里还有没有能给它们吃的干栗子。它们总是这样东窜西闻了一圈之后，被怒气冲冲的老师挥着手帕赶回院子里去了。

接着就是可爱的小鸡雏们在鸡妈妈的带领下来看我们了。这个时候，我们每个人都会热情地剥一些面包屑来招待这些小客人，然后美滋滋地欣赏它们贪吃的样子。【精解点评：老师的“怒气冲冲”与“我们”的“美滋滋”形成鲜明的对比，突出表现了孩子们对动物的喜爱。】

我们能在这样的一个学校里学到些什么呢？每一个年纪较小的学生手里都有——也可以说，假定他们都有一本灰纸订成的小册子，上面印着字母，封面上画着一只鸽子，亦或说，只是一只很像鸽子的动物。封面上还有一个用字母按照一定的顺序排出来的十字架的图样。我们的老师应该是觉得这本书很管用，因而把它发给我们，并讲解给我们听。但是老师总是被那些年纪较大的学生们缠着，并没有工夫顾及到我们这些小不点儿。

他之所以把书也发给我们，不过是让我们看上去更像学生而已。于是我们这些小不点儿就只能自己坐在长凳上读书，不会的时候就请教旁边的大孩子们——如果他能够认得一两个字母的话。我们的学习常常被一些无足轻重的小事所打扰：一会儿老师和师母去看锅里的马铃薯是否煮熟了，一会儿小猪的同伴们叫唤着跑进来，一会儿又是一群忙不迭地奔进来的小鸡。我们就这样忙里偷闲地读书，实在是学不到什么有用的东西，得不到什么真正的知识。【精解点评：孩子们的学习效率并不高，作者借此想要说明，他儿时的读书并未使他获得真正的知识。】

大孩子们要常常练习写字。因而他们的位置总是比较优越——能够借着从那狭小的窗洞透进来的阳光。并且那张独一无二的桌子就放在他们前面，学校里什么都没有，甚至连墨水都没有一滴。所以我们都是自己带上全套的文具来上学。那时候的墨水是装在一个长条的纸板匣里的，里面分成两格，上面一格用来放鹅毛管做成的笔，下面一格则是一个盛着墨水的小巧的墨水池，那时候的墨水都是用烟灰和醋合成的。

我们的老师最伟大的工作就是修笔，然后在某一页纸的上端写一行字母或是单字。他写字的内容完全是依照各个学生的要求而定的。看！老师写字的手腕抖动得多厉害啊！他用小拇指按住纸的边缘，做好奋笔疾书的准备。忽然，老师的手开始运动了，在纸上飞舞、打转。看啊，那笔尖所到之处展开了一条条花边，里面有圆圈、螺旋、花体字，还有张着翅膀的鸟……【写作参考点：比喻手法的运用，将老师的字比作张着翅膀的鸟，表明老师手抖的特点，也表现了作者丰富的想象力。】他完全按照我们的意愿而画。只要你喜欢，什么都可以画出来。这些画都是用红墨水画的。在年幼的我们眼里，就是这样一只笔创造了一个个奇迹，面对这一个个奇迹，我们都惊得目瞪口呆。

我们在学校里读些什么呢？大概是法文吧。我们常常从《圣经》记载的历史中选出一两段来读。而拉丁语倒是学得比较多些，因为老师要求

我们准确地唱赞美诗。

那么历史、地理呢？并没有人听到过这两个名词。地球到底是方的还是圆的，对我们来说有什么不同呢？方也罢，圆也罢，反正从地里长出东西来是同样的不容易啊！

语法呢？我们的老师从来都不拿这个问题去为难自己，我们自然就更不了解了。

数学呢？是的，我们有幸学了一点，只不过我们一直用“算术”来称呼它，因为它还不配用那么堂皇的名字。

每到星期六的晚上，我们通常是用“算术”的仪式来结束这一星期的课程。先是最优秀的学生站起来背诵乘法口诀表，然后是全班，包括最小的学生，都依着他的样子齐声合背一遍。我们的琅琅书声，总是把偶尔跑进屋来寻觅食物的鸡和猪吓跑。

很多人都说我们的老师是个能干的人，能把学校管理得很好。的确，他不是一个等闲之辈，但是因为缺少时间，也使他也确实不能称作是一个好老师。除了做老师，他在替一个外出的地主保管着财产；照顾着一个极大的鸽棚；还负责指挥干草、苹果、栗子和燕麦等农牧品的收获。而在夏天，我们要常常帮着他干活。在那个时候，上课才是一件有趣的事，因为我们常坐在干草堆上学习，有时候甚至就利用上课的时间清除鸽棚，或是消灭那些雨天从墙脚爬出来的蜗牛。这对我来说，倒是正中下怀（正合自己的心意），乐此不疲。

我们的老师还是个剃头匠。他那双替我们的抄写本装饰“花边”的灵巧的双手，也为地方上的大人物剃头，像市长、牧师和公证人等等。

我们的老师又是个打钟的能手。每逢有婚礼或洗礼的时候，我们的功课自然就要暂告停止，因为他总要到教堂里去打钟。暴风雨来临的时候，我们就又可以有一天的休假，因为那时候必须用钟声来驱除雷电和冰雹，我们的老师便责无旁贷（自己应尽的责任，不能推卸给旁人。贷：推卸）地去敲钟了。

我们的老师还管着村里教堂顶上的钟。那是他最引以为自豪的工作。

只需对着太阳一望，他便可以说出一个准确的时间，然后爬到教堂顶上尖尖的阁楼里，打开一个大匣子，让自己置身于一堆齿轮和发条中间。这些东西的秘密，除了他之外，再没有人知道。

这样一个学校，这样一个老师，对于我那尚未明朗地显现的特点，将会有什么影响呢？我那热爱昆虫的个性，几乎不得不渐渐地枯萎以至永远消失了。但是，事实上，这种个性的萌芽有着极强的活力，它从未离开过我，并永远在我的血液里流动不息。它能够随时随地找到滋生的养料，也能随时随地地激发出来，无时无刻不在体现。甚至在我教科书的封面上，也能显而易见地看出书的主人的爱好——那里有一只色彩配合得不很协调的鸽子。

对于我来说，它远比书本里的 ABC 有趣得多。它的圆眼睛似乎在冲着我笑，它那翅膀共有多少羽毛我也已经一根一根地数过，那些羽毛告诉我它是怎样在湛蓝的天空中盘旋，在美丽的云朵里翱翔。这只鸽子带着我飞到毛榉树上，我看到那些透着光泽的树干高高地矗立在长满苔藓的泥土上。那里还长着许多白色的蘑菇，看上去就像是过路的母鸡产下的蛋。这只鸽子又带我飞到积雪的山顶上，在那里，鸟类用它们的红脚踏出了星形的足迹。这只鸽子是我的好伙伴、好朋友，有了它，我整天背字母的压力便减轻了好多。我应该感谢它，正是它的陪伴，我才能安静地坐在长凳上等候放学。【精解点评：作者在此直抒胸臆，表达了自己对鸽子的感谢之情，表现了他与鸽子的深厚情谊。】

露天学校有着更大的诱惑力。当老师带着我们去消灭黄杨树下的蜗牛的时候，我常常违背老师的要求，我不忍心杀害那些小生命。每当我捉到满手的蜗牛时，我的脚步便迟缓起来了。它们是多么美丽啊！只要我喜欢，我就能捉到五颜六色的蜗牛：黄色的、淡红色的、白色的、褐色的……每只上面都有深色的螺旋纹。于是我挑了一些最美丽的塞满衣兜，以便空闲的时候拿出来欣赏。

我认识了青蛙，那是在帮先生晒干草的日子里。它们用自己作诱饵，引诱着河边巢里的虾出来；我在赤杨树上捉到过青甲虫，它有着使天空

都为之逊色的美丽；我采下水仙花，并且学会了用舌尖从它花冠的裂缝处吸取小滴的蜜汁，同时我也体验到了太用力吸花蜜所导致的头痛，不过这种不舒服与那美丽的白色花朵所带给我的赏心悦目的愉悦感觉相比，实在是太微不足道了。我还记得这种花漏斗样的颈部有一圈美丽的红色，就像挂了一串红项圈。在收集胡桃的时候，我在一块荒芜的草地上发现了蝗虫，它们有着像扇子一样的翅膀，并且有各种颜色，有红色的也有蓝色的，让人眼花缭乱。

我能从任何地方得到我的精神食粮，丰富而源源不断的，我亦乐在其中。而对于动植物的爱好也自然有增无减，日益加深。

最后，这种爱好促使了我对字母的认识。由于我早就不再注意封面后面的字母了，因为我太喜欢封面上的鸽子，因而我的认识程度一直停留在初级阶段。我真正读书的开始是一个偶然。一个偶然的念头使我的父亲把我从学校里领回了家。这回读的书是花了三角半钱买来的，上面有印得很大的字。那上面还有许多五颜六色的格子，每一格里画着一种动物。我就是靠这些动物来学习 ABC 的：第一个就是“驴”，在法文中，它的名字写作 Ane，于是我认识了 A；牛的名字叫 Boeuf，它教我认识了 B；而 Canara 是鸭子，于是我便认识了 C；Dinod 是火鸡，它教我认识了 D。其余的字母也是如此这般让我认识的。【精解点评：表现了作者对动物很有兴趣，而动物教会了作者学习。】当然，有几格图画和字母印得很不清晰，比如教我认得 H、K 和 E 的河马（Hippopotamus）、雨燕（Kamichi）和瘤牛（zebu）之类，不过这并不影响我的学习。我进步得很快，刚刚几天的工夫，居然能饶有兴趣地读那本鸽子封面的书了。我已经得到了文字的启发，接着便懂得语法了。这样，我对学习的浓厚兴趣被激发起来，我的父母都为我的进步感到惊异。现在我能够解释那时有惊人进步的原因了：正是那些图画把我引入到一群动物中，而这又恰巧投合了我的兴趣。开始教我念书的是我心爱的动物们，而以后，动物成为我一生学习研究的对象。

后来，好运第二次降临到了我的身上。父亲为了让我用功读书，为我买了一本廉价的《拉封丹寓言》，里面有许多可爱的插图。虽然这些插图的质量很差，可是看起来仍然相当有趣。这里有青蛙、乌鸦、驴子、喜鹊、兔子、猫和狗，这些都是我所熟悉和喜爱的东西。在寓言故事里面，它们像人一样会走路会讲话，因此大大激发了我的兴趣。至于了解这本书究竟讲了些什么，那是另一回事了。不过不要多虑，我尝试着把一个个音节连起来，慢慢地就知道全篇的意思了。于是拉封丹也成为我的朋友了。

在 10 岁的时候，我已是路德士书院的学生了。我在那里成绩很好，尤其是作文和翻译两课都是极优秀的。在那时那种古典派的气氛中，我们听到了许多动听的神话故事，那些故事是那样的引人入胜。可是在崇拜那些英雄之余，我仍然不会忘记在星期天休息的时候去看莲香花和水仙花有没有出现在草地上；梅花雀有没有在榆树丝里孵卵[fū luǎn]；金虫是不是在摇摆于微风中的白杨树上跳跃。无论如何，我总是不能忘记它们的！

可是，不幸又降临到我的头上了：饥饿威胁着我们一家，父母再也没有钱供我念书了。于是我不得不退学回家，我觉得生命几乎变得像地狱一样可怕。我什么都不愿想，只盼望这段艰难的岁月能快快熬过去！

也许你们会认为在这些悲惨的日子里，我对于昆虫的偏爱应该暂时搁置了吧？就像当初我的先辈那样，为生计所累。但是，事实恰恰相反，我仍然能够常常回忆起那第一次遇到的金虫的样子：它那触须上的羽毛，它那美丽的花色——可爱的白点嵌在褐色底子上——这些好像是一道闪亮温暖的阳光，在那种凄惨晦暗的日子里，照亮并安慰了我悲伤的心。【写作参考点：比喻，将金虫美丽的花色比作温暖的阳光，表现了小昆虫对作者内心的重要影响。】

老天总是善良的，好运不会抛弃勇敢而有志向的人。后来我有机会进了在伏克罗斯的初级师范学校，在那里我可以分到免费食物，尽管那只有干栗子和豌豆而已。这里的校长是位很有见识的人，不久便信任了我，并且给了我想要的自由。我几乎可以随心所欲地做自己喜欢的事情，只要我能完成学校的课程。而当时我的同学的学习程度都不及我，于是

我就有比别人多的空闲时间来提高对动植物的认识，满足我的爱好。当周围的同学们都在努力背书的时候，我却可以在书桌的角落里观察夹竹桃的果子、金鱼草种子的壳，还有黄蜂的刺和地甲虫们的翅膀。

于是我对自然科学的兴趣，就这样慢慢地滋长起来了。在那时候，生物学是并不被看重的学科，学校方面所承认的必修课程也仅仅是拉丁文、希腊文和数学。

于是我竭尽全力去研究高等数学。对于我来说这是艰难的奋斗，我没有老师的指导，一遇到疑难，常常多天得不到解决，可我一直坚持不懈地学着，从未想过半途而废。最终我获得了成功。后来我又用同样的方法自学了物理学，我用一套自己制造的简陋仪器来尝试做各种实验。我已然违背了自己的志愿，我的生物学书籍一直在箱底不见天日。

毕业后，我被分派到埃杰克索书院去做物理和化学的教师。那是个临近大海的地方，这对我存在着太大的诱惑力。那包蕴着无数新奇事物的海洋，那海滩上美丽的贝壳，还有番石榴树、杨梅树和其他一些树，都足够让我花费好多时间来研究。这乐园里美丽的东西比起那些三角、几何定理来，吸引力是大得多了。可是我不得不努力控制着自己，我把课余时间分成了两部分：大部分时间仍然用来研究数学；而给自己小部分的时间来满足爱好——研究植物和搜寻海洋里丰富的宝藏。

我们对未来都是一无所知的。回顾我的一生，数学，我年轻时花费了那么多时间和精力去钻研的东西，并没有带给我丝毫的用处；而动物，我竭力想方设法地回避，但在我老年以后，它却成了我精神的慰藉。【写作参考点：对比，将数学与动物对作者产生的不同影响作对比，突出表现了未来的不可知。】

在埃杰克索，我碰到了两位著名的科学家：瑞昆（Rrguien）和莫昆·坦顿（MoquinTandon）。瑞昆是一位著名的植物学家；而莫昆·坦顿却教了我植物学的第一课。那时他没有住所而寄居在我的房子里。就在他离开的前一天，他对我说："你对贝壳很感兴趣，这是件好事，只是这还远远不够。你还应当了解动物本身的组织结构，让我来指给你看吧！这会

帮你提高对动物的认识水平。”

他拿起一把很锋利的剪刀和一对针，把一只蜗牛放在一个盛水的碟子里，开始解剖给我看。他一边解剖，一边详细地把蜗牛各部分的器官解释给我听。这次解剖课是我一生中最难以忘怀的，它使我的学习有了极大的深入。从此，当我观察动物时，不再仅仅局限在表面上了。

现在我的故事就讲完了。而我的故事足可以说明，早在幼年时期，我就有着对大自然的偏爱，而且我具有善于观察的天赋。但是我为什么会有这种天赋？是怎样拥有的呢？我自己也说不清楚。【精解点评：总结性的语言，说明作者对大自然的喜爱和善于观察的性格，才是他成为昆虫学家的重要原因，而并非是遗传父辈。】

其实无论任何生物，都有一种特殊的天赋：一个孩子可能有音乐的天赋，一个孩子的天赋可能在雕塑方面，而另一个孩子则又可能是个速算的天才。昆虫也是这样，一种蜜蜂生来就会剪叶子，另一种蜜蜂却会造泥屋，而蜘蛛则会织网。为什么它们会有这些不同的才能呢？那是与生俱来的，除此之外就没有什么更合理的理由了。在人类的世界里，我们总是称这样的人为“天才”；而在昆虫中，我们却称这样的本领为“本能”。而这本能，其实就是动物的天才。

学海导航

在本篇文章中，作者讲述了一个“爱好昆虫的孩子”的故事，也就是他儿时与昆虫之间的故事，作者多次运用对比的手法，将自己正常学习所获，与从昆虫身上获得的知识相对比，突出表现了昆虫给作者带来的乐趣和更丰富的知识，表现了作者对昆虫充满了无限的热爱之情，这热情也是他将来研究昆虫很重要的原因之一。

读品悟思

作者讲述了自己与昆虫之间的故事，以自身经历为例，证明了文章开头的论断，即“我就用自己的故事来证明我对于昆虫的喜爱并不是从哪个先辈身上继承而来的”。随后，作者便用充满童真的语言，将自己儿时的学习生活与动物玩耍的乐趣相对比，突出表达了自己对昆虫的喜爱，并说明与动物的交往所获得的知识，要远比从书本上获得的知识丰富和有用得多。

1.我的外祖父母从来就没有对昆虫产生过丝毫的兴趣和好感。他们与昆虫的唯一联系是什么？

2.“哼！把时间和精力都花费在这种没出息的事情上！”这是谁的语言，表现出他的什么特点？

3.作者反复试验，自己得出“用眼睛来看太阳的”的结论，这种方法是什么方法？具体是怎么做的？（过程用原文中的话说）

（答案见最后）

强化训练

1.作者为什么要讲述外祖父母、祖父母的故事？

2.作者认为儿时的学习生活对他以后的研究是否有很大的帮助？

3.作者将自己对昆虫研究的“天才”归因于什么？

新陈代谢的工作者

名师导读

这篇文章中，我们将要看到几只蝇，而蝇其实是很称职的清洁工，它们对于塑造我们这个干净的世界，有着不可磨灭的影响。那么，它们的清洁工作是如何展开的呢？我们来一起看看吧。

有许多昆虫，它们世世代代都在尽职尽责地工作，给这世界带来极大的价值，尽管它们从来没有因此而得到相应的报酬和相称的头衔。当你看见蚂蚁、甲虫和蝇类聚集在一只死鼹鼠[yǎn shǔ]身上的时候，你可能会惊起全身的汗毛，拔腿就跑。你一定会觉得它们都是可怕而肮脏的昆虫，令人恶心。【精解点评：欲扬先抑的手法，讲蝇的清洁作用之前，先说它会引起人们的反感，为下文中讲述它的特殊贡献作铺垫。】而事实却正是相反的，它们正像清洁工一样在忙碌地清理这个世界。让我们来观察一下其中的几只蝇吧，了解一下它们的所作所为是多么有益于人类，又能给整个自然界带来多大的益处。

你一定看见过绿蝇吧？也就是我们通常所说的“绿头苍蝇”。它们穿着漂亮的发着金属般光彩的金绿色外套，还有一对红色的大眼睛。【写作参考点：精简的外形描写，将“绿头苍蝇”的外观勾勒出来，使读者对其形成最初印象。】

当它们嗅出在哪里有死去的动物时，便会立即成群结队地赶去在那里产卵。几天以后，你会惊讶地发现那动物的尸体变成了液体，里面会有几千条头尖尖的小虫子。你一定会觉得这种方法实在有点令人反胃，可是除此之外，还会有什么更简单易行又效果显著的方法去消灭腐烂发臭的动物的尸体，让它们分解成能被泥土吸收的元素而最终成为其他生物的养料呢？是谁能够使动物的尸体奇迹般地化成一滩液呢？这正是绿蝇幼虫的功劳。

如果这尸体没有经过绿蝇幼虫的处理，它自然也会渐渐地风干，但这样要经过很长一段时间才行。绿蝇和其他蝇类的幼虫一样，有这种惊人的本事，那就是能使固体物质变成液体物质。有一次我做了一个实验，把一块煮得很老的蛋白扔给绿蝇作食物，结果这块蛋白马上就被它变成一滩清水样的液体。而这种使固体液化的东西，就是从它嘴里吐出来的一种酵母素，就像我们用胃液消化食物一样。绿蝇的幼虫就靠着这种自己亲手制作的肉汤来维持自己的生命。【精解点评：作者用实验来进一步验证自己的推论，表明作者对待科学研究的严谨的态度。】

其实，不仅仅是绿蝇能做这种工作，还有灰肉蝇和另一种大型的肉蝇也可以胜任。你常常可以看到这种蝇在玻璃窗上嗡嗡飞着。但是千万不要让它停留在你的食物上面，否则，它会使你的食物也充满细菌。不过你也不该像对待蚊子一样，毫不客气地拍死它们，把它们赶出房间去就行了。因为在大自然里，它们可是伟大的功臣。它们可以以最快的速度，用动物的尸体造就新的生命，它们可以使尸体变成一种无机物质被土壤吸收，使我们的土壤变得肥沃，从而形成新一轮的良性循环。

在本文中，作者运用欲扬先抑的手法，将蝇通过新陈代谢分解动物尸体来达到清洁效果的重要贡献呈现出来，使得人们改变了对蝇的最初印象，作者客观的叙述语言，使得文章真实可感，易于理解。

读品悟思

令人厌烦的蝇，原来也是清洁社会的大功臣，文章重点介绍了绿头苍蝇分解动物尸体的方法和过程，接着作者又用实验加以佐证，证明了蝇的这种清洁效果。不仅如此，蝇还可以使分解的尸体，化为无机物质，这对于土壤来说，也是很好的肥料，真正实现了新陈代谢的良性循环。

考点巩固

1.“有许多昆虫，它们世世代代都在尽职尽责地工作，给这世界带来极大的价值，尽管它们从来没有因此而得到相应的报酬和相称的头衔。”作者说的这句话有什么作用？

2.“你一定看见过绿蝇吧？也就是我们通常所说的‘绿头苍蝇’。它们穿着漂亮的发着金属般光彩的金绿色外套，还有一对红色的大眼睛。”这是什么描写？

3.绿头苍蝇清洁的过程是什么样的？

（答案见最后）

强化训练

1.作者对蝇的清洁贡献有着怎样的评价？

2.蝇是如何实现清洁腐烂的动物尸体的？

3.蝇是怎么用动物的尸体造就新生命的？

玻璃池塘

提到玻璃池塘，你能想象它是怎么建造出来的吗？比起普通的池塘，玻璃池塘又有哪些特殊的功用呢？作者便拥有一个室内的玻璃池塘，让我们一起来围观，看一看这神奇的玻璃池塘吧。

你有一处建在房子里面的小池塘吗？在那个人造的小池塘里，你可以随时观察水中生物所有的生命进程。这样的池塘虽然很小，也没有太多的生物，可这些恰恰更有利于观察。还有一点好处就是，不会有任何行人来打扰你专注的观察。【精解点评：这里提出了室内玻璃池塘的两点好处，一个是便于观察水中生物，另外一个是不受外界的打扰。】其实这并不是什么天方夜谭，这是很容易实现的。

我的户内池塘是在铁匠和木匠的合作下完成的：他们在木头做的基座上面安放铁条做的池架。池架上面盖上可以活动的木板，下面是铁质的带有小排水洞的池底。而池的四周则镶上玻璃。这真的是一个设计讲究的玻璃池，我就把它安放在窗口，它的容积大约有 10 到 12 加仑。

当池子建好之后，我先在里面放进了一些滑腻腻的硬块——那是一种很重的东西，表面还有许多小孔，就像珊瑚礁一样——硬块上面盖着许多绒毛般的绿绿的苔藓，它们能够使水保持清洁，这又是为什么呢？

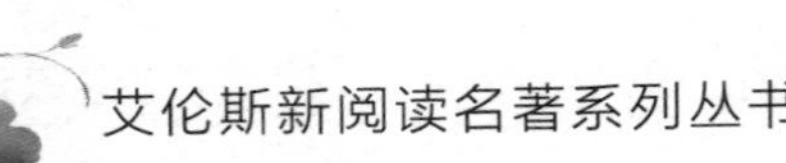

让我们来看一看吧。

动物在水里生活和我们在空气中一样，是要吸入新鲜的空气的，同时也会有废气(二氧化碳)排出，这是些不适宜人呼吸的废气。而植物却恰好相反，它们吸入的是二氧化碳。所以池中就需要这种水草，它可以吸收掉那些不适于动物呼吸的废气，在经过一番转换之后，又释放出有益的氧气。【精解点评：这一段解释，既回答了上文中苔藓能使水保持清洁的原因，也说明了池中的动植物可以互相依赖。】

如果你在充满阳光的池边站一会儿，你就能发现这种奇异的变化，在沾满水草的珊瑚礁上，会出现一点点闪烁发亮的星光，就像是零零碎碎的珍珠点缀在绿苗遍地的草坪上。这些珍珠不断地消逝，又不断地闪现，它们会倏然在水面上飞散开来，就像水底下发生了小小的爆炸，冒出一串串可爱的气泡。

水草分解了动物们呼出的二氧化碳，而得到可以用来制造淀粉的碳元素。而制造出来的淀粉又正是生物细胞必不可缺的物质。营养物水草所吐出来的废气是新鲜的氧气。这些氧气一部分溶解在水中，成为生存的条件供给水中的生物，而另一部分则离开水面挥散到空气中，那些像珍珠一样的气泡就是挥散出来的氧气！【精解点评：比喻手法的运用，将气泡比作珍珠，形象地表现了气泡的形状。】

我注视着池塘水面的气泡，产生了一系列的遐想：在许多许多年以前，陆地刚刚从海洋中显现，那时草是第一棵植物，它吐出第一口氧气，造就了适于生物生存的环境。于是各种各样的动物相继出现了，而且一代一代繁衍、变化，一直形成今天的生物世界。而我的玻璃池塘也正似乎在告诉我一个行星运行在没有氧气的空间里的故事。

学海导航

作者以自己家的玻璃池塘为例，为我们介绍了玻璃池塘的构建，玻璃池塘的功用，玻璃池塘内动植物的相互依赖，并且形象地解释了水草分解二氧化碳的过程。

读品悟思

一个建在屋子里的玻璃池塘，听起来很像天方夜谭的事情，确实在作者的家里实现了，作者介绍了这种池塘的特殊功能，并细致地描述了池塘中的生物的生活。最后，作者想象着万物初生和不断发展变化的情景，寄寓了自己对自然生命的理解和尊重。

考点巩固

1.“你有一处建在房子里面的小池塘吗？”作者为什么要以一个问句开篇？

2.建造室内玻璃池塘有哪些特殊的好处？

3.当池子建好之后，作者为什么要在里面放进一些滑腻腻的像珊瑚礁一样的硬块？

（答案见最后）

强化训练

1.在水里的动物和植物分别是靠吸收什么来生活的？

2.池塘里的水草有什么特殊作用呢？

3.对文章来说，作者最后一段的遐想似乎关系不大，那么它有什么作用呢？

蜜蜂、猫和红蚂蚁

名师导读

蜜蜂、猫和蚂蚁是我们生活中比较常见的小动物，作者在这篇文章中为什么要将这三种动物放到一起来写呢？它们三者之间又有着怎样的共同点呢？其实它们都有着辨别方向的本领，而这辨别方向的本领又分别指什么呢？

我对蜜蜂有极大的兴趣，希望能够了解更多关于它的故事。我曾听说它们有辨认方向的能力，无论被抛弃到哪里，它们总是可以找回原处。于是我想亲自做一次尝试。【精解点评：作者开篇提出，自己要对蜜蜂辨别方向的能力做一次实验，引出对下文中的具体做法的介绍。】

有一天，我在屋檐下的蜂窝里捉了 40 只蜜蜂，让我的小女儿爱格兰等在屋檐下，然后我把蜜蜂放在纸袋里，带着它们走了二里半路，然后打开纸袋，把它们放飞在那里，看它们是不是真的可以飞回来。

为了区分飞到我家屋檐下的蜜蜂是否是被我扔到远处的那群，我在每个被放飞的蜜蜂的背上都做了白色的记号。虽然在这过程中，我的手被刺了好几次，但我一直坚持着做完，甚至忘记了自己的疼痛，只是紧紧地按住那些蜜蜂，把工作做完，结果有 20 只受伤了。当我打开纸袋时，那些被闷了好久的蜜蜂一拥而出向四处飞散，好像在区分哪个才是回家的方向。

把蜜蜂放走的时候，有微风从空中吹过。蜜蜂们飞得很低，几乎要触到地面，也许这样可以减少风的阻力，可是我就想不明白，它们飞得这样低，怎么可以眺望到它们遥远的家园呢？走在回家的路上，我想到在它们面前的恶劣环境，心里推测它们定然是找不到回家的方向了。【精解点评：作者在此多次渲染，说明蜜蜂找到回家的方向的可能性很小，为下文中蜜蜂的成功归巢做铺垫。】可还没等我跨进家门，爱格兰就冲出来，她激动极了，脸红红的。

她冲着我喊道："有两只蜜蜂回来了！在 2 点 40 分的时候回到巢里的，还带回了满身的花粉！"

我放蜜蜂的时间是两点整。也就是说，在三刻钟左右的时间里，那两只小蜜蜂飞了二里半路，这还不包括中途采花粉的时间。

到了那天傍晚的时候，其他蜜蜂也还并没有赶回来。可是第二天当我检查蜂巢时，又看见了 15 只背着白色记号的蜜蜂回来了。这样，20 只蜜蜂中有 17 只没有迷失方向，它们准确无误地回到了家，尽管逆向的风阻碍着它们，尽管沿途陌生的景物干扰着它们的视线，但它们确确实实地回来了。也许是因为它们怀念着巢中的小宝贝和丰富的蜂蜜，凭借这种恋家的强烈本能，它们回来了。是的，这并不能说是一种超常的记忆力，而是一种不可解释的本能，而我们人类正缺少这样的本能。【精解点评：作者在此将蜜蜂能够辨别方向回到蜂巢的能力，解释为一种恋家的强烈本能，并说明人类在这方面的缺失，表达了作者对蜜蜂这种精神的赞扬。】

有人说猫也和蜜蜂一样，能够认识自己的归途，而我一直没有相信这个说法。直到有一天我家的猫的确这样做到了，我才不得不相信这一事实。【精解点评：过渡段，用蜜蜂和猫的共同点，将话题由蜜蜂过渡到猫，引出下文对猫的这种能力的探讨。】

那一天，我在花园里捡到一只小猫，它并不漂亮。薄薄的毛皮下显露出一节一节的肋骨，瘦骨嶙峋的。那时我的孩子们还都很小，他们对这只小猫很好，常喂给它一些面包吃，一片一片还都涂上了牛乳。小猫愉快地吃了好多，然后就走了。尽管我们一直在它后面温和地叫着它，"咪咪，咪咪——"，它还是义无反顾地走了。可是过了一会儿，小猫又饿了。它又跑回来从墙头上爬下，美美地吃了几片。孩子们怜惜地爱抚着它瘦弱的身躯，眼里满是同情和关爱。

我们都很喜欢它，于是我和孩子们作了一次讨论，我们一致赞成驯养它。后来，它果然不负众望，长成一只小小的“美洲虎”——红红的毛，黑色的斑纹，虎头虎脑的，还有两对锋利的爪子。我们给它取了个名字叫做“阿虎”。【精解点评：这里简单勾勒了猫的外形，将猫形象地叫做“阿虎”，表明了猫与老虎形象上的相似。】后来阿虎有了伴侣，那也是一只从别处流浪来的小猫。后来它们俩生了一大堆小阿虎。我一直收养着它们，不管我家有什么样的变迁，大约有20多年的时间了。

第一次搬家时，我们很为它们担忧。如果遗弃它们，那么它们将失去我们的照顾而再过上流浪的生活。可是如果把它们带上的话，也许雌猫和小猫们还能够听话，保持安静，可那两只大雄猫——一只老阿虎、一只小阿虎在旅途上是一定会吵闹不休的。最后我们做出了一个狠心的决定：把老阿虎带走，把小阿虎留在此地，另外找一个家收留它。

答应收留小阿虎的是我的朋友劳乐博士。于是在某天晚上，我们把它装在篮子里，送到他家去。我们回来后在晚餐席上谈论起这只猫，说它运气真好，找到了一户可以收养它的人家。可正说着，一个东西突然从窗口窜进来。吓了我们一跳，仔细一看，这团狼狈不堪的东西正快活而亲切地用身体在我们的腿上蹭着，它正是那只被送掉的小阿虎。

于是第二天，我们便听到了关于它的故事：它在劳乐博士家被锁在一间卧室里，而当它发现自己已在一个陌生的地方做了囚犯时，它就发疯一般地乱跳，家具上、壁炉架上，撞着玻璃窗，到处乱跳，横冲直撞，似乎要把每一样东西都撞坏。劳乐夫人被这个小疯子吓坏了，赶紧打开窗子，于是它就从窗口里逃了出来。几分钟之后，它就回到了原来的家。

朋友们，这可不是件轻而易举的事啊，它几乎是从村庄的一端奔到另一端，在这之间有无数错综复杂的街道，其间可能遭遇到几千次的危险，或是碰到顽皮的孩子，或是碰到凶恶的狗，还有好几座桥。可是它并不愿意绕着圈子去过桥，它拣取了一条最短的路径，于是它就勇敢地

跳入水中——它那湿透了的毛告诉了我们一切。【精解点评：站在猫的立场来看这段归途，表现了作者熟悉小动物的心理，表达了作者被猫历经千辛归家的执着所感动。】

我很可怜这只小猫，它如此忠心耿耿地对待我们，我们怎么还能弃它不顾？我们都同意带它一起走，可正当我们担心它在路上会不安分的时候，这个难题竟解决了。因为几天之后，我们发现它躺在花园里的矮树下，身体已经僵硬了——有人把它毒死了。是谁干的呢？这种举动决不会是出自好意！

还有那只老阿虎。当我们离开老屋的时候，它消失得无影无踪。于是我们只好另外给车夫两块钱，请他帮忙寻找那老阿虎，无论什么时候找到它，都要把它带到新家这边来。当车夫带着我们最后一车家具来的时候，他把老阿虎也带来了。它被藏在座位底下。当我打开这活动囚箱，看到这前两天就被关进去的囚徒的时候，我真的不能相信它就是我们的老阿虎了。

它跑出来的时候，活像一只可怕的野兽，它张牙舞爪的，口里挂着口水，嘴唇上沾满了白沫，充血的眼睛睁得大大的，毛全都倒竖起来，已经完全没有了原来的神态和风采。难道搬家的变故使它发疯了吗？我仔细把它检查了一番。

我终于明白了，它并没有疯，只是被吓坏了。可能是车夫捉他的时候把它吓坏了，也可能是长途的旅行把它折磨得筋疲力尽。我不能确定到底是什么原因使它这样，但显而易见的是，它的性格大变。它不再常常口中念念有词，也不再用身体蹭我们的腿了，一天到晚只有一副粗暴的表情和深沉的忧郁。它的苦痛已经不是慈爱的抚慰所能消除的了。

终于有一天，我们发现它死了，躺在火炉前的一堆灰上，它的生命结束在忧郁和衰老之中。如果它还年轻，有充足的精力的话，它会不会跑回到我们的老房子去呢？我不敢断定。但是，这样一个小生灵，因为衰老而失去了回到老家的体力，终于得了思乡病，忧郁而死。这总是一件令人感慨的事！【精解点评：作者将猫人格化，突出描述了它思乡成疾、最终抱憾而终的过程，表达了作者对它这种行为的理解和惋惜。】

当我们第二次搬家的时候，阿虎家族的老一辈已完全没有了：老的死了，新的生出来了。其中有一只成年的小阿虎，长得酷似它的先辈。也只有它会在搬家的时候给我们增加麻烦。至于那些小猫咪和猫妈妈们，是很听话的，只要把它们放在一只篮子里就行了。而那只小阿虎却得被单独放在另一只篮子里，以免它把大家都闹得不太平。这样一路上总算相安无事。

到了新居以后，我们先把母猫们抱出篮子。它们一出篮子，就开始对新屋进行审视和检阅，一间一间仔细地看过去。它们靠粉红色的鼻子嗅出了那些熟悉的家具的气味。它们找到了属于自己的桌子、椅子和铺位，可是周围的环境确实不一样了。因而它们惊奇地发出微微的“喵喵”声，眼睛里还时时闪着怀疑的目光。我们疼爱地抚摸着它们，让它们尽情享用一盆盆的牛奶。第二天它们就像在原来的家里一样习惯了。

可是轮到我们的小阿虎，情形却相差太多了。我们把它放到阁楼上，让它渐渐习惯新的环境，因为那儿有好多空屋可以让它自由地游玩。我们给它加倍的食物，轮流陪着它，并常常把其余的猫也捉上去和它作伴。我们想让它知道，在这新屋里它并不是孤独的。为了让它忘掉原来的家，我们想尽了一切办法。【精解点评：作者用尽各种办法，想让小阿虎忘掉原来的家，让它适应新环境，表现了作者对小阿虎的关心。】

后来，它看上去似乎真的忘记了——每当我们抚摸它的时候，它都会非常温和驯良；叫它，它也会“咪咪”地叫着弓着背走过来。这样关了一个星期，我们觉得应该恢复它的自由了，于是把它从阁楼上放了出来。它走进了厨房，和别的猫一同站在桌边。后来它又走进了花园，我的女儿爱格兰紧紧地盯着它，看它会有什么异样的举动——那是一副非常天真的样子，东瞧瞧，西看看，最后仍回到屋里。太好了，小阿虎已经习惯了，不会再出逃了。

可是第二天，当我们唤它的时候，任凭我们叫了多少声“咪咪咪咪——”，就是没有它的影子！我们四处寻找，丝毫没有结果。骗子！骗子！我们都被它给骗了！它还是走了，我说它是回到老家去了，可是家里人都不相信。

我的两个女儿为此特意回了一次老家。不出我的所料，她们果然在那里找到了小阿虎。她们把它装在篮子里又带了回来。虽然天气很干燥，也没有泥浆，可它的爪子上和腹部都沾满了沙泥，无疑它一定是渡过河回老家去的，于是当它穿过田野的时候，泥土就粘在了它湿漉漉的毛上。而我们的新屋，距离原来的老家，足足有四里半呢！【精解点评：用新屋和老家距离的远，来衬托出小猫对老家的难以割舍，突出小猫为回到老家的不辞辛苦。】

于是我们只好把这个逃犯再次关在阁楼上，整整两个星期之后，再放它出来。结果不到一天工夫，它就又跑回去了，对于它的未来，我们只能听天由命了。后来一位老屋的邻居来看我们，说起它，说他有一次看到它口里叼着一只野兔，躲在篱笆下。是啊，它必须得用自己的力量去寻找食物了，再也没有人喂给它了。后来就再也没有它的消息传来了。它的结局一定是悲惨的，它变成了强盗，当然要有同强盗一样的命运。

这些是真实的故事，它们证明了猫和蜜蜂一样，有着辨别方向的本领。还有鸽子也是，当它们被送到几百里以外的时候，它们都能回来找到自己的老巢。还有燕子，还有许多的鸟都是这样。

让我们再继续对昆虫的叙述吧。蚂蚁和蜜蜂是最相似的一对昆虫，因此我很想知道它们是不是像蜜蜂一样有着辨别方向的本领。【精解点评：过渡句，这里提到蚂蚁，将文章转入对拥有同样本领的蚂蚁的叙述。】

在一块废墟上，有一个红蚂蚁的山寨。红蚂蚁既不会抚育儿女也不会寻找食物，它们的生存手段，只有用不道德的办法去掠夺黑蚂蚁的儿女，把它们养在自己家里，而将来这些被它们强行掠夺来的蚂蚁就永远沦为了奴隶。

夏天的下午，我时常看见红蚂蚁出征的队伍。这队伍大约有五六码长。当它们发现黑蚂蚁的巢穴时，队伍的前面就会出现一阵忙乱，几只蚂蚁间谍先离开队伍往前走。后面的蚂蚁仍旧列着队伍蜿蜒不停地前进。有时候有条不紊（形容有条有理，一点不乱。紊：乱。音，wěn）地穿过小径，有时在枯枝败叶中若隐若现。

最后，当到达黑蚂蚁巢穴的时候，它们就长驱直入进入到小蚂蚁的卧室里，把它们抱出来。在巢内，红蚂蚁和黑蚂蚁会有一番激烈的厮杀，可是最终败下阵来的黑蚂蚁只能无可奈何地让强盗们把自己的孩子抢走。

让我再详细叙述它们一路上回去的情形吧。

有一天我看见一队出征的蚂蚁沿着池边前进。那时天刮着大风，许多蚂蚁被吹进了池塘，白白地做了鱼的美餐。而这一次鱼多吃到了一批意外的食物——黑蚂蚁的婴儿。显然蚂蚁不如蜜蜂聪明，会选择另一条路回家，它们只会沿着原路返回。【精解点评：将蚂蚁与蜜蜂做对比，突出表现了蚂蚁只会沿原路返回的不懂变通。】

我不能把整个下午都花费在这一队蚂蚁身上，所以我让小孙女拉茜帮我监视它们。她很高兴地接受我的嘱托，因为她喜欢听蚂蚁的故事，也曾亲眼看到红蚂蚁的战争。凡是天气好的时候，小拉茜便蹲在园子里，瞪着小眼睛在地上四处张望。

有一天，我在书房里听到拉茜的声音："快来快来！红蚂蚁已经走到黑蚂蚁的家里去了！"

"你知道它们是怎么走的吗？"

"知道，我都做好了记号。"

"什么记号？你怎么做的？"

"我沿路撒了好多小石子。"

于是我急忙跑到园子里。她说得对，红蚂蚁们正沿着那一条白色的石子路凯旋呢！而当我用一张叶子截走几只蚂蚁放到别处，结果它们就这样迷了路。其他的，凭着它们的记忆力沿着原路回去了。这说明它们并不是像蜜蜂那样，懂得辨认回家的方向，而仅仅是凭着对沿途景物的记忆寻找到来路的。所以即使它们出征的路程很长，需要几天几夜，但只要沿途的景物不变，它们就能找回来。【精解点评：点出蚂蚁归家的原因，并非能辨认方向，而是仅凭对沿途景物的记忆。】

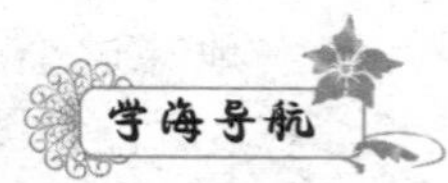

作者在这篇文章中，分别介绍了蜜蜂、猫和蚂蚁这三种动物辨别方向的

能力，作者仍然以实验为手段，证明了这三种动物能够回家的各自的“秘诀”，使得读者就像观看了作者的实验一样，对实验结果深信不疑。

文章通过对蜜蜂、猫和蚂蚁这三种动物辨别方向的能力的介绍，阐述了三者各自的“秘诀”，即蜜蜂和猫是靠着恋家的强烈本能，不辞千辛万苦，执着地回到最初的地方，而蚂蚁是靠着对沿途景物的记忆，找到回家的路。文章语言朴实，寄寓了作者对这三种动物执着归家的精神的高度赞扬，同时揭示了人类在这方面的缺失。

1.作者对蜜蜂做的实验是怎样的过程？

2.“而我们的新屋，距离原来的老家，足足有四里半呢”，文中的这句话想要说明什么？

3.蚂蚁能够找到回家的路，原因是什么？

（答案见最后）

1.作者用实验证明，蜜蜂能够辨认方向的原因是什么？

2.作者在讲述猫的归家路时，为什么强调路途的艰辛？

3.文中所说的能辨别方向，在三种动物身上具体指的是什么？

蝉

每次到了夏天，除了酷暑，最惹人心烦的莫属树上日夜不断的蝉鸣了，不知您是否了解，那欢唱的蝉要熬过漫长的四个春秋，才能从黑暗的地下，褪去躯壳，飞到枝头，就像化茧为蝶似的，只为沐浴在温暖的阳光下，而欢唱就是它表达欢愉情感的方式，蝉的生存如此不易，它又经历了怎样的地下生活，我们现在就来一探究竟。

一、蝉和蚁

我们大多数人总是不大熟悉蝉的歌声，因为它是住在生有洋橄榄树的地方，但是读过拉封丹寓言的人，应该都记得蝉曾受过蚂蚁的嘲笑吧？虽然拉封丹并不是第一个谈到这个故事的人。

故事是这样讲的：整个夏天，蝉什么也不做，只是终日唱歌，而蚂蚁则忙于储藏食物。冬天来了，蝉饥饿难耐，只有跑到它的邻居蚂蚁那里借粮食，结果它遭到了难堪的待遇。

骄傲的蚂蚁问道："你为什么一夏天都不收集食物呢？"

蝉回答说："整整一夏天，我都忙着唱歌呢。"

"你唱歌吗？"蚂蚁不客气地告诉蝉，"好啊，那你现在可以跳舞了。"然后就不再理它了。

其实在这个寓言中的昆虫，并不一定就是蝉，拉封丹所想的恐怕是螽斯吧，在英国是常常把螽斯译为蝉的。

就是在我们村庄里，也不会有任何一个农夫，会如此没常识地想象冬天还会有蝉的存在。几乎每个耕地的人，都熟悉这种昆虫的蛴螬[qí cáo]（金龟子的幼虫，白色，圆柱状，向腹面弯曲。生活在土里，吃农作物的根和茎，是害虫）。天气渐冷的时候，他们堆起洋橄榄树根的泥土，是随时都可以掘出这些蛴螬的。至少有 10 次以上，他见过这种蛴螬从土穴中爬出，紧紧握住树枝，脱去它的皮，变成一只蝉。

这个寓言是在造谣，虽然蝉需要邻居们很多的照应，但它并不是乞丐。每到夏天，它成群结队在我的门外唱歌，在两棵高大筱悬木的绿荫中，从日出唱到日落，我被那粗鲁的声音吵得头昏脑胀。这种震耳欲聋的合奏，这种无休无止的鼓噪，使人的任何思想都要停滞了。

而有的时候，蝉与蚁也确实会打交道，但是它们与寓言中所说的却恰恰相反。蝉不靠别人生活，它也从不去蚂蚁那里求食，倒是蚂蚁常常因为饥饿去乞求哀恳这位歌唱家。【写作参考点：比喻，将蝉比作歌唱家，突出了蝉的歌声的美妙，也表现出作者对蝉的喜爱。】我是说哀恳吗？这个词，并不确切，它们是厚着脸皮去抢劫的。

7 月时节，天气干热，这里的昆虫常常为口渴所苦，它们失望地在已经枯萎的花上跑来跑去寻找饮料，而蝉却依然很舒服，并不觉得痛苦。蝉用它突出的嘴——那是收藏在胸部的一个精巧的吸管，如锥子般尖利——刺穿饮之不竭的圆桶。它可以坐在枝头，不停地唱歌。只要钻通柔滑的树皮，里面就有不尽汁液，吸管插进桶孔，就可喝个够了。【精解点评：这里运用人物描写中的外貌描写和动作描写以及比喻和拟人的修辞手法，将蝉喝树汁的悠然状态表现得淋漓尽致。】

稍稍过一会，我们也许就可以看到它会遭受到意外的烦扰。因为邻近的昆虫大多口渴难耐，当它们发现了蝉的井里有浆汁，便会跑去舔食。这些昆虫大都是黄蜂、苍蝇、蛆蜕、玫瑰虫等，而最多的却是蚂蚁。

身材小的想要爬到井边，就得偷偷从蝉的身底爬过，而主人却很大方地给它们让路。大的昆虫，抢到一口，就赶紧跑开，跑到邻近的枝头，而当它再度来抢时，胆子就大得多了，似乎忽然间就成了强盗，甚至想把蝉从井边赶走。

最坏的罪犯，要算蚂蚁了。它们会咬紧蝉的腿尖，拖住它的翅膀，爬到它的背上，甚至有一次一个凶悍的强徒，竟然当着我的面，想拔掉蝉的吸管。

最后，麻烦越来越多，蝉被这帮小蚂蚁如此这般地搅扰得没了耐心，终于弃井而去。它在逃走时还向这帮劫匪撒了一泡尿。对蚂蚁来说，蝉的这种高傲的蔑视无伤大雅！【写作参考点：这里运用拟人的修辞手法，将蝉“人性化”，既写出了蝉的高傲气节，又写出了蚂蚁无赖的嘴脸。】

于是蚂蚁达到了目的，独占这个井。只不过井干得很快，浆汁顷刻被吃光了。于是它们便再找机会去抢夺其他的井，以图再次的痛饮。

你看，事实的真相，不正是与那个寓言相反吗？蚂蚁是强横的乞丐，而辛勤劳作的却是蝉呢！

还有一点足以把颠倒的情况调整过来。经过五六个星期漫长的欢唱之后，歌手生命耗尽，从大树高处跌落下来。它的尸体被烈日晒干，被行人的脚踩踏。

时刻在寻找战利品的蚂蚁撞见了它，蚂蚁随即把这美食扯碎、肢解、弄烂，搬到自己那丰富的食物堆中去。甚至还可以看到蝉虽已奄奄一息，但翼还在灰土中颤动，可是一小队蚂蚁便拥上去从各个方向拉扯它、撕拽它。此刻的蝉伤心至极。看了这样的同类相残之后，就不难看出这两种昆虫之间到底是什么关系了。

二、蝉的地穴

我有很好的环境可以研究蝉的习性，因为我们是邻居。7 月初，它就占据了我屋门前的那棵树。我是屋里的主人，而门外最高的统治者就是它，不过它的统治无论怎样都会让人觉得不舒服。

我发现这些蝉是在夏至。在行人很多，有阳光照射的道路上，有很多圆孔，与地面相平，如人的手指般大小。蝉的蛴螬通过这些圆孔从地底爬出来，在地面上变成真正的蝉。它们喜欢特别干燥而阳光充沛的地方。

因为蛴螬有一种有力的工具，能够刺透焙过的泥土与沙石。我想考察它们的储藏室时，只好用手斧来开掘。

最引人注意的，就是这个约 1 寸口径的圆孔，四边没有一点尘埃，也没有泥土堆积在外面。大多数掘地的昆虫，如金蜣[qiāng]，在它的窝巢外面总会有一座土堆。而蝉则不同，因为它们的工作方法不同——金蜣的工作是在洞口开始，所以有掘出来的废料堆积在地面；但蝉的蛴螬是从地底上来的，最后的工作，才是开辟门口的生路，由于一开始便没有门，所以它是不需要在门口堆积泥土的。

蝉的隧道大多深达 15 至 16 寸，而且畅通无阻，下部较宽，但是在底端却完全是关闭的。可是在做这样的隧道时，多余的泥土到哪里去了呢？墙壁为什么不会崩裂下来呢？我们都认为蝉是用有爪的腿爬行的，而这样就会将泥土弄塌了，塞住自己的房子。

其实，它简直像矿工或是铁路工程师一样高明。矿工用支柱支持地道，铁路工程师利用砖墙使隧道坚固。蝉的智慧同他们一样，它在隧道的墙上涂上水泥。它用藏在它身子里的黏液来做灰泥，地穴常常建筑在含有汁液的植物须上，它也可以从这些根须中取得汁液。【精解点评：对比，将蝉挖穴道的方式与矿工和铁路工程师的方式相对比，突出蝉的聪慧和高明。】

能够很容易地在穴道内爬行，对于蝉是很重要的，因为当它要爬到日光下之前，它必须要知道外面有怎样的气候。所以它要工作好久，甚至要用一个月的时间，才能做成一道坚固的墙壁，适宜于它上下爬行。然后在隧道的顶端，它会留着手指厚的一层土，这样就可以保护并抵御外面气候的变化，直到最后的一霎那。因而只要有好天气的消息，它就会爬上来。它也正是利用顶上的这层薄盖，来测知气候的状况。

假使它估计到外面有雨或风暴——当纤弱的蛴螬准备脱皮的时候，这是最重要的事情了——它就会小心谨慎地溜到隧道底下躲起来。但是如果气候温暖，它就用爪击碎天花板，爬到地面上来了。

在它肿大的身体里面，有一种液汁，是用来减少穴里面的尘土的。在它掘土的时候，就会把液汁倒在泥土上，和成泥浆，于是墙壁就变得柔软了。蛴螬再用它肥重的身体压上去，于是烂泥便被挤进干土的缝隙里。因此，当它在顶端出口处被发现时，身上常带有许多湿点。

蝉的蛴螬，第一次爬到地面上时，常常在附近徘徊，寻找适当的地点蜕皮——一棵小矮树，一丛百里香，一片野草叶，或者一段灌木枝——找到后，它就爬上去，用前爪紧紧地握住，一动不动。后来它外层的皮开始由背上裂开，露出里面淡绿色的蝉。先出来的是头，接着是吸管和前腿，最后才是后腿与翅膀。此时，除掉身体的最后尖端，身体便已经完全蜕出了。

然后，它会表演一种奇怪的体操，把身体腾在空中，只有一点固着在旧皮上，它翻转身体，使头向下，那满布花纹的翼向外伸着，竭力张开。然后再用一种几乎看不清的动作，又尽力将身体翻上来，并且用前爪钩住它的空皮。通过这种运动，它把身体的尖端从鞘中脱出，大约要用半个小时的时间才能完成全部的过程。【精解点评：动作描写，这里用一连串动作，将蝉脱壳的过程描绘出来，富有动态性。】

在一段时期内，这个刚摆脱束缚的蝉并不十分强壮。在还没具有足够的力气和漂亮的颜色以前，它那柔软的身体必须在日光和空气中好好地沐浴。它只用前爪挂在已脱下的壳上，摇摆于微风中，依然脆弱，依然鲜绿。直到有了棕色的色彩，它才同平常的蝉一样了。假定它在早晨9点钟取得树枝，大概在12点半，才会弃下它的皮飞去。那壳有时会挂在枝上达一两月之久。

三、蝉的音乐

蝉很喜欢唱歌。它有一种像钹一样的乐器藏在翼后的空腔带。它不满足，还要在胸部安置一种响板，来增加声音的强度。的确，有种蝉，为了满足音乐的嗜好，牺牲了很多。因为这种巨大的响板占用了生命器官位置，只好把它们压紧到身体最小的角落里。当然，要真心委身于音乐，那么只有缩小内部的器官，来安置乐器了。

但是不幸得很，它这样喜欢的音乐，却完全不能引起别人的兴趣来。连我也还没有发现它唱歌的目的。只是猜想它是在叫喊同伴，然而事实证明，这个理解是错误的。

蝉与我比邻相守，已有 15 个年头了，每个夏天都会持续两个月之久。它们总不离我的视线，而歌声也不离我的耳畔。

我经常看见它们在筱[xiǎo]悬木的柔枝上，排成一列，歌唱者和它的伴侣肩并肩，把吸管插到树皮里，一动不动地狂饮。【精解点评：这里将蝉拟人化，把它边歌唱边饮树汁的状态表现得很生动。】太阳落山的时候，它们就沿着树枝缓慢而稳健地寻找温暖的地方。无论在饮水还是行动，它们从未停止过歌唱。

所以这样看来，它们并非在叫喊同伴。你想想看，不管是谁，都不会费掉整月的工夫去叫喊就在自己面前的同伴吧？

其实，在我看来，蝉本身是听不见自己所唱的歌曲的，它只是想用这种不太好的方法，强迫他人去听罢了。

它的视觉非常清晰。它的五只眼睛，会告诉它左右以及上方发生的事情。只要看到有谁接近，它会立刻停止歌唱，悄然飞去。然而喧哗却不会惊扰到它，就算你站在它的背后讲话、吹哨子、拍手、撞石子也没有关系。

要是一只雀儿，如果听见这些，甚至是更轻微的声音，就算没有看见你，也早已惊慌得飞走了。可这镇静的蝉却仍然继续发声，像没事儿人一样。

有一回，我借来两支乡下人办喜事用的土铳，装满火药，就是最重要的喜庆事也就只用这么多。我将它放在门外的筱悬木树下。我们很小心地打开窗户，防止震破玻璃。在树枝上的蝉，不会看见下面在干什么。

我们6个人等在下面，热心倾听头顶上的乐队会受到什么影响。“砰！”枪放出去，震耳欲聋。

一点也没有影响，它仍然继续歌唱。它既没有一丝惊慌扰乱之状，声音的质量也没有丝毫的改变。第二枪和第一枪一样，也没有一点变化。

我想，这次实验之后，我们就有了结论了——蝉是听不见的，是一个极聋的聋子，它对自己所发的声音也是一点也感觉不到的！【精解点评：举例子，作者在此举了一个自己亲自参与的实验，用以佐证上面的结论，即蝉对于周围的喧哗是没有感知的，既有说服力，又增加了文章的趣味性。】

四、蝉的卵

普通的蝉喜欢在干的细枝上产卵，它选择最小的枝，粗细大都在枯草与铅笔之间。这些小枝干，往往不会下垂，大多向上翘着，并且差不多已经枯死了。

蝉找到合适的细树枝，就用胸部尖利的工具，在它上面刺一排小孔——这样的孔像是用针斜刺下去的，把纤维撕裂，使其微微挑起。如果它不被打扰与损害，常常在一根枯枝上刺上30个或40个孔。

它的卵就产在这些小孔里，这些小穴是一个个地斜下去狭窄的小径。每个小穴内，一般会有10个卵，所以总数约在300或400个。【精解点评：列数字，作者列举了几个数字，使得文章内容准确而真实。】

这是一个蝉的家族。它之所以产这么多卵，其理由就是为了防御一种特别的危险，必须要生产出大量的蛴螬，以预备将会被毁坏掉一部分。多次观察之后，我才知道这种危险是什么。

那是一种极小的蚋，拿它们的大小相比较，蝉简直是庞然大物呢！蚋和蝉一样，也有穿刺工具，长在身体下面靠近中部的地方，可以伸出来和身体成直角。蝉卵刚刚产出，蚋就会立刻毁坏它。这真是蝉家族中的灾星！大怪物只须一踏，它们就会命丧九泉，然而它们却可以镇静异常，毫无顾忌，置身于大怪物之前，真令人惊讶不已。

我曾见过三个蚋排着队，同时预备着掠夺一个倒霉的蝉。当这只蝉刚装满一个小穴的卵，移到稍高的位置另外做穴时，蚋就立刻到那里去，虽然那是随时都可能丧命的地方，然而它却镇静而无恐，像在自己家里一样。它们在蝉卵上刺一个孔，将自己的卵产进去。当蝉飞回去时，它的孔穴内，多数已加进了别人的卵，这些冒充的家伙就这样把蝉的卵毁掉了。而这种很快成熟的蛴螬——每个小穴内一个——即以蝉卵为食，最终代替蝉的家族。

几世纪的经验，对这可怜的蝉妈妈没有起到丝毫的警示。它的大而锐利的眼睛，并非看不见这些可怕的恶人，鼓翼其旁。它也知道有其他昆虫跟在后面，可它仍不为所动，宁肯牺牲自己。它是很容易踩碎这些坏蛋的，只是它竟不改变原来的本能，去解救它的家族，使其免遭破坏。

我曾经通过放大镜观察过蝉卵的孵化过程。它们开始很像极小的鱼，眼睛大而黑，身体下面还有一种鳍状物，由两个前腿连在一起组成。【精解点评：外形描写，这里描写了放大镜下的蝉卵的外形特点，形象可感。】

这种鳍是有些运动力的，它可以帮助蛴螬冲出壳外，并且帮它走出难于通过的充满纤维的树枝。

鱼形蛴螬爬到穴外后，立刻把皮蜕去。但蜕下的皮会变成一条线，蛴螬依靠它附着在树枝上。它在落地以前，就在这里沐浴阳光。它时而用腿踢着，试试自己的精力，时而又懒洋洋地在绳端摇晃。

它的身体悬挂着，在微风中摇摆不定，甚至在空气中翻跟斗。我所看到的昆虫中再没有比这个更新奇的了。

不久之后，它就落到地面上来。这个像跳蚤一般的小动物，在它的绳索上摇荡，以防在硬硬的地面上摔伤。在空气中的磨炼使它的身体渐渐变硬。现在它该开始投入到严肃的现实生活中去了。

而此时，在它面前依然危险重重。一点点微风，就能把它吹到岩石上、车辙的污水中、不毛的黄沙上、粘土上，硬得它不能钻下去。

这个弱小的动物，又如此迫切地需要藏身，所以必须要立刻钻到地底下寻觅藏身之所。天气渐渐冷了，稍有迟缓就有死亡的危险。它不得不四处寻找软土,它们之中必然有许多在找到合适的地方之前就死去了。

最后,它若有幸寻找到了适当的地点,就会用前足的钩爬挖掘地面。从放大镜中，我看见它挥动斧头向下掘，并将土抛出地面。几分钟后，土穴完成，这个小生物钻下去，埋藏了自己，便再也不见了身影。

未成年的蝉的地下生活，至今还是未知的秘密，我们所了解的，只是它在地下生活的时间而已，它在地下大概要生活 4 年。而在这之后，在日光中的歌唱却不到 5 个星期。

4 年黑暗中的苦工，1月日光中的享乐，这就是蝉的生活，我们不应再厌恶它烦吵浮夸的歌声。因为它掘土 4 年，忽然穿起漂亮的衣衫，长起可以飞翔的翅膀，在温暖的日光中沐浴。那种钹的声音足以歌颂它的快乐，如此难得，而又如此短暂。

文章开篇运用反讽的手法,叙述了蝉和蚂蚁的寓言故事,将蚂蚁的贪婪、

凶狠，蝉的慷慨、大义，隐晦地表现出来，此后，文章又运用了动作、情景、对比等多种手法，加上拟人、比喻等修辞的运用，生动地再现了蝉的生存和生活场景，并且通过举例子、列数字等说明方法，将蝉的相关科普知识介绍得清楚而又真实，体现了作者严谨的文风。

提到蝉，很多人会表示反感，而作者笔下的蝉，却打破了人们通常的惯性思维，成为无辜的受害者、慷慨宽容的施舍者、坚强的生命体，而相对应的蚂蚁却是剥削者、掠夺者的象征，文中细致描述了蚂蚁们的掠食过程。而作者对蝉的漫长而艰难的繁殖过程也做了细致的阐述，经过产卵后，还有4年漫长的地下生活，而终于重见天日后，却只能高歌一个月，蝉的生命就终结了，文中对蝉的鸣叫也做了详细的解释，让读者对蝉鸣有了新的认识。文章中处处流露出作者对蝉的喜爱和赞美。

1.未成年的蝉在地下生活的时间有多长？

2.作者将蝉歌唱的声音比作哪种乐器发出的声音？从文章中找找看。

3.蝉成功脱壳后，在空中歌唱不超过多长时间？

（答案见最后）

1.作者开头写了关于蝉和蚂蚁的什么故事？简单叙述一下。

2.你见到过蝉吗？在你的印象中，蝉是什么样子的？

3.你知道“金蝉脱壳”是怎么一回事吗？

开隧道的矿蜂

名师导读

这篇文章中，作者为我们讲述了一种叫做“矿蜂”的蜜蜂，除了具备蜜蜂勤劳工作的特点，矿蜂还有其他什么特点呢？它又怎么会开隧道呢？别着急，文中会一一道来，下面就去认识一下这位新朋友吧。

有一种体形细长的蜜蜂叫做矿蜂，它们的身材大小不同，大的比黄蜂还大，小的比苍蝇还小。但是它们有一个共同的特征，即在它腹部的底端有一条明显的沟，沟里隐藏着一根刺。当有敌人来侵犯时，这根刺可以沿着沟来回移动，以便保护自己。我这里要讲的是一种有红色斑纹的矿蜂。雌蜂有着炫目而美丽的斑纹，黑色和褐色的条纹环绕在它细长的腹部。至于它的身材，大约和黄蜂相差不多。【精解点评：外形描写，这里对矿蜂雌蜂的外形进行了简单的描摹。】

它们往往把巢建在结实的泥土里面，因为那里没有崩塌的危险。就像我家院子里那条平坦的小道就是它们最理想的屋基。每年春天，它们都会成群结队地来到这里安营扎寨。每群的数量不一，最多的有上百只。这个地方就是它们的城市。

在这里，每只蜜蜂都有自己单独的房间，这个房间除了它自己以外，

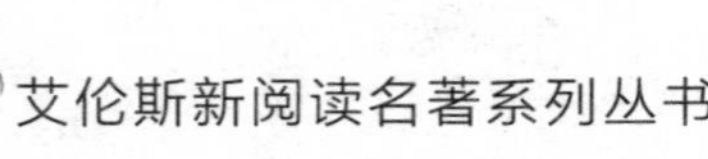

是不可以让他人进去的。如果有哪只不识趣的蜜蜂想闯进别人的领地，那么主人就会毫不犹豫地刺它一剑。【精解点评：这里将蜜蜂的刺比喻成剑，表现了它的刺的尖锐，也表现了蜜蜂对自己领域的捍卫意识很强。】因此，大家都各自守着自己的家，从不互相冒犯，和平的气氛充满了这个小小的蜜蜂社会。

一到4月，它们就开始自觉地忙碌起来了。它们的工作成绩只有在那一堆堆新鲜的小土山中显现。至于那些辛勤的劳动者，我们几乎是没有机会看到的。它们通常在坑的底下忙碌着，有时在这边，有时在那边。我们可以在外面看到，那些小土堆渐渐地有了动静，从顶部开始，接着就有东西沿着斜坡从顶上滚下来。一个劳动者捧着满怀的垃圾，从土堆顶端的开口处抛到外面来，而它们自己却并不出来。

5月到了，太阳和鲜花给动物们带来了欢乐。4月的矿工们，这时却已经忙着四处采蜜了。它们常常披着满身黄色的尘土停在土堆上，而那些土堆也早已变成一只倒扣着的碗了，那碗底上的洞就是它们家的大门了。

它们的地下建筑在靠近地面的部分是一根几乎垂直的轴，大约有铅笔那样粗细，在地面下约有6寸到12寸的深度，这个部分就算是家的走廊了。

走廊的下面，就是一个个小小的巢。这些小巢呈椭圆形，大概有四分之三寸长。那些小巢通过一条公共的走廊通到地上。

每一个小巢内部都被修饰得光滑而又精致。我们可以看到一个个淡淡的六角形的印子，这就是它们最后一次工作时留下的痕迹。这么精细的工作它们究竟是用什么工具来完成的呢？答案是它们的舌头。【精解点评：设问，作者自问自答，让读者迅速了解到，蜜蜂的舌头还能用来做这么精细的工作。】

我曾经把水灌进巢里面，想知道会有什么后果，可是水一点儿也流不进去。这是因为在巢上被矿蜂涂了一层唾液，这层唾液像油纸一样包住了巢。即使外面的雨下得再大，也不会弄湿巢里的小蜜蜂的。

矿蜂一般在 3、4 月里筑巢。这时的天气并不好，地面上也少有花草。它们在地下工作，用它的嘴和四肢代替铁锹和耙子。当地面上堆满了成堆的泥粒之后，巢也就渐渐地做成了。最后只要用它的铲子——舌头，涂上一层唾液，整个工程就该完工了。【精解点评：这里将蜜蜂的舌头比作铲子，表现了它的舌头的强大功用。】当快乐的5月到来，地下的工作完毕，那和煦的阳光和灿烂的鲜花便也开始向它们招手了。

田野里长满了各种各样的花，蒲公英、野蔷薇、雏菊花随处可见，而在花丛里尽是些忙忙碌碌的蜜蜂。它们满载花蜜和花粉，兴高采烈地回去了。它们回到自己的城市前，会突然改变飞行的方式，它们很低地盘旋着，好像认不清这么多外观相似的地穴哪个才是自己的家。但是用不了多久，它们就各自认清了自己的记号，快速又准确地钻了进去。

斑纹蜂作为矿蜂的一种，也像其他蜜蜂一样，每次采蜜回来，总是先把尾部塞入小巢内，刷下花粉，然后转过身，再把头部钻入小巢，这样花蜜就洒在花粉上了——劳动成果就这样被储藏起来。虽然每一次采集的花蜜和花粉都微乎其微，但它们的勤劳最终会积少成多，把小巢装得满满的。然后斑纹蜂就开始制造一个个“小面包”，“小面包”是我给这些精巧可爱的食物起的名字。

斑纹蜂开始为它未来的子女们准备食物了。它把花粉和花蜜搓成一粒粒豌豆大小的“小面包”，这种“小面包”并不是我们了解的面包的样子：干花粉包裹在甜甜的蜜里，而这些花粉并不甜，也没有味道。外面的花蜜是小蜜蜂早期的食物，而里面的花粉则为长大一点的小蜜蜂提供营养。

斑纹蜂准备好了食物，便开始产卵。它不会像别的蜜蜂一样，产了卵后就把小巢封起来。它还要继续采蜜，并且看护它的宝宝们。

小蜜蜂在母亲的精心养护和照看下渐渐长大，当它们进入作茧化蛹的时期，斑纹蜂就用泥把所有的小巢都封起来。而在它完成了这项工作以后，也就到了该休息的时候了。如果不出意外的话，小蜜蜂经过短短的两个月孵化之后，就能跟随它们的妈妈，去花丛中工作和玩耍了。

然而斑纹蜂的生活并不像想象中那样安逸，有许多凶恶的强盗埋伏在它们周围，而有一种小蚊子，是矿蜂真正的劲敌。

这是什么样的蚊子呢？它小得微不足道，身体长不到五分之一寸，有着红黑色的眼睛，而脸却是白色的。它有黑银灰色的胸甲，上面长着5 排微小的黑点儿，还有许多刚毛，灰色的腹部，黑色的腿，像极了一个又凶恶又奸诈的杀手。【精解点评：对蚊子外形的描写，将这种蚊子说成凶恶奸诈的杀手，表现了这种蚊子的可怕，也表现了作者对有这样劲敌的矿蜂的担心。】

在我所观察到的这一群蜂的活动范围内，有许许多多这样的蚊子。在太阳底下这些蚊子会找一个隐蔽的地方潜伏起来，等到斑纹蜂采了许多花粉飞回来时，它们就紧紧地跟在后面，跟着斑纹蜂飞舞、打转。忽然，斑纹蜂俯身一冲，冲进自己的屋子。立刻，小蚊子们也就跟着停在洞口，它们把头向着洞口，就这样纹丝不动地等上几秒钟。

它们常常这样面对着面，僵持在只有一个手指那么宽的距离之外。但是它们彼此都异常镇定。斑纹蜂是温厚的长者，如果它愿意，它完全有能力把守在门口的那个破坏它家庭的小强盗打倒。它也可以用嘴把它咬碎，可以用刺把它刺得遍体鳞伤，可它没有这么做，它任凭那小强盗安然地埋伏在那里。而那令人讨厌的小强盗呢？虽然有强大的对手在它眼前虎视眈眈，尽管它也知道斑纹蜂不费吹灰之力就可以把它撕碎，可它仍不会有丝毫的恐惧。

不久斑纹蜂就飞走了，蚊子便开始了行动。它飞快地进入了巢中，就像回到自己的家里一样从容。它可以在食物丰富却没有主人的储藏室里胡作非为了，因为这些巢都还没有封好。它从从容容地选好一个巢，并把自己的卵产在里面。在主人回来之前，不会有什么来打扰它，它是安全的。而在主人回来的时候，任务早已完成，它也就拍拍屁股逃之夭夭了。【精解点评：用语精练，“胡作非为”“从从容容”“逃之夭夭”，这几个词既精练，又贴切，将蚊子盗窃的过程表现得很生动。】然后，它便在附近再找一处藏身，等候着第二次盗窃的机会。

几个星期后，再让我们来看看斑纹蜂藏在巢里的花粉团吧！它们早

已被吃得一片狼藉。而在藏着花粉的小巢里，我们会看到几条有着尖嘴的小虫在蠕动——它们就是蚊子的小宝宝。在它们中间，我们有时候也会发现幸存的斑纹蜂的幼虫——它们本该是这房子的真正的主人，却已经被饿得瘦极了。原该属于它们的一切都被那帮贪吃的入侵者剥夺了。这些可怜的小东西只有渐渐地衰弱、萎缩，最后消失掉了。而那凶恶的蚊子的幼虫甚至连这尸体也一口一口地吞下去了。

小蜜蜂的母亲虽然常常来探望自己的孩子，可是它似乎并没有意识到巢里已经发生了天翻地覆的变化。它从不会毫不犹豫地把陌生的幼虫抛出门外，也不会把它们杀掉，它只认为巢里躺着的是它亲爱的小宝贝。它还会认真小心地把巢封好，好像自己的孩子正在里面睡觉一样。其实，那时巢里已经空空如也，连那蚊子的宝宝也早已趁机逃走了。

小蜜蜂的母亲实在是太可怜了！

斑纹蜂的家里如果没有意外，也就是说没有被那样的小蚊子所偷袭，那么它们大概会有 10 个姐妹。它们不用再另外挖隧道，以便节约时间和劳动力，只要继续住在它们的母亲遗留下来的老屋就是了。大家都客客气气地从同一个门口进出，各自做着自己的工作，互不打扰。不过在走廊的尽头，它们会建出各自的家，每一个家都有一群小屋，那是它们自己挖的，只不过那走廊是公用的。

让我们来看看它们是如何奔忙的吧。当一只采完花蜜的蜜蜂从田里回来，它的腿上会沾满了花粉。如果那时家门刚好开着，它便立刻一头钻进去——因为它忙得很，根本没有时间在门口徘徊。有几只蜜蜂同时到达门口的情况也很常见，可是那隧道又狭窄得不允许两只蜂并肩通过，尤其是在大家都满载花粉的时候，只要轻轻一碰花粉就会都掉到地上，那么半天的辛勤劳动就白费了。于是它们有它们的规矩：靠近洞口的一个赶紧先进去，其余的依次在门口排队等候。第一个进去，第二个快速跟上，然后是第三个，第四个，第五个……大家就这样排着队很有秩序地进去了。【写作参考点：这里通过矿蜂有秩序地依次进入的细节，我们可以看到矿蜂的组织性和纪律性很高。】

有时候也会碰到这样的情况：一只刚要出来的蜂与另一只正要进去的相遇。在这种情况下，那只要进去的蜂会很客气地让路，让里面的蜜蜂先出来。蜜蜂们在自己的同类面前，都是非常有风度、有礼貌的。有一次我看到一只蜂已经从走廊到达洞口，马上要出来了，可它又突然退了回去，把走廊让给刚从外面回来的蜂。多有趣啊！这种互助谦让的精神实在令人佩服，值得人学习。正是在这种精神的支持下，它们的工作才能如此迅速地进行。

让我们睁大眼睛仔细地观察，更有趣的事情出现了！当一只蜜蜂从花田里采了花粉回到洞口的时候，我们可以看到一块堵住洞口的活门忽然落下，一条通路显露出来。而当外来的蜂进去以后，这活门又升上来把洞口堵住。同样，当里面的蜜蜂要出来的时候，这活门也是先降下，等里面的蜜蜂飞出去后，再升上来关好。【精解点评：这里写了矿蜂劳动归来，洞口的活门的有趣情况，为下文中的对活门的具体解释作铺垫。】

这里为什么会有这个像针筒的活塞一般忽上忽下的东西呢？这也是一只蜂，是这所房子的门卫。它是用它大大的头顶住了洞口。当这所房子的居民要进出的时候，它就会拔起“门栓”，也就是说，它会立刻退到一边——那儿的隧道特别宽大，可以容得下两只蜂。当别的蜜蜂都通过了，它便又上来用头顶住洞口。它一动不动地守着，是那样的尽职尽责，它是不会擅自离开岗位的，除非它不得不去驱除一些不知好歹的不速之客。

这位门警偶尔也会到洞外来走一走，让我们趁机仔仔细细地看看它——我们发现它和其他蜂没有什么不同，只是它的头长得很扁，衣服是深黑色的，并且有着一条条的纹路。身上的绒毛已经看不清了，它本该有的那种美丽的红棕色的花纹也没有了。这一套破碎的衣服似乎让我们了解了一切。

这一只用自己的身躯顶住门口充当老门警的蜜蜂，它看起来比谁都显得沧桑和衰老。而事实上它正是这所屋子的建筑者，这群工蜂的母亲，现在的幼虫的祖母。就在3 个月之前，它还是年轻的，那时候正是它独自辛辛苦苦地建筑起这座房子。现在它算是告老退休了——不，它没有退休，它还在发挥它的余热，它正用全力来守护着这个家呢。【精解点评：拟人，将门警蜜蜂人格化，突出展现了它为同类无私奉献的精神。】

你听过那多疑的小山羊的故事吗？它会从门缝里往外张望，并且对门外的狼说，“你是我们的妈妈吗？请你把白腿伸给我看，如果你的腿是黑色的，就不是我的妈妈”。【精解点评：插入山羊与狼的故事，引起读者的阅读兴趣，并与老门警蜜蜂看门的行为作了对比，表现了它看门时的警惕性很高。】

我们这位老祖母的警惕绝不亚于那小山羊。它会对每一位来客说：“把你蜜蜂的黑脚伸给我看，否则就别想进来。”

只有当它认出这是它家的成员时，它才会开门，它是决不会让任何客人进入到它家里去的。

你看！一只蚂蚁在洞旁走过，它一定是一个大胆的冒险家。它一定很想知道这个散发着一阵阵诱人的蜂蜜香味的地方究竟是怎样的。

“滚开！”老蜜蜂摇了摇头说道。蚂蚁吓了一跳，悻悻地走开了。它走开还是明智的，如果它仍在蜂房旁逗留的话，那老蜜蜂就要离开自己的岗位，飞过去不客气地攻击它了。

也有一种樵叶蜂，它们并不擅长挖隧道的，它只有寻找人家从前挖掘好的隧道来居住。斑纹蜂的隧道对它再适合不过了。那些以前受蚊子偷袭、被蚊子占据的斑纹蜂的巢一直就是空的。因为蚊子断了它们家的后代，整个家就破败凋零了。于是樵叶蜂就顺理成章地占据了这个空巢，利用一下这个废弃的屋子了。

为了找到这样的空巢，以便于让它存放那些用枯叶做成的蜜罐，这帮樵叶蜂常到斑纹蜂的领地里来巡视。有时候它似乎找到了目标，可还没有站稳脚跟，它的嗡嗡声就已经引起了门警的注意。门警就会立刻冲出洞来，在门口做几下手势，告诉它这洞早就有了主人了。樵叶蜂明白它的意思，也就只好立即飞到别处去找房子了。

有时候门警没有出来，樵叶蜂就已经急不可耐地把头伸了进去。于

是忠于职守的老祖母立刻用头来塞住通路，并且发出一个警示的信号，警告它这间屋子的主人还在，樵叶蜂立即明白了这屋子的所有权，很快就离开了。

有一种“小贼”，它是樵叶蜂的寄生虫，有时候也会受到斑纹蜂的教训。我曾亲眼看到它受到了重罚。这鲁莽的小东西一闯进隧道便为所欲为，以为自己进的是樵叶蜂的家。可是不一会儿，它就发现这是一个致命的错误，这里是斑纹蜂的家，而不是樵叶蜂的。它碰到了守门的老祖母，被严厉地惩罚了一顿。于是它只好急急忙忙地逃到外面去。同样，其他野心勃勃又没有头脑的傻瓜，如果也想闯进斑纹蜂的家，那么它也必将受到同样的待遇。

有时候守门的蜜蜂也会和另外一位老祖母发生争执。7 月中旬，在蜜蜂们最忙的时候，我们会看到两种完全不同的蜂群：那就是老蜜蜂和年轻的母蜂。年轻的母蜂漂亮又灵敏，忙忙碌碌地飞来飞去，灵巧地往返于花与巢之间。而那些年老的蜜蜂，早已失去了青春和活力，只是从一个洞口踱到另一个洞口，看上去像是迷失了方向找不到自己的家。【写作参考点：这里将年轻母蜂与年老母蜂相对比，一个灵巧地飞来飞去，一个只能慢慢地“踱”，突出了老蜜蜂被弃后的孤苦无依。】

这些可怜的流浪者究竟是谁呢？它们是失去了家庭的老蜜蜂，因为它们受了那些可恶的小强盗的蒙骗。当初夏来临的时候，这些老蜜蜂发现从自己的巢里钻出来的不是自己的孩子，而是可恶的蚊子，这才恍然大悟、痛心疾首。可是为时已晚，它已经成了无家可归的孤老。它只好委屈地离开自己的老家，到别处去另谋生路——看看哪一家需要一个管家或是门警。可是那些幸福的家庭都有自己的祖母来照看一切。而这些老祖母往往对这些外来的、抢自己饭碗的老蜂心存敌意，给它一个很不客气的答复。的确，一个家只需要一个门警就足够了。如果有两个的话，反而会把那原本就不宽敞的走廊给堵住。

有些时候，两个老祖母之间真的会发生一场恶斗。当流浪的老蜜蜂停在别家门口的时候，看门老祖母会一边紧紧守着门，一边张牙舞爪地

向外来的老蜂挑战，而输掉的那一方，往往是那身心疲惫、悲伤孱弱的老孤蜂。

这些无家可归的老蜜蜂会有什么命运呢？它们会一天天地衰老下去，渐渐数目也越来越少，最后绝迹了。它们有的是被那些灰色的小蜥蜴吃掉了，有的是饿死的，有的是老死的，还有的是万念俱灰，心力衰竭而死。【精解点评：这里写了老蜜蜂的各种悲惨命运，表达了作者对辛勤一生却老无所依的老蜜蜂的怜悯和心疼。】

至于那守门的老祖母，它似乎从不用休息，每天清晨天气还很凉快的时候，它便已经上岗到位了。到了中午，正是工蜂们采蜜最忙的时候，许许多多蜜蜂从洞口进进出出，而它仍旧守护在那里。到了下午，外边燥热得很，工蜂不去采蜜了，都留在家里建造新巢，而这时候的老祖母也仍旧在上面坚守。在这种闷热的时候，它连瞌睡都不打一下，它是不能打瞌睡的，它守护着整个家的安全。到了晚上，甚至是深夜，蜜蜂们都休息了，而它还要像白天一样坚守，防备着夜里来的盗贼。

在它小心的守护下，整个蜂巢的安全可以一直持续到5月以后。让那些抢巢的蚊子尽管来吧，老祖母会立即冲出去和它拼个你死我活。但这个时候它们不会来，因为在明年冬天到来之前，它们还只是蛹，还躲在茧子里面。

虽然没有蚊子，但还有很多其他的寄生虫。它们也会来侵犯蜂巢。但奇怪的是，我天天认真观察那个蜂巢，却从未在它的附近发现什么蜂类的敌人。它在整个夏天都那么安静而平和。可见这老祖母的厉害已经吓怕了那些暴徒，也可见老祖母是如何的警觉了。

作者用拟人化的语言，将守门老矿蜂的恪尽职守、失去家庭后的孤苦无依表现得淋漓尽致，另外，作者在文中多处运用对比的手法，突出表现了老矿蜂敢于牺牲的美好品质，令读者为之动容。

读品悟思

在矿蜂洞口的那个自动开闭的活门，原来就是年老的看门矿蜂。这个家族的建造者，年轻时，就已兢兢业业地勤奋工作，养育家族，年老了还要守卫门户，然而就是这么恪尽职守的老祖母，却被家庭抛弃，失去家庭的温暖，落得孤苦无助的悲惨结局。文章通过对老矿蜂一生命运的描写，表达了作者对老矿蜂牺牲精神的赞美，对老矿蜂晚年得不到家庭温暖的照顾的批判，同时，这也是对人类社会中老人被遗弃后无法安享晚年的现象的影射，令人深思。

考点巩固

1.矿蜂的身材有大有小，但是它们有一个共同的特征，是什么呢?

2.“虽然每一次采集的花蜜和花粉都微乎其微，但它们的勤劳最终会积少成多，把小巢装得满满的。”这句话表达了作者什么感情?

3.“蜜蜂们在自己的同类面前，都是非常有风度、有礼貌的。”作者所说的这种礼貌表现在什么方面?

（答案见最后）

强化训练

1.矿蜂为什么要挖隧道?

2.文章中的老矿蜂是一个什么样的祖母形象?

3.蜜蜂是勤劳的象征，你所了解的蜜蜂有什么样的优秀品质呢?

樵叶蜂

樵叶蜂是什么样的一种小昆虫？它也是蜜蜂中的一种吗？它会经常吃植物的叶子吗？原来许多植物叶子上的精致的小洞，就是拜它们所赐。下面就让我们去认识一下这种与叶子息息相关的蜜蜂吧。

如果你喜欢在园子里漫步，就会经常发现在丁香花或玫瑰花的叶子上，有一些精致的小洞。它们呈圆形或者椭圆形，好像是被谁用巧妙的手法修剪过了一般。有些叶子上的洞实在太多了，甚至只剩下了叶脉。这又是谁干的呢？它们为什么要破坏这些叶子呢？是因为好吃，还是好玩呢？【精解点评：作者开篇就连续提出几个问题，引起读者的兴趣，引出下文中对这个“罪魁祸首”的介绍。】

其实，这些都是樵叶蜂干的，它们用嘴巴作剪刀，靠眼睛和身体的转动，给叶子上剪出了小洞。它们这么做，既不是觉得好吃，也不是因为好玩，而是因为这些剪下来的小叶片在它们的生活中有着极其重要的作用。它们会把这许多小叶片凑成一个个针箍形的小袋子，用来储藏蜂蜜和卵。每一个樵叶蜂的巢都有很多个针箍形的小袋子，那些小袋子一个个地重叠在一起。

我们常见的那种樵叶蜂是白色的，带着条纹。它常常在蚯蚓的地道里生活，如果你走到泥滩边，蹲下身子仔细地寻找，会很快找到这样的地道。樵叶蜂并不利用整个地道来作自己的居所，因为地道的深处既阴暗又潮湿，而且不适合排泄废物，甚至还会遭受昆虫的偷袭。所以它常常利用靠近地面约七八寸长的那段地道当做自己的居所。

樵叶蜂的天敌有很多，而那地道毕竟也不是一个十分安全坚固的防御工事，那么它会用什么方法来保卫自己的家园呢？因而，那些剪下来的碎叶便又派上大用场了。它用剪下的那么多零零碎碎的小叶片，把地道的深处堵塞住。这些用来堵塞的小叶片并不像筑巢用的那些一样整齐，它们都是樵叶蜂随意地从叶子上剪下来的，看上去非常零碎，并不规则。

在樵叶蜂的防御工事之上有一叠小巢，大约有五六个。这些小巢正是用樵叶蜂所剪的小叶片筑成。这些筑巢用的小叶片比那些做防卫工事的碎片，质量要好得多，它们必须是大小相当、形状整齐的碎叶。圆形叶片用来作巢盖，椭圆形叶片用来做底和边缘。

这些小叶片是怎样剪出来的呢？这都是樵叶蜂用它那把小刀——嘴巴剪成的。为了适应巢的各部分的不同要求，它经常会用这把剪刀剪出大小不同的叶片。对于巢的底部，它往往会精心设计，丝毫不会含糊。如果一张较大的叶片不能完全与地道的截面相吻合的话，它就会用两三张较小的椭圆形叶片凑成一个巢底，一直到紧密地与地道截面吻合为止，决不留一丝一毫的空隙。

做巢盖子的是一张正圆形的叶片。它好像是用圆规精确地测量过，可以完美无缺地盖在小巢上。

在一连串的小巢做成以后，樵叶蜂就开始着手剪出许多大小不一的叶片，搓成一个塞子一样的东西把地道塞好。

最值得我们思量的是，樵叶蜂没有任何工具可以用来充当模子。它是怎么剪下这么多如此精确的叶子呢？它有可以依照的模型吗？还是它用了什么特殊仪器来测量呢？【精解点评：作者在此连续提出几个问题，

引起读者对此的思考，为樵叶蜂的精准剪叶设置了悬念。】

有人猜想，樵叶蜂也许是用身体来当做圆规使用的，一端固定住——即用尾部固定在叶片某一点上；然后用另一端，也就是它们的头部，像圆规的脚一样在叶片上旋转。这样就可以剪下一个标准的圆。就像我们的手臂一样，以肩为轴挥动起来就可以形成一个圆。【写作参考点：举例说明，作者通过用圆规画圆和手臂画圆的例子，来说明樵叶蜂精准剪叶的原理。】但是我们的手臂不会像樵叶蜂那样巧妙又精确地画出大小一样的圆圈，更不会使这些用来做盖子的圆叶片，丝毫不差地盖在巢上，并且非常完美。而小巢在地道的下面，它们并不能随时测量小巢的大小，它们只靠摸索得到的感觉，来裁剪出适合这只小巢的叶盖。

圆形的叶片，不能剪得太大或太小。太大了盖不下，太小了会掉进小巢里面，使卵活活闷死。你不用担心樵叶蜂的技术，它能精确而熟练地从叶子上剪下适合的叶片，即使并没有模子，却仍旧那么精确。樵叶蜂是如何具备这么深厚的几何学基础的呢？

冬天的一个晚上，我们围坐在炉子的旁边。我想起樵叶蜂剪叶片的事情，于是我设计了一个小实验。

“明天是赶集的日子，你们中需要有人出去买回整个星期所需要的东西。厨房里有一只天天都要用的罐子，但它的盖子被猫打破了。我希望他买一只盖子回来，要大小合适，恰好能盖住我们那个罐子。在去买之前，我们允许他仔细地把那罐子的大小估计一下，但不可以用任何东西来测量，然后明天到集市去，凭借记忆买一个适合的盖子回来。”大家听了都面面相觑（你看我，我看你，不知道如何是好。形容人们因惊惧或无可奈何而互相望着，都不说话。觑：看。音，qù），谁也不敢接下这项艰巨的任务。

的确，这确实是一件很难办到的事。可是樵叶蜂的工作比这件事更难以估测，它甚至没有看到自己的巢盖，根本没有这样一个印象；它也不能像我们选择盖子似的在一大堆待选品中，靠着互相比较来选择一个最为合适的盖子。

对于樵叶蜂来说，它必须在距家遥远的地方，毫不犹豫地剪下一片圆叶，就能恰好盖住它的巢。我们觉得如此困难的事，对它来说像小孩子做游戏一样简单平常。如果我们不用测量工具的话，比如绳子之类，或是一个模型、一个图样，那么我们真的很难选择出大小如此适宜的盖子。然而樵叶蜂什么都用不着，在这一点看来，它们的确比我们聪明得多。

在实用几何学问题上，樵叶蜂胜过我们。当我看到樵叶蜂的巢和盖子，再观察了其他昆虫在“科技”方面创造的奇迹之后——那些都不是用我们的结构学所能解释的。我不得不承认我们的科学在某些方面还远不及它们。

作者在这篇文章中，为我们介绍了一种叫做樵叶蜂的蜜蜂，它最大的特点便是具备深厚的几何学基础，作者通过对它剪叶、筑巢、做防御工事等方面的介绍，表现了它对几何运用的精准性。

这篇文章中的樵叶蜂，几乎具备一个数学家的头脑，它在筑巢、做防御工事等方面，都会用到自己剪下来的叶子，而它剪圆形的叶片，即使没有模子，也能剪得很精准，就像是用圆规画出的一样，令人感到惊奇。作者通过对樵叶蜂在“科技”上创造的奇迹的描述，表达了自己对樵叶蜂这种特异功能的佩服和赞叹。

1.樵叶蜂是如何在叶子上剪出了精致的小洞的？

2.樵叶蜂为什么要剪叶，是为了吃吗？

3.文中将樵叶蜂剪叶的过程比作什么过程？

（答案见最后）

强化训练

1.樵叶蜂是一种什么样的小昆虫?

2.文章中的樵叶蜂最大的本领是什么?

3.作者对樵叶蜂寄寓了怎样的感情色彩?

舍腰蜂

舍腰蜂也是蜜蜂中的一种，听名字便知，它有着曼妙的身材，除此之外，与其他蜜蜂不同的是，它巢穴建造地点的不寻常，这也是它最大的特点，那么，你知道它会将巢穴建到什么地方吗？我们一起走进看一看吧。

一、造屋地点的选择

我们的屋子旁边是很多种昆虫建筑它们的巢穴的最佳选择，在这些昆虫中最能够引起人们兴趣的，要算是那种舍腰蜂了。这是为什么呢？主要原因就在于，舍腰蜂有着美丽妖娆而动人的身材，头脑也非常聪明，并且它还会建造一种非常奇怪的窠巢[kē cháo]，这一点是应该注意的。【精解点评：舍腰蜂的窠巢有多奇怪，它又奇怪在什么地方？引起读者的阅读兴趣，为下文设置悬念。】

但是，知道舍腰蜂这种小昆虫的人却很少。甚至有的时候，它们就住在某一家人的火炉旁边，而这户人家却对这个小邻居一无所知。原因何在呢？是它那种生来就具备了的安静而平和的本性造成了这样的情况。是的，这个小东西生活得十分隐避，很难引起人们的注意。因此，连它自己的主人都不知道它就住在自己家里，早已算得上是自家成员之一了。

然而，既讨厌吵闹又特别怕麻烦的人类，和这些隐避性很强的小动物相比，要想使它出名，倒是件很容易的事情。那么现在，就让我来提高一下这个谦逊而又默默无闻的小动物的知名度吧！

舍腰蜂是一种极不耐寒的动物。它搭建起自己的帐篷，在那既帮助橄榄树茁壮成长，又鼓励着蝉儿纵情高歌的阳光下建筑自己的安乐之居。甚至有时，为了满足整个家族的需要，为了让大家都觉得比在阳光下还要温暖舒适，它们还会找到我们人类的门上，要求和我们共同生活。它们不用敲开我们的大门，也不询问一下主人是否同意与它们同住在一个屋檐下，它们会擅自做主，举家迁移进来，并且定居下来享受生活。【精解点评：用词准确，“擅自做主”“举家迁移”“享受生活”，这里的拟人化的语言，将舍腰蜂选择居所时的状态形象地表现出来。】

舍腰蜂平常的居所，主要是一些农夫们单独的茅舍。在那些茅屋的门外，通常都生长着一些高大挺拔的无花果树。这些果树的树荫都遮蔽着一口小小的水井。舍腰蜂在确定它的住所的时候，都会选择一个能够暴露在夏天里的炎炎烈日之下的地点。并且，如果有条件的话，最好还能够有一只装满柴火燃烧着的大火炉，这些条件对于舍腰蜂而言都是必不可少的。这是由它的天性所决定的。而到了寒冷的冬夜，火炉中的火焰喷射出来的温暖，会严重影响着它对于住所的选择。

因此，每当看到从烟筒里面冒出来的黑烟，舍腰蜂都会欣喜若狂，它们知道那里便是一个可以优先考虑的住所。因为，那里将会提供给它所必需的温暖与安逸。但是，相反的，如果烟筒里面并没有什么黑烟的话，那么它是绝对不会信任这种地方，也绝对不会来这样的地方建筑自己的家的。因为舍腰蜂聪明的头脑会判断出，这间屋子里的主人们一定有着忍饥挨饿、饥寒交迫的悲惨境遇。【精解点评：烟筒是否冒黑烟，决定了舍腰蜂是否会在此定居，表现了舍腰蜂喜好温暖和安逸的特点。】

在7、8月里的大暑天中，这些小客人，会突然出现。它们在找寻着适合做窠的地点。舍腰蜂一点儿也不怕惊动和扰乱，这间屋子里面的一切喧闹行为都不会影响到它。而住在屋子里的人们也一点儿都注意不到它。他们都注意不到彼此，因此也就互无干扰了。

舍腰蜂只不过在有的时候，会利用它那尖锐的目光，或者利用它那灵敏十足的触须，视察一下已经变得乌黑的天花板、木缝、烟筒等等。但是，特别受到它关注的仍然是火炉的旁边，这是它决不轻易放过的地方。甚至，它连烟筒内部都要认认真真地检查一番。【写作参考点：细节描写，通过对舍腰蜂认真检查烟筒内部这一细节的描写，表现了它建巢时的严谨。】它可真是一种细致入微的小动物。一旦完成了视察的工作，并且决定了建巢的地点以后，它们便立即飞走了。然后不久，就会带着少量的泥土飞回来，开始建筑它的房子的底层。于是，筑造家园的工程便正式破土动工了。

舍腰蜂所选择的地点各不相同，也是非常奇怪的一个特点。炉子内部的温度最适合那些小蜂了，因此，舍腰蜂所中意之处，至少得是烟筒内部的两侧，其高度大约在20寸左右的地方。不过，尽管这个地点可以说是一个非常舒服的藏身妙处，可是，世上不会有十分完善的东西，它也有不少的缺点。由于巢是建在烟筒内部的，那么自然会时常乌烟瘴气的。如果烟喷到蜂巢上面，那么，巢中的舍腰蜂就会被“污染”了——被染成棕色或是黑色的，那颜色就该像烟筒里被熏过的砖石一样。

假使蜂巢不会被火炉里的火焰烧到，那还关系不大。最重要的事是，小蜂有可能会被闷死在黏土罐子里。不过，替它们担心是多余了，它们的母亲早就已经做出适当的预防了，因为这位母亲总是把它自己的家族安排在烟筒适当的位置上。它们选定的处所非常宽大，在那个地方，除了烟灰以外，一般是不会有其他的东西到达的。

虽然舍腰蜂样样都当心，时时刻刻都仔细谨慎，但是它再小心也总有疏忽的时候。它如此地小心，但还有一件很危险的事情在等待着它们。这件事会不时发生，那就是当舍腰蜂建造它的房屋的时候，如果在这个关键的时刻，有蒸汽或者是烟幕的来袭，那么，它正在努力建造的房子，就只能半途而废了。

于是，它们要么停下来等待，要么就整天停工不干。这种事情发生

的可能性最大、危险性也最大的时候，就是这家的主人在煮、洗衣服的时候。那样的话，就会从早到晚不停地有满盆子的水滚沸着，炉灶里的烟灰、大盆和木桶里面发出来的蒸汽，混合成为浓厚的烟雾。这是对蜂巢严重的威胁，而这个时候舍腰蜂甚至会面临家毁人亡的灾难。

我曾经听别人说起过，河鸟在回巢的时候，总是要从水坝下的大瀑布飞过。听起来河鸟已经算得上是一种相当有勇气、有胆量的小动物了。但是，舍腰蜂与之相比却毫不示弱，而且它的勇敢与胆量甚至已经超过了河鸟。【写作参考点：对比，将有胆量的河鸟与舍腰蜂相对比，突出了舍腰蜂更勇敢的特点。】

它在回巢的时候，总是要含着一块泥土在嘴里，用于建造它的巢穴。它要从浓厚的烟灰的云雾中穿越过去才能到达它的工地。但是，那烟幕实在是太厚重了，以至于舍腰蜂冲进去以后，完全看不见它那小小的身影。然而，虽然看不见它那小小的躯体，却能够听见阵阵不规则的鸣叫声。这是什么声音呢？不是别的，这正是它一边工作，一边低声吟唱的歌声。通过这声音，我们可以断定，舍腰蜂一定还在里面，而且它是快乐的。它正愉悦地从事着它的本职工作，不辞辛劳地建筑着自己的住所。

看得出来，它对自己的劳动相当满意，并乐于从事这项工作。在这层厚厚的烟雾里，它很神秘地进行着它自己的工作。忽然，那歌声停止了，不一会儿它就飞了出来，从那层充满神秘色彩的浓雾里飞出来了，它毫发无伤。毕竟它就是靠这本能生存嘛！在把巢最终建好之前，它几乎每天都要经历无数这种危险的事情，直到把食物也都储藏好，再把自家的大门关上为止。然后，它才可以休息。这个小东西为了自己的家园也真是任劳任怨（任：担当，经受。不怕吃苦，也不怕招怨）了！

也许是因为我比较细心，所以我能够看到舍腰蜂在我的炉灶里忙碌着建造住所、储备食物的情景。记得我第一次看到它们的时候，那时候我正在煮、洗衣服。本来，那段时间，我是在爱维浓（Avignon）学院里教书的。那天，已经将近 2 点钟了，再有几分钟，外面就该有人敲鼓催促我去给羊毛工人们做演讲了。就在这个时候，忽然，我看见了这种小昆虫。它是那样的奇怪而轻灵，它正从由木桶里蒸腾出来的蒸汽中穿飞出来。它的身形长得真的很有趣，中间的部分异常瘦小，而后部却又非常肥大，在这两部分之间，竟然只有一根长线连接起来。多么奇怪的小东西啊！它就是舍腰蜂。这是我第一次没有用观察的眼光来看它，第一印象便在这样的情况下形成了。

在这初次相识之后，我一直对这个小客人抱有十分浓厚的兴趣。我非常热心地希望能和这个微小的客人互相结识，作一些沟通和交流。于是，我便嘱咐我的家人，不要在我不在家的时候去主动打扰它们，不要破坏了它们的正常生活。瞧，我是多么小心地保护着这个未受到邀请的不速之客呀！

事情发展的良好态势已经远远超出了我的想象，当我回到家里的时候，发现它并没有受到任何打扰，并且一个个都安然无恙（恙：病。原指人平安没有疾病。现泛指事物平安未遭损害。）、怡然自得（怡然：安适愉快的样子。形容高兴而满足的样子。）。它还是在蒸汽的后面努力地工作着，它们为自己的家而不辞劳苦。由于我迫不及待地想要观察一下它们的建筑和它的建筑才能，它的食物的性质，还有那幼小的舍腰蜂是怎样孵化和生长的，因此，我熄灭了炉灶中的火焰。我要减少烟灰的数量才能更便于我的观察。我非常仔细地注视它将近两个小时的时间。

但是，从这以后，不知道是为什么，在将近40年的时间里，再也没有这样小的客人光临我的屋子，它们的踪影一点儿也见不到了。而对舍腰蜂进一步的了解，还是我通过邻居家的炉灶旁边的蜂巢得出来的。

通过细心观察我发现，在这个小小的动物身上，还存在着一种孤僻的流浪习性。这一点使得它不同于其他大多数黄蜂和蜜蜂。通常情况下，它总是在选好的地点，筑起一个特别孤独的巢穴。同时，在舍腰蜂生活的地方，是很少能见到它自己家族的成员或亲属的。【精解点评：从舍腰蜂建筑孤独的窠穴、不容易见到它的亲属这两方面，能够表现出舍腰蜂孤僻的流浪习性。】

在我们城南附近，经常可以看到这种小动物。但是，它们宁愿挑选

农民那满是烟灰的屋子里的炉灶来筑造自己的家，也不愿意去那些城镇居民雪白的别墅里的炉灶安家。我们村里的舍腰蜂，比我所到过的任何地方看到的都要多。与此同时，我们村里的屋子都很有特色，那里的茅屋都是倾斜成一定角度的，而且日光把茅屋都晒成了黄色，这使得它们看上去独具特色。

事实再明显不过了，舍腰蜂选择烟筒作为自己的住所，这一点是不容置疑的了。但是，它之所以为自己选择这样的地方，并不能说明它贪图安逸与享乐。因为，很明显，这样的地方并不是什么特别舒服的处所。这样的地方更要求这种小动物加倍地努力，具备更好的才能才行。而且，在这种地方工作，危险系数是很大的。因为这里时常会发生险情，需要冒着很大的危险，甚至危及生命。

从这一点看来，说它是为了安逸而选择烟筒建巢，那可真的要大大地冤枉了我们这位小客人了。它完全是为了整个家族的利益考虑选择这样的地点来筑巢建穴的，而并非出于私利。它希望大家共同享福，而不是只有自己舒服就可以了。共同舒适，那才是它们真正要达到的目标。因而可以说，舍腰蜂还是一种比较热爱家庭的动物，它有着很强的家庭责任感。当然，舍腰蜂选择烟筒还有一个重要的原因。那就是它及它的家族成员对温度的要求，这是本能的原因，它们的住所必须建在十分温暖的地方，而这一点是和其他的黄蜂、蜜蜂之间存在巨大差异的。【精解点评：这里再次强调了舍腰蜂喜好温暖的特点，与上文内容相呼应。】

我记得去过一家丝厂，在那里我也见到一个舍腰蜂的巢。它把巢建在机房里，那个地方刚好是在大锅炉上面的天花板上。看来，它真是很有眼光的啊！它为自己选择的这个地点，整整一年，无论寒暑，也无论春秋的变迁，温度计上所显示的温度，都是恒久不变的 120 度，只是要除去那些不工作的时间——晚上和那些休假的日子。很显然，在这些日子里，锅炉是不会加热的，所以，温度必然会随之变化。这个事实很明显地告诉我们，这个小小的动物对温度的要求还真是高啊！而且，它也的确是个很会为自己挑选住所的家伙。

还有，在乡下的那些蒸酒的屋子里，我也曾经不止一次地看到过舍腰蜂的巢穴。而且，它们已经占满了任何可以选择的、方便它们安居与行动的地方，甚至，连那些堆积账簿的地方，都被它们占据了。蒸酒房里的温度，和刚才提到的丝厂里的温度相差无几。大约有113度左右。这些温度再次让我们了解，这种舍腰蜂甚至足可以在那种使油棕树生长的热度下生存。

如此看来，锅，还有炉灶，自然而然地成了舍腰蜂首选的理想家园了。但是，除了这些极其优秀的地方以外，舍腰蜂也不会厌弃其他可以选择的地点。它会居住在任何可以让它觉得舒适、安逸的角落里面。比如，在花房里，在厨房的天花板上，可关闭窗户的凹陷处，还有茅舍中卧室的墙上等等。至于建造自己窠巢的地基如何，它却并不放在心上。为什么呢？因为，通常它多孔的巢穴，都建筑在石壁或者是木头上，相对而言，这些地方还是比较坚实的，因而，它们似乎并不关心房屋的基础。不过，我也曾经看到过它把自己的巢筑在葫芦的内部、砖的缝隙之中，或者在皮帽子里，或者是装麦子用的空袋子里。有的时候，它还会在铅管里面建巢。【精解点评：这里介绍了适宜舍腰蜂生存的各个处所。】

记得有一次，我在学院附近的一个农夫的家里看到一件事情，让人觉得尤为新奇。在这个农夫家里，有一个非常宽大的炉灶。在炉灶上的一排锅里，正煮着农工们要喝的汤，以及一些供牲畜们食用的食物。过了一会儿，工人们都从田地里收工回家了，辛苦了一天，他们一定都饿极了。

回来后，在装有这个炉灶的大房间里，他们不声不响迫不及待地，在一边狼吞虎咽地吞食着他们的食物和汤。为了要享受这休工用饭的仅仅半小时的舒适，他们干脆摘掉戴在头上的帽子，以免妨碍他们吃饭，随后上衣也被脱去了，并被随手挂在一个木钉的上面。这吃饭的闲暇，对于农工而言，是很短暂的，但是，在舍腰蜂看来，用这段时间去占据工人们刚刚脱下的衣物，却又是绰绰有余了。在这些衣物中、草帽里边，都被它们视为最合适的地方。那些上衣的褶缝，则被视为最佳的地点，

它们抢着去占领它。

与此同时，舍腰蜂的建筑工作也就马上破土动工。这时，一个工人吃完了饭，从饭桌旁边站起来，抖了抖他的衣服。紧接着另外一个人也站起来，走过来摘下自己的草帽，也抖了一下。这样的几下抖动便破坏掉了舍腰蜂刚刚初具规模的窠巢。就是在这个时候，在这么短暂的时间里，它的蜂巢居然已经有一个橡树果子那样大了，真出乎人们的意料。它们可真是一些让人惊奇的小动物。

在那个农夫家，有一位专门烹调[pēng tiáo]食物的女人。她对舍腰蜂这种动物是一点儿好感也没有。她总是报怨这些可恶的小东西会常常跑出来，弄脏了许多的东西。天花板、墙壁，还有烟筒上，总是被涂满了泥，打扫起来很费力气，真让人讨厌。但是，在衣服和窗幔上，情况就大不相同了，她每天都会用一根竹子，使劲地敲打窗幔，来保持它的整洁。所以，在这里会稍好一些，略微干净一些。但是，驱逐这些扰人的小动物真的是太不容易了！赶走了一次，第二天早晨它又会像什么也没发生一样跑回来做巢。它可真是个执着的小家伙，总是不厌其烦地做着它本能的工作。【精解点评：这里表达了作者对舍腰蜂执着精神的赞叹和欣羡。】

二、它的建筑

事实上，我非常同情这个农家厨役，很能理解她的烦恼。但是，我不能代替她的位置，而只能对此感到遗憾。我无能为力，如果，我能够凭借某种力量，给这种小动物提供一个安安静静的稳定的地点建屋居住，那该有多好啊，我一定会特别兴奋的。这样一来即便它把家具弄满了泥土，那也全无所碍！我更希望能够知道它的那种巢的命运，如果那巢是做在并不稳固的东西上，比如，衣服或是窗幔上，那么它们该怎么办呢？

泥水匠蜂的窠巢是利用硬质灰泥制作而成的。它的巢一般都围绕在树枝的四周。由于是灰泥组成的，所以它能够非常坚固地附着在上面。但是，舍腰蜂的窠巢，只是用泥土做成的，并没有添加水泥，或者是其他能让它坚固的基础。那么，这些问题是怎么解决呢？【精解点评：问题

的提出，留给读者思考的空间，引出下文对舍腰蜂的建筑材料的介绍。】

舍腰蜂并没有什么特殊的建筑材料，只是用从湿地上取来的潮湿的泥土，因此，河边的黏土是最合适的选择。但是，在我们这样一个多沙石的村庄里，河道少得可怜。可是在我自己的小园子里，在种植蔬菜的区域里，我挖掘了一些小沟渠，以便更好地耕种。因此，有些时候，有一些水，就会整天在沟里流。因而，舍腰蜂的身影便经常会在这里出没，它们在这里选择适宜的泥土。于是在无事可做的时候，我就可以观察这些建筑家了，而且这里真是一个很有利的观察地点。【精解点评：作者用建筑家来代指舍腰蜂，突出表现了它在建筑窠巢方面的才华。】

飞过沟渠的时候，它当然会注意到这件可喜的事情，于是就匆匆忙忙地跑过来取这一点点珍贵的湿泥。它们从不轻意放过在这没有湿气的时节里的极为珍稀的发现。那它们又是如何掘取这泥土的呢？它们用下颚刮取沟渠旁边那层表面光滑的泥，把足直立起来，振动着双翼，高高地抬举起它那黑色的身体。我的管家妇在这泥土旁边做工的时候，总是非常小心谨慎地提起她的裙子来，以免弄脏，但事实上，却几乎不可能不沾上污渍。可是这样一群不停地搬取泥土的黄蜂，原本应该会很脏的，可事实上它们的身上竟然连一个泥点儿都没有。它们自然有它们自己聪明的办法来做到这一点——它们把身子提起来，这样就能使它们全身上下一点儿泥污也沾染不上了。除去它们的足尖以及用于工作的下颚之外，其他的地方都看不到任何泥迹之类的脏东西。

这样不久，一个泥球就做好了，差不多有豌豆那么大。然后，它们就会用牙齿把它衔住，飞回去，增加在它自己的建筑物上面。这项工作完成以后，它并不歇一下，便继续投入到新的工作之中——接着飞回来，再做第二个泥球。在一天之中，就算天气最为炎热的时候，只要那片泥土仍然是潮湿的，那么，它们的工作就会不停地继续下去。

除了我这园中的小小的沟渠边有这片潮湿的泥土以外，在村子里，最好的地点，就应该是人们牵着驴子去饮水的那片泉水旁边了。在这个地方，无论什么时候都有潮湿的黑色烂泥。哪怕是那种最热的太阳，最

强烈的风，也不足以把这片泥土吹干。对于那些走路的人来说，这种泥泞不堪的地方，是非常不方便，也极不受欢迎的。然而，舍腰蜂却不同，它非常喜欢到这个地方来，因为这里的土质非常好，它也更喜欢在驴子的蹄旁做小泥丸，每次它都会有丰富的收获。

和泥水匠蜂这位黏土建筑家不一样，舍腰蜂并不先把泥土做成水泥，它会把现成的泥土拿走，直接应用于建筑。所以，舍腰蜂的巢很不结实，也更不稳定，完全不能抵挡千变万化的气候。【精解点评：将泥水匠蜂的建筑方式与舍腰蜂相比较，突出了舍腰蜂建筑的巢的不稳定和不结实。】只要落上去一个水滴，蜂巢就会变软，变成和原来一样的泥土。要是再有一阵狂风大雨的话，那么它的巢穴就会被打成泥浆而不复存在了。这是因为，这种蜂巢实际上只不过是用干了的烂泥做成，一旦浸了水，就会马上变成和原来一样的软泥，巢穴也就自然不复存在了，它们就必须再次辛苦地重建家园。

事实就是这样显而易见，就算幼小的舍腰蜂根本不惧怕寒冷，也不怕雨水把蜂巢打得粉碎，那蜂巢也必须建在风雨不侵的地方。这就是这种小动物喜欢选择人类居住的屋子建巢，而且特别是选择温暖的烟筒里面来建筑自己的住所的缘故。安全是很重要的因素。【精解点评：直接点明安全是舍腰蜂选择建筑地点的重要因素。】

在最后一项装饰工作——把它辛苦制造的建筑的各层遮盖起来——还没有完工之前，舍腰蜂的窠巢的确具有一种自然美。它的一些小窠穴常常并列成一排，有点儿像口琴的形状。【写作参考点：比喻手法的运用，将舍腰蜂的巢比作口琴，形象地表现了并排的小窠穴的形状。】不过，它们还是以那种互相堆叠起来成层的居多。数一数，有的时候，有 15 个小巢穴；有的时候，则有 10 个；有时，又会减少至三四个；有时，甚至只有一个。

舍腰蜂的巢穴的形状和一个圆筒相似。它的口稍微有点儿大，底部又稍细小一些。大的有一寸多长，半寸多宽，蜂巢有一个经过非常仔细粉饰的表面，看上去非常别致。在这个表面上，会有一列线状的凸起围绕在它四周，就好像金线带子上的线一样。每一条线，就是建筑物上的一层。这些线的产生，是由于用泥土遮盖起每一层已建好的巢穴而显露出来的。它的数量，就会代表在舍腰蜂建筑它的时候，一共来回往返了有多少次。而它们通常是 15 到 20 层之间。每一个巢穴，大概需要这位不辞辛劳的建筑家来往返复20次来搬运材料。可见，它们是多么辛劳啊！

蜂巢的口自然是朝向上面的。如果一个罐子的口是朝下的，那么，它就没有办法盛下什么东西了，道理也就在这里。舍腰蜂的窠穴，也并不是什么特殊的东西，不过就像一个罐子而已，其中预备盛储的食物便是：一堆小蜘蛛。

这些巢穴一一建造好了以后，舍腰蜂便会在里面塞满蜘蛛。等它们产下卵以后，就把它们全部封闭在里面。但是，这时候，它依然保存着漂亮的外表，这种漂亮的外表一直要保持到舍腰蜂认为巢穴的数量足够多的时候为止。

于是，舍腰蜂就会把整个巢穴的四周，再堆上一层泥土，以便使它更加坚固，从而可以起到更好的保护作用。在这次的工作中，舍腰蜂也不进行什么周密的计算了，它不再做得那么精巧，更没有从前做巢那样，铺加以相当的修饰之物。舍腰蜂能带回多少泥土，就往上面堆积多少泥土。能堆多少就堆多少，不再有任何修补、装潢的动作了。泥土一旦被取了回来，便堆放到原来的巢穴上去。然后，再那么随意地、漫不经心地轻轻地敲几下，使这些泥土可以铺开就行了。有了这一层包裹的土，建筑物的美观就统统都被掩盖住了。这最后一道工序完成以后，蜂巢的最后形状就形成了，此时此刻的蜂巢就好像是一堆泥，一堆被人们抛掷到墙壁上的泥。

三、它的食物

现在，我们都已经很清楚这个装食物的罐子的形成过程了。接下来，我们必须了解在这个罐子里边，究竟都隐藏了一些什么。

幼小的舍腰蜂，是以各种各样的蜘蛛作为食物的。甚至，在同一窠巢中，都会有形状各异的食品，因为，不管什么样的蜘蛛，只要个头不

是很大，就都可以充当食品。否则就没法装到罐子里去了。在幼蜂的众多食品中，那种后背上画着三个交叉着的白点的十字蜘蛛，是最为常见的美味佳肴。其中的理由应该是很简单的，因为，舍腰蜂不会跑到离家很远的地方千里迢迢地捕猎食物。它只会经常在住所的附近游猎。而在它的住宅附近的范围内，这种有交叉纹的蜘蛛是最容易寻找得到的。【精解点评：点明十字蜘蛛成为幼蜂食品中最常见佳肴的原因，即最容易寻到。】

对于幼蜂而言，最最危险的野味儿，要算是那种生长着毒爪的蜘蛛了。假使蜘蛛的身体又特别的大，那么想要征服它，就必须拥有更大的勇气和更多的技艺才行。这可不是一件容易的事情！而且，蜂巢的地方太小，也盛不下这么大的一个东西。所以，舍腰蜂只得放弃猎取大个儿的蜘蛛。还是更实际些吧，不去干这种吃力不讨好的傻事。

于是，它只得选择去猎取那些小型的蜘蛛为食。如果，它碰上一群可以猎食的蜘蛛，那么它从来不贪多，总是很聪明地只选择其中最小的那一个。但是，即使个儿头都是较小，但俘虏的身形之间还是差别比较大。因此，大小不同，就会影响到数目的差异。在这个巢穴里面，盛有一打蜘蛛，而在另外一个巢穴里面，却只藏着五六个蜘蛛。

舍腰蜂专选那些个儿小的蜘蛛，还有一个理由，那就是，在它把猎物装入巢穴里之前，得先把那个蜘蛛置于死地。它要采取几步行动：先是以快取胜，突然一下子落到蜘蛛的身上，趁连翅膀都还没来得及停下来的时候，就把这个小蜘蛛带走。其他的昆虫在扑食时会采用麻醉的方法，而这个小动物却一点儿也不知道。这个小小的食物，一旦被储藏起来，就很容易腐败变质。幸好这个蜘蛛的个子小，只一顿就可以把它吃光。要是换了一只大一些的蜘蛛，那可不是一顿能吃得完的，要分成几次吃才行。这样的话，这个蜘蛛是一定要腐烂，而烂了的食品就会毒害到窠巢里其他的幼虫，这会危害到整个家族。【精解点评：对于选小蜘蛛的原因，作者认为小的可以一顿吃完，不至于腐烂而危害整个舍腰蜂家族。】

我经常能够看到，舍腰蜂的卵并没有放在蜂房上面。而是在蜂房里储藏的第一个蜘蛛的身上。几乎都是这样的，完全没有例外。舍腰蜂都是把第一个被捉到的蜘蛛放在最下层，然后再在它上面产卵，再把别的蜘蛛放在顶上。这种办法还真是聪明，这样小幼虫就能先吃掉那些比较陈旧的死蜘蛛，然后再吃那些新鲜的。这样一来，也就没有足够长的时间使蜂房里面储藏的食物变坏了。这的确是一种行之有效的办法。

蜂卵总是放在蜘蛛身上的某一部分。蜂卵包含头的那一端，放在靠近蜘蛛肉最肥的地方。这对于幼虫是很有利的。因为，一经孵化以后，幼虫就可以直接吃到最柔软可口和最有营养的食物了，这是一个很聪明的主意。应该说，大自然赋予了舍腰蜂这种巧妙的天性。这样的一个有经济头脑的动物，不会浪费掉一点食物。等到它完全吃光这个蜘蛛的时候，一堆蜘蛛就什么也没有了。这种大吃大喝的生活要经过8至10天之久。【精解点评：作者对这样有经济头脑且聪明的舍腰蜂，表达了自己的钦佩之情。】

在这样一顿盛餐之后，蛴螬就开始做茧了。那是一种纯洁而又异常精致的白丝袋。还有一些可以起到保护作用的东西，可以使这个幼虫的丝袋更加坚实。于是，蛴螬就又从它身体里制造出一种像漆一样的流质，这种流质渐渐地浸入丝的网眼里，然后再渐渐地变硬，就成为一种很光亮的保护漆了。此时，幼虫又会在它的茧下面再增加一个硬硬的填充物，使得一切都更加妥当。

这项工作完成以后，这个茧就会呈现出漂亮的琥珀色，很容易让人联想到那种洋葱头的外皮。因为，它不仅与洋葱头有着同样细致的组织、同样的颜色和透明感，而且，它和洋葱头一样，用指头轻轻一碰，便会发出沙沙的响声。完整的昆虫就是从这样的黄茧里孵化出来的。随着气候的变化，早一点或是迟一点，各有不同。

当舍腰蜂在蜂巢中储藏好东西以后，如果我们想要和它开一开玩笑的话，那么舍腰蜂的本能就会立刻显露出来了。

在它辛辛苦苦地把巢穴做好以后，便随即会带回它的第一个蜘蛛。舍腰蜂会马上把它拖进巢里，收藏起来，然后在它身体最肥大的部位产

下一个卵。把这一切做好以后，它便又飞出去了，继续它的野外旅行和捕猎了。趁它不在家的时候，我把那只死蜘蛛连同那个卵从它的巢穴里一同取走了。就算和这只舍腰蜂开个小小的玩笑吧，它该会有什么样的反应呢？

我们自然而然地联想到，如果这个小动物稍微有一点儿头脑的话，那么，它是一定能够发觉这个蜘蛛和卵的失踪的，而且应该会感到惊奇！蜂卵虽小，但是，它是被放在那个大蜘蛛的身体上的。那么，当我们的这个蜂妈妈再飞回来以后，一定会发现巢穴里面是空的，那么它会怎么做呢？将会有什么举动呢？它会很有理智地再产下一个卵，以补偿它所失去的那一个吗？事实上完全不是这样的，它的举动是非常不合情理的。【精解点评：作者在此提出了问题，留待解决，为文章制造了悬念，同时引起读者的思考。】

现在，这个小东西所做的事情，只不过是又带回了一只蜘蛛，而且非常坦然地再次把它放到巢穴里边去了。就好像并没有发生过什么意外一样，似乎它根本就没有发现自己的孩子已经不见了，甚至那只刚刚捕获的蜘蛛也没有了。

它没有发现这不幸变故，因而也就并没有任何吃惊、诧异、着急甚至是不知所措之类的失意的表现。在这以后，它居然仍是若无其事地一只又一只地带回蜘蛛放在窠里。每次它都重复着同样的动作——把巢里的猎物和卵都安排妥当了以后，便再次飞出去，继续盲目而执着地奋斗着。每次在它飞出去的时候，我都会把这些蜘蛛和蜂卵悄悄地拿走。

因此，它每一次游猎回来，它的储藏室里总是空着的。就这样，它徒劳地忙碌了整整两天。它怀揣着满心的热情与努力，无论如何也要装满这个不知为何永远也装不满的食物瓶子。而我同它一样，也不屈不挠地坚持了两天的工夫，一次又一次耐心地去除巢穴里的蜘蛛和卵。我真的想要看看这个执着的小傻瓜究竟要等到何时才能结束这毫无意义的工作。当这个傻乎乎的小动物终于完成了它的第 20 次搬运的时候，也就是送来第 20 个猎物的时候，这位辛苦多日的猎人大概以为这罐子已经装够了——或许也正是因为在这么多次的旅行中疲倦了——于是，它便自认为小心且谨慎地把巢穴封闭起来，而实际上，那巢穴里面却是空空的！什么东西都没有。它根本没有注意到这一点，它忙碌了这么久，而它根本就意识不到自己的徒劳，真是让人可怜啊！

在任何情况下，昆虫都仅有有限的智慧。这是毫无疑问的，无论面临哪一种临时的困难，昆虫，这种小小的动物，都无法迅速地解决。无论是哪一个种类的昆虫，都无法对抗这种突如其来的变故。这一点，我可以罗列出一大堆的例子来证明，昆虫就是一种没有丝毫理解能力的动物。当然，它也是一种不具有意识的动物，虽然它们可以把工作做得异常的完备。【精解点评：作者虽然佩服舍腰蜂的聪明，但也不得不承认，昆虫的智慧毕竟是有限的，表现了作者研究动物时的理性和客观性。】

经过这么长时间的经验和观察，我不能不得出结论：它们的劳动既不是自动的，也不受意识的支配。它们的建筑、纺织、打猎、杀害，以及麻醉它们的捕获物，都和消化食物或是分泌毒汁一样，其方法和目的完全是不自知的。所以，我相信这一点，即这些动物对于它们所具备的特殊才能，完全是既不知也不觉的，是莫名其妙的。

我们无法改变动物的本能。经验不能指导它们；它们的无意识也不能因为时间而有一丝一毫的觉醒。如果它们只有单纯的本能，那么，它们又怎么能有能力去应付大千世界，应付大自然的环境变化呢？环境一直在变化，意外的事情时有发生，也正因为如此，昆虫就必须具备一种特殊的能力，用来教导它，使它们自己能够清楚地了解到什么是应该接受的，什么又是应该拒绝的。它的确需要某种指导，而这种指导，它自然是具备的。不过，如果用智慧这样一个名词来解释，似乎太精细了点，在这里也并不适用。因此，我叫它为辨别力。【精解点评：对一个词的使用的推敲，表现了作者做研究时的严谨态度。】

那么，昆虫，能够意识到它自己的行动吗？能，但同时也不能。如果是由于它所拥有的本能而引起的行动，那么它就不能意识到自己的行

动。如果它的行动是由于存在辨别力而产生的结果，那么，它就完全能够意识到。

比如，舍腰蜂利用软土来建造巢穴，这就是它的本能。它的巢穴都是这样建造的，从一生下来就会。既不是时间的修炼，也不是生活的奋斗与激励。而它模仿泥水匠蜂，用细沙的水泥去建巢，也并不是它的本能。

舍腰蜂那个一定要建在一种隐避之处的泥巢，是要抵抗自然风雨的侵袭的。在最初的时候，它们也许只在石头下面建巢，也许只要是可以隐匿的地方就能够被认为是相当合适的了。但是，当它发现还有更好的地方可以选择时，它便会立刻占据下来，然后搬到人家的屋子里边去住。那么，这就属于辨别力了。

舍腰蜂利用蜘蛛作为子女的食物，这是它本能的一种。没有其他的任何方法，能够让舍腰蜂懂得，小蟋蟀也和蜘蛛一样可以当做食物。不过假设那种长有交叉白点的蜘蛛变得少了，那它也决不会让宝宝挨饿的。它一定会选择其他品种的蜘蛛，捕捉回来给它的子女吃。那么同样，这也是辨别力。

正是这种辨别力的作用之下，隐伏着昆虫将来任何进步的可能性。

四、它的来源

舍腰蜂又给我们带来了另外一个问题。它寻找着房子里火炉的热量，这是因为它的巢穴是用软土建筑起来的，潮湿会把它的房子变成泥浆而无法居住。所以，必须要有一个干燥而隐避的场所来做它的家。因此，舍腰蜂生活中所必要的还有热量。

那么，它会不会是一个侨民呢？或许它是被海水卷过来的？或者它是从有枣椰树的陆地来到这生长洋橄榄的陆地的？如果事实果真如此，那么它们也就必然会觉得我们这里的太阳是不够温暖的，那也就必须要找到一些更温暖的地方，比如火炉，作为人工取暖的地方了。这样说的话它的习性就可以解释了，也许正是因此它才和别的种类的黄蜂有那么大的差别，而且这种蜂都是会避人的。

在它还没有到我们这里来做客以前，它又有什么样的生活呢？在没有住在我们的房屋里以前，它又是住在什么样的地方呢？没有烟筒的时候，它的蛴螬又被隐藏在哪里呢？【精解点评：一连串的问题，使得读者对舍腰蜂以前的生活更加好奇，引出下文对舍腰蜂来源的介绍。】

也许，当古代山上的居民用燧石做武器、剥掉羊皮来做衣服、用树枝和泥土建造屋子的时候，这些屋子便已经有了舍腰蜂的足迹了。也许那个时候，它们就把巢建筑在我们的祖先用手指取黏土制作成的一个破盆里面，或者它就在狼皮及熊皮做的衣服的褶缝里边筑巢。我一直感到很奇怪，当它们把巢建在用树枝和粘土造成的粗糙的壁上时，它们是否也会选择那些靠近烟筒的地点呢？虽然这些烟筒并不同于我们现在所使用的，但是，在迫不得已时，那些烟筒也是完全可以利用的。

如果说，古时，舍腰蜂的确和那些最古老的人们共同生活过，那么它所经历和亲见的进步真的是太多了，而且，它所得到的文明的利益也丰富极了。它已经把人类在进步过程中扩大的幸福转变成为自己的了。当人类发明出在房屋的屋顶上铺上天花板的法子，想出在烟筒上加上管子的主意以后，我们便也可以联想到，这种如此怕冷的动物会怎样自言自语：

“这是多么的舒适啊！让我们在这里建造房屋吧！”【精解点评：这是作者想象中的舍腰蜂的语言，诙谐而真实地展现了舍腰蜂怕冷的心理。】

但是，我们也许还应该追究得更远一点。在小屋还没有出现以前，在壁龛也不常见之际，甚至是在还并没有人类之时，舍腰蜂又是在哪里造房子的呢？当然，这个问题绝不是一个孤立的问题，我们同样还可以这样问：在没有窗子、烟筒等东西以前，燕子和麻雀又是在哪里筑巢的呢？

在人类出现以前，燕子、麻雀、舍腰蜂就是已经存在了的。显然，它们的工作并不是依靠人类劳作的。当这里还没有人类的时候，它们必定也已经具有了同今日一样高超的建筑技艺了。

在那个时候舍腰蜂是住在哪里的？30多年来，我一直都在问我自己。【精解点评：作者对一个问题的追问，时间长达30多年，确实令人感动，

这也是他对科学的执着。】

在我们的屋子外面，我们找不到它们的窠巢的痕迹。在房子外边，在空旷的广场、在荒丘的草地里，我们没有找到任何一个舍腰蜂的住处。

但是，最终，我长期的研究结果表明，一个帮助我的机会出现了。

在一个采石场上，有许多碎石头子和废弃物一直堆积在这里。据说已经有几百年的时间了。几个世纪的污泥沉积在这个乱石堆上，几百年的风风雨雨，将这些乱石堆丢弃在人们面前。

田鼠也在那里生活着。在我寻找这些宝藏的时候，曾经3次在乱石堆中发现了舍腰蜂的巢。这3个巢与在我们屋子里发现的是完全一样的，用泥土来建筑，也用泥土来做保护的外壳。

而这个地方存在的危险性，并没有促使这位建筑家有一丁点儿的进步。我们有时——不过很少——看到舍腰蜂的巢还建筑在石堆里和那些不靠着地的平滑的石头下面。

因此在舍腰蜂没有侵入到我们屋子里以前，它们一定是把窠巢建筑在这样的地方的。

然而，这三个巢的形状，真的是太凄惨了，湿气已经完全侵蚀了它们，可怜的茧子也被弄得粉碎。在它周围也并没有厚厚的土来保护，它们的幼虫也已经死去了——被田鼠或别的动物吃光了。

这个荒凉的景象，使我惊疑地来到我邻居的屋外。是否能够真的为舍腰蜂选择一个恰当而又安全的建巢地点呢？事实很明显，母蜂不愿意这么做，并且也不至于被驱逐到如此绝望的地步。同时，如果说气候使它改变祖先的生活方式的话，那么，我可以断言，它必然是一个侨民。它应该是从遥远的异国他乡侨居到这里来的。不过也可能是另一种移民，那种因为各种原因而背井离乡的移民。也可能是难民，为生计所迫，不得不远走他乡，投奔其他地方的难民。

事实也的确如此，它是从炎热、干燥、缺水的沙漠式的地方来的，在它们生活的地方，雨水贫乏，雪几乎是没有的。【精解点评：由于气候的影响，作者提出了舍腰蜂来源的几种假设，并非没有道理。而事实证

明，他的猜测对了一部分。】

因此我觉得，舍腰蜂是从非洲迁移来的。

那应该是在很久以前，它经过了西班牙，又经过了意大利，来到我们这里，可以说得上是千里迢迢，也可以说它是不远万里、不辞辛苦地投奔到我们这里来。

它没有越过长着洋橄榄树的地带北去。它的祖籍是在非洲，而现在它又成为我们布曼温司的成员。

据说在非洲，它常把巢穴建筑在石头下面，而且听说马来群岛也有它们的同族、同宗，在那里它们是住在屋子里的。

从世界的一端，到世界的另一端，从世界的南边来到世界的北边，从地球的南边——非洲，来到地球的北边——欧洲！最后来到了马来群岛。不管在哪里，它的嗜好都是一个样的：蜘蛛、泥巢，还有人类温暖的屋顶。【精解点评：作者在这里再次点明舍腰蜂的习性，并抛开它的来源。】

假如我住在马来群岛，那么我一定要翻开乱石堆，找到它居住的巢穴。这时，我会很高兴地在一块平滑的石头下面，发现它的巢穴，发现它的住所——那是它原来的位置，就在这些石头的下面。

作者详细介绍了舍腰蜂的生活习性，并由生活习性决定了它筑巢地点的选择，并详细地展现了舍腰蜂筑巢的整个过程，另外，作者也向我们介绍了舍腰蜂饮食上的选择，和进食蜘蛛的过程。最后，由于它的习性，作者对它的来源也做了猜想和研究，对舍腰蜂各方面都有深入的了解，而这些都是建立在作者仔细观察的基础上，表现了作者对昆虫研究的专注。

作者通过对舍腰蜂建筑窠巢、饮食和来源的研究和探讨，突出表现了舍腰蜂最主要的一个特点，即喜爱温暖。在阅读的过程中，我们可以感受到，作

者在用满腔的热情与昆虫对话，表达了自己对聪明的舍腰蜂的钦佩，但同时，也知道昆虫的智慧是有限的，它们不能总是立刻就能做好一件事，表明作者对于自然生命的理解和包容。

1.舍腰蜂为什么要将窠巢建在人类的烟筒中？

2.对于烟筒的住所，舍腰蜂会如何选择？为什么？

3.哪些地方会成为舍腰蜂筑巢的首选？

（答案见最后）

1.“舍腰蜂还是一种比较热爱家庭的动物，它有着很强的家庭责任感。”这主要表现在什么方面？

2.舍腰蜂的建筑材料有什么特点？

3.舍腰蜂为什么更喜欢捕食小的蜘蛛？

采棉蜂和采脂蜂

名师导读

蜜蜂中也有不会筑巢的？这些不会筑巢的蜜蜂就是本章将要讲述的这两种，采棉蜂和采脂蜂。那么它们生活在什么地方？它们的住所有什么特别之处吗？没有巢，对它们的正常工作有影响吗？我们一起来看看吧。

我们知道，有许多蜜蜂像樵叶蜂一样是不会自己筑巢的，只会寄居在别的动物遗留或抛弃的巢穴中生活。有的蜜蜂会寄居在泥水匠蜂的弃宅，有的会寄居在蚯蚓的地道或蜗牛的空壳里，有的则会占据矿蜂曾经盘踞过的树枝，而还有的会搬进掘地蜂曾居住过的砂坑。在这些过着寄居生活的蜜蜂中有一种叫做采棉蜂，它有着极其独特的寄居方式。它会在芦枝上做一个棉袋，而这个棉袋就是它绝佳的睡袋；还有一种叫采脂蜂，它则把树胶和树脂塞在蜗牛的空壳里，再经过一番装修，就用以生活了。【精解点评：作者开门见山，简单介绍了这两种蜜蜂的寄居方式。】

泥水匠蜂总是匆忙地用泥土筑成“水泥巢”，就算大功告成了；木匠蜂只要在枯木上钻一个约 9 英寸深的小洞便心满意足了。尽管它们的家是那样简陋和粗糙，它们还是以采蜜产卵为首要的大事，并没有什么时间去精心装饰它们的房子。在它们眼里，屋子只要能够遮风挡雨就行了。而另外几类蜜蜂可以算得上是艺术装饰的大师了：像能在蚯蚓的地道中做一串盖着叶片的小巢的樵叶蜂；像在芦枝中做一个小小的精致棉袋的采棉蜂，使简陋的地道和干瘪的芦枝别有一番风情，令人拍案叫绝。【精解点评：作者运用铺垫的方式，引出采棉蜂的巢，即一个精致的棉袋，并表达了自己对这种巢的欣赏。】

看到那一个个洁白精致的小棉袋，我们就可以了解采棉蜂的确是不适宜做掘土类的工作的，它们只能是优秀的装修师。它们的棉袋做得长长的、白白的，尤其是还没有装入蜜糖的时候，它简直就是一件轻盈精致的艺术品。我想不会有一种鸟可以把巢做得像采棉蜂的棉袋一样的清洁、精巧。它是怎样集中起那一个个棉花小球来，再拼成一个针箍形的袋子呢？它并没有其他特殊的工具，有的只是和泥水匠蜂、樵叶蜂一样灵巧的嘴，但它们的工作在方式和成果上看，都是截然不同的。

通常情况下，我们都没有办法看清楚采棉蜂在芦枝内工作的情形，它们经常在毛蕊花、蓟花、鸢尾草上采棉花，而那些棉花早已没了水分，这样建出巢来才不会出现难看的水痕。

它是这样工作的：它先停在植物的干枝上，再用嘴巴把外表的皮撕去。当采到足够的棉花之后，用后足把棉花压到胸部，就成了一个小球，等到小球像豌豆那样大的时候，它就会把小球含到嘴里，衔着它飞去了。如果我们有耐心等待，将会看到它每一次都会回到这同一棵植物上采棉，直到把它的棉袋做完为止。

采棉蜂还会把采到的棉花分成不同等级，以适应袋中不同部分的需要。还有一点使采棉蜂很像鸟类。鸟类会用硬硬的树枝卷成架子使自己的巢结实一些，还会用各种羽毛填满巢的底部，这样会使巢更加温暖舒适，且更宜于孵育小鸟。采棉蜂也是这样做它的巢的。它用最细的棉絮衬在巢的内部，而入口处则用坚硬的树枝或叶片来做“门窗”。【精解点评：将鸟类的筑巢方式与采棉蜂相比较，表明了在筑巢方面两者的相似。】我从未看到采棉蜂在树枝上做巢的样子，但我却看到了它是怎样做“塞子”的，而这“塞子”其实就是它的“屋顶”。它用后足把采来的棉花撕开铺平，并用嘴巴把棉花内的硬块扯松，然后一层层地叠起来，并用它的额头把它压结实。这并不是一种细致的工作，而推想起来，它在做其他细致的部分时，大概也是用的这种办法。

采棉蜂在做好屋顶后，还要把树枝间的空隙填起来而使它更牢靠。它们会利用所有找得到的材料：小粒的沙土、一撮泥、几片木屑、一小块水泥，或是各种植物的断枝碎叶。这巢建成以后确是一个坚固的防御工事，是任何敌人都无法攻进去的。【精解点评：这里提到了采棉蜂筑巢所用的材料，并表明它的巢的坚固。】

采棉蜂藏在它巢内的蜂蜜是一种淡黄色的胶状颗粒，因此它们不会从棉袋里渗出来。而它就把卵产在这蜜上。不久，幼虫就孵出来了。它们刚睁开眼睛时，就会把头钻进早已准备好的食物里，贪婪地吃着，吃得是那样甜香，也就渐渐变得胖了。现在它已经可以不用我们去照看了。因为我们知道，不久它就会织起一个茧子，再出来的时候就会变成一只和它们母亲一样的采棉蜂了。

另外有一种蜜蜂，它们也是稍稍改造一下人家现成的房子，使之变为自已的住处，那就是采脂蜂。在矿石附近的石堆上，总可以看见坐在那里吃各种坚果的蜗牛，它们吃完后就走了，在石堆上留下一堆空壳。在这中间我们很容易找到几只被塞了树脂的空壳，这就是采脂蜂的巢了。还有竹蜂也是用蜗牛壳做巢的，只不过它们是用泥土来做填充物。

采脂蜂巢内的情形我们很难知道。因为它的巢总是被安置在蜗牛壳螺旋的末端，距离壳口都有很远，从外面是根本没法看到里面的构造的。我拿起一只壳照了照，它看上去是透明的，这足以说明这是只空壳，那么它以后很可能会被某个采脂蜂看中，做安家之用，于是我把它放回了原处，让它作为将来某个采脂蜂的巢。于是，我又换一只照照，结果发现它的第二节是不透明的，看来一定有些东西在里面。那么是什么呢？是下雨时冲进去的泥沙？还是蜗牛的尸体？我不能确定。于是我在壳的

末端弄了一个小洞，一层发亮的树脂映进了我的眼帘，上面还嵌着沙粒，一切都真相大白了：这正是我要得到的采脂蜂的巢。

采脂蜂往往在蜗牛壳中选择大小适宜的一节作它的巢。在个体较大的壳中，它的巢就在其末端。而在小壳中，它的巢就筑在靠近壳口之处。它常常用细砂嵌在树胶上做成有图案的薄膜。起初我并不知道这就是树胶，它只是一种黄色半透明的东西，很脆，能在酒精中溶解，燃烧的时候有烟，并且有强烈的树脂气味。于是根据这些特点，我可以判断出这就是树干里流出来的树脂。

而在用树脂和砂粒做成的盖子下，还有第二道防线，是它用砂粒、细枝等做的壁垒，这样整个壳的空隙都被这些东西填得严严实实。采棉蜂也有着类似的防御工程。不过，采脂蜂的这种工程只有在较大的壳中才有，因为大的壳中会有好多空隙。而在小的壳中，如果它的巢被安置在入口处，那么它就用不着筑第二道防线了。

小房间就在这第二道防线之后了。在采脂蜂所选定的一节壳的末尾，共有两间小屋，前屋较大，有一只雄蜂，后室较小，有一只雌蜂——采脂蜂的雄蜂要比雌蜂大。这是一件令科学家们至今仍无法解释的现象，那就是母蜂是怎么预知它所产的卵的性别的呢？也就是说它们怎么保证产在前屋的卵就是只雄蜂，而产在后屋的卵一定就会变成雌蜂呢？【精解点评：作者在此提出两个问题，留给读者思考的空间。】

有时候，采脂蜂筑巢的时候，一个小小的疏忽会给下一代带来巨大的灾难。让我们来看看这只倒霉的采脂蜂吧！它先选择了一只大的壳，把巢筑在壳的末端，但是它却忘了用废料来填充从入口处到巢的那一段空间。前面我们提到过有一种竹蜂也是把巢筑在蜗牛壳里的，但它不会知道这壳的底部已有了主人，一看到这个壳里还留有一段空隙，就把巢筑在这里了，并且用厚厚的泥土把入口处封好。

当7月来临，悲剧就开始了。后面采脂蜂巢里的蜂长大了，它们咬破了胶膜，冲破了防线，想解放自己。可是，它们的通路却早已被一个陌生的家庭给堵住了。它们努力试图通知这个邻居，让它们暂时让一让，可是无论它们如何折腾，那邻居始终纹丝不动。是它们故意装作听不见？不是的，这是因为竹蜂的幼虫还在孕育之中，至少要到明年春天才能长大呢！难怪它们一直没有反应。如果采脂蜂无法冲破这泥土的堡垒，就一切都完了，它们只能活活地饿死在洞里。这只能怪那粗心的母亲，如果没有它那个小小的疏忽，那么这悲剧也就不会发生了。如果那粗心的母亲得知是自己亲手葬送了孩子们的性命，那该有多悔恨！

然而不幸的遭遇并不能使采脂蜂的后代吸取教训，事实上，总会有采脂蜂犯同样的错误，这并不与科学家所说的"动物能不断地从自己的错误和经验中学习和改进"的理论相符合。【精解点评：敢于与科学理论相对抗，表明了对于科学研究，作者有着难能可贵的怀疑精神。】不过这也难怪，那些被关在壳里的小蜂们被永远地埋在了里面，没有一个能活着出来，这种教训也随着小蜂们的死去而永远地埋在了泥土里，成了无人能知的千古迷案，更不用说让采脂蜂的后代吸取教训了。

作者在这篇文章中，分别为我们介绍了两种寄居的蜜蜂，即采棉蜂和采脂蜂。作者运用比喻的修辞手法，将采棉蜂的棉袋比作精致的艺术品，将采棉蜂比作优秀的装修师，表现了作者对采棉蜂的喜爱和赞叹；由于采脂蜂的巢不好观察，所以对采脂蜂的介绍相对简略，这也表现了作者在行文安排上的详略得当。

作者介绍了采棉蜂和采脂蜂这两种寄居型的蜜蜂，但它们也不是因为懒才不筑巢，而是在其他物体的基础上，经过自己的装修，制作出一个巢穴。并且这巢穴很精致，完全可以称得上是一件艺术品，作者在赞叹它们的才能的同时，也感慨科学的有限性，提出科学需要不断地刷新和进步的观点，表现了作者作为一个科学家的不断求索的精神。

1.“真是使简陋的地道和干瘪的芦枝别有一番风情，令人拍案叫绝。”这描述的是什么物体？

2.作者说采棉蜂是一个优秀的装修师，表达了作者怎样的思想感情？

3.请从原文中找出，采棉蜂做塞子的过程的语句。

（答案见最后）

1.采脂蜂一般使用什么物体做巢？

2.采脂蜂一般用什么物质做巢的填充物？

3.作者为什么说，采脂蜂的后代不能吸取教训？

捕蝇蜂

名师导读

一听捕蝇蜂，我们就会知道，它大概是一种可以捕食蝇的蜜蜂，那么它到底吃不吃蝇？它还有其他什么习性？让我们跟随作者观察的脚步，一起来一探究竟吧。

想必我们都知道赤条蜂和黄蜂是怎样用麻痹的毛毛虫或蟋蟀来喂自己的孩子，然后又怎样封闭洞口，离开巢飞走。然而并不是所有的蜂都是这样生活，现在我要对你讲述的是另一种蜂，它们每天都用新鲜的食物来喂它的孩子，这就是捕蝇蜂。

这种蜜蜂喜欢在明亮的阳光下和蔚蓝的天空中活动，挑选最轻最松软的泥土来做巢。而我有时候就会在那一片没有树荫的广场上观察它们。这时的天气很热，要躲避烈日的暴晒我只有躺在小沙堆的后面，然后把头钻进兔子洞，或是为自己撑一把大伞。于是，我采取了后一种办法，如果有人愿意在7月末的时候来和我一同坐在这大伞下欣赏，那么他便可以和我一起饱饱眼福了：【精解点评：一个“饱眼福”，便透露出作者对自己的观察和研究热情高涨。】

一只捕蝇蜂突然飞来，它毫不犹豫地停在某个地方。这地方在我看来和别处一样，没有任何区别。它前足上长着一排排的硬毛，就像是一

把扫帚，一个刷子或一个钉锚。它用前脚工作，用四只后脚来支持住自己的身体。它先把沙耙起，再向后拂去，它的动作非常快，使这些沙子连续不断地洒出去，看去就像流水一样流到七八寸以外的地方。这个动作一直要维持5分钟至10分钟。【精解点评：数字说明，作者用几个数据，说明了其观察得仔细和研究得认真。】

还有木屑、腐烂的叶片和其他废料的碎屑与这些沙粒堆在一起。而捕蝇蜂就把这些垃圾一一用嘴搬掉，这就是它工作的目的。它要使家门前的沙都是又轻又细的“高级沙粒”，不带有任何粗重的杂质。只有这样，在它为孩子们捕了蝇回来的时候，才可以轻而易举地打开一条通路，把猎物拖到洞里去。而它也只是在有空闲的时候才来做这种清洁工作。

譬如，在家里已经储藏了许多猎物，并足够它的孩子们吃一段时间的时候，它就没有必要再出去寻找食物，于是它就会出来像一个出色的家庭主妇那样清除垃圾。我们甚至可以看到，在它辛勤地工作的时候，它是那样的快乐和满足。【精解点评：将捕蝇蜂比作家庭主妇，表现了它的勤劳和任劳任怨。】也许这正是做母亲的在看到孩子们在自己盖的屋子里成长起来时，所涌上心头的喜悦吧！

如果我们用一把小刀，在母蜂所刮净的沙地上挖下去，我们就会发现一条隧道，有手指般粗细，或许有8寸到12寸那么长，接着会出现一个小屋。这个小屋有3个胡桃般大小，可我看到，这里面只有一个蝇和一只白色的小卵，这就是捕蝇蜂的卵。大约24个小时之后，这个卵就能孵化成一条小虫，小虫出来后便靠吃母亲早已为它准备好的死蝇长大。

大约二三天之后，那死蝇很快就要被捕蝇蜂的幼虫吃光了。这时的母蜂就在家的附近，你可以看到它时而从花蕊里吸几口花蜜充饥，时而愉快地坐在火热的沙地上——它是在看守它的家。它会常常到家门口耙去一些沙，然后，又飞走了，过一段时间再回来。【精解点评：这是对母蜂的刻画，表明了母蜂照顾幼蜂和看护家园的辛勤劳作。】

可是不管它在外面呆多久，它总会记得估算一下那小屋中的食物还能维持多久。作为一个母亲，本能会告诉它孩子的食物在什么时候快吃完了，每到这时它就会回到自己的巢里。至于这巢，上面已经描述过，在外面看来它和其他沙地是一样的，并没有明显的洞口或是标记，可是它却能清清楚楚地记得它的巢是在哪一点。而且它每次回来探望孩子时，总不忘带上丰盛的礼物。这次它带回的是一只大蝇，它把蝇送进家里后，便随即又出来了，直到需要它再送第三只蝇的时候再回去，因为幼虫的胃口始终很好，所以这间隔的时间是很短的，如果母蜂稍有懈怠的话，它的孩子就要挨饿了。

这种情况维持两个星期了，幼虫在不断地成长。它们对食物的需求量也越来越大，母蜂便也不断地送食物进来。在第二个星期将要过完的时候，幼虫就已经长得很胖了。母亲只有加倍努力地寻找食物以养活这总是吃不饱的孩子，直到它完全长大，不再需要母亲给它准备食物。有一次我大致数了一下，一条幼虫在成长过程中需要吃的蝇加起来可达82只之多。【精解点评：作者能将幼虫吃的蝇的数据精确到这么准确的地步，可见作者观察得多么认真。】

有时候我曾怀疑，为什么这种蜂不像其他蜂那样预先储藏好食物，再把洞封好，自己也就可以离开，何必总是守在洞口呢？这样看来也许是因为它捕回的死蝇不能藏得太久的缘故吧。那么它为什么不像黄翅蜂一样把蝇麻痹，而是直接杀死它呢？我推测可能是因为蝇很小，又那样的轻，那样的软，和毛毛虫、蟋蟀不大一样，用不了多久就会收缩得没有了。所以这东西必须吃新鲜的，否则也就没有价值了。

也许还有另一个原因，那蝇是非常灵敏的，必须擒得快，不像那呆头呆脑的毛毛虫和庞然大物似的蟋蟀，目标大，动作又缓慢，让母蜂有充分的时间去麻痹它们。而捕蝇蜂在必要的时候，需要随时用它的爪子、嘴巴或刺来捕食，这样捕捉来的蝇当然不能随心所欲地让它半死不活了，要么抓不到蝇，要么捉个死蝇。母蜂当然只能选择后者。

要观察到捕蝇蜂如何袭击苍蝇可真是件困难的事。因为它总是在离巢很远的地方进行。可是我总是那么幸运，有一次，我在无意之中就看到了这精彩的一幕，真是大饱眼福。那一天我张着伞坐在烈日下。同我

一起享受着伞的阴凉的，还有各种马蝇，它们也趁机躲在我的伞下休息。它们都平静地趴在张着的伞顶上。我在伞下闲来无事，就欣赏着它们大大的金色眼睛来打发时间。那些眼睛就像是一颗颗宝石，在我的伞下闪闪发光。【精解点评：比喻的手法，将它们的眼睛比作宝石，表现了它们眼睛发光的特点。】有时候它们停歇的那一部分被晒得太热了，它们就会转移阵地，移到没有阳光的阴凉部分。我很喜欢欣赏它们这种严肃的动作。

那一次，我正在伞下打瞌睡，突然，"梆！"的一声响，我那张着的伞像皮鼓似的被敲击了一下。

"发生了什么事？"我一下子清醒了起来。

也许是一颗榆树的果子落到伞上了吧！我这样想。

可是"梆——梆——梆！"接二连三地传来。难道是哪个爱搞恶作剧的家伙把种子或石子扔在我的伞上？于是我离开了我的伞荫，在四周巡视了一下，什么也没有发现。而那声音又响起来了，我抬头向伞顶一看，原来是这样！我终于明白了：原来附近的捕蝇蜂发现我这里有如此多肥美的食物，便都飞过来捕取猎物。这样一切都像我所希望的那样进行着，我只静静地坐着欣赏就行了。

每隔 15 分钟，就有一只捕蝇蜂飞来，直向伞顶冲去，发出一声重击。于是战争便展开了。那是多么精彩和紧张啊，它们打得难解难分，不分上下。我已经辨不清谁是袭击者而谁又是自卫者。不过这种争执并没有维持太久。没多一会儿，蝇就成了蜂的俘虏，被它用双腿夹着飞走了。可奇怪的是，即使这样，这愚蠢的蝇群还不肯离开这险地——诚然，外面实在太热，与其被晒成干尸，还不如在里面乘凉，先尽情享受再说吧。

现在，让我来观察一下这只带着战利品回家的蜂吧。当它接近家门口的时候，会突然发出尖锐的嗡嗡声，听来甚至有点凄凉的感觉，好像十分不安。这声音持续着，直到它降落在地面为止。它先在地面上方盘旋，然后才小心翼翼地降落。如果它那敏锐的眼睛发现了一些异样的情形，它就要降低下落的速度了。它会在上面盘旋几秒钟，飞上去又飞下来，然后再像箭一般地飞开去了。【精解点评：将它比作箭，表明它飞得速度很快。】稍过一会儿，我们就会知道它为什么迟疑了。过了一会儿，它又回来了，这次它先在高处巡视，然后慢慢降落到地上的某一点——这一点在我看来真的是没什么特别。

我认为它大概是随意降落在某一点上的，然后它再慢慢地寻找自己巢的入口。可是后来我发现自己小看了捕蝇蜂。它恰好不偏不倚地降落在自己的巢上，它把前面的沙扒开，再用头一顶，便能顺利地拖着猎物回家了。在它进去后，旁边的沙粒便立刻又堆上，把洞口堵住。这和我从前所看到的无数次捕蝇蜂回巢的情形一样。我一直惊异于蜂类为什么能够丝毫不差地就找到巢的入口，虽然那入口处和周围的地方完全一样，没有任何可以用以区别的痕迹。

捕蝇蜂回巢的时候，并不是每次都要在空中盘旋很久，只有当它看到自己的巢被一种巨大的危险所笼罩时，才会这样不停地盘旋。它那种凄凉的嗡嗡声是在表示它内心的忧愁和恐惧。而在安全的时候，它是绝对不会发出这种声音的。【精解点评：心理描写，将捕蝇蜂心理的恐惧表现出来。】那么敌人是谁呢？原来那是一只外表看上去十分软弱无能的小蝇。而这捕蝇蜂，它虽是蝇类的天敌、大马蝇的杀手，但当它发现这种小蝇在监视自己的时候，它竟然也会吓得不敢回家。而事实上那只小蝇却小得像一个不够它的幼虫吃一顿的侏儒。

这情形似乎像猫怕老鼠一样让人不可理解。捕蝇蜂为什么不冲下去把这个讨厌的小蝇赶走呢？我无法解释这个现象。这貌不惊人的小蝇应该自有它的厉害之处，才能像许多凶猛的动物一样，在广袤的世界中占有相当的位置。大自然的规则往往是我们人类所不能了解的。

我以后还会讲到这种蝇，它把卵产在捕蝇蜂存放在巢内的猎物上。当它的幼虫孵出来便开始掠夺捕蝇蜂幼虫的养料。如果食物不够，它们就会毫不犹豫地把捕蝇蜂的幼虫当做美食吃掉。所以，它绝不是一种微不足道的小蝇，而是一个真正的无情杀手。捕蝇蜂如此惧怕它，自然有

它的道理。【精解点评：将小蝇说成无情的杀手，表现了作者对蝇的厌恶，和对捕蝇蜂安全的担心。】那么这种小蝇到底是怎么把卵产在捕蝇蜂的猎物上的呢？这的确值得研究。

这种小蝇从不靠近捕蝇蜂的巢，只是耐着性子等待拖着丰盛猎物的捕蝇蜂回来。当捕蝇蜂把半个身体钻进洞穴时，它就冲下去趴在那只蝇的尸体上，当捕蝇蜂艰难地把马蝇拖进洞的时候，它迅速在马蝇身上产下一个卵，甚至连续产下几个。捕蝇蜂从前半身钻进洞到完全把猎物拖进洞，前后只不过是瞬间的功夫，可就是在这短短的瞬间，小蝇就已经完成了它的任务。然后它就可以在洞旁的阳光里埋伏，准备它的第二次偷袭了。

通常情况下在一个巢附近总会有三四个这样的小蝇同时出现。对于进巢的入口它们往往也知道得清清楚楚。它们那暗红的肤色、大而红的眼睛以及它们惊人的耐力，常常使我联想到绑票的情形。那些歹徒也是穿着黑衣服，包着红头巾，静静地潜伏在阴暗的角落，等候机会，拦住过路的客人。

那犹豫的捕蝇蜂正是因为看到家门口潜伏着这样的歹徒才踌躇的。它知道那帮歹徒一定会干坏事。但是最后它还是选择了回家。于是这些讨厌的小蝇们便飞过来紧紧地跟着它，它向前，它们也向前；它后退，它们也后退，它无法摆脱他们。最后它终于支撑不住了，不得不停下来歇歇脚，于是那些小歹徒便也跟着歇下来，仍然虎视眈眈地跟在它背后。于是捕蝇蜂再次飞起来时，带着愤怒的呜咽声。而这些恬不知耻的小歹徒仍旧厚着脸皮穷追不舍。捕蝇蜂只好想别的办法——另找了一条路，然后高速飞行，希望以此来摆脱敌人，使它们跟不上它而最终迷失方向。可没想到这些小歹徒早已料到这些，它们又折回洞口来等它回来。果然，不一会儿，以为已经摆脱了危险的捕蝇蜂回来了，这帮小歹徒又紧追不舍。然而母蜂的耐心早就磨没了，最后终于被它们抓住了产卵的机会。【精解点评：这里描述了蝇追捕蝇蜂的场面，精彩而激动人心，使得读者像是在看有画面感的动画片一样。】

好在我们刚才所讲的那只捕蝇蜂没有遭到这样的不幸，所以让我们

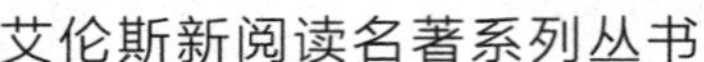

来尽快结束这一章吧。蜂的幼虫吃着母亲给它们准备的粮食，渐渐长大。两个星期以后，它就开始做茧了。可是在它身体内并没有足够的丝，因而它必须掺入沙粒以增加它的硬度。它会把剩余的食物堆积起来放到小屋的一角，把地面扫清，然后便在墙壁之间搭建起洁白又美丽的丝来。它先把丝攀成网，然后再开始第二步的工作。

它会在网的中央做一个吊床，这吊床就像一个袋子，一端封闭，另一端留有小孔。捕蝇蜂的幼虫把半个身体伸在床外，用嘴巴一粒粒地挑选沙粒，太大的沙粒它看不上眼，会一下子把它丢开。选好以后，它再把沙一粒粒地衔进去，均匀地铺在吊床的四周，就像泥水匠把石子嵌入灰泥一样。

到现在为止，茧子的一端还是未封闭的，因而它必须把它封上。它先用丝织成帽子样的一个盖子，大小恰巧能盖住茧子的开口处，并且也嵌进一粒一粒的沙在这上面。现在可以说茧子已经被做好了。不过捕蝇蜂在茧里还需要做最后一番修葺[xiū qì]（修缮、修理建筑物）。它要在墙上涂一层浆液，这样可以避免自己柔嫩的皮肤被沙粒擦伤或蹭破。在这之后它就可以高枕无忧地睡觉了。不久之后它将变成一只成年的捕蝇蜂，就像它的母亲一样。

作者以轻快的笔调，记述了自己在7月烈日的暴晒下，对捕蝇蜂这种小动物进行观察的过程。文中，我们依然可以感受到作者与小昆虫的充满爱意的交流，作者运用拟人化的语言，将捕蝇蜂筑巢、捕蝇、喂食等生活，真实地展现出来，使读者能够较为清楚地了解捕蝇蜂这种小昆虫的生活习性，并且文章语言充满情趣，使读者读来津津有味。

文章中的捕蝇蜂总是用新鲜的食物来喂它的孩子，它筑巢时喜欢用松软的泥土；它还很有先见之明，总是估算出自己巢中的食物能维持多久，还会预

料到自己的孩子什么时候吃完食物，但这只是一种本能。因为捕回的死蝇不能长时间储藏，所以，捕蝇蜂总是去外面寻找新鲜的食物，还有一个原因，蝇又小又轻，很容易缩得很小，这也是捕蝇蜂每次都吃新鲜的蝇的原因，而蝇又很灵敏，不容易抓到，于是，捕蝇蜂只好每次都抓着死蝇。通过对捕蝇蜂这些生活细节的讲述，表现了作者观察得仔细，研究得细致，也从轻快、诙谐的语调中，表现了作者对所研究的小昆虫的喜爱，和对自己这项事业的热爱。

1.“它前足上长着一排排的硬毛，就像是一把扫帚，一个刷子或一个钉锚。”这句运用了什么修辞手法？有什么表达效果？

2. 捕蝇蜂为什么要使家门前的沙都是又轻又细的“高级沙粒”，不带有任何粗重的杂质？

3.“譬如，在家里已经储藏了许多猎物，并足够它的孩子们吃一段时间的时候，它就没有必要再出去寻找食物，于是它就会出来像一个出色的家庭主妇那样清除垃圾。”你怎么理解这句话？

（答案见最后）

1.为什么这种蜂不像其他蜂那样预先储藏好食物，再把洞封好，自己也就可以离开，何必总是守在洞口呢？

2.它为什么不像黄翅蜂一样把蝇麻痹，而是直接杀死它呢？

3.捕蝇蜂是蝇类的天敌、大马蝇的杀手，但当它发现这种小蝇在监视自己的时候，它为什么也会被吓得不敢回家？

黄　　蜂

名师导读

黄蜂是我们经常听到的一种蜜蜂，那么，你是否真正了解过黄蜂？你知道它有什么样的生活习性吗？它们够聪明，同时也是愚笨的，让我们走进文章，和作者一起观察这个凶猛的小昆虫吧。

一、它们是聪明又愚笨的

那是9月的一天，我带着我的小儿子保罗跑出去，想瞧一瞧黄蜂的巢。

小保罗的眼力很好，再加上特别集中的注意力，这些都有助于我们很好地进行观察。我们两个又愉悦地欣赏着小路两旁的风景。【精解点评：介绍了小保罗的特点，即眼力好和注意力集中，这为下文中小保罗首先发现黄蜂做了铺垫。】

忽然，小保罗指着不远的地方，冲着我喊："快看！那是黄蜂的巢。就在那边，一个黄蜂的巢，能看得清清楚楚呢！"果然，在大约20码以外的地方，小保罗看见一种行动非常迅速的东西，一个一个地从地面上飞跃起来，随即迅速地飞去，好像在那些草丛里面隐藏着小小的火山口，马上就将要喷发出来一般。

我们小心谨慎地向那个地点跑去，生怕一不留神，惊动了这些凶猛的动物，进而引起它们的注意和攻击，如果那样的话，后果可真是不堪

设想。

这些小动物们的住所门边，有一个圆圆的裂缝。它的大小约可容下人的大拇指。共同居住的同伴们，进进出出，向不同的方向飞去飞回，不停地忙碌着。

突然，“噗”的一声，让我大吃一惊，但马上又醒悟过来了。我忽然想起我们正是处于一个不安全的时刻。如果我们太靠近去观察它们，那必然会倒霉的。因为，像我们这样的不速之客会让它们惶惶不安，进而激怒这些容易发脾气的战士来袭击我们了。因此，我们不敢再做逗留了。再呆下去就意味着要做出更多的“牺牲”了。

我和小保罗记住了那个地点，以便在天黑之后再来观察。夕阳西下，这个巢里的居住者，应该全体从野外回家了。那样的话，我们就可以更好地观察了。

当一个人决定要征服黄蜂的巢时，如果他没有经过谨慎而细致的思考，就贸然采取行动的话，那么这种行动简直就是一种冒险。我带了半品脱的石油，9 寸长的空芦管，一块相当坚实的黏土，作为我的全部武器装备。还有一点必须说明的是，在以前的几次小小的观察研究之中，我也稍稍积累了一点儿成功的经验。这所有的装备与经验对我而言，都是最简单，而且是再好不过的了。【精解点评：作者在行动之前，先做好了武装的准备，表现了作者丰富的经验和防备意识。】

有一种方法对我而言是极其重要的，那就是窒息。除非我打算用我不能容忍的牺牲的方法。否则，我必须学会窒息。当瑞木特要把一个活的黄蜂的巢放在玻璃匣子里，并观察里面的同居者的习性时，他并不是亲自行动的，而是选择了另外一种方法。他雇佣了一个帮手，来协助他完成实验。这个帮手经常从事这种痛苦不堪的工作。他们情愿牺牲自己的皮肤来获取优厚的报酬，为科学家们提供这种有偿服务。但是，我可是打算要牺牲自己的皮肤的。

在还未挖出我所要的蜂巢之前，我做了两次细致的思考。然后，才开始我的计划。我首先要将蜂巢里的居民闷住，死了的黄蜂是不会刺人的。这个方法是残忍的，但也是十分安全的，这样就可以让我不用置身于危险之中了。我采用的是石油，因为它的刺激作用并不十分猛烈。

我需要做一次观察，所以我不希望所有的黄蜂全都死掉，不然的话观察死了的对象，又有什么意义呢。现在的问题只是在于怎样把石油倒进有蜂巢的穴里去。蜂巢穴的出入孔道大约有 9 寸长，而且几乎与地面平行，一直通到地底下的窠巢。假如把石油直接倒入隧道的口上，这真是一个极大的错误，而且会带来极其严重的后果。这是什么原因呢？因为这样少量的石油，会被泥土吸收进去，而无法到达地下的窠巢。【精解点评：设问，作者自问自答，增强文章的可读性，提高读者的阅读兴趣。】这样一来，到了第二天，当我们凭着想象，以为这时挖掘、凿开窠巢一定是很安全的时候，那么麻烦就大了。那样的话我们一定会碰到一群发疯般的黄蜂，在我们的铁铲下回旋飞舞，从而对我们造成很大的威胁。

在这个时候，那早已准备好的 9 寸长的空芦管就起到作用了，它可以阻止这一不幸事件的发生。当我把这根空芦管插进差不多九寸长的隧道里面的时候，就形成了一根自动的引水管。我将石油顺着导管倒入土穴中，就一点儿也不会漏掉了，而且，速度也快得很。然后，我们再用一块事先捏好的泥土，像瓶塞子一样，塞住那个孔道口，切断这些黄蜂的退路。这样，我们的工作就到此为止了，接下来静静地等待就行了。

当我们准备做这项工作的时候，正是昏暗的月夜，9 点钟，小保罗和我一起出去。我们只带了一盏灯，还有装着需要用到的工具的篮子。当时，远处还可以听见农家的狗在互相吠叫着，还有猫头鹰在橄榄树的高枝上鸣叫，蟋蟀在浓密的草丛中不停地唱歌。而小保罗和我则在谈论着昆虫，他热切而好奇地问了我很多问题。为了不让他失望，我便将我所知道的全都讲给他听，以便帮助他学习，丰富他的知识，满足他的兴趣。【精解点评：小保罗极大的热情和兴趣，以及他的极强好奇心，使我们似乎又看到童年时的作者，作者对儿子的这种性格的形成有着很大的影响。】这是一个快乐的猎取黄蜂的夜晚，让我们忘记了睡眠和被黄蜂攻

击的痛苦。

将芦管插入土穴是一件细致的工作，并且需要一些技巧。因为孔道的方向我们无从知晓，颇需要一番试探。而且有时候，黄蜂保卫室里的门卫会突然警觉地飞出来，毫不留情地攻击正在进行工作而且没有防备的人的手掌。为了防止这种突如其来的不幸发生，我和小保罗中的一个人，负责在一旁守卫，时刻警惕着，并用手帕不停地驱赶着进攻的敌人。这样一来，即使有人不幸被命中，手上的皮肤隆起了一块，就算是很疼，也算是一个理想的、不用付出很大代价的方式。

当石油流入土穴中以后，我们便能听到众蜂惊人的喧哗声从地下传来。然后，我们迅速用湿泥将孔道封闭起来，一遍一遍地用脚踏实，使这封口坚不可摧，从而使它们无路可逃。然后，我们就没有其他的事情可以做了。于是，我和小保罗就跑回去睡觉了。

到了第二天清晨，我们带了一把锄头和一把铁铲，重新又回到了那个地方。早一点儿去还比较好些，因为可能会有很多没有及时飞回来的黄蜂在外面游荡，它们很有可能在我们挖土的时候飞回来，那样的话就糟了，这又将是对我们的严重威胁。另外，清晨冷冷的空气，多少可以削弱它们的凶恶和威风。

在孔道前，芦管依然还插在那里。我们挖了一条壕沟出来，宽度刚好能容下我俩，行动也很方便。于是，我们便从沟道的两边继续挖下去。小心翼翼地一片一片铲去。终于，到了差不多有 20 寸深的地方，蜂巢暴露出来了。它吊在土穴的屋脊当中，没有一丝被损坏的痕迹，完好无损地悬挂在那里，这真让我们感到兴奋。

这是一个多么壮观美丽的建筑啊！它大得简直像一个南瓜。【写作参考点：比喻的运用，将蜂巢比作美丽的建筑和南瓜。形象而生动地将蜂巢的形状表现出来。】除去顶上的那部分以外，其他方面全都是悬空的，在它顶上生长着很多条根，其中多数是茅草根，它们穿透了深深的“墙壁”进入墙内，和蜂巢联结在一起，异常坚实。如果那地方的土地是软的，它的形状便呈圆形，而各部分也都会同样坚固。如果那地方的土地是沙砾的，那黄蜂掘凿时就会遇到一些阻碍，蜂巢的形状也会随之而变化，至少会不那么圆滑整齐。

在低巢和地下室的旁边，常常留有手掌宽的一块空隙，那里是宽阔的街道。这些建筑者们，可以在这里自由行动，持续不断地进行它们各自的工作，靠它们自己的努力，使它们的窠巢更大更坚固。通向外面的那条孔道，便也通向这里。还有一块更大一些的空隙在蜂巢的下面，它是圆形的，就像是一个大圆盆，在蜂巢扩建新房时，便可以增大其体积。这个空穴，还有另外一个用途，那就是盛废弃物品的垃圾场。看来这里还真是设施齐全啊。

这个地穴是黄蜂们靠自己的“双手”挖掘出来的。这一点是不容置疑的。因为如此之大、如此整齐的洞穴，自然界不会有现成品。当初，这第一个开辟巢穴的黄蜂，也许是利用了鼹鼠所做的洞穴，加以改造，以图开始创建的便利。然而，筑巢的绝大部分工作都是黄蜂亲自完成的。

可是，事实上，在蜂巢的大门之外，也并没有被挖出的泥土堆积在那里。那么，黄蜂们挖出的泥土被扔到哪去了呢？原来它们已经被弃散在不引人注意的空旷的野外去了。有成千上万的黄蜂参与了这项挖掘工作，而且必要的时候，还要将它扩大。这千百万只黄蜂，飞到外面来的时候，每一只身上都附带出一些土屑，并把它们抛散在离窠巢很远的任何的土地上。因此，挖出的泥土便一点儿痕迹也看不到了。所以，蜂巢看上去洁净无染。

黄蜂的巢是用一种薄而柔韧的材料做成的。这种材料是木头的碎粒，看上去就像是一种棕色的纸。它的上面有成条的带，由于所用木头的不同而色彩不一。如果蜂巢是用整张“纸”做的，便可以稍稍抵御寒冷，起到一些保暖的作用。【写作参考点：由于上文中将这种材料比作棕色的纸，这里就用“纸”来指代黄蜂的巢的材料。】但是，黄蜂就像做气球的人一样，它们甚至明白可以利用各层外壳中所含有的空气来保持温度。所以，黄蜂把它们的巢做成宽宽的鳞片状，一片挨一片松松地铺起来，很有层次，整个蜂巢就像铺了一层粗粗的毛毯，厚厚的，而且多孔，内部含有大量

的空气。这样一来，外壳里的温度，在天气很热时，一定也是很高的。

大黄蜂——黄蜂们的领袖，在同一原则下，建筑了自己的巢。它或在杨柳的树孔中，或在空的壳层里，用木头的碎片，做成脆弱的黄色的“纸板”。它就利用这样的材料来包裹自己的窠。一层一层相互叠压起来，就像是凸起的大鳞片一样，可以想象这里的保暖性该有多好！这个大鳞片的中间有充分的空隙，空气停留在里边动也不动。

黄蜂们的动作常常与物理学和几何学的定理相吻合。它们会利用空气——这个不良导体来保持室内的温度。它们早在人类想到做毛毯之前就已经做出来类似的东西来了，而且技艺还很高。它们在建筑窠巢的外墙时，只要极小的空间，就足以造出许多个房间，它们的小房子也同样如此，其面积与材料都很节约。

然而，虽然这些建筑家们都如此聪慧，但是，令我们感到惊讶的是，就算它们遇到的困难极小，居然也会束手无策，毫无办法。【写作参考点：过渡句，这句话在文章结构上起到承上启下的作用，上文中还在说这些黄蜂很聪明，这里便转入到对它们的愚笨的描写。】

它们既得益于大自然的本能指导它们像科学家一样地行动，而大自然又不让它们具备完全的反省能力，它们的智力是相当低下的。这个事实，我已经用各种各样的试验加以证明了。

因为黄蜂碰巧将房子安置在我家花园的路旁边，因此，我便有机会利用一个玻璃罩来做了实验。我无法在原野里利用这种器具，因为乡下的小孩子们总会把它打破，进而破坏了我精心准备的实验。

有一天晚上，天已经黑了，黄蜂也已经陆续回家了。于是我铲平了泥土，放一个玻璃罩罩住黄蜂的洞口。到了第二天清晨，黄蜂们习惯性地开始工作。可当它们发觉有东西阻碍了它们的飞行时，它们能否在玻璃罩的边下挖掘出另外一条道路呢？这些能够掘出广阔洞穴的动物们是不是知道，只要创造出一条短短的地道，便可以使自己重获自由呢？这便是我们问题的关键了。那么，结果又是怎样的呢？【精解点评：一连几个问题的提出，留给读者想象和思考的空间，同时引出下

文中答案的揭示。】

第二天早晨，我看到温暖耀眼的阳光已经照射在玻璃罩上了。这些工作者们也已经开始成群地由地下上来，急于出去寻觅食物了。但是，它们一次又一次地撞在透明的“墙壁”上而跌落下来，然后重新又飞上来。

就这样，它们成群结队地团团飞转，不停地尝试，丝毫没有放弃的意思。其中有一些，终于跳得疲倦了，脾气暴躁地乱跑一气，就又回到住宅里去了。后来又有一些，当太阳更加炽热的时候，重复着与前者同样的动作，仍丝毫没有进展。它们就这样轮换着倒班。但是，始终没有一只大智大勇的黄蜂，能够伸出手足，到玻璃罩四周的边沿下边抓、挖泥土，从而为自己和同伴打开新生之路。这足以说明它们是不会设法逃脱的，它们有限的智慧并不能解决这个难题。

这个时候，有少数在外面过夜的黄蜂，从原野飞回来了。它们围绕着玻璃罩盘旋飞舞，徘徊不定，不知该怎么办才好。终于有一个带头向玻璃罩的下边去挖，而其他的黄蜂也随着它的样子去做。于是，在大家的共同努力之下，很快地，一条新的通路便轻易地被开辟出来了。它们跑了进去，终于到家了。于是，我用土将这条新辟之路堵住。假设从里面能够看到这条狭窄的通路，当然可以帮助那些罩内的黄蜂轻松地逃走。我很愿意让这些囚徒用自己的观察和努力来争得自由，去享受沐浴阳光的欢乐，领会大自然的美妙。

无论黄蜂的理解能力有多差劲。我想它们总该可以顺利地让自己逃脱了。那些刚刚进去的黄蜂自然会指引一下路径，它们一定会指教其他的黄蜂如何向玻璃罩下边挖，以便尽快地逃离牢笼。

可是，事实却没有那么乐观。我非常失望，可爱的黄蜂们居然没有借鉴一点儿前人的经验和实例，也没有模仿的企图。在那个玻璃罩里，没有任何一只蜜蜂要继续挖掘地道而出逃的迹象。这些小昆虫们仍旧只是团团乱飞，没有计划，没有目的，它们只是盲目地乱碰乱撞，挤作一团，不知究竟发生了什么意外。【精解点评：这里点出了黄蜂全军覆没的原因，即没有计划、目的，乱飞乱撞，挤作一团，表现了黄蜂愚笨的一

面。】每天都有越来越多的黄蜂死于饥饿和炎热之下。一个星期以后，令人遗憾的是，没有一只黄蜂能够侥幸存活下来，它们全军覆没了。一堆死尸铺在地面上，其状甚为惨烈。

为什么从原野返回的黄蜂们可以另辟蹊径，毫不费力地回到家中呢？那是因为从泥土外面可以嗅到它们家的味道，并引导它们去寻找。这是黄蜂本能地想方设法投入家的怀抱的一种表现，或者说这是它们的一种防御方法。这是用不着任何思想和解释的。自从小小的黄蜂降生到这个世界上开始，地面上的任何阻碍，对于每一个黄蜂而言，都已经很熟悉了。

但是，对于那些被罩在玻璃罩里的黄蜂，就没有任何本能来帮助它们从险境逃脱了。它们的目的是简单而明确的。它们只想到阳光里面去，到野外去觅食。但它们被罩在玻璃罩里，这个透明的牢狱，使它们能够看到日光，它们就这样被蒙骗了，它们以为自己已经达到了目的。

它们几经努力，一往无前，持续不断地和玻璃罩抗衡、碰撞，心中满怀无限希望，一心想要朝着日光，飞得再远一点儿，以便能够寻觅到急需的食物。可是事实上那只是徒劳。在它们以往的经历中，从来没有任何经验和实践指导它们如何解决这样的难题，它们不知道该如何行事。于是它们只能走投无路，别无选择，只能盲目地固守着它们生来就惯有的古老习性，而最终使生的希望越来越渺茫，并逐渐将自己推向无奈而可悲的死亡。【精解点评：这里以黄蜂的视角来看待它们自己面临的问题，表现了作者对昆虫心理的准确把握，也表达了作者对黄蜂这种走投无路的命运的惋惜。】

二、它们的几种习性

我们掀开蜂巢的外层，可以看到有很多蜂房隐藏在里面，那是好几层的小房间，上下排列着，中间有稳固而结实的柱子使它们紧密地连在一起。层数是不固定的，通常，大约有 10 层，或者更多一些。这些小房间的门口都是向下开的。在这个看起来有些奇怪的小空间里，幼蜂无论是在睡眠还是在饮食的时候，都是大头冲下生长的，也就是倒挂着的。

这一层一层的楼就是蜂房层，这里有足够大的空间把它们分隔开。在外壳与蜂房之间，有一条路与各个部分相通。时常会有许多守护者进进出出，负责照顾蜂巢中的幼虫。在外壳的一边，是这个繁华多样的都市的大门，那不过是一个没有经过过多修饰的裂缝而已，隐藏在被包裹着的薄鳞片中。正对着这个大门的，就是那隧道的进出口，那是可以从地穴深处直通到外面的大千世界的。【精解点评：这里对黄蜂的蜂房进行了细致的描述，使读者能够想象出一个形象的建筑物。】

在黄蜂的社会中，成员的数量是相当多的。它们将全部的生命完全投入到忙忙碌碌的工作之中。它们的主要责任就是，在人口持续增加的时候，不停地扩建家园，以便新的公民有处安身。尽管它们并没有自己的后代，可它们对巢内幼虫的精心呵护，是极小心勤勉、无微不至的。

为了能够观察到它们的工作状况，并且了解到冬天将至的时候，在它们之中会发生什么事情。我在10月里，就把少许巢的小片放在盖子下面，那里面有很多的卵和幼虫在居住，并且还有上百个工蜂在细心地看护它们。

为了方便观察，我将那些蜂房分隔开来，并且让小房间的口朝着上面，并排放起来。这样颠倒了的生活，似乎并没有引起我的这些小囚徒们的烦恼，它们很快地就适应了新的生活情况，恢复了原来的空间状态，并且重新开始忙碌而辛勤地工作，好像从来没有什么变化一样。

事实上，它们需要再扩建一下它们的房屋。因此，我选择了一块软木头送给它们，并用蜂蜜来喂养它们。我用一个拿铁丝盖着的大泥锅来充当隐藏蜂巢的土穴，再盖上一个可以移动的圆顶形的东西，这个东西是用纸板做的，这样就使得内部相当黑暗。当然，如果我需要一些亮度来观察时就把它移开。

黄蜂继续着它们的日常工作，就好像从来没有受到过任何的扰乱一样。工蜂们不仅要认真照料着巢中的宝宝，还要照顾好它们自己的房子。它们一起卖力地干活，一道新的铜墙铁壁慢慢地建起来了。这墙壁保护着它们最封闭的蜂房。

看起来，它们似乎是在重新建筑一个新的外壳，用这个新的外壳，来代替那个被我用铁铲毁坏了的旧外壳。但是，这些工蜂们并不是简单地做些修补，而是从被我破坏了的那个地方开始重建。它们很快就筑成了一个弧形的纸鳞片似的房顶，然后，用它遮盖住了大约三分之一的蜂房。如果这个蜂巢不曾被我破坏的话，那么这些工蜂们搭建起的这个屋顶足可以连接到外壳呢。而现在它们亲手做成的这个房顶，显然还不够大，只能遮盖住整个房间的一部分而已。

而它们对于我事先为它们精心准备好的那块软木头根本不予理睬，甚至连看都不曾看一眼，好像它就根本不存在一样。或许这种“新型”材料并不方便让黄蜂们用来做巢，所以它们宁愿弃置不用，而继续选用那些被废弃不用了的旧巢，只有这样才更加方便，也更加得心应手。它们喜欢这些旧的小巢，是因为利用它便可不必再辛辛苦苦地重新制作纤维，它是已经做好了的，既方便又实用。只需拿来加以改造就行了。而且，它们也不用再浪费很多的唾液，只需极少的唾液，再用它们的大腮仔细咀嚼几下，便能够形成上等的浆糊，于是相当好的建筑材料便出现了。

然后，它们一同把不再用的小房间统统毁掉，再利用这些破碎的材料，做成一种类似天篷一样的东西。如果有必要的话，它们还会利用同样的方法，筑造出新的小屋，用以居住和活动。

与它们齐心协力筑造屋顶的情形相比较，喂养蛴螬幼虫才是更加生动有趣的。【精解点评：这句话独立成段，是一个过渡句，将文章的内容过渡到对蛴螬幼虫的喂养方面。】

刚才还是一个个粗暴刚强，工作卖力的勇士，忽然就摇身一变，做起了温柔、体贴的小保姆。看到这样的情景，没有人会感到厌倦和反感。忽然间，那充满了战斗气息的军营，立刻变成了温馨的育婴室了。真是妙趣横生啊！

喂养可爱、柔弱的小宝宝，可是一项需要相当的耐心的工作。如果我们只全神贯注地盯着一个正在忙碌工作的黄蜂的话，我们就可以清楚地观察到，在它的嗉囊[sù náng]（鸟或昆虫的储存食物的袋形器官，是消化器官的一部分）里，充满了蜜汁。它的样子非常有趣，它会停在一个小房间前面，把它小小的头缓缓地伸进洞口里面去，然后再用它那尖尖的触须轻轻地唤醒里面的一个小幼虫。当那个小宝宝慢慢地清醒起来，随即就看到了那个育婴师递送进来的触须，然后它便微微地张开小嘴。那可爱的样子，真像一只初生不久、羽毛未丰、乳臭未干的小鸟，向着刚刚辛辛苦苦为它觅食而归的妈妈张开小嘴，迫切地索取食品一般，真的不能不让人感到阵阵温馨。【精解点评：这里将一只初生的小幼虫的可爱形象表现得淋漓尽致。】

不一会儿，这个刚刚从梦中苏醒过来的小宝宝，便拼命地摇摆着它们的小脑袋，渴望能够马上寻找到它急需的食物，这也算是它本能的天性了。然而它只能盲目地探寻，一次次没有方向地试探着外面的黄蜂为它们提供食物的位置，可以想象小宝宝的心情是多么急切啊。终于，两张小嘴连接到了一起，一滴浆汁便从“小保姆”的嘴里流出来，流进那个被看护者的小嘴里。仅仅这一点点便足以喂饱这样一个小宝宝了。现在，该轮到第二个黄蜂婴儿吃饭了。于是，这个小保姆又赶快马不停蹄地跑到下一个育婴室去，继续着它神圣的责任。

大部分的蜜汁都通过它们口对口的交接被小宝宝们吃下。但是，进食还并没有结束，它们还有剩余的美食未吃完呢。因为，在喂食的时候，总会有从嘴里漏下来的东西，这个时候，幼虫的胸部会暂时膨胀起来，如同一块围嘴或餐巾纸一样，那漏下来的东西就滴落在它上面。于是，在保姆走后，小宝宝们就会在它们自己的颈根上舐来舐去，吮吸滴落在胸部的蜜汁，尽情地享受剩余的美食，并不会浪费一丁点儿食物。大部分的蜜汁被咽下以后，幼虫胸部的鼓胀便会渐渐地消失掉了。然后，幼虫会稍稍向蜂巢内部缩回去一点，继续做着它甜蜜的梦。

在我的笼子里，小幼虫们的头是朝上的，黄蜂在喂养它们的时候，从它们的小嘴里遗漏出来的东西，自然会全部滴落在围嘴上面。然而在它们的蜂巢里，它们的小脑袋却是朝下的，但是，我并不心存疑虑，即便是在那样头向下的姿势下，小幼虫的围嘴一样可以发挥作用，并且有

着同样的功效。这是因为幼虫在蜂巢中时，它的头会略微有一点弯度，并不是直的。

因此，从它们嘴里溢出来的蜜汁是一样可以堆积在那块小小的围嘴上的。而且，那溢出的蜜汁相当黏稠，会粘在围嘴上而不会流淌。而且，那细致的小保姆即便再留下少量食物在这里，也是极有可能的。所以，无论小幼虫的头朝向哪个方向。无论那块围嘴是在嘴的上边，还是在嘴的下边，这都不会影响它充分发挥作用。这是因为，它们的这种食品非常有黏性，可以牢牢地附着在围嘴上。因而，这块小小的围嘴简直就是一个方便又及时的小盘子，它可以避免许多不必要的麻烦，也减少了喂食过程中的困难。既方便了我们的小保姆，使得它们省力又省时，还可以使得小幼虫们享用美味佳肴时能够更加舒适宁静，直至一饱口福，吃得满足为止。而且，还有另外一个好处，那就是可以让小宝宝们不会吃得太饱，以免撑坏了小肚皮而夭折。

如果是在野外，它们生活在大自然中，每当年末食品极其缺乏的时候，多会有些青黄不接（青：田时的青苗；黄：成熟的谷物。旧粮已经吃完，新粮尚未接上。也比喻人才或物力前后接不上。）。而在这种情况下，大多数的小保姆就会选择其他种类的食物来喂养小宝宝。它们大多会选择苍蝇——先将它们切碎，然后再喂给小幼虫们食用。但是，在我的蜂房之中，是一概不选择其他东西作为幼虫的食品的，我只为它们准备足够的有营养的蜜汁。

吃了这些蜜汁以后，所有的看护者和被看护者似乎都变得精力旺盛起来。而且，一旦有什么不速之客突然闯进蜂房，进行偷袭和侵略，那么它们的下场只有不幸地死亡。很明显，黄蜂是一种极不好客的小虫，它们从不会厚待宾客，更不允许有其他动物随意侵犯自己的家园。

即便是那种形状和颜色与黄蜂极其相像的被叫做拖足蜂的蜂，假如它们稍稍靠近一点，企图来分享黄蜂的蜜汁，那么它们就会马上被觉察出来，而这种企图也会很快破灭，黄蜂们会一拥而起，直到致其于死地为止。

拖足蜂并不能凭借其相似的外貌来欺骗黄蜂那敏锐的目光，如果拖足蜂反应迟缓，没有及时退避，那么就只有大难临头招来杀身之祸，被黄蜂残酷地杀死。因此，擅自闯入黄蜂的巢，的确是一件极不明智的选择。即使那来访的客人长得与它们极为相似，工作也没有不同，几乎可以说是同一团体中成员，那也是绝对行不通的。黄蜂是不会轻易地放过任何不请自来、自找没趣的所谓客人的。因此，其他动物还是有些自知之明，回避才是上策。

我已经一次又一次地看到过黄蜂是如何野蛮地对待它的客人们。如果那非法入境的不速之客，是个相当有杀伤力而且凶猛无比的敌人，那么当它受到群攻而送命之后，它的尸首便会立即被拖到蜂巢以外，抛弃在下面的垃圾堆里。但是，黄蜂似乎不会轻易地动用它那有毒的短剑来攻击其他的动物，它还是会手下留情的。【精解点评：这里表现了黄蜂也有仁慈的一面，与上文中的凶狠形成了对比。】

我曾经把一个锯蝇的幼虫扔到黄蜂群里面，黄蜂们对这条绿黑色的小龙一样的侵入者，表现得饶有趣味，它们一定是感到奇怪。没多久，它们便向它发起了进攻，它们只是弄伤了它，并没有用它们的毒针刺伤它。随后众蜂齐心协力，把它拖到巢的外面去。然而这条“小龙”也并不服输，顽强地抵抗着，用它的钩子钩住蜂房——有时利用它的前足，有时利用它的后足。可是最终，这条可怜的“小龙”还是因为严重的伤势和软弱的身体，被勇猛有力的黄蜂拉了出来。这条“小龙”很惨，小小的身体上布满了血迹，一直被拖到垃圾堆上去。【精解点评：这里为我们展现了黄蜂驱逐锯蝇的过程，细致而又生动。】黄蜂们也并不轻松，它们驱赶这样一条浑身无力的可怜虫，耗费了足有两个小时的时间呢！

如果，与此相反，我放的不是一个弱小的幼虫，而是在蜂巢里面放一个在樱桃树孔里生活的那种相对比较凶猛的幼虫，那结果就大不相同了。立刻会有五六只黄蜂一同拥上来，纷纷用毒针去刺它的身体。这样，也就在几分钟以后，这只强壮有力的幼虫便难逃噩运，最终一命呜呼了。但是，这具笨重的尸体带来了一个难缠的问题，它是那样庞大，是很难

把它搬运到巢外去的。所以，黄蜂们只得选择其他的方法，比如吃掉它，或者，至少要想方设法减轻它的体重才行。因此，它们便一直以它为食，直到剩余的那部分可以被拖动为止。然后，这残缺的尸体还是要被丢到外面去的。

三、它们悲惨的结果

既会用如此凶猛而残酷的方法来抵御外来的入侵者，又会用如此巧妙又温柔的方法来喂养幼虫，这些小幼虫们便在我制作的笼子里一天一天地长大，黄蜂家族也随之日益兴旺起来。不过，也有例外的情况。黄蜂的窠巢里，也会有一些非常柔弱的小幼虫，它们还未长大成人，还未经历世间的风雨，沐浴阳光的温暖，便过早地夭折了。

在观察之中，我发现了那些柔弱的病者，亲眼目睹了它们不能继续享用蜜汁，不能进食，渐渐地，一点点地憔悴下去，衰弱下去。而那些小保姆们早已比我更清楚地了解了这一切。它们只有无奈地把头轻轻弯下来，用触须很小心地去试听一下那些可怜的患病者，最后得出无奈的结论——这些病者的确是无药可救了。于是，慢慢地，这个无法再挽救的弱小生命逐步走到了生命的尽头。最终，它只能被毫不怜惜地从自己的小房间里拖出去扔掉。

在这样一个充满野蛮气息的黄蜂群落里，久病者不过仅仅是没有用处的垃圾而已，只有赶快处理掉才好，否则，就有蔓延传染的可能。而对于黄蜂来说，那就是极可怕的事情。但是这还没有到最坏的地步。因为，随着冬天悄悄来临，黄蜂们便已经预感到自己将来的命运了。它们已经知道，自己的末日就要来临了。【精解点评：黄蜂的命运到底会如何？作者在这里为我们埋下了伏笔。】

11月里，在极其寒冷的夜晚，蜂巢的内部起了巨大变化。它们已经没有了大搞基础建设的热情。在储蜜的地方，从事这一工作的黄蜂不再频繁地去干活了。整个家族，所有黄蜂全都放任自流了。饥饿难耐的幼虫大张着小嘴寻找着食物，可是，等到的只不过是迟缓而又微薄的救济品，或者干脆没有人到这里来喂养它们了。

惆怅与悲哀深深地侵袭了那些小保姆的心灵，它们从前的那份工作热情也不见了，最终竟转化为厌恶。它们甚至知道，用不了多久，一切就将变成悲剧了。那么，这些小保姆存在的价值还在哪里呢？还会有什么好处可以索取吗？当然，在看护蜂的心中早已有了答案，而答案是否定的。于是，饥饿真正来临了。噩运已经降临到了小幼虫们的头上，它们只有一个接一个悲惨而孤独地死去。而从前那些温柔体贴的小保姆则变成了不可思议的凶残的刽子手。【精解点评：将看护蜂说成凶残的刽子手，表现了它对幼虫生死的置之不理，也表现了作者对幼虫命运的惋惜。】

那些小保姆会安慰自己："我们没有必要留下那么多可怜的孤儿。不久以后，我们都要离开这里，还能有谁来照顾这些可怜的孩子呢？没有。既然结果是这样的，还不如让我们的孩子死在自己家人的手里。既然这是一个如此残酷的结果，总比在饥饿中煎熬，一点一点地饿死要好得多呢，痛快地死去总是强于漫长的煎熬！"【写作参考点：这里的语言描写，是作者模仿看护蜂的心理而写出的，表现了作者对看护蜂心理的准确把握，与其说是语言描写，更不如说是心理描写。】

接下来的一幕闹剧，便是一场残忍的屠杀。黄蜂们残忍地咬住了小幼虫的后颈，然后粗暴地将它们逐个从小房间里拖出来，拉到蜂巢外面，抛到那土穴底下的垃圾堆里，那情景真的是惨不忍睹，凶残至极！

曾经的小保姆，也就是工蜂，在把幼虫从小房间中强行拖拉出来时，那种情形，就好像这些幼虫都是一些从外面来的敌人一般，甚或是一群已经死掉了的尸体。它们野蛮地拖着那些小小的尸体，甚至还要将它们扯碎。而那些可怜的小卵，则会被工蜂们撕扯开来，最后吃掉。

然后，这曾经的保姆，现在的刽子手，就这样毫无生气地苟延残喘。一日接一日地，我只有满怀无比的惊奇，注视着我的这些昆虫最终的结局。然而出乎我意料的是，这些工蜂在忽然间就都死掉了。它们集体跑到上面，跌下来，躺在地上，再也没有爬起来，就如同遭了电击一般。它们有自己的生命周期，它们被时间这个无情无义的毒药毒死了。就像是一只钟表内的零件，当它的发条松到最后一圈时，结局就是如此。

工蜂们老了！然而，母蜂却仍是年轻而又强壮的，因为它们是蜂巢中最迟生出来的。所以，当寒冬来临，受到寒冷的威胁时，它们仍有能力来抵挡一阵。至于那些走到了生命的末日的蜜蜂，很容易就能从它们外表的病态上分辨出来。它们的背上满是尘土，而在它们健壮年青的时候，是不允许身上有一丝灰尘的，一旦发现有尘土附着在身上，它们就会不停地拂拭，把那黑色、黄色的外衣清洁得异常鲜亮。可是现在，它们生病了，没有精力再注意卫生清洁了，它们已经无暇顾及了。现在，年迈的它们或是一动不动地停留在阳光底下，或是迟缓地踱来踱去。它们已经不再拂拭那曾经美丽的衣衫了，因为这已不再重要，也没有任何意义了。

这种对外表的随意，就是一种不祥的征兆。过了两三天以后，那身上沾满尘土的昆虫，便离开自己的巢穴，做最后一次的旅行。它跑出来，最后再享受一点点阳光的温暖。然后，它会突然跌倒在地上，再也不动，再也不能够重新站起来了。它总是尽量避免着在它所热爱和生存的巢里死去。因为，在黄蜂的群落中，那是一条不成文的规定——巢里要保持绝对的干净整洁。就算是这个生命即将结束的黄蜂，也要如此安排它的葬礼。它直接把自己跌落在土穴下面的坑里，这样就可以保持巢的清洁和卫生。这些苦行主义者，是决不会允许自己死在蜂房里的。至于那些剩余下来的，还没有死去的黄蜂，它们也仍然要保持这种习俗，直到它们死亡为止。这是一条不曾被摒弃的法律条文，无论黄蜂世界中的人口如何增长，或是减少，这一传统总是要坚守的。【精解点评：表现了黄蜂执着地坚守习俗的精神，作者借此表达了对黄蜂的钦佩。】

现在我的笼子里，渐渐地空起来了。虽然这个屋子仍然是温暖的，而且里面仍储备着很多蜜汁，供剩下来的那些健康者食用。可是，到了圣诞节的时候，仅仅剩下了约一打的雌蜂。而到 1月 6 日，所有的黄蜂全都死掉了，一个也不剩。

那么，这种死亡究竟是从哪里来的呢？是什么让我的黄蜂统统都丧命了呢？它们并没有挨过饿，也没有受过冻，更没有离家的苦痛。那么，

它们究竟是因为什么而死的呢?【精解点评:作者连续提出几个问题,引起读者的思考,引出下文对黄蜂死亡原因的揭示。】

也许我们不该归罪于囚禁,因为即便是在野外,也会有同样的事情发生。在 12 月末的时候,我也曾到野外去观察过,那里的蜂巢也都经历过同样的情况。大量的黄蜂,必须都要死亡,这并不是因为遇到了什么意外,也并不是由于疾病的困扰,抑或是因为某种气候的不利影响,这是一种不可摆脱的命运。这种命运摧残折磨着它们,这与鼓舞着它们生存下去的力量是一样强大的。不过,对于我们人类来说,它们这样的命运,倒是很有好处的。通常一只母黄蜂就可以创造出 3 万多后代,假如全体黄蜂都存活下来,那么,可想而知,这将是一场巨大的灾难!若真是那样的话,黄蜂们就真的可以在野外成立自己的王国,并且雄极一世了。

到了后期,蜂巢会自己毁灭的。那种将来会变成外表平庸的飞蛾的毛虫,还有那赤色的小甲虫,以及身着鳞状的金丝绒外衣的小幼虫,它们都是有可能攻击、毁灭蜂巢的。它们会利用锋利的牙齿,咬碎小巢的地板,进而毁坏掉整个蜂巢内的所有住房。最后,残余的仅仅是几把尘土和些许棕色的纸片。

而当又一个春天到来的时候,黄蜂们便又可以废物利用,白手起家,发挥大自然赋予它们的,在建筑房屋方面极高的灵性和悟性,重新建造起属于它们自己的家园。新的结构精巧而又坚固不摧的城池,仍会有一个庞大的家族在其中居住着。它们将一切从零开始。它们将继续繁衍后代,喂养宝宝,继续抵御外来的侵袭,与大自然奋力抗争,为家族的安全而战斗,为快乐的生活贡献自己的一份力量。生命不息,奋斗不止!

作者以自己的亲身经历和观察,向我们介绍了黄蜂这种既聪明又愚笨,既凶狠又仁慈的小昆虫的日常生活。作者的语言很轻快,也很丰富,使我们

读这类科普类的文章，并不会感到乏味，这便是这部书最大的特点之一。

读品悟思

在这篇文章中，作者向我们展示了黄蜂的生活习性和特点。这个小昆虫真是矛盾的结合体，它既聪明又愚笨，既凶狠，同时也算仁慈，既怜爱幼虫，又能狠心地置幼虫的生命于不顾，作者对这个矛盾的小昆虫，自然也是又爱又恨，嬉笑怒骂。

考点巩固

1.黄蜂的巢是用什么材料做成的？

2.“接下来的一幕闹剧，便是一场残忍的屠杀。”这里的“屠杀”是指什么事？

3.在黄蜂的群落中，有一条不成文的规定是什么？

（答案见最后）

强化训练

1.为什么从原野返回的黄蜂们可以另辟蹊径，毫不费力地回到家中呢？

2.“然后，这曾经的保姆，现在的刽子手，就这样毫无生气地苟延残喘。”作者为什么叫它刽子手？

3.对于黄蜂至死都要坚守群落中的法律条文，这表现了它的什么品格？

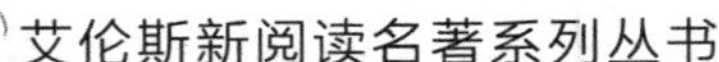

娇小的赤条蜂

名师导读

一看标题，我们大概就会了解到，这又是一种身材很有特点的蜜蜂，赤条蜂是不是长的像一个红条，然后身材又很娇小？如果是人的话，这样的形象应该很好看。不要猜了，赶紧进入文章，来验证自己的猜测吧。

拥有纤细的腰肢，玲珑的身材，分成两节腹部——下面大，上面小，就好像是用一根细线连起来的一样，还有一条红色的腰带围在黑色的肚皮上面：这样的小动物就是赤条蜂。【精解点评：作者开门见山，开篇就用简洁的语言为我们勾勒出了赤条蜂的形象，使读者对赤条蜂有了初印象。】

那疏松的极容易钻通的泥土是赤条蜂通常建筑巢穴的地方。在小路的两旁，有太阳照耀着的泥滩上，这些地方的草长得都很稀疏，这便是赤条蜂最理想的住所。在春季，4 月初的时候，我们总可以在这样的地方找到它们。

赤条蜂通常会在泥土里筑一个垂直的洞，就像一口井一样，口径只有鹅毛管般粗细，约有 2 寸深，洞底是一个孤立的专为产卵用的小房间。赤条蜂总是静静地、慢慢地建巢，不会有丝毫愉悦或是兴奋的样子。

与别的蜂相同，它也是用前足作耙，用嘴巴作挖掘的工具。【精解点评：

将赤条蜂建巢时的方式与其他蜂进行比较,说明蜂类建巢时的方式差不多。】

如果我们仔细地听就可以听到，从洞底发出尖利、刺耳的摩擦声，这是因为它遇到了一颗很难搬掉的沙粒而引起翅膀和全身剧烈振动的缘故。在它建巢的过程中，每隔十几分钟，我们就可以看到赤条蜂出现在洞口，在它的嘴里还衔着一些垃圾或是一颗沙粒。它总要把这些垃圾丢到几寸以外的地方，以便保持自己的居所和周围环境的干净整洁。

它们也总会区别对待一些特殊的沙粒，赤条蜂们会对它们进行特殊的处理，而并不把它们远远地抛出去。赤条蜂们会把这些沙粒堆在洞的附近，以便将来会有更重要的用途。当赤条蜂把洞完全挖好了，它就会在这小沙滩上寻找符合它需要的沙粒。如果没有，它就只好到附近去找，直到找到为止。这个时候，它需要的是一粒扁平的沙粒，还要比它的洞口稍大一些，这样它才可以用这个沙粒盖住洞口，做成一扇门。如果第二天它从外面猎取一条毛毛虫回来，就可以不慌不忙地把门打开，把猎物拖进去。这门看起来和其他沙粒没有一点区别，谁也不会想到在它下面还会藏着食物，藏着一只赤条蜂的家，只有它自己才能分辨出那个沙粒下是它的家。它打开门，不慌不忙地把猎物放到洞底以后，便开始在上面产卵，然后再用它以前放在附近的沙粒把洞口堵住。这听起来很像是《阿里巴巴与四十大盗》中那个“芝麻开门”的故事。

赤条蜂所猎取的食物是一种灰蛾的幼虫。这种虫通常是在地底下生活的，那么赤条蜂又是怎样捉住它的呢？让我们来仔细地观察一下吧。

【精解点评:引出下文对赤条蜂猎食的具体过程的描述。】

有一天当我散步归来的时候，刚好看到一只赤条蜂在一丛百里香底下忙碌着，于是我立刻躺在它附近的地上。显然，我的出现并没有惊吓到它，它先飞到我的衣袖上停了一会儿，断定我对它没有任何伤害之后，便又飞回到百里香丛中去了。

根据多年来观察的经验我知道这意味着什么：它忙得很，没有时间来考虑我这个不速之客。赤条蜂是这样工作的：它先把百里香根部的泥土挖去，再把周围的小草拔掉，然后把头钻进被它挖松的土块里。它匆匆忙忙地飞来飞去，向每一条裂缝里张望。它不是在为自己筑巢，而是在寻找地底下的食物，就像是一只猎狗在寻找洞里的野兔一般。

灰蛾的幼虫感觉到上面有了动静，于是它离开自己的巢，爬到地面上来看看究竟发生了什么事，也就是这小小的举动决定了它的命运。那赤条蜂是早已准备好了的，就等着它的出现。果然，灰蛾的幼虫刚刚露出地面，赤条蜂就立刻冲过去将它抓住了，然后伏在它的背上，像一个经验丰富的外科医生一样，熟练地用刺把毛虫的每一节都刺一下。从前到后一节一节地往下刺，没有一处遗漏。它那娴熟的动作，会让人想起游刃有余的屠夫。【写作参考点：将赤条蜂既比作外科医生，又说成是屠夫，形象地将它剥食灰蛾幼虫的熟练技能表现出来。使人赞叹不已。】

赤条蜂的技巧令科学家们都自愧不如，它可以靠观察推断出人类所不知道的事情。它十分熟悉俘虏的神经系统，它知道往哪些神经中枢上扎刺，就可以使它的俘虏神经麻木又不致于死亡。令人不解的是，它如何学到这种技巧的呢？我们通过学校、老师，还有各种书籍逐渐积累知识才会懂得大自然的许多奥妙，可是赤条蜂是通过什么学到这些复杂的知识的呢？而且不用练习就可以将技术掌握得如此熟练，难道早在它们出生前，冥冥之中就有神灵赋予它们这种本领了吗？大自然是如此神奇，当我们还在孜孜不倦地探索它的奥秘时，它便早已经有条不紊地安排好了一切！

现在，我还要告诉你另一个故事——赤条蜂和毛毛虫的大战，这也是我亲眼所见的。那是在5月里，我看着赤条蜂在一条光洁的路旁为它的巢作最后一步的清理工作。有一只已经被它麻醉了的毛毛虫在它几码以外的地方，当它清除好那条街道并且把洞开得足够大以后，它就要出去搬毛毛虫了。

它很快就找到了那条毛毛虫，那条毛毛虫就躺在地上。可是糟糕的是，蚂蚁也正在猎取那条毛毛虫。赤条蜂显然不愿意和蚂蚁分享这条毛毛虫，可是如果要把蚂蚁赶掉，也确实很困难，于是考虑再三，它感觉到自己的能力不足以与之争夺，还是不要作无谓的牺牲吧。于是它便只好放弃这条毛毛虫，再另去寻找其他的食物。

它在离巢大约10尺以内的地方，一步一步缓缓地挪动着，它察看着

泥土，并不时地用它那弯曲的触须，在地面上挥动，就像是一名执着的士兵用探雷针寻找着地雷。在烈日的下面，我观察了它整整3个钟头！要找到一条毛毛虫是这么困难啊，尤其是在急需的时候。

对于我们来说，这也并不是一件容易的事情。于是我必须要帮助它，替它找到一条毛毛虫，因为我想知道它是怎样麻痹毛毛虫的。

于是我想起了我的老朋友法维，他是我的园丁，正在那里照料着花园，于是我便招呼他。

“快些过来！我需要几条灰色毛毛虫！”我迅速地将事情向他解释了一下。他明白了，马上去找虫子。他挖掘着莴苣的根，耙着种着草莓的泥，察看着鸢[yuān]尾草丛的边缘。我非常信任他的眼力和智慧，因为那么多年以来，我们大家都认为他是一个出色的园丁。

可是过了好久，也没见法维把毛毛虫拿过来。

于是，我问他：“喂，法维，毛毛虫呢？”

“先生，我一条也找不着。”

“怎么会？！把你们所有的人都叫来一起找！克兰亚、爱格兰，你们也都来！到莴苣田里来！一起帮我寻找毛毛虫！”【写作参考点：语言描写，通过作者的语言，我们可以感受到作者找不到毛毛虫的急切的心情。】

于是全家都出动了，所有人都极其认真地找，可是仍然毫无结果。很快3个钟头都过去了，我们谁也没找着毛毛虫。

当然，赤条蜂也没有找着毛毛虫，而且它已经很疲倦了，我看到它很果断地在地面上的那些裂缝处寻找，它尽着它最大的努力寻找，甚至把杏核般大的泥块都搬开了。可是不久它又离开了这些地方。于是我突然有了灵感，赤条蜂捕获不到猎物，不是因为找不到毛毛虫，而是因为即使它知道毛毛虫在哪儿，也没办法捉到它们，因为毛毛虫早有防备，把巢挖得很深，而赤条蜂根本没有办法从地底下把虫子挖出来。我真是太傻了，怎么就没有想到这一点呢？这样一个经验丰富的猎取家怎么会盲目地浪费精力呢？

此刻赤条蜂又在挖另一个地方了，可是不久，就像它曾经尝试过的许多地方一样，它又放弃了。我决心要帮它的忙，于是我就继续它的工作，用小刀往深处挖去,可结果仍然什么也没有发现,我只好也放弃了那块地方。

可没过多久赤条蜂又回来了，在我挖过的地方继续往下挖。我明白它的用意了，我为它创造了条件，重新激起它的信心。

“滚开，你这个笨手笨脚的家伙！”赤条蜂似乎在对我说，“让我来告诉你这里到底有没有毛毛虫！”【写作参考点:作者模仿赤条蜂的语言，将赤条蜂拟人化，将它寻找毛毛虫的能力展现出来。】

于是我便按照赤条蜂指引的方向继续挖，果然一条毛毛虫出现了。实在是太神奇了！聪明的赤条蜂！你没有辜负我对你的信任！【精解点评:作者在此直抒胸臆，表达了自己对赤条蜂的聪明的赞叹。】

用同样的办法，我很快便挖到了第二条毛毛虫，不久，第三条、第四条也被我找到了。我发现赤条蜂所挖掘的这些地方，都是光秃秃的，那是几个月前曾经翻松过的泥土。除此之外，再也没有什么标记可以表明毛毛虫的所在地了。好了，法维、克兰亚、爱格兰，还有你们其余所有的人，你们还有什么可说的呢？你们找了3个钟头都一无所获，而这只聪明的赤条蜂，却在如此短的时间里就给我提供了足够的毛毛虫。

同时，我也在为自己对赤条蜂的信任和了解而沾沾自喜。是啊，我能够懂得它的心思，能够和它密切配合，互补长短，那一堆丰盛的“战果”就是我们天衣无缝的完美合作的最好证明。【精解点评：作者在赞叹赤条蜂的能力和贡献的同时，不忘自己的功劳，将这成果归功于他和赤条蜂共同努力的结果，表现了作者幽默和可爱的一面。】

我把第五条毛毛虫留给赤条蜂，它每一个细小的动作都无法逃过我的眼睛，因为当时我正躺在与这位屠夫距离很近的地上。那么现在我要把我眼前所发生的情景逐一地记录下来。

首先，赤条蜂用它的嘴巴咬住了毛毛虫的颈部，毛毛虫剧烈地挣扎着，扭动着身体。而赤条蜂却不慌不忙，将自己的身体让到一边，以避免剧烈的碰撞。它把刺扎进毛毛虫的头与第一节之间的关节里，那里是毛毛虫的皮最嫩的地方。对于毛毛虫来说，这是致命的一击，这一下就

可以使毛毛虫彻底受到赤条蜂的控制。

接着，赤条蜂突然离开毛毛虫，躺倒在地上，剧烈地扭动着，不停地打滚，抖动着足，拍打着翅膀，很像是垂死挣扎。我以为它也被毛毛虫刺到了，也受了致命的伤害。眼看着它就要这样结束生命，我真是充满了无限的同情。可是突然间，它又恢复正常了，扇扇翅膀，理理须发，又神气活现地回到猎物旁——刚才那奇怪的一幕，原来正是它庆祝胜利的表现，而并不像我想象的那样是受了伤。

然后，赤条蜂抓住了毛毛虫的背部，抓的部位比第一次稍微低些，然后便开始用刺扎它身体的第二个体节的下方。它一节一节地往下刺：头3节上有脚，接下来的两节没有，再以后的4节又有脚，不过那并不是真正的脚，也不过可以算是一个个突起罢了。这样，一共有9节。其实早在赤条蜂刺下第一针后，毛毛虫就已经没有什么反抗的能力了。

最后，赤条蜂将钳子般的嘴巴极大地张开，咬住毛毛虫的头，然后有节奏地轻轻压榨它，并尽量不使它受伤。每压一次，赤条蜂都要停一下察看，看看毛毛虫的反应。

这样一压、一停、一看，循环往复地进行着。这种控制大脑的手术不能做得太剧烈，否则毛毛虫很可能会死掉。可是说来也很奇怪，赤条蜂为什么不想弄死它呢？【精解点评：作者用一个问题，既引起了读者的思考，又引出了对下文的介绍。】

现在外科医生的手术已经结束了，毛毛虫瘫在地上——它一动也不会动了，几乎失去了生命，只有一息尚存。它任凭被赤条蜂拖到洞里，没法有丝毫的反抗。就算是赤条蜂把卵产在它身上，它也完全没有能力伤害这个在它身上生活的赤条蜂的幼虫。

这就是为什么赤条蜂要做这样的麻醉工作：它是在为未来的婴儿准备食物。它把毛毛虫拖到洞里以后，就会在它身上产一个卵，当幼虫从卵里孵化出来，就可以以这毛毛虫作为食物。试想，如果毛毛虫还会动弹，那么后果一定是可怕的——只要它稍稍转一转身，就能轻而易举地把赤条蜂的卵压破！当然，毛毛虫不可能再动了，可是它又不能完全死掉，如果它死了，尸体很快就会腐烂，这样就不适合做赤条蜂幼虫的食物了。所以赤条蜂才用它的毒刺刺进毛毛虫的每一节神经中枢，使它完全丧失运动的能力，就这样半死不活地残喘下去，自动地为幼虫将来的食物“保鲜”。赤条蜂的工作做得多么周全啊！

不过，如果你看到它把猎物拉回家的过程，你会发现它对事物考虑的周到程度还远不止这些。它会考虑到毛毛虫的头部还是完好无损的，嘴巴还能动。因为当赤条蜂拖着它走的时候，它还能够咬住地上的草，从而阻碍赤条蜂的脚步，所以赤条蜂还必须想办法把毛毛虫的头部也麻痹掉。这次它不能再使用它的毒刺，因为那样会将毛毛虫毒死。它只有连续不断地压榨和摩擦毛毛虫的头部，而这种方法实在是恰到好处，毛毛虫很快便会失去知觉，它被折腾晕了。

虽然我们着实羡慕赤条蜂的技巧,但同时也不能不为毛毛虫们惋惜。【精解点评：作者赞叹赤条蜂的同时，也不忘为毛毛虫惋惜，表现了作者对大自然所有生命的一视同仁。】

毕竟，被赤条蜂弄得求生不得，求死不能真的是一件很悲惨的事，不过倘若我们是农夫，那就不会对毛毛虫有如此深切的同情了。它是对农作物和花草最具威胁的敌人！白天，它们蜷缩起身子躲在洞里休息，晚上，便爬出来为非作歹，咬坏植物的根茎。无论是观赏用的花草还是食用的蔬菜，都是它们的最爱。如果你看到一棵幼苗无缘无故地枯萎了，当你把它轻轻地拔起来，就会发现它的根部受了伤。

原来，晚上的时候，这可恶的毛毛虫来破坏过，它就是用剪刀一样的嘴巴把这棵幼苗咬伤了。它和另一种白色的毛毛虫(金虫的幼虫)一样坏，只要它到了甜菜园里，这菜园就要蒙受巨大的损失。它确确实实是一种害虫，赤条蜂杀死它，是在为我们除害，所以我们就没有必要对毛毛虫产生丝毫的同情了。

在这篇文章中，作者为我们介绍了一种叫做赤条蜂的小蜜蜂，作者用亲

切的话语，将赤条蜂的外观形象、习性和生活，真实地展现出来，使读者在轻松的阅读中，收获了科普知识，另外，作者以贴切的语言描写，再现了赤条蜂的心理状态，形象而生动，表现了作者极强的语言控制能力。

这篇文章中，作者为我们介绍了一种外形美丽的小蜜蜂，即赤条蜂，它拥有纤细的腰肢和玲珑的身材，看起来像一根细线穿起来了两个腹部，黑色的肚皮上还有一根红色腰带。就是这样一种美丽的小蜜蜂，它以寻找地下的食物为主要工作，并且寻找的技能很厉害，让作者不得不佩服和羡慕，表现了作者对大自然中所有生命的尊重。

1.赤条蜂的外观形象是什么样的？

2.赤条蜂最理想的住所是什么样的？

3.一般情况下，赤条蜂会猎取什么食物？

（答案见最后）

1.赤条蜂平时是怎样工作的？

2.赤条蜂为什么要对食物做麻醉工作？

3.作者对赤条蜂的能力有着怎样的评价？

蛛网的建造

名师导读

当我们走在一些陈旧的地方时，我们总能看到一些蜘蛛的家，也就是蛛网，这些蛛网是怎么建造出来的？现在，我们就随着作者探究的脚步，一起去一探究竟吧。

即使在最小的花园里，我们也能看到园蛛的踪迹。它们可以说是天才的纺织家。【精解点评：作者将园蛛比作纺织家，表明了园蛛天才的织网能力。】

在黄昏的时候，如果我们外出散步，就可以从那一丛丛的迷迭香[mí dié xiāng]里寻找到它们的痕迹。我们所观察的蜘蛛往往爬得很慢，所以我们索性坐在矮树丛里观看，因为那里的光线还比较充足。让我们给自己添加一个名号吧，就叫做“蛛网观察家”好了！【精解点评：作者幽默的语言中，透露出他对自己工作的极大热情。】

世界上很少有人从事这种职业，而且我们也并不指望可以从中赚钱。但是，我们用不着计较这些，我们将会得到许多有趣的知识。从某种意义上讲，这比从事任何一个职业都要有趣得多。

我所观察的都是些小蜘蛛，它们比成年的蜘蛛要小得多。尽管它们的母亲只有在黑夜里才开始纺织，但它们却喜欢在白天甚至是在太阳底

下干活。当每年一定的月份来临的时候，蜘蛛们便会在太阳下山前约 2 个小时的时候开始它们的工作。

这些小蛛将全部离开它们的居所，选定各自的地盘，开始纺线。有的在这边，有的在那边，从不互相打扰。我们可以任意地挑选一只来观察。

那么就让我们在这只小蛛面前停下来吧！它正在为它的工程打基础呢——它在迷迭香的花上爬来爬去，从一根枝端爬到另一根枝端，忙忙碌碌的。而它所攀到的枝大约都在 18 寸的距离之内，如果太远，它也是无能为力的。

渐渐地它开始用梳子似的后腿把丝从身体上拉出来，放在某个地方作为基底，然后再毫无规则地爬上爬下。在这样奔忙了一阵子后，就会构成出一个丝架子。这种不规则的结构正是它所需要的，这是一个垂直的扁平的“地基”，也正是由于它的这种错综交叉，才使这个“地基”异常牢固。

然后，它在架子的表面横过一根特殊的丝，这是根极其重要的细丝，它是一个坚固的网的基础。在这根线的中央有一个白点，那是一个丝垫子。

现在是做捕虫网的时候了。它先从中心的白点沿着横线爬，迅速地爬到架子的边缘，然后再以同样的速度回到中心，如此不停地往返，就这样一会儿上，一会儿下，一会儿左，一会儿右。每爬一次便拉出一个半径，或者说，做成一根辐。不一会儿，便做成了许多条辐，不过次序极其杂乱。

如果人们看到它那织完的网是如此地整洁而有规则，一定也会以为这些辐也是按着次序一根根地织过去的，然而恰恰相反，它从不按常理出牌，但是它知道怎样才能使成果更完美。每次，它在同一个方向安置了几根辐以后，就会很快地往另一个方向再补上几条。它从不偏爱某个方向，这样突然地变换方向织网自有它的道理：如果它先只把某一边的辐都安置好，那么这些辐的重量，会使网的中心偏移，从而使网扭曲变形，变成很不规则的形状。所以它必须在一边安放几根辐后，马上去另外一边安放几根，这样才能时刻保持网的平衡。

这怎么能让我们相信，像这样毫无次序又是时时间断的工作会造出这样一个整齐的网呢？【精解点评：作者运用反问句的方式，将蜘蛛织的网的完整和整齐凸显出来。】

可是事实的确如此，造好的辐与辐之间的距离全都相等，并且形成一个完整的圆。不同种类的蜘蛛织出网的辐的数目也是有差别的，角蛛的网有21根辐，条纹蜘蛛则有32根，而丝光蛛却有42根。这个数目并非是一成不变的，但基本上是一致的，因此你可以根据蛛网上的辐条数目来粗略地判定这是哪种蜘蛛的管辖范围。【精解点评：数字说明，作者能很清楚地说出这几个数字，说明作者观察的仔细和研究的透彻。】

仔细想一想，我们能有谁做得到这一点：不用仪器，不经过练习，而能随手把一个圆等分？但蜘蛛却可以，尽管它身上背着沉重的袋子，而脚又踩在软软的丝垫上，而且那些丝垫还在随风飘荡，摇曳不定，它居然能够毫不犹豫地将一个圆精细地等分为多部分。它的工作看上去杂乱无序，完全不合乎几何学的原理，但它能通过不规则的工作得出规则的成果来。对这个事实我们一直感到惊异。我至今还在怀疑，它究竟是怎么完成这么困难的工作的呢？它用了什么特别的方法呢？

安放辐的工作完成以后，蜘蛛就会回到中央的丝垫上。然后再从这一点出发，踩着辐绕着螺旋形的圈子。它现在在做的是一种极精致的工作，它用极细的线在辐上排下密密的线圈。先是网的中心——就让我们先叫它“休息室”吧——越往外它就会用越粗的线来缠绕。圈与圈之间的距离也比以前大了。一会儿的工夫，它就已经离中心很远了。每经过一条辐，它就把丝绕在辐上粘住。最后，它在“地基”的下边结束了它的工作。圈与圈之间的平均距离大约有1/3寸左右。

这些螺旋形的线圈并不是曲线。在蜘蛛的工作中只有直线和折线。这些线圈其实就是连接辐与辐之间的直线。

如果说刚刚所做的只能算作是一个支架，那么现在它就将要完成更

为精致的工作了。这一次它开始从边缘向中心绕。并且圈与圈之间排得很紧，所以圈数也比上次多许多。

这项工作的详细情形是极不容易看清的，因为它的动作极为快捷而且振动得也很厉害，它包括着一连串的跳跃、摇摆和弯曲，看得人眼花缭乱。如果将它们的动作分解，那就可以看到它其中的两条腿不停地动着，一条腿把丝拖出来递给另外一条腿，而另一条腿就把这丝安在辐上。由于丝本身就带有黏性，所以新的一根丝很容易就能粘在横档和丝相接触的地方。

蜘蛛不停地转圈，一面绕一面把丝粘在辐上。当它终于到达了那个被我们称作“休息室”的地方的边缘时，它会立刻结束它绕线的运动。然后它就会把中央的丝垫子吃掉，这样就可以节约材料，在它下一次织网的时候就又可以把吃下的丝重新纺出来用了。

有两种蜘蛛，也就是条纹蛛和丝光蛛，它们在做好网以后，还会在网下部边缘的中心处织出一条宽阔的锯齿形的丝带作为标记。甚至有时候，它们还会在这条丝带的表面——就是网的上部边缘到中心之间再织出一条较短的丝带，用来表明这网的主人是谁，证明它的权益不容侵犯。

蛛网中用来作螺旋圈的丝是一种极为精致的东西，它的质地完全不同于那些用来做辐和“地基”的丝。它可以在阳光下闪闪发光，就像是一条编成的丝带。【写作参考点：比喻手法的运用，将蛛网中的“地基”的丝比作丝带，形象地表现了它的形态。】

我取了一些丝带回家观察，放在显微镜下的细丝竟有如此惊人的奇迹：

那是根细得几乎连肉眼都看不出来的线，但它居然还是由几根更细的线缠合而成的，就像是大将军剑柄上的链条一般。更使人惊异的是，这些线还是中空的，里面填充着极为浓厚的黏液，就像黏稠的胶液一样，我甚至可以看到它从线的一端滴出来。

这种黏液能从线壁渗出来，于是线的表面就具有了黏性。我用一个小试验来测试它黏性的大小：我用一片小草去碰它，结果立刻就被粘住了。这就告诉了我们，园蛛捕捉猎物靠的并不是围追堵截，而完全是靠它极富黏性的网，它几乎能粘住所有的猎物。于是又有一个问题跑出来了：蜘蛛自己为何不会被粘住呢？

我想其中一个原因也许是，它的大部分时间一直都坐在网中央的休息室里，而那里的丝完全没有黏性。只是这个说法实在有些牵强，它不可能一辈子坐在网中央一动不动。有时候，猎物在网的边缘被粘住了，那它就必须迅速赶过去放出丝来缠住它，而在经过自己那充满黏性的网时，它是怎样使自己不被粘住呢？是不是它脚上有什么东西使它能在如此黏的网上轻易地滑过呢？它是不是涂了什么油在脚上？因为大家知道，涂油是使表面物体不粘连的最佳手段。

为了证实我的疑问，我从一只活的蜘蛛身上切下一条腿，在二硫化碳溶液里浸泡了一个小时，并用一个也在二硫化碳溶液里浸过的刷子将这条腿小心地刷洗了一下。二硫化碳是能溶解脂肪的，因而如果这腿上有油的话，这样就会完全被洗掉了。当我再次把这条腿放到蛛网上的时候，它就被牢牢地粘住了！于是我可以断定，蜘蛛在自己身上涂上了一层特别的“油”，正是这层油使它能在网上自由地行走。但因为这种“油”是有限的，会越用越少，所以它不能老停在黏性的螺旋圈上，而不得不将它的大部分时间呆在自己的“休息室”里。【精解点评：作者用实验证实了自己的疑问，并且得出了相对准确的结论，展现了作者做研究时严谨的推理过程。】

从实验中我们得知这蛛网中的螺旋线是很容易吸收水分的。正因如此，当空气突然变得潮湿的时候，它们就会停止工作，只把架子、辐和“休息室”做好，因为这些都是不受水分影响的。至于那螺旋线，它们是不会轻易做上去的，因为如果它吸收的水分太多，那么以后就不能充分地吸水解潮了。正是有了这螺旋线，即便是在极热的天气里，蛛网也不会因为干燥而易断，它能尽量地吸收空气中的水分来保持它的弹性并增加它的黏性。

有哪一个捕鸟者在做网方面，可以在艺术和技术上能与蜘蛛相比呢？而蜘蛛只是为了捕一只小虫而织如此精致的网！简直是有点屈才了！【精解点评：作者在此直抒胸臆，表达了自己对蜘蛛织网高超的技能的赞叹。】

蜘蛛还是一个热忱积极的劳动者。我曾经为它们计算过每制作一张网所需要的丝的长度，角蛛需要大约20码长的丝；而至于那更精巧的，光蛛就得造出30码。在这两个月中，我的角蛛邻居几乎每夜都要修补它的网。因此，在这整个时期中，它就必须得从它娇小瘦弱的身体中绵绵不断地抽出这种管状又富有弹性的丝。

我们不禁要考虑，它那小小的身体如何能产得出那么多的丝？它是怎样把这些丝搓成管状，又是怎样在里面装满黏液呢？它又是如何既能制出普通的丝，又会造出云朵状的丝花来垫巢，甚至还能制出黑色的丝用来作装饰呢？这些问题一直萦绕在我的脑海里，使我百思不得其解。

学海导航

作者以一贯的做实验的方式，为我们解释小昆虫的各种习性和生活，本篇文章也不例外，这里详细介绍了蜘蛛织网的过程，作者在这个过程中，不断表现出一个科学家应有的严谨的科学精神，令人称赞。

读品悟思

作者仍然不断地为我们提出和解决问题，让我们在思考的过程中，有所收获。这里介绍了蜘蛛网的构建过程，详细地展现了蜘蛛的日常生活，而作者就像一个旁观者，在静静地关注着这些小昆虫的日常生活，我们才得以了解蛛网的建造是如此的神奇。

“它那小小的身体如何能产得出那么多的丝？它是怎样把这些丝搓成管状，又是怎样在里面装满黏液呢？它又是如何既能制出普通的丝，又会造出云朵状的丝花来垫巢，甚至还能制出黑色的丝用来作装饰呢？”作者在篇末又提出几个问题，表现出作者不断探究求索的科学精神。

1.“世界上很少有人从事这种职业，而且我们也并不指望可以从中赚钱。”这种职业是指什么职业？

2.蜘蛛一般在什么时间开始织网？

3.蛛网的“地基”有什么特点？

（答案见最后）

1.蜘蛛是如何做到，不用仪器，也不经过练习，就能随手把一个圆等分的呢？

2.园蛛捕捉猎物是靠的什么关键因素？

3.蜘蛛为什么不会被自己的网所黏住呢？

蜘蛛的电报线

蜘蛛的网除了能捕杀猎物以外，它还能充当电报线，起着传递信息的功能呢！那么，它是如何为蜘蛛家族的成员们传递信息的呢？这纵横交错的蜘蛛网，哪一根才是关键的丝线呢？让我们一起来看看这神奇的蛛网吧。

在六种园蛛中，喜欢在网中央休息的只有两种，那就是条纹蜘蛛和丝光蜘蛛。它们即使在骄阳烈日的焦灼下，也决不会轻易离开岗位去阴凉处休息。而其他的蜘蛛，它们通常是不在白天出现的。它们自有办法使工作和休息互不相误，在距离它们的网不远处，有一个很隐蔽的场所，那是用叶片和线卷成的。白天它们就躲在这里面，静静地，让自己陷入深深的沉思之中。

这明媚的阳光虽然使蜘蛛们头昏脑胀，却也是其他昆虫最活跃的时候：蝗虫们欢喜地跳跃着，蜻蜓们快活地飞舞着。因此这时正是蜘蛛们捕食的好机会，那富有黏性的网，在晚上是蜘蛛的居所，而白天就是一个巨大的陷阱。

但是，当那些又粗心又愚蠢的昆虫不小心撞到网上，被粘住了以后，躲在别处的蜘蛛是如何知道的呢？不要为蜘蛛担心，它是决不会错失良机的，只要网上一有动静，它便会闪电般地冲过来。那么下面，就让我来解释它是如何知道网上所发生的事情的吧。【精解点评：引出下文中对网的电报线功能的详细介绍。】

网的振动是通知它网上有猎物的信号，而不是靠自己的眼睛来观察。为了证明这一点，我把一只死蝗虫轻轻地放到有好几只蜘蛛的网上，并且放在它们看得见的地方。有几只蜘蛛坐在网中，另外几只则是躲在隐蔽处，可它们似乎都没有感觉到网上已经有了猎物。然后我把蝗虫放到了它们面前，它们还是没有察觉。它们似乎是瞎的，什么也看不见。于是我用一根长草拨动那只死蝗，让它的运动使网振动起来。

于是结果出来了：停在网中的条纹蛛和丝光蛛飞速赶到蝗虫身边；其他隐藏在树叶里的蜘蛛也飞快地赶来了。就像平时捉活虫一样，它们还是熟练地放出丝来把这死了的蝗虫捆得结结实实，丝毫也没有发现自己浪费了这么多宝贵的丝线。由此可见，蜘蛛攻击猎物的暗号，完全是网的振动。【精解点评：以实验推出结果，表明作者在研究过程中的严谨态度。】

如果我们仔细观察那些白天隐居的蜘蛛们的网，我们可以看到在网的中心会有一根丝一直通到它隐居的地方，这根丝通常有大约22寸；不过角蛛的网有些不同，因为它们喜欢隐居在高高的树上，所以它的这根丝一般有八九尺那样长。

同时，这条斜线还是一座桥梁，通过它，蜘蛛才能迅速地从隐居之处赶到网中，等它在网中央的工作完成以后，还会沿着它回到隐居的地方。不过这并不就是这根线的全部用途，如果它的作用仅仅在于此的话，那么这根线直接从网的顶端引到蜘蛛的隐居处就足够了。这样既可以减小坡度，又可以缩短距离。

由于中心是所有的辐的出发点和连接点，每一根辐的振动，对中心都有直接的影响，因此，这根线必须要从网的中心引出。只有这样，才能把网的任何一处动荡，直接传导到中央这根线上。所以蜘蛛躲在远远的隐蔽处，都是通过这根线得到猎物落网的消息的。这根斜线不仅仅是

一座桥梁，更是一种信号工具，是一根电报线。【精解点评：点明斜线的功用，既是桥梁，又是信号工具。】

年轻的蜘蛛并没有这样的经验，它们都不懂得接电报线的技术。只有那些老蜘蛛们，它们不仅仅是坐在绿色的帐幕里默默地沉思或是安详地假寐[jiǎ mèi]（打盹儿，打瞌睡；假装睡觉），它们还在时刻留心着电报线发出的信号，监视着远处的任何动静。

长期的守候是辛苦的，为了减轻工作的压力并好好地休息，同时又不放松对网上情况的警觉，蜘蛛总是把腿放在电报线上。这有一个真实的故事可以用作证明。【精解点评：举例说明，作者仍以具体事例或实验来证明自己的猜测。】

我曾经找到一只在两棵相距一码的常青树间结网的角蛛。太阳照得那丝网闪闪发光，而它的主人却早已在天亮之前就躲藏到居所里去了。倘若你沿着电报线找过去，很快就会发现它的居所。那是一个用枯叶和丝做成的圆屋顶，造得很深，蜘蛛的身体几乎全部隐藏在里面，并且用身体的后端堵住入口。

它把前半身藏在居所里面，因此，它自然是看不到网上的任何动静——即使它有一双敏锐的眼睛，何况它其实是个半瞎子呢！即便是这样，在这阳光灿烂的白天，它也是绝不会就这么轻易地放弃捕食的。让我们再仔细地看着吧。

你瞧，它的一条后腿忽然伸在了叶屋的外面，那后腿的顶端连着的丝线，正是电报线的另一个端点！我敢说，无论是谁，如果没有亲眼见过蜘蛛的这手绝活——把手（即它的脚端）放在电报接收器上的姿势——他就不会知道动物表现自己智慧的这个最有趣的例子。让猎物出现在这张网上吧，让这位假寐的猎手感觉到电报信号的来临吧！我故意在网上放了一只蝗虫——后来呢？一切都在我的预料之中了，虫子的振动带动了网的振动，网的振动又通过丝线——“电报线”传导到了那守株待兔的蜘蛛的脚上。蜘蛛为得到食物而满足，而我比它更满意：因为我学到了我想要学习的东西。

另外，还有一个值得讨论之处。那蛛网是常常会被风吹动的，那么电报线是怎样区分这网的振动究竟是来自猎物还是来自风的吹动呢？事实上，当风吹得电报线晃动的时候，那在居所里休息的蜘蛛并没有行动，它似乎对这假信号不屑一顾。所以这根电报线的另外一个神奇之处就在于，它像一部电话——就像我们所使用的电话一样——能够传来各种真实声音。蜘蛛用它的一个脚趾连着电话线，用腿听着信号，并分辨出哪个是囚徒挣扎的信号，哪个又是被风吹动所发出的错误信号。

作者在这篇文章中，仍然以他一贯的轻快而通俗的语言，为我们介绍了蜘蛛网传递信号的功能。我们在慨叹蜘蛛的才能的同时，也不得不佩服作者的科研能力，他竟然发现，蜘蛛网的振动，对于蜘蛛捕食的巨大帮助。

蜘蛛网的作用有很多，本文中作者为我们介绍了蜘蛛网的“电报线”功能，所谓的“电报线”功能，其实是指蛛网丝线的传递信号的功能。这在我们看来很平常，但对于蜘蛛来说，它仍然是捕食的重要助手，因为蜘蛛可以通过网丝的震动，而迅速判断是否有猎物落网，进而采取下一步的捕食措施。

1.蜘蛛是怎么知道有猎物落网的？

2.电报线是如何实现传递信号的功能的？

3.蛛网是常常会被风吹动的，那么电报线是怎样区分这网的振动究竟是来自猎物还是来自风的吹动呢？

（答案见最后）

1.蜘蛛的“电报线”指的是什么?

2.“电报线”对蜘蛛的捕食,起着什么样的辅助作用?

3.“当风吹得电报线晃动的时候,居所里休息的蜘蛛并没有行动,它似乎对这假信号不屑一顾。”这是为什么?

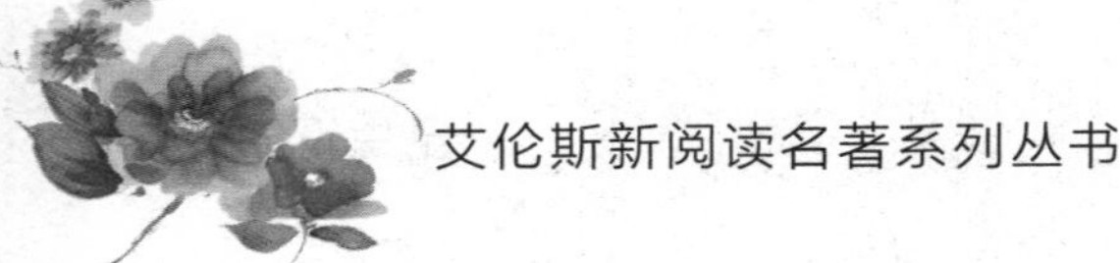

条纹蜘蛛

在大多数虫子都在冬眠的寒冷的冬季，还有的小虫子能够克服严寒，仍然在外面活动。条纹蜘蛛就是其中的一个。这个条纹蜘蛛，就名字来看，它的身上应该有条纹，那么，事实是不是这样呢？我们一起来看看吧。

通常，大部分人也许都不喜欢冬季。在这个季节里，许多虫子都在冬眠。不过这并不代表没有什么虫子可以供我们观察了。在这个时节，如果一个观察者在阳光照射下的沙地里寻找，或是搬开地上的石头，或是在树林里搜索，那么他总是可以发现一种非常有趣的东西，那是一件真正的艺术品。那些有幸欣赏到它们的人真的是幸福。在一年接近尾声的时候，发现这种艺术品的欣喜使我忘记了所有的不愉快，也忘记了一天不如一天的气候。

如果有人在野草丛里或柳树丛里搜索的话，我希望他能找到这样一种神奇的东西：条纹蜘蛛的巢——正像我眼前所呈现的一样。

无论从行为形态还是从颜色来看，条纹蜘蛛是我所知道的蜘蛛中最完美的一种。在它那像榛仁一般大小的胖胖的身躯上，有黄、黑、银三色相间的条纹，因而它被取名叫做“条纹蜘蛛”。它们的8只脚环绕在身

体的周围，就像是车轮的辐条。【写作参考点：比喻手法的运用，将条纹蜘蛛的身躯，比作榛仁，表现了它身躯的肥胖的特点。另外，将它的脚比作车轮的辐条，形象而贴切。本句中，还点明了它的名字的来源。】

它从不挑食，各种小虫子它都爱吃。不管是蝗虫跳跃的地方还是苍蜂盘旋的地方，也不管是蜻蜓跳舞的地方还是蝴蝶飞翔的地方——只要有条件结网，它就会立刻织起网来。它常常把网横跨在小溪的两岸，因为那里的猎物要丰盛得多。有时候它也会把网织在长着小草的斜坡上或是榆树林里，因为那里是蚱蜢的乐园。

那张大网便是它捕获猎物的武器，网的周围牢牢地系在附近的树枝上。它的网与其他蜘蛛的网相差无几：放射形的蛛丝从中央向四周扩散，在这上面盘旋着一圈圈的螺线，从中央一直转到边缘。整张网是极大的，而且整齐对称。

有一根又粗又宽的带子系在网的下半部，它从中心开始沿着辐一曲一折，直到边缘，这是它的网的记号，就算是它在作品中的签名。而且这种粗粗的折线能使网更坚固。

网一定要做得很结实，因为有的猎物是很重的，再加上它们的挣扎，很可能会把网撑破。而蜘蛛本身并不会选择或捕捉猎物，所以只能改进和加强自己的大网以捕获更多的猎物。它总是安静地坐在网的中央，把8只脚撑开，以便能感觉到网的任何一个方向上的轻微震动。摆好阵势后，它就开始等候，看命运会赐予它什么食物：有时是那种微弱无力甚至不能控制飞行的小虫；而有时则是那种强大而鲁莽的昆虫，在做高速飞行的时候不小心撞在网上。有的时候它一连好几天都没有收获，也有时候它的食物会丰盛得吃都吃不完。

蝗虫，尤其是叫做火蝗的那一类，它无法控制自己腿部的肌肉，于是常常跌进网中。也许你会以为，那蛛网一定承受不住蝗虫的冲撞，因为蝗虫的个头儿要比蜘蛛大得多，只要它稍稍用力，就可以把网蹬出一个大洞，然后逃之夭夭。但事实并不是这样的，如果第一次的挣扎以失败而告终的话，那么它就再也没有生还的可能了。

而条纹蜘蛛并不急于吃掉蝗虫，它会用全部的丝囊同时射出丝花，再用后腿把射出来的丝花捆起来。它是用丝囊来制造丝的，上面有细孔，就像喷水壶的莲蓬头一样。【写作参考点：比喻手法的运用，将条纹蜘蛛的丝囊比作喷水壶的莲蓬头，形象而贴切的表现了丝囊的形态。】它的后腿最长，而且能张得很开，所以射出的丝也能极大程度地分散。这样，它从腿间射出来的丝就不是一条条单独的丝了，而是连成片的丝，就像一把云做的扇子，有着虹霓一般的色彩。然后它就用两条后腿迅速交替着把这种薄片——或者说是裹尸布吧——一片片地向蝗虫掷去，就这样蝗虫被完全缠住了。

这不禁让我联想起了古时候的角斗士。每当遇到强大的野兽时，他们总是要把一张网放在自己的左肩上，当野兽扑过来时，他就右手一挥，敏捷地把网撒开，就像能干的渔夫撒网捕鱼那样，把野兽困在网里，再用三叉戟一刺，就结束了那个野兽的性命。【精解点评：作者在此插入一段古时候的角斗士的故事，为下文中介绍蜘蛛缠住蝗虫的办法做铺垫。】

蜘蛛也是用同样的方法，而且它还有另外一个人类所没有的绝招：它可以把自己制造的丝制的锁链连续不断地缠到蝗虫身上，一副不够，第二副会立即跟着抛上来，然后还有第三副、第四副……直到用完它所有的丝；而人类的网却只有一副，就算还有很多，也没办法这么迅速地接连抛出去。

当那白丝网里的囚徒决定放弃抵抗、坐以待毙的时候，蜘蛛才得意洋洋地向它走过去。这时它就会利用起那个比角斗士的三叉戟还厉害的武器——它的毒牙。它会用它的毒牙咬住蝗虫，高高兴兴地饱餐一顿，然后再爬回到网的中央，继续等待下一个自己送上门来的猎物。

条纹蜘蛛在母性方面的显露比猎取食物时所显示的天才更令人惊叹。它的巢是一个丝织的袋，而它就把卵产在这个袋里。它这个巢远比鸟类的神秘，它的形状像一个倒置的气球，和鸽蛋差不多大小，有宽大的底部和狭小的顶部，顶部是被削平的，围着一圈扇蛤形的边。从整体来看，这就是一个用几根丝支持着的蛋状物体。

巢的顶部是凹陷的，就像放着一个丝织的碗。巢的其他部分像是包

着一层又厚又细腻的白缎子，并且点缀着丝带和黑褐色的花纹。我们可以很容易地猜到这一层白缎子的作用——它是用来防水的，由于有了它的存在，雨水或露水就不能浸透它了。

要想不让里面的卵被冻坏，就不能将巢直接放在地面上，甚至藏在枯草丛里都是不行的，还必须有一些专门的保暖设施。让我们用剪刀把包在外面的这层防雨缎子剪开来看看吧！在这下面我们发现了一层红色的丝。这层丝并不是常见的那种纤维状，而是很蓬松的一束。这种物质，比天鹅的绒毛还要柔软，比冬天的炉火还要温暖，它将是小蜘蛛们温暖的婴儿床。小蜘蛛们在这张舒适的床上是绝不会怕寒冷空气的侵袭的。

在巢的中央有一个袋子，袋子的底部是圆的，顶部是方的，就像锤子一样，并且有一个柔嫩的盖子盖在上面。这个袋子是用非常细软的缎子做成的，蜘蛛的卵就藏在里面。蜘蛛的卵是一种小巧的橘黄色颗粒，它们聚集在一块儿，拼成一颗豌豆大小的圆球。这些就是蜘蛛的宝贝。蜘蛛妈妈必须精心保护，不让冷空气伤害到它们。

那么这样精致的袋子是如何造就的呢？让我们来看看它做袋子时的情形吧！工程开始的时候，它先是放出一根丝，并慢慢地绕着圈子，它用后腿把丝慢慢拉出来，叠在前面的一圈丝上，就这样一圈圈地叠加上去，就织成了一个小袋子。袋子与巢之间也是用丝线连的，这样就可以使袋口张开。袋的大小恰好能装下全部的卵而不留一点空隙，真不知道这蜘蛛妈妈是怎样掌握得那么精确的。

产完卵后，蜘蛛的丝囊又要开始运作了。但这次不同于以前。只见它先放下身体，让身体接触到某一点，然后再抬起来，再放下，接触到另一点，就这样一会儿在这，一会儿在那，一会儿上，一会儿下，毫无规则，同时它用后脚拉扯着放出来的丝。这种工作的结果，并不是织出很美丽的绸缎，而只是造就了一张杂乱无序、错综复杂的网。

接着它会射出另一种丝，红棕色的，它非常细软。它用后腿把这丝压实，包裹在巢的外面。

然后它再一次变换材料，仍然放出白色的丝线，给巢的外侧再多穿上一层白色的外套。到了这个阶段，它的巢已经像是个小气球了，上端小，下端大，接着它又会放出颜色各异的丝——赤色、褐色、灰色、黑色……让你目不暇接，它正是用这种华丽的丝线来装饰它的巢的。直到完成这一道工序，整个工作才算大功告成了。

条纹蜘蛛拥有着一个多么神奇的纱厂啊！【写作参考点：比喻手法的运用，将条纹蜘蛛的巢比作神奇的纱厂，表现了它的巢是用丝线制作而成，也表达了作者对它的才能的赞叹和钦羡。】拥有了这个简易而长久的工厂——它就可以交替做着搓绳、纺线、织布、织丝带等各种工作，而完成这些工作的全部机器就只是它的后腿和丝囊。那么它又是怎样做到如此随心所欲地变换“工种”的呢？它又是怎样随心所欲地放出自己需要的颜色的丝呢？我只能看到这些结果，却看不到其中的奥妙。【精解点评：作者在此提出几个亟待解决的问题，留给读者思考的空间，也表现了作者不断探求的精神。】

当巢完全建好以后，蜘蛛就头也不回地踱着步走开了，再也不会回来。不是它狠心抛弃宝宝，而是真的用不着它再操心了，时间和阳光会帮助它养育宝宝的。而且，它也没有精力再操心了，因为在替它的孩子做巢的时候，它已经用光了自己所有的丝，再也没有剩余的丝供自己张网捕食了。况且它也已经没有了食欲，衰老和疲惫的它，在世界上孤独地熬过几天之后，就安详地死去了。这便是我那匣子里的蜘蛛一生的宿命，也是所有生活在树丛里的蜘蛛的必然归宿。

你一定还记得那小小的巢里面，那些橘黄色的卵吧。那些美丽的卵有5颗之多。你也还记得它们是被密封在白缎子做的巢里的吧？那么当里面的小东西要跑出来，又冲不破那雪白的墙壁时该怎么办呢？而且它们的母亲又不在身旁，没法帮助它们冲破丝袋，它们又是用什么办法来解决这个问题的呢？【精解点评：连续几个问题的提出，引起读者的思考，同时引出下文中答案的揭示。】

动物在许多地方和植物是类似的。在我看来，蜘蛛的巢相当于植物的果实，只不过里面包含的不是种子而是卵，而且这些卵不会自己移动，

但植物的种子却能在遥远的地方生根发芽。

植物有许多传播种子的方法，它们会把种子送到四面八方：凤仙花在果实成熟的时候，只要受到轻轻的碰触，便会四分五裂，每一瓣各自蜷缩起来，把种子弹射到远处；还有一种像蒲公英的种子一样很轻的种子，它长着羽毛，只要风轻轻一吹就能把它们带到很远的地方；榆树的种子则是嵌在一张又宽又轻的扇子里的；槭树的种子则成对地搭配，就像一双张开的翅膀；桎树的种子有着船桨的形状，风便足以让它飞到极远的地方……这些种子都是随遇而安的，不管落到什么地方都可以安家落户，开始下一圈的生命轮回。

和植物一样，动物也会凭借大自然的力量，用各种千奇百怪的方法，让它们的种族散布在各地生存繁衍。对此你可以从条纹蜘蛛的身上略知一二。【精解点评：过渡句，这里上承植物传播种子的内容，下启条纹蜘蛛种族散布的内容。】

3 月的时候，正是蜘蛛的卵开始孵化的时候。如果用剪刀剪开蜘蛛的巢，我们就可以看到已经有些卵变成了小蜘蛛，爬到中央那个袋子的外面了，但有些仍旧是橘黄色的卵。而这些刚刚孵化成型的小蜘蛛还并没有像它们的母亲一样，穿着那美丽的条纹外衣，它们的背部是淡黄色的，腹部是棕色的，它们还要在袋子的外面，巢的里面，呆上整整 4 个月。在这段时间里，它们会渐渐地变得强壮丰满起来，而与其他动物不同的是，它们并不是在外面的大天地中成长，而是在巢里逐渐成年的。

到了夏天的时候，这些小蜘蛛就急着要冲出来了。可是它们根本无法洞穿那坚硬的巢壁。那该怎么办呢？你完全用不着担心，那巢自己会裂开的，就像成熟的种子果皮一样，自动地把后代送出来。它们一出巢，就会各自爬到附近的树枝上，并且放出极为轻巧的丝来，当这些丝在空中飘荡的时候，它们就会被牵引着到别的地方去了。

在这篇文章里，作者为我们介绍了另外一种蜘蛛，它就是条纹蜘蛛。条

纹蜘蛛被作者称为蜘蛛中最完美的一种。作者以平实的语言，介绍了条纹蜘蛛的饮食习惯，它的巢和它散布种族的方式，多处运用比喻的修辞手法，使得文章读起来优美而有韵味。

条纹蜘蛛由于身上有黄、黑、银三色相间的条纹，而被称为条纹蜘蛛。作者在这篇文章中，为我们详致地介绍了这种蜘蛛的饮食、筑巢和种族的散播等方面的内容。作者在文中提出多个亟待解决的问题，留给我们去思考和想象，这也表现了作者作为一位科学家，他的不断求索的精神。

1.条纹蜘蛛的形象是什么样的？

2.条纹蜘蛛在饮食上有什么特点？

3.条纹蜘蛛抓到蝗虫后，为什么不急于吃掉它？它想做什么呢？

（答案见最后）

1.蜘蛛的巢是一只精致的袋子，那么这个袋子是怎么制造出来的？

2.动物在许多地方和植物是类似的。文中表现在什么方面？

3.植物传播种子的方法有哪些？从文中找找看。

克鲁蜀蜘蛛

名师导读

这个名字听起来有些陌生，这也是一种蜘蛛吗？它为什么会叫克鲁蜀蜘蛛呢？它又有着什么样的生活习性和特点呢？这个名字的来源一定很有趣。别自己想了，赶紧随着作者的笔端，来认识一下这位陌生的朋友吧。

克鲁蜀蜘蛛是一个极为聪明、灵巧的纺织家，而且就蜘蛛家族而言，克鲁蜀蜘蛛也算是很美丽的一种了。克鲁蜀这个名字来源于古希腊三位命运女神中的一位，也是最小的一位，她负责掌管纺线杆，万物各自不同的命运都是从她那里纺出来的。克鲁蜀蜘蛛能为自己纺出最精美的丝，而克鲁蜀女神却不能为我们制造完美的命运和舒适的生活，这的确是一件令人遗憾的事！【精解点评：作者开篇就介绍了克鲁蜀蜘蛛名字的来源，为读者解了惑。】

我们必须到橄榄地的岩石的斜坡上，才能观察到我们想了解的克鲁蜀蜘蛛。在被阳光晒得又热又亮的地方，如果我们翻起一些大小适宜的扁平石块——最好是那些被牧童堆起来做凳子用的小石堆，这种凳子尽管简陋，但却是牧童们的喜爱，因为这可以让他们坐下来看守山底下的羊群，休息工作同时进行，真是其乐无穷。而这些地方往往也是克鲁蜀蜘蛛喜爱的地方，如果你并没有找到它们，那么也不要灰心。

在这个世界上，克鲁蜀蜘蛛的确是很稀少的，并不是每个地方都适合它们生存，所以找不着它们也是很正常的。倘若我们有好运气的话，当我们翻起石块，就会发现在它下面有一个样子很特别的东西：形状像是一个反过来的穹形屋顶，大概有半个梅子一般大小，外面挂着一些小贝壳，一些泥土和已经风干了的虫子。

在穹形顶的边缘有十二个尖尖的扇蛤，它们被固定在石头上，伸展于各个方向。这就是克鲁蜀蜘蛛的豪宅！【精解点评：将克鲁蜀蜘蛛的家说成豪宅，表现了作者语言的诙谐生动。】

而入口又在哪里呢？尽管在它周围有许多拱，但那些拱都开在屋顶的上部，并不是可以通向屋子的通道。可是这屋子的主人总要出来，也需要进去，那么它的门究竟是设在哪里的呢？用一根稻草，我们便会知道所有的秘密。

如果我们用一根稻草向拱形的开口处插进去，就会发现这些拱门都是在里面反锁的，而且被关得严严实实。但是如果你再稍稍地用一用力，你就会发现，其中必定有一个拱门是可以开启的，它的边缘会裂成嘴唇般的两片。所以这里便是出入口了，它有弹性，会自己关闭。

当克鲁蜀蜘蛛遇到危险的时候，它就会飞快地跑回家中，用脚爪轻轻一触，门就自动开了，等它钻进去后，门又会自动关闭起来。如果有必要的话，它还可以将门反锁，所谓反锁也只不过是用几根丝线做一下固定而已，并不会起多大的作用。但是从外边看来，它跟其他的拱完全一样，这样就起到了迷惑的作用，敌人只能看见它消失得无影无踪，却不知道它到底是从哪里逃掉的。

现在让我们打开它的门吧。天啊！那是多么金碧辉煌啊！这使我马上联想起那个娇贵公主的神话故事——她是如此的娇贵，只要她床上垫褥底下有一片折皱了的玫瑰花的叶子，她就会睡不好觉。当你看到克鲁蜀蜘蛛的家，你会觉得它与那位公主相比甚至有过之而无不及。它的床比天鹅绒还软，比夏天的云还白。床上既有绒毯，又有被子，而且都异

常柔软。克鲁蜀蜘蛛就安居在这绒毯和被子之间。它长着一双短短的腿，穿着黑色的衣服，背上还有五个黄色的徽章。【写作参考点：外形描写，这是对克鲁蜀蜘蛛外形的简单勾勒，使读者对克鲁蜀蜘蛛的形象有了初步的印象。】

要在这屋子里过上舒适的生活，就得有一个必需的条件：那就是屋子必须建筑得牢固，尤其是在遇到大的风暴的时候。如果我们仔细观察，就可以知道克鲁蜀蜘蛛是如何完成这个挑战的：它把支持着整个屋子的众多拱门全部固定在石头上面，我们可以发现在接触点上会有一缕缕的长线，沿着石面伸展开去。我用尺子进行了一番测量，每一根都足有九尺长。原来，这屋子是用这么多“链条”攀着的，就像是阿拉伯人用许多绳索攀着帐幕一样，所以显得格外牢固。【精解点评：强调了克鲁蜀蜘蛛屋子的牢固。】

我们还得注意另外一件小事，虽然它的屋子里是那么整洁、华丽，然而屋子外面却满是垃圾：有泥土、腐烂了的木屑，还有一粒粒脏兮兮的砂石，甚至还有更脏的东西，比如风干了的甲虫、千足虫破碎的尸体，还有蜗牛的壳等等，满眼狼藉，一塌糊涂，而且都已经被太阳晒得发白了。

克鲁蜀蜘蛛不会设陷阱，因而它完全依靠那种在石堆里跳来跳去的虫子来维持生计。如果哪一只冒失的虫子正跳过它的居所，就会被它逮个正着，捉来饱餐一顿。至于那些已经风干了的尸体，它也并不丢弃，而是悬挂在墙壁的周围，似乎是在炫耀自己捕猎的能力。

它把尸体挂起来究竟是为了什么呢？那些蜗牛壳绝大部分是空的，就算里面有活着而且健康的蜗牛，可是这些蜗牛是躲在壳的深处的，而蜘蛛是根本无法接触到它的。那把它挂起来又能干什么呢？它无法打破那硬硬的壳，更无法从开口处把蜗牛揪出来，而它居然还是收集了那么多蜗牛，它到底想干什么呢？【精解点评：一连几个问题的提出，留给读者思考的空间，同时引出下面的答案。】

后来我们想到了用简单的平衡问题来解释：普通的家蛛在墙角张网

时，为了使网保持一定的形状并能经受起风吹雨打的考验，常常会把石灰或泥嵌入网中。克鲁蜀蜘蛛在自己的屋里挂上重物显然也是出于这个原因，只是并非同样的原理，而是它懂得当把重物挂在屋的低处，屋子四周就会平稳——在低的地方增加重量就可以降低重心，使平衡更加稳定。

同时，像昆虫的尸体或空壳是轻而易举就能得到的，并不需要到远处去寻找，因而成为了它的首选。

那么，你们或许还要问：它在那舒适的屋子里做什么呢？是懒懒地睡觉还是辛勤地劳动呢？据我看来，它什么都不做。它已经吃得饱饱的了，它只需要舒适地摊开脚，躺在软软的绒毯上，什么都不用做，什么都不用想，只要静静地聆听地球旋转的声音就好。它没有睡，也并不清醒，而是一种半梦半醒的状态，这时候除了快乐和幸福，它什么也感觉不到。

让我们来想象一下：当你辛苦了一天之后，躺在舒适的床上，彻底地放松，在将要入睡的时候，那将是怎样无忧无虑的享受啊。克鲁蜀蜘蛛似乎也懂得这一刻的美妙，并且比我们更会享受。

在本篇文章中，我们又认识了一种不太常见的蜘蛛，它就是克鲁蜀蜘蛛。作者运用多种修辞手法，将克鲁蜀蜘蛛的真实生活展现出来，包括克鲁蜀蜘蛛豪华精美的屋子，以及它捕食的过程。

作者在这篇文章中，带领我们认识了一种陌生的小昆虫，即克鲁蜀蜘蛛，我们惊叹于克鲁蜀蜘蛛的豪宅，也羡慕克鲁蜀蜘蛛的享受。而克鲁蜀蜘蛛不会设置陷阱，也说明了它并不以捕食为每天的工作重心，符合它懂得享受的特点。

1.作者为什么说“克鲁蜀蜘蛛是一个极为聪明、灵巧的纺织家”？

2.在这个世界上，克鲁蜀蜘蛛为什么很稀少？

3. “现在让我们打开它的门吧。天啊！那是多么金碧辉煌啊！这使我马上联想起那个娇贵公主的神话故事——她是如此的娇贵，只要她床上垫褥底下有一片折皱了的玫瑰花的叶子，她就会睡不好觉。当你看到克鲁蜀蜘蛛的家，你会觉得它与那位公主相比甚至有过之而无不及。”作者在此插入娇贵公主的神话故事，有什么用意？

（答案见最后）

强化训练

1.作者为什么强调克鲁蜀蜘蛛不会设置陷阱？

2.它把尸体挂起来究竟是为了什么呢？

3.克鲁蜀蜘蛛在舒适的屋子里一般做什么？

蟹　　蛛

名师导读

一听蟹蛛，我们便会望文生义，它一定是与螃蟹有一定的关联，那么它们之间到底有什么关联呢？这个蜘蛛又有着怎样的生活习性呢？它猎食时，又有什么特点呢？来吧，一起走进文章。去了解这种蟹蛛吧。

前面我们所讲到的条纹蜘蛛工作很勤快，可以为了替它的卵建造一个安乐窝而孜孜不倦[zī zī bù juàn]（孜孜：勤勉，不懈怠。指工作或学习勤奋不知疲倦）地废寝忘食地工作。可是到了后来，它就无法再这样照顾到它的家了。因为它寿命是那样短，以至于在第一个寒流到达之时就要死掉了。而它的卵却要过了冬天才能孵化，所以它不得不丢下它的宝宝。倘若宝宝们在母亲还在世的时候能出世，我相信母蛛对小蛛的细心呵护不会亚于任何鸟类。另外一种蜘蛛证明了我的推测，它并不会织网，只有等着猎物跑近它才去捉。由于它是横着走路的，像螃蟹一样，所以我们叫它蟹蛛。【精解点评：以简短的一句话，概括了蟹蛛名字的来源。】

这种蜘蛛不会用网猎取食物，它的捕食方法极其简单：只要埋伏在花丛后面等猎物经过，然后爬过去在它颈部轻轻一刺，就这简单的一刺，就足以致它的猎物于死地。【精解点评：简单概括了蟹蛛猎取食物的方

法。】在我观察之下的这群蟹蛛尤其喜欢以蜜蜂为食。

蜜蜂在采花蜜的时候是极专心致志的，一点精力都不会分散。它会挑选一个能采到许多花蜜的花蕊，然后一心一意地用舌头舔着花蜜，开始它的工作。正当它埋头苦干的时候，蟹蛛就已经虎视眈眈[hǔ shì dān dān]（像老虎要捕食那样注视着。形容贪婪地盯着，随时准备掠夺）从藏身的地方悄悄地爬出来，走到蜜蜂背后，渐渐地接近它，然后一下子冲上去，在蜜蜂颈背上迅速地刺一下，而蜜蜂是无论如何也摆脱不了那一刺的。

这一刺也是一个精细的举动，它必须刚好刺在蜜蜂颈部的中枢神经上。只有使蜜蜂的中枢神经麻痹，才能马上使它的腿开始硬化，不能动弹。于是一秒钟内，一个小生命就这样结束了。然后这个凶残的杀手愉快而满足地吸干它的血，再抹抹嘴巴，残酷地把干瘪的尸体丢在一边。

然而，在蟹蛛的家里，我们看到的却是一个极其慈爱温和的母亲，完全没有了刽子手的凶恶。就像传说中的“食人怪”那样，吃起别人的孩子来毫不留情，却十分疼爱自己的孩子一样。其实在饥饿的逼迫下，我们也是同样的，人和畜牲都会变成食人怪。

蟹蛛虽然是个杀蜂不见血的凶手，但我们又不能不承认，它的确是一只美丽的小东西。虽然它们并没有十分姣好的身材，就像是一个雕在石基上的又矮又胖的锥体，在其中的一边还有一块小小的隆起的肉，就像骆驼的驼峰一样，但是它们有着比任何绸缎都要好看的皮肤，有乳白色的，还有柠檬色的。它们中间有些特别漂亮：腿上长着粉红色的环，背上镶着深红的花纹，有时候在胸部的两侧还有一条淡绿色的带子。这身打扮虽然不及条纹蛛富丽，但是由于它的肚子并不松弛，花纹细致，又有搭配协调且鲜艳的色彩，因而看起来倒反而比条纹蛛的衣服更加典雅、高贵。【写作参考点：外形描写，这里运用生动的语言，对蟹蛛的美丽外形进行了描写。】人们对于其他蜘蛛都敬而远之，但对美丽的蟹蛛却无论如何也怕不起来，因为它实在长得太漂亮，太可爱了，如果它们只是一些静止的玩具，那我们一定会对它们爱不释手。

在筑巢方面，蟹蛛的高超手艺并不比它在觅食时的技艺逊色。【精解点

评：简单概括了蟹蛛筑巢技艺的高超，引出下文对筑巢方面内容的详细介绍。】

有一次我在一株水蜡树上找到它，当时它正在一个花丛的中间筑巢。它织着一只形状像顶针一样的白色丝袋：这个丝袋就是它的卵的安乐窝，在口袋的上面还盖着一个圆圆扁扁的绒毛帽子。

在屋顶的上部有一个用绒线结成的圆顶，有一些凋谢了的花瓣夹杂在里面，这就是它的瞭望台。在通向瞭望台的方向上，有一个开口作为通道。

就在这瞭望台上，蟹蛛像一名尽心尽责的卫兵一样，每天辛勤地守护着。自从产了卵之后，它就消瘦了许多，几乎完全失去了以前那种朝气蓬勃的样子，它在这瞭望台上全神贯注地守护，有任何风吹草动它就会立刻全身紧张，进入战备状态，随即从那儿走出来，挥舞着一条腿威吓来惊扰它的不速之客。它紧张地做着手势，驱赶着侵入者。它那狰狞的样子和夸张的动作的确会把那些或怀有恶意或无辜的外来者吓跑。当它把那些鬼鬼祟祟的家伙赶走以后，才又心满意足地回到自己的岗位上。

那么它又在那丝和花瓣做成的穹顶下做什么呢？原来它是伸展开身体来遮蔽它宝贝的卵。尽管此时它已经瘦小孱弱到仿佛一阵风就能把它卷走，它已忘记了饮食，为了不影响守望，它甚至也抛弃了睡眠，而且不再去捕蜜蜂，不再吸它们的血充饥。它只是静静地坐在自己的卵上。

我不由想到母鸡。母鸡也是这个样子孵蛋的，不同的是母鸡是要用身体提供热量，在它孵蛋的时候，将身上温暖的气息传导到卵上唤醒其生命源头。而对于蜘蛛而言，太阳已经提供了足够的热量，蜘蛛妈妈并不需要再提供热量了。而事实上，它也没有能力提供热能。因为有这个不同点，我们就不能称蜘蛛对小蛛的守候为“孵育后代”。

再经过两三个星期后，母蛛会因为长期滴水未进，而更加日渐消瘦。可它的守望工作却丝毫不见松懈。虫之将死，它还有什么愿望没有实现呢？它似乎一直在等待，这等待使它苦苦地支撑着自己，用它的精神撑起早已失去活力的身体。它究竟在等什么呢？是什么激励着它用生命去苦苦支撑呢？后来我才知道，它是在等它的孩子们出来，这个垂死的母亲还要为孩子们尽最后一点力量。

条纹蛛的孩子们在离开那气球形的巢之前就已经成为孤儿，没有人来帮它们破巢，自己又没有能力破巢而出，只有等巢自动裂开，它们才能各自奔向远方。它们出来时根本不知道自己的母亲是谁。而蟹蛛的巢封闭得也很严密，又不会自动裂开，顶上的盖更不会自动升起，那么小蛛如何爬出来呢？我们在小蛛孵出以后，发现在盖的边缘有一个小小的破洞。这个洞是刚刚才出现的，显然是有人在暗中帮助它们，为它们在盖子上咬出了一个小孔，便于让它们钻出来。然而又是谁可以悄悄地在那儿打开这扇门的呢？

袋子的四壁又厚又粗，衰弱的小蛛们是决没有能力自己把它抓破的，其实这洞正是它们那奄奄一息的母亲为它们打的。当母蛛感觉到里面的小生命已经骚动不安的时候，它便知道孩子们已经急于想出来了，于是就会用尽全身的力气在袋壁上打出一个洞。虽然母蛛已经衰弱得可以随时丧命，但为了给它的家庭尽到最后一份力量，它一直顽强地支撑了五六个星期。最后把全身的力量积聚起来，爆发出来打了这个洞，这最后的任务完成之后，它便安然而逝了。它死的时候异常平静，脸上带着安详的神情，胸前仍紧紧地抱着那个已失去作用的巢，渐渐地缩成一个僵硬的尸体。

这是多么伟大的母亲啊！众所周知，母鸡的牺牲精神令人感动，可是和蟹蛛相比，似乎还略有不及。【精解点评：将母鸡与蟹蛛母亲相对比，突出表现了蟹蛛母亲临死前为孩子所作出的牺牲之大，表达了作者对它的赞美和崇敬之情。】

在7月里，我的实验室中的小蟹蛛终于从卵里钻出来了。我知道它们有攀绳的嗜好，所以我把一捆细树枝插在它们的笼上。果然，它们立刻沿着铁笼迅速地爬到树枝的顶端，紧接着就用交错的丝线织成错综的网，这便是它们的空中沙发。它们安静地在这沙发上休息了几天，然后就开始了新的工程——搭起吊桥来。

我把爬着许多小蛛的树枝拿到窗口前的一张桌子上，然后打开窗户。不久小蛛们便开始纺线来制作它们的飞行工具了。它们总是三心二意的，一会儿爬到树枝下面，一会儿又回到顶上，做得很慢，好像不知道自己

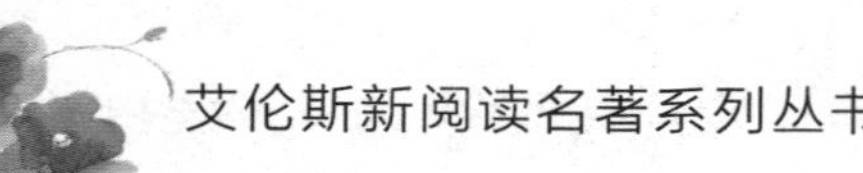

到底要干什么，又不知道该怎么干。

照这样的速度，它们在那儿忙乎了半天也没有什么结果，它们都是急于要飞出去的，可就是没有胆量。在11点钟的时候，我把树枝放在了窗框上，使太阳照射到它们的身体。几分钟以后，太阳的光和热变成了它们身体里的能量，这个小小的驱动力，驱使小蛛们纷纷活跃起来。只见它们的动作越来越快，越来越敏捷，一个劲儿地往树枝的顶上爬去，尽管并不能确切地看到它是不是正纺着线往空中飞去，但我确信它们此刻正在树梢上飞快地纺线，不停地努力，正蓄势待发[xù shì dài fā](指随时准备进攻。原意是指半蹲着的人随时准备站起来冲出去)呢！

这时有三四只蟹蛛出发了，它们各走各的路，各自向着不同的方向，其余的也都纷纷拖着后面的丝爬到顶上。突然刮起了一阵风，那些蜘蛛是那样的轻巧，它们吐出的丝又是那么细，风会把它们卷走吗？

我仔细看了看，风的确猝然扯断了细丝，小蛛们顺着风在空中飘荡着，不一会儿便随着它们的降落伞——断丝飘走了。我望着它们离去的背影，直到它们消失在我的视野里。它们越飞越远，已经飞出40尺远的距离了。在这又黑又暗的柏树丛中，它犹如一颗闪亮的明星。它越飞越高，越飞越远，终于再也看不见了。其余的小蛛也接二连三地飞出去，有些飞得很高，有些飞得很低。有的飞往这边，有的飞往那边，最终都找到了自己的安身之处。

这时候，所有的小蛛都已经准备起飞了。现在的它们已经不再像开始的时候那样三三两两地飞出，而是呈放射线状一队一队地出发了，也许是那几个英勇的先锋感染激励了它们。随后不久它们就陆续安全地着陆了，有的在远处，有的在近处，这个简单的降落伞成功地完成了它的使命。

关于它们以后的故事，我就不清楚了。在它们还没有能力袭击蜜蜂的时候，它们会怎样捕食呢？小虫子和小蜘蛛争斗的话，谁又会最终取胜呢？它会耍什么小把戏吗？又会有哪些天敌在威胁着它们呢？我一概不得而知。【精解点评：作者在篇末提出几个问题，留给读者去思考，使读者有意犹未尽的感觉。】不过，等到次年的夏天，我们就应

该可以看到已经长得又肥又大的蜘蛛，纷纷躲在花丛里去偷袭那些勤劳的蜜蜂了。

学海导航

这篇文章中，作者以生动有趣的语言，为我们介绍了蟹蛛。这也是蜘蛛中的一种，作者运用详致的外形描写，为我们呈现出蟹蛛的外观形象，以拟人化的手法，将蟹蛛捕食的日常生活尽情展现出来。

读品悟思

作者在这篇文章中，带我们认识了一种和螃蟹相关的蜘蛛，而它和螃蟹之间的联系就是，它们都是横着走路，因而被称为蟹蛛。作者笔下的蟹蛛是一个有着美丽的外表和高超的筑巢技艺的小昆虫，并且，蟹蛛母亲对孩子的细心呵护，至死守护自己孩子的牺牲精神，也感动了作者和读者。

考点巩固

1.蟹蛛名字的来源是什么？

2.蟹蛛尤其喜欢以什么为食物？

3.蟹蛛捕食的方法是怎样的？

（答案见最后）

强化训练

1.蟹蛛慈爱温和的母亲形象通过哪些方面能够表现出来？

2.蟹蛛的巢是什么样的？

3.蟹蛛母亲临死之前，为孩子贡献的最后一点力量是指什么？

迷宫蛛

名师导读

大多数蜘蛛都会用黏性的网作为陷阱，来捕食落网的猎物，但是有一种蜘蛛不会这么做，它就是迷宫蛛。它为什么不像其他蜘蛛那样捕食呢？那么，它是通过什么方式捕食的呢？我们一起来一探究竟吧。

会结网的蜘蛛都可以称得上是纺织的能手，它们用蛛网来猎取自投罗网的食物，可谓"姜太公钓鱼，愿者上钩"。【写作参考点：引用俗语和歇后语，增强文章的可读性和趣味性。】还有许多其他种类的蜘蛛，它们会用许多其他同样聪明的方法猎取食物，同样以逸待劳，收获颇丰。其中有几种在这方面很有造诣，几乎所有关于昆虫的书籍都会将它们一一列举出来。

有一种被称作美洲狼蛛的黑色蜘蛛，它们主要是生活在洞里，就像我以前曾经讲到的欧洲狼蛛一样。但是它们的洞穴要比欧洲狼蛛精细完备得多。欧洲狼蛛的洞口只有一圈用小石子、丝和废料堆成的矮墙，而美洲狼蛛的洞口上会有一扇活动的门，是由一块圆板、一个槽和一个栓子做成的。当一只狼蛛回到家之后，门便会落进槽里，自动关上了。如果有谁想在门外把它掀起来的话，狼蛛只要用两只爪子把柱子抵住，门

就会死死地闭住，在外面是绝对无法开启的。

另外一种叫水蛛。它拥有一种性能很好的潜水袋，有空气贮藏在里面。它可以在这里一面避暑，一面等待猎物的经过。在太阳像火炉一样的日子里，这样舒适凉爽的避暑胜地实在是一个极好的选择。人类也曾经尝试用最坚硬的石块或大理石在水下建造房子，也许有人听说过泰比利斯，这个罗马的暴君，他生前就曾经叫人为他造了一座水下宫殿，以供自己玩乐。只不过如今，这个宫殿仅是留给人们一点回忆和感慨罢了。而水蛛的水晶宫，却永远都那么灿烂辉煌。

如果我有机会观察一下这些水蛛的话，我一定会在它们的生命史上添上一些未经记载的事实。但是现在，我只能放弃这个想法，因为我们所处的地点并没有水蛛的踪迹。

至于那美洲狼蛛，我也只是偶尔在路旁看到过一次。而那时候我偏偏有其他事情要去处理，没有认真观察的时间。错失这个良机后，就再也没有见到过它。

但是，并不只有稀罕的虫子才值得我们研究。再常见的虫子，如果好好地研究起来，也可以发现许多有趣的事情的。我接触迷宫蛛的机会极多，也对它抱有极大的兴趣，所以对它作出的一番研究，我觉得确是很有收获的。【精解点评：转折和过渡，用一个“但是”，将文章的内容转到对迷宫蛛的讨论上。】

在7月的清晨，太阳还没有发出那焦灼的光辉的时候，每个星期我都要去树林里看几次迷宫蛛。孩子们也都愿意跟着我去，每人再带一个橘子，以供解渴之用。

走进树林，很快，我们就会发现许多很高的丝质建筑物，甚至还有不少露珠挂在丝线上，在阳光的照射下闪闪发亮，就像是皇宫里的稀世珍宝一般。【写作参考点：比喻，将露珠比作珍宝，形象而贴切的表现了露珠晶莹发光的特点。】孩子们被这个美丽的“灯架”惊呆了，几乎忘了他们的橘子。这真算得上是一个奇观！

当太阳照射了半小时之后，魔幻般的珍珠随着露水一起消失了，现在我们就可以专心观察它的网了。那是挂在蔷薇花丛上方的一张网，大概有一块手帕那么大，周围有许多线拉起它把它攀到旁边的矮树丛中，使它能够固定在空中，也使这张网看起来犹如一块又轻又软的纱。

网的四周是平的，渐渐向中央凹陷，到了中心便形成了一根约有八九寸的深管子，一直通到叶丛中。

而这蜘蛛就坐在管子的进口处。它面对我们坐着，一点儿也看不出惊慌。它的身体呈灰色，胸部有两条宽宽的黑色带子，腹部则有两条细带，由白条和褐色的斑点相间而成。在它的尾部，是一种“双尾”，这在普通蜘蛛中是很罕见的。【写作参考点：外形描写，这是对迷宫蛛外观的描写，强调了它的“双尾”的特点。】

我猜想在管子的底部，一定也有一个垫得极舒适的小房间，作为迷宫蛛空闲时的休息室。可事实上我的猜测错了，那里根本没有小房间，只有一个像门一样的设施，一直开着，当外面有了危险的时候，它可以直接逃回去。

上面那个网由于被许多丝线拴住，攀在附近的树枝上，所以看上去就像一艘在暴风雨下抛锚停泊的船。这些充当着铁索的丝线，长短不一，也形态各异：有垂直的，也有倾斜的；有紧张的，也有松弛的；有笔直的，也有弯曲的，都错综复杂地交叉在三尺以上的高处。这确实可以算是一个迷宫，除了最强大的虫子外，谁都无法打破它，逃脱它的束缚。

迷宫蛛不像其他蜘蛛那样会用黏性的网作为陷阱，它的丝是没有黏性的，它的网妙就妙在它的迷乱。【精解点评：点明了迷宫蛛的网丝的特点，即没有黏性，但具有迷乱性。】你看，有一只小蝗虫，它刚刚误入网中，可在摇曳不定的网中，它根本没法让自己站稳。一下就陷了下去，于是它开始焦躁地挣扎，可是结果只能是越陷越深，就像是掉进了可怕的深渊。蜘蛛待在管底静静地张望，看着那倒霉的小蝗虫垂死地挣扎，它知道，这个猎物马上就会落到网的中央，成为它的美味佳肴。

果然，一切都如蜘蛛所料。它不慌不忙地扑向猎物，慢慢地一口一

口地吮吸着它的血，一副洋洋自得的样子。至于那蝗虫，在蜘蛛向它第一次进攻的时候就死了——蜘蛛的毒液使它一命呜呼。接下来蜘蛛就要从容地来吃完它了，而对于这只倒霉的蝗虫来说，这样痛快地成为蜘蛛的美食远比半死不活或者活活被蜘蛛撕成碎片强得多了。

每到快要产卵的时候，迷宫蛛就该搬家了。尽管它的网还完好无损，但它必须放弃。它不得不舍弃它，并且也再也不会回来了。它必须去完成它的使命，一心一意地去筑巢。它把巢做在哪里呢？迷宫蛛自己当然知道得一清二楚，而在我，却真的一点头绪都找不到，实在是想不出它到底会把巢建在何处。我花了整整一个早晨的时间在树林中搜索。终于，功夫不负有心人，我发现了它的秘密。

那是在距离它的网相当远的一个树丛里，它已经造好了它的巢。那里有一堆枯柴，杂乱地纠缠在一起，显得脏兮兮的。就在这么个简陋的盖子下面，是一个做工细致、精巧的丝囊，而这里面就藏着迷宫蛛的卵。

我对它那简陋的巢有些失望了。但是后来我猜想，也许是因为这环境实在不好。试想，在这样一个密密的树丛里，在这仅有的一堆枯枝败叶之中，哪有什么条件让它做出精致的活来呢？为了证实我的猜测，我将6只快要产卵的迷宫蛛带回到我家里，把它们放在实验室的一个铁笼子里，再把这铁笼子安放在一个盛满沙的泥盘子里，然后又在泥盘中央插了一根百里香的小枝，这样就可以使每一个巢都有攀附的地方。现在，一切工作都准备就绪了，就该轮到它们大显身手了。

这个实验获得了极大的成功。到了7月底的时候，我便得到了6只雪白且外观富丽精致的丝囊。迷宫蛛在我为它准备的这样一个舒适的环境里工作，活就自然细致得多了。那么就让我来尽情地观察吧！这个巢是一个由白纱编织而成的卵形的囊，足有鸡蛋那么大。它的内部构造很混乱，和它的网类似——看来这种建筑风格已经在它的脑子里根深蒂固，所以无论在任何场所和条件下，它所建造的房屋都是这样杂乱无章的。【精解点评：这里简单概括了迷宫蛛的巢的特点，即杂乱无章的卵形

的囊。】

这个布满丝的迷宫是一个守卫室。在这乳白色半透明的丝墙里面安放着一个卵囊，它的形状就像是那些代表骑士等级的星形勋章。这是一个很大的灰白色的丝袋，周围还有圆柱子围绕着，使它能够在巢的中央固定。这种圆柱都是中间细，两头粗的，大约有十个，这些圆柱在卵室的周围形成了一个白色的围廊。母蛛会时常在这个围廊里徘徊，一会儿停在这儿，一会儿又会在那儿歇脚，时时刻刻聆听着卵囊里的动静，活像一个即将要做父亲的人，焦急地在产室外面等待着孩子的第一声啼哭。在这样的一个卵巢里面，大概藏着100颗左右淡黄色的卵。【写作参考点：这里将母蛛比作产房外的父亲，贴切而形象地表现了它徘徊时的状态。】

轻轻将外面的白丝墙除去，我们就可以看到，还有一层泥墙围绕在里面，那是用夹杂着小碎石的丝线做成的。可是这些小沙子是怎么安放到丝墙里去的呢？难道是跟着雨水渗进去的？这是绝不可能的，因为丝墙的外面白得没有一丝斑点，更不用说有水迹了，看来这绝不是从墙壁上渗进去的。后来，我才发现，原来这是母蛛自己搬进去的，它是为了防止卵受到寄生虫的侵犯，特地把沙粒掺在丝线里面做成一道倍加坚固的墙。

这丝墙里面还有另外一个丝囊，这才是盛卵的囊。我打开了其中一个，那里面的卵已经孵化了，因为那里有许多弱小的小蜘蛛在快乐地爬来爬去。

但是，让我们再来看看那母蛛，它为什么一定要舍弃那张仍然完好无损的网呢？为什么一定要把巢筑到这么远的地方呢？它如此舍近求远自然有它的道理，你一定还记得它的网的模样吧？那是一个错综复杂的迷宫，高高地裸露在树叶丛的外面，这的确是一个巨大的陷阱，但同时也是一个醒目的标志，它的敌人——寄生虫也一样能对这个迷宫一目了然，然后它就会循着这个标志找到迷宫蛛的巢——如果迷宫蛛把巢建在那醒目的网的附近的话，那就定然不会逃过这可恶的寄生

虫的眼睛。

寄生虫的卑鄙手段想必已经在大家的脑海里形成鲜明的印象了，提防寄生虫的入侵是每一个母亲为了保护下一代所必须完成的重要任务。况且这种寄生虫专门吃新生的卵，如果迷宫蛛的巢被它们找到，那么卵就会无一幸免。所以聪明而尽责的迷宫蛛就趁着夜色到处察看地形，找一个最安全的地方来为未来家族建造安乐窝。至于那个地方的环境是否美观，倒还在其次了。

有一种沿着地面生长的矮小的荆棘丛，它们的叶子在冬天里也不会脱落，并且它们还能钩住附近的枯叶，这对于迷宫蛛来说，绝对是一个理想之处。还有那一丛丛又矮又细的迷迭香，也是迷宫蛛非常喜爱的地方。在这样的地方，我经常能够找到很多迷宫蛛的巢。

我们知道，有许多蜘蛛在产卵以后就会永远地离开自己的巢。可是迷宫蛛和蟹蛛一样，会一直在那里坚守。蟹蛛什么也不干，只在那里死盯着；而迷宫蛛则不同，它不会像蟹蛛那样绝食，以致日益憔悴，它会照常捕食。它会用一团杂乱的丝，再筑起了一个简陋的捕虫箱，继续为自己提供营养。【写作参考点：对比，将蟹蛛与迷宫蛛进行对比，突出表现了迷宫蛛与蟹蛛不同的地方，即它会继续捕食。】

在它不捕食的时候，它会在走廊里踱来踱去——就像我们所看到的那样——侧耳倾听着四面八方的动静。如果我用一根稻草在巢的某一处轻轻一碰，它就会立即冲出来看个究竟。就是在如此警惕的状态之下，它尽心尽责地保护着自己尚未成年的孩子。

迷宫蛛在产卵后胃口还是一样的好，这就表示它还要继续工作。因为昆虫不同于人类，人类会仅仅因为嘴馋而吃东西，而它们吃东西就是为了工作。【写作参考点：将昆虫吃东西的目的与人类进行对比，突出表现了昆虫工作的勤恳。】

可是产完卵后，它这一生中最伟大的任务就已经完成了，还有什么工作一定要做呢？经过我细细地探究，才发现它所要做的工作是什么。大约又过了1个月左右的时间，它继续在巢的墙上添丝。这墙最初是透明的，现在已经变得很厚且不再透明了。这就是它之所以还要大吃特吃的原因：为了充实它的丝腺从而为它的巢再造一垛厚墙。

大约到了9月中旬的时候，小蜘蛛们便从巢里出来了。但是它们并不急于离开巢，它们还需要在这温软舒适的巢里过冬。母蜘蛛则要继续看护它们，继续纺着丝线。可怜岁月无情，它一天比一天迟钝了，食量也渐渐地小起来。有时候我特意放几条蝗虫到它的陷阱里去喂它，它也无动于衷，一口也不想吃。即使这样，它也还能再维持四五个星期的生命，在它将要离开这个世界的时候，它仍然寸步不离地守着这巢，能够看到巢里新生的小蛛快活地爬来爬去，便是它感到无限满足和快慰的时刻。最后，在10月底的时候，它用尽最后一点力气替孩子们咬破巢后，便筋疲力尽地死去了。这样，它才完成了一个最慈爱的母亲所应尽的义务，它无愧于孩子们，更无愧于这个世界了。至于以后的事，就只能看上天的安排了。到了次年的春天，小蜘蛛们会从它们舒适的屋里出来，像蟹蛛那样，凭借着它们的飞行工具——游丝，飘散到四面八方去了。倘若它们的母亲在天有灵，也一定会感到欣慰了。

作者开篇先讲了几种在猎取食物方面很有造诣的蜘蛛，其中包括一种被称作美洲狼蛛的黑色蜘蛛，一种有潜水袋的水蛛，但这只是为了引出下文中对迷宫蛛的详细介绍。作者想要说明的是，并非只有这些稀有的蜘蛛才值得研究，迷宫蛛这种常见的蜘蛛，也有很大的研究价值，进而展开对迷宫蛛的详细讲述。

在本篇文章中，作者带领我们，认识了一种叫做迷宫蛛的蜘蛛，它之所以叫做迷宫蛛，是因为它的网的丝线没有黏性，但具有迷乱性，这个网错综复杂，像是一个迷宫，名字便由此而来。

1.作者在文中提到的几只同样以聪明的方法猎取食物,同样以逸待劳,收获颇丰的蜘蛛是哪几个?

2.迷宫蛛外观上最大的特点是什么?

3.迷宫蛛的网具有什么特点?

(答案见最后)

1.迷宫蛛的名字来源于什么?

2.与其他的蜘蛛相比,迷宫蛛最大的特点是什么呢?

3.迷宫蛛的巢是什么样的?

狼　　蛛

名师导读

作者认为大多数蜘蛛被人们厌恶了很久，其实它们是无辜的，这是怎么回事？很多凶残的蜘蛛是有剧毒的，这篇文章中的狼蛛便是这样货真价实的毒蜘蛛。下面的文章就为我们讲述了这种毒蜘蛛的很多方面的知识，我们一起来看看吧。

蜘蛛的名声很坏：很多人都认为它是一种恶心而又可怕的动物，一看到它就想把它一脚踩死，这也许是因为它们狰狞的外表。不过任何一个仔细的观察家都会了解，它是十分勤奋的劳动者，是一个天才的纺织家，也是一个狡猾的猎人，并且在其他方面也很能引起人的兴趣。所以，即便不从科学的角度看，蜘蛛也是一种具有极大研究价值的动物。

但是大家都说它有毒，这便是它最大的罪名，也正是这一点使大家都惧怕它。不错，它的确有两颗毒牙，可以立刻致它的猎物或敌人于死地。如果单单就这一点来看，我们的确可以说它是可怕的动物，可是毒死一只小虫和谋害一个人是迥然不同的事情。不管蜘蛛能如何迅速地结束一只小虫子的性命，但是对于我们人类来说，这些不会比蚊子的嘴更加可怕。所以，我可以大胆地说，绝大多数的蜘蛛都是无辜的，它们莫名其妙地被人类冤枉了。

不过，也的确有少数种类的蜘蛛是有剧毒的。据意大利人说，狼蛛一刺就能使人全身痉挛而疯狂地跳舞，而且要治疗这种病，除了音乐之外，就再也没有别的灵丹妙药了。而且也只有为数不多的几首曲子才可以治疗这种病。【精解点评：插入意大利的一个传说，增加了文章的趣味性，增强了文章的可读性，也为狼蛛的出场做了铺垫。】

这个传说听起来让人觉得有点可笑，但仔细想来也是有一定道理的。狼蛛的刺或许能刺激神经而使人失去常态，只有音乐能使他们镇定而恢复正常。人们在剧烈的舞蹈中还可以排出大量的汗液，从而把毒素驱赶出来。

在我们这一带，有一种最厉害的黑肚狼蛛，从它们身上我们便可以得知蜘蛛的毒性到底有多大。我家里曾养了几只狼蛛，让我先把它们介绍给你，并告诉你它们的捕食方法吧！【精解点评：总结性的话语，介绍了下文中的主要内容，即狼蛛的大致状况和捕食方法。】

这种狼蛛的腹部长着黑色的绒毛和褐色的条纹，腿部还长着一圈圈灰色和白色的斑纹。它们最喜欢在长着百里香的干燥沙地上生活。我的那块荒地，刚好符合它们的要求。通常这种蜘蛛的穴大约有 20 个以上。我每次从洞边经过，向里面张望的时候，总可以与 4 只大眼睛 6 目相对。这位隐士的 4 个望远镜就像钻石一般闪着光，而藏在地底下的 4 只小眼睛就不容易被看到了。

狼蛛的居所大约有 1 尺深、1 寸宽，是它们用自己的毒牙挖成的，最初的时候是笔直的，继续挖下去才渐渐地产生了弧度。洞的边缘有一堵矮墙，是用稻草和各种废弃的碎片甚至是一些小石头筑成的，看上去有些简陋，如果不仔细看甚至还会被忽略掉。有时候它会把这围墙建得高一点，大约有 1 寸左右；而有的时候却仅仅是地面上隆起的一道边。【精解点评：对狼蛛的居所进行了简短的描述。】

我打算捉一只狼蛛来观察。于是我在它的洞口模仿着蜜蜂的声音舞动着一根小穗。我认为狼蛛听到这声音一定会以为是自投罗网的猎物，然后马上冲出来。然而我的计划失败了，那狼蛛倒的确向上爬了一些，试探这到底是什么声音，但它立刻就发现这并不是猎物而是陷阱，于是就一动不动地停了下来，坚决不肯再迈出一步，只是充满戒心地向外望着。

看来要捉到这只狡猾的狼蛛，就只能用活的蜜蜂作诱饵才行。于是我找了一只瓶口和洞口一样大的瓶子。我把一只土蜂装在瓶子里，然后把瓶口罩在洞口上。这强大的土蜂起先只是嗡嗡地叫，并且发疯似的撞击着这玻璃的囚室，拼了命想冲出这可恶的地方。当它发现面前有一个洞口与自己的洞口极其类似的时候，便毫不犹豫地飞进去了。

它实在是愚蠢极了，自己走上这么一条自取灭亡之路。它往下飞的时候，那狼蛛也正在匆匆忙忙往上赶，于是它们在洞的拐角处相遇了。然后我就听到了从里面传来的惨叫——那只可怜的土蜂！在这以后便是长时间的沉默。【精解点评：对土蜂和狼蛛相遇的情景的描述，即使只有声音的描述，我们已经想象到瓶子里的情况了。】

我把瓶子移开，用一把钳子伸到洞里去试探。当我把那土蜂拖出来时，正像刚才我所想象的那样，它早已经死了，一幕悲剧已经在洞里发生了。这狼蛛突然被夺走了这从天而降的猎物，愣了一下，又实在舍不得放弃这肥美的猎物，便急急地追上来，于是猎物和猎手就都出洞了，我赶紧趁机用石子塞住洞口。这狼蛛被突如其来的变化惊呆了，一下子变得很胆怯，站在那里犹豫着，不知如何是好，连逃走的勇气都没有了。不到一秒钟的工夫，我便毫不费力地用一根草把它拨进纸袋里。我就是用这样的办法引诱它出洞，最后捉住它的。这样，不久之后我的实验室里就有了一群狼蛛。

我用土蜂去引诱它，不仅仅是为了捉它，更想看看它是如何猎食的。我知道它是那种每天都必须要吃新鲜食物的昆虫，而不是像甲虫那样吃母亲为自己储藏的食物就可以了，也不会像黄蜂那样有奇特的麻醉术，可以使猎物保持两星期的新鲜状态。它是一个凶残的屠夫，一旦捉到食物就必然将其活活杀死，并当场吃掉。

狼蛛能得到它的猎物并不容易，也是要冒着极大的风险的。那有着强有力的牙齿的蚱蜢和带着毒刺的蜂随时都可能飞进它的洞去。它们的武器不相上下，究竟谁能更胜一筹呢？狼蛛除了它的毒牙以外并没有其

他武器，它不能像条纹蜘蛛那样用丝来俘获敌人，它唯一的办法就是扑到敌人身上，立刻用毒牙把它杀死。它必须迅速地把毒牙刺入敌人最致命的位置。虽然它的毒牙很厉害，可我不相信它在任何地方轻轻一刺，而不是刺中要害的时候，也能如此轻易地就取了敌人的性命。

我已经讲过狼蛛生擒土蜂的故事，可这并不能满足我的好奇心，我还想知道它与其他昆虫作战的情形。于是我替它挑选了一种最强大的敌手，那就是木匠蜂。这种蜂全身长满了黑色的绒毛，翅膀上嵌着紫线，差不多有一寸长。它的刺很厉害，被它刺了以后很痛，而且会形成肿块，很多天以后才会消退。我之所以了解得这样清楚，是因为曾经身受其害，被它刺伤过。它的确是值得狼蛛去决一雌雄的劲敌。【精解点评：作者曾经深受其害，所以较为了解木匠蜂，表现了作者为研究献身的精神。】

我捉了几只木匠蜂，把它们分别装在瓶子里。然后又挑了一只又大又凶猛并且正饥饿难耐的狼蛛，我把瓶口罩在那只穷凶极恶的狼蛛的洞口上，那木匠蜂在玻璃囚室里发出激烈的嗡嗡声，好像知道死期将至了。这时狼蛛被这声音惊动了，它从洞里爬了出来，将半个身子探到洞外，它用眼睛观察着，并不敢贸然行动，只是静静地等待着时机。我也耐心地等候着。一刻钟过去了，半个小时过去了，什么事都没有发生，狼蛛居然又若无其事地爬回去了。也许它还是觉得有些不对，放弃了冒然捕食的行动。我用同样的方法又试探了其他几只狼蛛，我不信每一只狼蛛面对如此丰盛的盛宴都会这样无动于衷，于是继续一个接一个地试探着，可它们都是这个样子，总对这“天上掉下来的馅饼”怀有戒心。【精解点评：引用俗语或成语，增加文章的趣味性。】

最后，我终于成功了。有一只狼蛛迅猛地从洞里冲出来，无疑，它一定饿疯了。就在一眨眼间，恶斗结束了，强壮的木匠蜂死了。凶手把毒牙刺在了哪里呢？果真是在它的头部后面，而且它的毒牙还咬在那里。我敢肯定它果真具有这种知识：它能不偏不倚正好咬在那唯一能使敌人致死的位置，那正是它的俘虏的神经中枢。

我做了很多次类似的试验，发现狼蛛每一次都是在转眼之间把敌人干净利落地干掉，并且作战手段都极其相似。现在我终于明白为什么在前几次试验中，狼蛛会只看着洞口的猎物，而迟迟不敢出击。它的犹豫是有道理的，像这样强大的昆虫，它若冒失鲁莽地去捉，万一不能一击而致其于死地的话，那它自己就性命难保了。因为如果蜂没有被击中要害，它就至少还可以活上几个小时，而在这几个小时里，它有充分的时间来回击敌人。狼蛛正是因为清楚地知道这一点，所以它才选择守在安全的洞里，等待机会，直到那大蜂正面对着它，而头部极易被击中的时候，它才肯立即冲出去，否则决不会冒着生命危险出击。

现在让我来告诉你，狼蛛的毒素是一种多么可怕的暗器吧！【精解点评：作者以这一句作为总说，并引出下文中对狼蛛毒素的介绍。】

我曾经做过一次实验，让一只狼蛛去咬一只羽毛刚长好即将要出巢的小麻雀。麻雀受伤以后，一滴血流了出来，伤口周围形成了一个红红的圈，不一会儿就变成了紫色，而且很快被咬的这条腿就已经不能动了，使不上力气。这时，小麻雀只能用单腿跳着，除此之外它好像并没什么痛苦，胃口也很好。我的女儿同情地把苍蝇、面包和杏酱等食物喂给它吃。

这可怜的小麻雀做了我的实验品，但我相信它在不久以后一定会痊愈，很快就能恢复健康的——这也是我们一家共同的希望和推测。12个小时过去了，我们对它的伤势仍然保持乐观。它仍然会好好地吃东西，喂得迟了它还会发脾气。可是两天以后，它便不再进食了，羽毛也变得零乱，身体缩成一个小球，有时候一动不动，有时候发出一阵痉挛。我的女儿怜爱地把它捧在手里，呵着气给它温暖。可它还是痉挛得越来越厉害，次数也越来越多，最后，终于离开了这个世界。

那天晚餐席上的气氛一直是冷冷的。我从一家人的目光中看出他们对我的实验的无声抗议和谴责。我知道他们一定认为我太残忍了。大家都为这只可怜的小麻雀的死感到悲伤。我自己也很懊悔：为了我这样一个小小的好奇心，付出了生命这样大的代价。【精解点评：作者对于因实验而死的小麻雀的愧疚，表现了作者对大自然所有生灵的尊重和热爱，但科学研究使他不得不这么做，家人的不理解也使他有些心寒。】

尽管如此，我还是鼓起勇气用一只鼹鼠实验，它是在偷田里的莴苣时被我们捉住的，所以即使它不惨死也是罪有应得。于是，我把它关在笼子里，用各种甲虫、蚱蜢喂它，它整日贪婪地吃着，被我养得胖胖的，健康极了。

后来，我让一只狼蛛去咬它的鼻尖。被咬过之后，它不住地用它的爪子挠抓着鼻子，因为它的鼻子开始慢慢地腐烂了。从这时开始，这只大鼹鼠食欲也渐渐没有了，什么也不吃，而且行动迟钝，我能看出它的痛苦难耐。到了第二天晚上，它就已经完全绝食了。大约在被咬后的36小时的时候，它终于死了。那关它的笼里还剩余着许多没有被吃掉的昆虫，这说明它并不是被饿死的，而确是被毒死的。

所以狼蛛的毒牙不仅能结束昆虫的性命，而且对那些稍大一点的小动物而言，也是危险可怕的。它可以致麻雀于死地，也可以使鼹鼠毙命，尽管它们的体型要比它大得多。虽然后来我再也没有用其他动物做过类似的实验，但我已经确定，我们要千万小心谨慎，一定不要被它咬到，这实在是不能拿生命来做实验的。

现在，让我们试着把这种杀死昆虫的蜘蛛和麻醉昆虫的黄蜂比较一下吧！它们的差别在于：蜘蛛，它靠新鲜的猎物生存，所以它需要咬住昆虫头部的神经中枢，使它立刻死去；而黄蜂，它要保持食物的新鲜，为它的幼虫提供食物，因此它得刺在猎物的另一个神经中枢上，使它不能动弹。而相同的是，它们都喜欢吃新鲜的食物，用的武器又都是毒刺。

没有谁来教会它们如何根据自己的需要来采用不同的方法对待猎物，这是与生俱来的。这便使我们相信在冥冥之中，世界上的确有着一位万能的主宰者掌握着昆虫的命运，也统治着人类的世界。

我在实验室的泥盆里，养了好几只狼蛛。于是，通过它们，我了解了狼蛛猎食时的详细情形。这些做了俘虏的狼蛛的确很健壮。它们总是将身体藏在洞里，把脑袋探出洞口，用玻璃般的眼睛向四周张望。它们会把腿缩起来，准备着随时跳跃。它在阳光下静静地守候着，一两个小时的时间就这样不知不觉地过去了。

如果它看到一只可以当做食物的昆虫在旁边经过，它就会立刻像箭一般地跳出来，狠狠地用毒牙叮咬在猎物的后颈，然后露出满意又快乐的神情，而那些倒霉的蝗虫、蜻蜓或是其他什么昆虫就这样不明不白地死去了，做了它的盘中美食。然后它拖着猎物迅速地回到洞里——也许因为它觉得在家里用餐比较方便吧。这足以显示出它的技巧以及敏捷的身手，真的令人叹为观止。【精解点评：这里描述了狼蛛捕食的过程，将它灵敏的身手表现出来。】

如果猎物就在它的附近，它纵身一跃就可以扑到，极少有失手的时候。但如果猎物在很远的地方，它就会放弃，决不会锲[qiè]而不舍（锲：镂刻；舍：停止。即不断地镂刻。意为雕刻一件东西，一直刻下去不放手。比喻有恒心，有毅力）地猛追。所以它并不是一个贪得无厌的家伙，不会落得一个“偷鸡蚀米”（原为“偷鸡不着蚀把米”，俗语。蚀：损失。鸡没有偷到，反而损失了一把米。比喻本想占便宜反而吃了亏）的下场。

从这一点可以看出狼蛛的耐性和理性。因为在它的洞里并没有任何可以帮助它猎食的设备，它只能傻傻地守候着。如果是没有恒心和耐心的昆虫，是一定不会这样坚持的，肯定用不了多久就缩回洞里睡觉去了。狼蛛并不是这样没有志气的昆虫。它确信，猎物今天不来，明天一定会来；明天不来，将来也总有一天会来。在这块土地上，生活着无数的蝗虫、蜻蜓之类的昆虫，而它们又总是那么不小心，总是给狼蛛提供机会。所以狼蛛只需等待时机，时机一到，它就立刻窜上去杀死猎物。或是当场吃掉，或者拖回去以后吃。

虽然狼蛛在大多时候都是一无所获，但它的确也不大会受到饥饿的威胁，因为它有一个可以节制的胃。它可以在很长时间内不吃东西也不感到饥饿。比如被我养在实验室里的狼蛛，有时候我会连续一个星期忘了给它们食物，但它们的气色看上去一样很好。在饿了那么长的时间之后，它们也并不见憔悴，只是变得极其贪婪，就像狼一样。

如果狼蛛还未成年，它也会有一个灰色的身体，就像其他成熟的大狼蛛一样，只是没有黑绒腰裙——那个要到结婚的年龄时才会有。而这个时候它还并没有一个可以藏身的洞，更不能躲在洞里“守洞待虫”，不

过它有另外一种觅食的方法。它会在草丛里徘徊，这是真正的狩猎。当小狼蛛想要吃到什么食物的时候，它就会立即冲过去蛮横地把它赶出巢，然后穷追不舍，而那亡命者正预备起飞逃走时，可是已经来不及了——小狼蛛已经扑上去把它咬住了。

我喜欢欣赏居住在我那实验室里的小狼蛛捕捉苍蝇时的那种敏捷动作。苍蝇虽然喜欢停落在两寸高的草上，可是只要狼蛛猛然一跃，就一样能把它捉住。我敢说，猫捉老鼠都没有如此敏捷。【精解点评：将狼蛛与猫相对比，突出表现了狼蛛捕捉苍蝇时的敏捷。】

但是这只是狼蛛小时候的故事，因为它们身体比较轻巧，行动也不受任何限制，可以随心所欲。而以后它们则要带着卵跑，不能再任意地东跳西窜了。所以它就必须先替自己挖个洞，然后整天在洞口守候着，这便是成年蜘蛛的猎食方式了。

假如你听到这可怕的狼蛛爱护自己家庭的故事，那么在惊异之余，你对它的印象也一定会有很大改观的。【精解点评：过渡句，将文章的话题转到狼蛛爱护家庭方面。】

在8月的一个清晨，我发现一只狼蛛坐在地上织网，网的大小和一个手掌差不多。这个网很粗糙，样子也并不好看，但是很坚固。这就是它将来的工作场，而且这网能使它的巢与沙地相隔绝。在这张网上，它用最好的白丝织成一片约有硬币大小的席子，并且加厚了席子的边缘，直到这席子周围圈着一条又宽又平的边形成碗的形状，然后它就在这网里产了卵，再用丝把它们盖好。这样，从我们的角度来看，只能看到一个圆球放在一条丝毯上。

然后它就用腿把那些攀在圆席上的丝一根根抽去，再把圆席卷起来，盖在球上，然后它再用牙齿拉，用扫帚般的腿扫，直到它把藏卵的袋从丝网上拉下来为止，这可真是一项既麻烦又费力的工作。

这袋子是个白色的丝球，有樱桃那样大小，摸上去又软又黏。如果你仔细观察，你就会发现在袋的中央有一圈水平的折痕，可以在里面插一根针而不致于刺破袋子。这条折纹就是那圆席的边。它用圆席将袋子的下半部包住，上半部则是小狼蛛出来的地方。除了母蜘蛛在产好卵后铺的丝以外，就再也没有其他的遮蔽物了。袋子里除了卵以外，也并没有其他东西，它不像条纹蜘蛛那样，在里面衬上柔软的垫褥和绒毛。狼蛛也不会担心气候对卵的影响，因为狼蛛的卵早在冬天来临之前，就已孵化了。

母蛛整个早晨都在忙着编织袋子。现在它累了，紧紧抱着装满了宝宝的小球，静静地休息着，生怕一不留神就把它们丢了。第二天早晨，我再去看它的时候，它就已经把这小球挂在身后的丝囊上了。

大概有 3 个多星期的时间，它一直拖着那沉重的袋子爬行。不管是爬到洞口的矮墙上，还是在遭遇到了危险急急退入洞里，甚至在地面上散步的时候，它也从来不肯放下它宝贝的小袋。如果有什么意外的事情使这个小袋子脱离它的怀抱，它会立刻疯狂地扑上去，紧紧地抱住它，并准备好随时去反击那抢它宝贝的敌人。然后它会迅速地把小球重新挂到丝囊上，慌慌张张地带着它匆匆离开这个是非之地。

当夏天即将结束的时候，每天早晨，在太阳已经把土地烤得很热的时候，狼蛛就要带着它的小球爬出洞口了。它在那里静静地趴着。在初夏的时候，它们也常常在太阳明媚的时候爬到洞口，在温暖的阳光里小憩。不过现在，它们出来晒太阳完全是为了另外一个目的。以前狼蛛是为了自己而爬到洞口的阳光里，它躺在矮墙上，前半身伸出洞外，后半身藏在洞里。它让太阳光照到眼睛上，而身体却仍留在黑暗中。现在它带着小球，就只好用相反的姿势来晒太阳——前半身在洞里，后半身在洞外。它用后腿把装着卵的白球举到洞口，并且不时地轻轻转动，让整个小球都能均匀地受到阳光的沐浴。这样足足晒了半天，直到太阳落山。它的耐心真是令人感动，而且它不是只在几天里这样做，它要一直连续晒上三四个星期。鸟类把胸伏在卵上，卵需要的热量从它像火炉一样的胸部吸收；而狼蛛直接把它的卵放在太阳底下，利用这个天然大火炉的温暖。【精解点评：这里将狼蛛孵卵的方式与鸟类相对比，表现了狼蛛孵卵方式的特别之处，即直接放在太阳下。】

在 9 月初的时候，小狼蛛就要准备出巢了，这时小球就会沿着折痕裂

开。它是怎么裂开的呢？是不是母蛛觉察到了里面的动静，就在一个适当的时候把它打开了？这也是极有可能的。但也会有另一种可能，也可能是那小球到了一定时期会自动裂开，就像条纹蜘蛛的袋子一样。条纹蜘蛛出巢的时候，它们的母亲早已死去多时了。所以只有巢自动裂开，孩子们才能爬出来。【精解点评：这里自问自答，是对狼蛛卵裂开方式的猜测】。

这些小狼蛛出来以后，都会爬到母亲的背上，紧紧地挤着，甚至有200 只之多，就像一块包在母蛛身上的树皮似的。至于那袋，在孵化工作完毕的时候就从丝囊上脱落下来，被当做垃圾抛在一边了。

这些刚出生的小狼蛛都很乖，它们从不乱动，也不会为了自己挤上去而把别人推开。它们只是静静地歇着。它们在做什么呢？是让母亲背着它们到处去逛。而它们这任劳任怨的母亲，总是背着一大堆孩子一起跑，不管它是在洞底沉思，还是爬出洞外去晒太阳，它从不会把这件沉重的外衣甩掉，它要背着它们直到好季节的降临。

这些小狼蛛在母亲背上靠什么来充饥呢？据我的观察，它们并没吃任何东西。我看不出它们在长大，甚至在它们离开母亲的时候，它们的大小还和刚从卵里孵化出来的时候完全一样。

在不好的时节里，狼蛛母亲自己也吃得很少。如果我捉一只蝗虫去喂它，经常会在很久之后才见它开口。为了保持元气和体力，它才偶尔不得不出来觅食，当然，它从未放下过它的孩子。

我曾经在 3 月里，去观察那些被风霜雨雪侵蚀过的狼蛛的洞穴。这个时候我总可以发现母蛛仍是充满活力的样子在洞里休息，背上还是背满了小狼蛛。也就是说，母蛛至少要背着小蛛们经过五六个月的时间。著名的美洲背负专家——鼹鼠，它也不过把孩子们背上几个星期而已，它们和狼蛛比起来，可真是小巫见大巫了。【精解点评：将鼹鼠称为美洲背负专家，表现了鼹鼠背负幼崽的特点，也体现出作者语言的幽默和诙谐，这里还将鼹鼠和狼蛛进行对比，突出表现了狼蛛背负小狼蛛的时间之长。】

背着小狼蛛出征总是很危险的，这些小东西常常会在路上掉下来。

如果有一只小狼蛛不小心跌落到地上，它将会怎么办呢？它的母亲是不是会照看它，帮它爬上来呢？答案是否定的。因为一只母蛛要照顾几百只小蛛，而每只小蛛就只能分得极少的一点爱。所以不管是一只、几只或是全部小狼蛛从它背上摔下来，它也决不会为它们费心。它会让孩子们自己独立地解决这个难题，它要做的只是静静地等待，等孩子们自己解决困难，而且这困难并不是无法解决，甚至经常解决得很迅速而且干净利落。【精解点评：让孩子学会独立解决问题，狼蛛母亲的这种教育方式，同样适于人类，值得我们借鉴。】

我曾经用一只笔把我实验室中的一只母狼蛛背上的小蛛刮下。这个母亲一点儿也没有惊慌，更不准备捡起它的孩子，它只是继续若无其事地往前走。那些落地的小东西在沙地上爬了一会儿，不久就都会再攀住了母亲身体的一个部分：有的在这里攀住了一只脚，有的在那里攀住一只脚。好在它们的母亲有很多脚，而且撑得很远，在地面上摆出广阔的一个圆来，小蛛们就沿着这些脚继续往上爬，用不了多久，这群小蛛就又原封不动地聚在母亲背上了，不会有一只漏掉。在这样的情况下，小狼蛛都很会照顾自己，而它们的母亲也从不为它们的跌落而费心。

在母蛛背着小蛛生活的7个月里，它究竟要不要喂养它们呢？它会不会同孩子们一起分享猎取来的食物呢？起初我以为一定是这样的，所以我特别留心母蛛吃东西时的情形，想知道它是如何把食物分成那么多份喂养孩子们的。通常母蛛是在洞里进食的，但是也有偶然的时候，它也会到门口就着新鲜空气用餐。只有在这时候我才有机会看到这样的情形：当母亲吃东西的时候，小蛛们并不来吃，甚至连一点要爬下来分享的意思都没有。好像这些食物与它们没有关系一样，而它们的母亲也并不客气，并没有给它们留下任何食物。母亲在那儿吃着，孩子们在那儿看着——不对，确切的说，它们只是伏在妈妈的背上，似乎根本不知道“吃东西”是怎么一回事。它们的母亲在那里狼吞虎咽，而它们就只安安静静地待在那儿，一点儿也不觉得馋。

那么，在母亲背上生活的整整7个月的时间里，它们是怎样吸取能量、

维持生命的呢？你也许会认为它们是从母亲的皮肤上吸取养料的，我发现事实并非如此。因为在我看来，它们从来没有把嘴巴贴在母亲的身上吮吸。而那母蛛，也并不见得瘦削和衰老，它还是同往常一样神采奕奕，甚至比以前更胖了。【精解点评：小狼蛛既不会分享母亲的食物，也不会从母亲身上吸取养料，那它在背上生活的7个月时间是怎么维持生命的呢？从作者的叙述来看，还是没有解决这个问题，为我们留下的悬念更多了。】

那么它们究竟是靠什么来维持生命的呢？一定不是曾经在卵里吸收的养料，因为那些养料实在是太微少了，别说是不能帮它们造出丝来，甚至都难以帮它们维持生命。在小蛛的身体里一定有着另外一种能量供其生存。

如果它们不动，我们很容易理解它们为什么不需要食物，因为完全的静止就没有消耗，可以相当于没有生命。但是这些小蛛，虽然它们大多安静地歇在母亲背上，但它们时刻都在准备运动。当它不小心从母亲这个"婴儿车"上跌落下来，它们就得立刻爬起来抓住母亲的一条腿，继而爬回原处；即使停在原地不动，它也得需要能量来保持平衡；它还必须伸直小肢搭在其他小蛛身上，这样才能稳稳地趴在母亲背上。所以，那种没有生命的绝对静止是不可能的。

我们知道，从生理学角度看，每一块肌肉的运动都需要消耗能量。动物和机器一样，用得久了一样会造成磨损，也需要常常地修理更新。而运动时所消耗的能量，必须从其他地方得到补偿才行。我们可以把动物的身体和火车头进行比较。火车头在不停地工作的时候，它的活塞、杠杆、车轮以及蒸汽导管都在不断地磨损，铁匠和机械师随时都在维修和更换零件，就好像供给它食物，给它们补充能量一样。但是即使机器各部分都很完美，缺少了煤，火车头仍然无法开动。一直要等到火炉里有了煤，燃起了火，然后才能启动，这煤就是产生能量的"食物"，有了它才可以让机器动起来。【精解点评：将食物比作煤，表现了食物具有产生能量的作用。】

动物也应如此，有能量才能运动。当小动物还是胚胎的时候，它们从母亲的胎盘或者卵里吸取养料，那是用来制造纤维素的一种养料，它会使小动物的身体长大、变强壮，并且补偿一些不足的地方。但是，除此之外，必须还有产生热量的食物，才能支持小动物进行跑、跳、游泳、飞跃等一系列动作，能量是做任何运动都必不可少的条件。

再讲这些小狼蛛，它们在离开母亲之前，并不曾长大。7 个月的小蛛和刚刚出生的小蛛完全一样。卵供给它们以足够的养料，为它们的体质打下了一个良好的基础。但它们后来不再长大，因而也就不再需要吸收制造纤维的养料，这一点我们是可以理解的。但它们毕竟是在运动的呀！并且动作也很敏捷。它们到底是怎样取得产生能量的食物呢?【精解点评:作者再次提出这个困扰我们的问题，引导我们继续读下去。】

我们可以这样来思考：煤——那供给火车头动能的食物究竟是什么呢？那是许多许多年以前的树埋在地下形成的，当年它们的叶子吸收了充足的阳光。可以说煤就是贮存起来的阳光，火车头吸收了煤燃烧提供的能量，那么也就相当于吸收了太阳光的能量。

血肉之躯的动物也可以是这样，不管它是吃什么来维持生命，大家最终也都是靠着太阳的能量生存的。那种热能被储存在食物里，像是在草里、果子里、种子里和一切可作为食物的东西里。太阳是宇宙的灵魂，是能量的最高赐予者，没有太阳，地球上也就没有生命。

那么除了将食物吃进肚子，然后经过胃的消化作用吸收而变成能量以外，太阳光就不能像蓄电池充电那样可以直接射入动物的身体里，进而产生活力吗？动物为什么不能直接靠阳光生存呢？我们吃的果子中除了阳光外，还有其他的物质吗?【精解点评:反问句的运用，使得答案呼之欲出，动物维持生命的方式还可以通过吸收阳光。】

化学家告诉我们，将来我们有可能靠一种人工食物来维持生命。那时候所有的田庄都将被工厂和实验室取代，化学家们的工作就是配置产生纤维的食物和产生能量的食物比例来提供给我们成长所需的能量，物理学家们也靠着一些精巧仪器的帮助，每天把太阳能注射进我们的身体，供给我们运动所需的能量。那样我们就可以不吃东西而继续维持生命了。你能想象得出不吃饭而吃太阳光这样的事吗？倘若果真如此，那世界将

是多么美妙而有趣啊！

我们的梦想会实现吗？这个问题倒是很值得科学家们研究的。

到3月底的时候，母蛛就会常常蹲在洞口的矮墙上了。小蛛们与母亲告别的时候就要到了。做母亲的也早已料到有这么一天，任凭它们自由地离去。而小蛛们以后的命运如何，它已经用不着再负责了。

在一个阳光明媚的日子里，它们会决定在这一天最热的一段时间里分离。小蛛们成群结队地从母亲的身体上爬下来。看上去没有丝毫的不舍与伤感。它们在地上爬了一会儿后，便会用惊人的速度爬到我实验室里的架子上来。它们的母亲喜欢住在地下，它们却喜欢往高处爬。它们会顺着架子上那个竖起的环迅速地爬上去。然后，它们就在这上面，愉快地纺丝，搓绳子。它们的腿不住地往空中伸展，我了解它们的意思：它们长大了，还想往上爬，一心想跋山涉水闯天涯，离家越远越好。

于是我又在环上插了一根树枝，它们随即就又爬了上去，一直爬到树枝的顶上。在那里，它们又放出丝来，并把丝攀在周围的东西上，搭成吊桥。而它们就在吊桥上来来往往，忙碌地奔波。现在，它们仍然还是一幅毫不满足的样子，还想一个劲儿往上爬。

我又在架子上插了一根几尺高的芦梗，顶端还伸展着些细枝。这些小蛛立刻又迫不及待地爬了上去，一直到达细枝的顶端。在那儿，它们仍然乐此不疲地放丝、搭吊桥。只不过这次的丝又长又细，在空中飘浮着，轻微的空气流动就能把它吹得剧烈地抖动，而那些小蛛在微风中就像在空中舞蹈一般。这种细丝是极不常见的，除非刚好有阳光照在上面，才能隐隐约约地看到它。

忽然一阵微风把丝吹断了，那断了的一头飘扬在空中。再看这些小蛛，它们被吊在丝上来回飘荡，如果风再大一些的话，它们就将被吹到很远的地方，等它们重新登陆，便是在一个陌生的地方生活了。

这种情形还要维持好多天。如果天气不好，它们会保持静止，一动都不动。如果没有阳光供给它们能量，它们就没办法随心所欲地活动。

最后，这个庞大的大家庭消失了，这些小蛛纷纷被飘浮的丝带到四面八方去了。原来背着一群孩子的母蛛变成了孤老。它看起来似乎并不为一下子失去那么多孩子而悲痛。它更加精神抖擞[dǒu sǒu](振作起精神来，放松。)地到处觅食，当背上沉重的负担都消失得无影无踪时，它轻松了很多，反而显得更加年轻了。然后，不久以后它就要做祖母，以后还要做曾祖母，因为一只狼蛛可以活上好几年呢。

从这个狼蛛的家族中，我们可以看到，有一种本能，很快地赋予小蛛，而不久又很快地消失了，而且是永远地消失了，那就是攀高的本能。它们的母亲都不知道自己的孩子曾有这样的本事，甚至连孩子们自己在不久的将来也会彻底忘记。当它们重新回到陆地，进行了无数天的流浪之后，便要开始挖洞了。在这时候，它们不再会梦想爬上一棵草梗的顶端。【精解点评：狼蛛家族有一种攀高的本能，但是随着它们在陆地上的生活，这种本能便丧失了，表现了生活环境对生物习性的影响。】

可当它们刚刚离开母蛛时，却的确是那样迅速、那样容易地爬上高处。在它的生命发生转折时，它曾是一个满怀激情的攀登大师。我们现在终于明白了它攀高的目的：只有在很高的地方，它才可以攀一根长丝，那根长丝只有在高空才能随风飘荡，才能带着它们飘荡到远方去。我们人类用飞机进行遥远的旅行，它们也有它们的飞行工具。在需要的时候，它就替自己制造了这种工具，等到旅行结束，这工具也就被它彻底忘记了。

学海导航

通过作者的细心观察，我们了解了狼蛛在捕食方面的习性，它的毒牙和毒素，狼蛛母亲孵卵和小狼蛛的成长等方面的内容。作者在文章中多处引用传说故事和俗语，使得文章文采提升，增加了文章的趣味性。作者多以提出问题来引导读者的阅读，使得读者在阅读过程中，与作者有所交流，不至于乏味。

学海导航

这篇文章中，作者为我们介绍了狼蛛这种剧毒蜘蛛，它既聪明又凶狠，它

能与强大的对手交锋，它的毒素的毒性很大，它孵卵的方式很特别，它的孩子可以在它背上7个月不进食，仅靠吸取阳光的能量就能成长，另外，它的家族还有攀高的本能。通过作者的介绍，我们了解了狼蛛的很多知识，文章结构清晰，内容丰富，体现了作者研究的仔细与透彻。

1.作者插入意大利的一个传说，有什么用意？

2.“狼蛛能得到它的猎物并不容易，也是要冒着极大的风险的。”作者为什么这么说？

3.从哪些方面可以看出狼蛛的耐性和理性？

（答案见最后）

强化训练

1.狼蛛还能将哪些比它大的动物制服？

2.狼蛛可以在很长时间内不吃东西也不感到饥饿，这是为什么呢？

3.读完文章，你印象中的狼蛛最大的特点是什么？

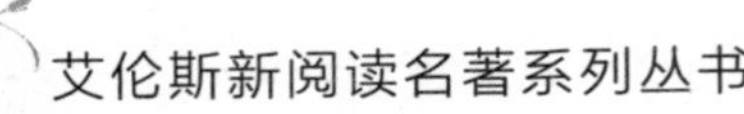

蜘蛛的几何学

名师导读

蜘蛛也会懂几何学的知识吗？这听起来简直是不可思议。那么，蜘蛛在哪些方面会运用到几何学的知识呢？它又是怎么运用的呢？别着急，这篇文章会告诉我们答案，让我们一起来探究这聪明的蜘蛛是如何运用数学知识的。

当我们观察园蛛的时候，尤其是观察丝光蛛和条纹蛛的网时，我们会惊奇地发现它们所织的网的辐数不同，但却都是那样整齐规范。

蜘蛛有着很特别的织网方式，在这方面我们已经有所了解了。每一种蜘蛛都会按照自己的份数把网等分，同一类蜘蛛所分的份数是相同的。在安置辐的时候，我们会发现蜘蛛毫无规律地向各个方向乱跳，但是那规范又美丽的蜘蛛网正是在这种表面看似无规律的运动中产生的，如同教堂中的玫瑰窗一样。即便是我们用圆规、尺子等精密的绘图工具，即便是一名资深的设计家也未必能画出一张比这更规范的网来。【精解点评：让步句的运用，突出表现了蜘蛛在蜘蛛网建造方面的才能，这才能是人类所不及的。】

我们看到，在同一个扇形里，每一根弦——即构成螺旋形线圈的横辐——与相邻的弦之间互相平行，并且离中心越近，弦与弦之间的距离

就越远。同时每一根弦和与它相交的两根辐会形成四个夹角，一侧为两个钝角，另一侧则为两个锐角。并且同一扇形中的任何一条弦和辐的夹角，无论是钝角还是锐角，各自对应的角度都是相等的，因此这些弦也就都相互平行。

同时，我们还观察到，在这张网的每一个扇形中，弦和辐之间的夹角，锐角之间也都相等，钝角之间也同样。因此，从总体上看，这张网上的螺旋形图案包含着无数条弦和无数条辐，并且还拥有无数个相等的夹角。

这些线的性质使我们联想到数学领域中的“对数螺线”。这种曲线在科学领域是相当著名的。对数螺线是一根无休止的螺线，它始终朝着终极绕下去，越来越靠近终极，但却永远也不能到达终极，我们即便是运用最精密的仪器来做图也无法得到一根完整的对数螺线。这种图形至今为止还是在科学家脑海里设想的图形。然而令人惊讶的是，这小小的蜘蛛却创造了这条对数螺线，它们正是依照这种曲线的定律完成了蜘蛛网螺线的编织，并且做得非常精确。【精解点评：将蜘蛛网与科学家设想的图形相提并论，表现了蜘蛛网的神奇和大自然的无限奥秘，以及人类科学的不断拓展性。】

这种对数螺线还有一个特性，当你用一根有弹性的线绕成一个对数螺线的形状，再把这根绕成的线放开，然后再重新把它拉紧，那么这条线被重新拉紧的一端就会恢复成与原来的对数螺线完全相似的形状，只是位置有所变换罢了。这个特性是一位名叫杰克斯·勃诺利的数学教授发现的，并且在他去世以后，这项定理被后人刻在他的墓碑上，成为他一生之中最为荣耀的事迹之一。

那么，具有这些特性的对数螺线又有哪些现实意义呢？只是几何学家们的一个想象吗？难道它真的只能是一个梦、一个谜吗？它的作用究竟在哪里呢？【精解点评：一连几个问句的提出，留给读者思考的空间更大，也表现了作者的探究精神。】

它确实有着广泛的巧合，它是普遍存在的。事实上，有许多动物的建筑都会采用这种结构。有一种蜗牛的壳就是依照对数螺线构造的。世界上有了第一只懂得对数螺线的蜗牛，于是它造出了这样的壳，并且沿用至今，始终都没有变过。

在壳类的化石中，还有很多这种螺线的例子。现在，在南海，我们甚至还可以找到一种太古时代生物的后裔，那就是鹦鹉螺。它们仍然很坚贞地守着祖宗遗留下来的法则。它们的壳和世界产生之初时的老祖宗的壳一模一样。也就是说，它们的壳仍然是依照对数螺线来设计的，并没有因时间的流逝而改变。就算在我们的臭水沟里，也生活着一种螺，它也有一个螺线壳，因而即便是普通的蜗牛壳也是属于这一构造的。

可令人费解的是，这些动物是从哪里学到这么高深的数学知识的呢？他们又是怎样把这些知识应用于实际的呢？有这样一种解释，说蜗牛是从蠕虫进化而来。有一天，在蠕虫晒太阳的时候，因为享受，便不自觉地揪起自己的尾巴玩耍，把它绞成螺旋形来取乐。突然它发现这样的姿势很舒服，于是就常常这么做。久而久之便成了螺旋形的了，而做螺旋形壳的计划，就从这个时候产生了。【精解点评：一种说法的插入，增加文章阅读的趣味性，也为问题提供了一种可参考的答案。】

但是蜘蛛呢？它又是如何了解到这个概念的呢？毕竟它和蠕虫没有丝毫关系。然而它却很熟悉对数螺线，而且能够在它织网的时候运用。蜗牛的壳是要造好几年的，所以它们能够做得很精致，但蛛网通常只用一个小时就织好了，所以它的这种曲线只能是一个简易的轮廓。尽管并不精确，但它的确可以算得上是一个螺旋曲线。究竟是什么在指引着它呢？只有它天生便拥有了的技巧。天生的技巧能使动物控制自己的工作，就像植物的花瓣和花蕊的排列一样，它们天生就是这样的。没有人教它们怎么做，而事实上，它们也只会这么做，蜘蛛靠着它生来就有的本领很自然地工作，在不知不觉中练习着高等几何学。

当我们抛出一个石子，让它落到地上，这石子在空中的路线就是一种特殊的曲线。当树上的枯叶被风吹落在地，它所经过的路程也是这种

形状的曲线。这就是科学家们所称的抛物线。

几何学家对这曲线作了进一步的研究，他们设想这曲线在一根无限长的直线上滚动，那么它的交点画出的会是怎样一道轨迹呢？答案是:垂曲线。这要用一个复杂的代数式来表示了。如果用数字来表示的话，这个数字的值约等于 1 + 1/1 + 1/1*2 + 1/1*2*3 + 1/1*2*3*4 +……的总和。

几何学家不喜欢用这么复杂的数字来表示，所以就用“e”来代替，因而 e 是一个无限不循环的小数，会在数学中经常用到。

这种线是否仅仅是理论上的假想呢？答案是否定的，你随处都可以看到垂曲线的图形：当一根弹性线的两端被固定，而中间松弛，它就形成了一条垂曲线;当船的帆被风鼓起的时候，就会弯曲成垂曲线的样子。这些寻常的事物中都包含着“e”的秘密——从一根无足轻重的线，竟可以折射出这么多深奥的科学！我们暂且不要惊讶。一根一端固定的线的摇摆，一滴露水从草叶上落下来，一阵微风使水面泛起微波，这些看上去普普通通、极为平凡的事，如果从数学角度去探讨的话，那就变得异常复杂了。【精解点评:平常生活中就存在很多科学奥秘，只是缺少发现，这也表现了作者对日常生活的关注。】

我们人类的数学测量方法是聪明的。但对发明这些方法的人，我们不必过分地钦佩。因为和那些小动物的工作比起来，我们这些运用起来又慢又复杂繁重的公式和理论实在是不值得一提了。难道将来我们就想不出一个更为简单的形式，并在实际生活中运用吗？难道人类的智慧还不足以让我们抛弃这种复杂的公式吗？我相信，越是高深的道理，就越有一个简单而朴实的外表。

现在，我们这个魔术般的“e”又出现在蜘蛛网上了。在一个下着雾的早晨，有许多小小的露珠粘在这充满黏性的线上了。它的重量压弯了蛛网的丝，于是便构成了许多垂曲线，就像是无数透明的宝石串成的链子。当有太阳光照射时，这一串珠子便会发出彩虹一般美丽的光彩，就像是一串钻石。【精解点评:将露珠比作钻石，形象地表现了露珠在阳光下的状态。】“e”这个数字，就蕴含在这阳光般灿烂的链子里。望着这美丽的链子，你会发现科学之美、自然之美和探究之美。

几何学，这研究空间和谐的科学几乎充斥着整个自然界。在铁杉果鳞片的排列中以及蛛网的线条排列中，我们能见到它的身影；还有在蜗牛的螺线中，在行星的轨道上，我们都能找到它。它无处不在，无时不在，它存在于原子的世界里，存在于广袤的宇宙中，它的足迹遍布天下。

这种自然的几何学让我们了解，宇宙间有一位万能的几何学家，他用神奇的工具测量并制造了宇宙间的一切，所以万事万物都自有它的规律。我觉得用这个想象来解释鹦鹉螺和蛛网的对数螺线的形态，似乎比蠕虫绞尾巴的故事更为恰当。

研究空间和谐的几何学，听起来是人类科学的范畴，其实，它也存在于世间万物身上，就连蜘蛛网，这样平时被我们遗忘和忽略的事物，也有着这么高深的科学奥秘。作者以通俗的语言，向我们介绍了存在于蜘蛛网中的几何学原理，并提醒我们，世间处处有科学，只是我们缺少发现的眼睛。

在这篇文章中，作者为我们介绍了蜘蛛网中的科学，即蜘蛛网对几何学的运用，对于数学的原理，作者也能做到信手拈来，表现了作者知识的贯通和多方面的才能。原来生活中处处都有科学的存在，而我们总是忽视，就像是罗兰的那句名言：“世间从来不缺少美，而是缺少发现美的眼睛。”

1.蜘蛛的织网方式有什么特别之处？

2.蜘蛛网的角有什么特点？

3.在几何学中，蜘蛛网算是什么形状？

（答案见最后）

1.蜘蛛为什么能够运用几何学的原理来建筑蜘蛛网?

2.生活中还有哪些事物呈螺旋曲线的形状?

3.人类科学的有限性,要求科学家具备什么精神?

松 毛 虫

松毛虫就是在松树上筑巢的一种小蠕虫，同样的，它也是危害植物的一种害虫，作者为了保护松树，每年都会捣毁它的巢窝，赶走它们，但作者又为了研究这种小虫，不得已同意它占据松树，只为了观察和探究松毛虫的故事，那么，松毛虫有着怎样的故事呈现给我们呢？

我在园子里种了几棵松树。每年，都会有很多毛毛虫到这树上来做巢，它们几乎吃光了所有的松叶。为了保护我们的松树，每年冬天我都不得不用长杆毁掉它们的巢，搞得我疲惫不堪。

你们这贪吃的小虫，不是我不能容忍，实在是你们太放肆了。如果我不将你们赶走，你们就要喧宾夺主（客人的声音压倒了主人的声音。比喻外来的或次要的事物占据了原有的或主要的事物的位置。喧：声音大；宾：客人；夺：压倒；超过。）了。那么，我就再也听不到那长满了针叶的松树在风中低声地倾诉了。不过我突然对你产生了兴趣，所以，我要和你有一个约定，你必须把你一生的传奇故事全都告诉我，一年、两年，甚至更多年，直到你的故事全都讲完为止。而我，决不会在这期间来打扰你，你可以随意占据我的松树。【精解点评：作者将松毛虫拟人化，将自

己对松毛虫的研究看作是和它的一项约定，语言轻松活泼。】

这约定的结果出来了，就在离门不远的地方，很快就有了30多只松毛虫的巢。每天看着这一群在眼前爬来爬去的毛毛虫，我不禁对它们的故事更有了一种迫切了解的欲望。

这种松毛虫也叫作“列队虫”，因为它们总是一只跟着一只，排着队出行的。

那么现在就让我来讲述它们的故事吧：

首先，我们还是要讲到它的卵。

那是在8月份的前半个月，如果我们去观察松树的枝端，一定可以看到一个个白色的小圆柱点缀在暗绿的松叶中。这些小圆柱，便是毛虫母亲所生的一簇卵。这种小圆柱大的约有一寸长，五分之一或六分之一寸宽，被裹在一对对松针的根部，就好像是小小的手电筒。这小筒看起来，有些像丝织品，有一点点红色在白里显透，小筒的上面覆盖着一层层鳞片，就像屋顶上的瓦片似的。

这鳞片像天鹅绒般柔软，很细致地一层一层盖在筒上，像屋顶一样，保护着筒里的卵。【写作参考点：一连串的比喻，将松毛虫的卵形象地呈现出来。】甚至连一滴露水也不能透过这层屋顶渗进去。这种柔软的绒毛是从哪里来的呢？是松毛虫妈妈一点一点铺上去的。它为了孩子牺牲了自己身上的一部分毛，它用自己的毛为宝宝做了一件温暖的外套。

如果你用镊子把鳞片似的绒毛刮掉，那么你就可以看到盖在下面的卵了。它们就像是一颗颗白色珐琅[fà láng]（涂料名。又称搪瓷）质的小珠。大约有300颗卵共同生活在同一个圆柱里，它们属于同一个母亲。这可真是一个大家庭啊！它们排列得很好看，好像一颗玉蜀黍的穗。我敢肯定，所有人，无论是年老的还是年幼的，有学问的还是没文化的，只要看到这美丽而精巧的“穗”，都会禁不住喊道：“多漂亮啊！”这是位多么聪明而伟大的母亲啊！

最让我们感兴趣的，还并不是那美丽的珐琅质小珠本身，而是那种极有规则的几何图形样的排列方法。一只小小的毛虫怎么会知道这精妙的几何知识呢？这真是一件令人惊讶的事。我们和大自然接触得越近，便越会相信大自然里的一切都是按照一定的规则安排的。比如，为什么同一种花瓣有着相同的曲线？为什么甲虫的翅鞘上有着如此精美的花纹？从身材巨大的生物到微乎其微的昆虫，一切都被安排得这样完美，这是否只是偶然呢？似乎并不是这样。那么又是谁在主宰着这个世界呢？【精解点评：疑问句的提出，引起读者的阅读兴趣，也引导读者进行思考。】我想，在冥冥之中一定有一位“美”的主宰者在有条不紊地安排着这个缤纷绚烂的世界——我只能这样解释了。

松蛾的卵将在9月里孵化。到了那时，如果你把那小筒的鳞片稍稍掀起，就可以看到里面那些黑色的小头。它们在咬着、推着它们头顶上的盖子，再慢慢地爬到小筒上面。它们有着淡黄色的身体，黑色的脑袋，脑袋有身体的两倍那么大。它们爬出来的第一件事情，就是吃掉那些支持着自己的巢针叶，把这些针叶啃完后，它们就会落到附近的针叶上。常常会有三四个小虫恰巧落在一起，那么，它们便会很自然地列队前进——这便是未来松毛虫大军的雏形。如果你逗它们玩，它们还会摇摆起头部和前半身，高兴地和你打招呼。

下一步工作就是在巢的附近搭建一个帐篷。这帐篷其实就是一个用薄绸做成的小球，用几片叶子支撑起来。它们便在每天最炎热的一段时间躲在帐篷里休息，直到下午凉快的时候才出来觅食。

你看，还不到一个小时，这些刚刚从卵里孵化出来的松毛虫就已经会做许多工作了：吃针叶、排队和搭帐篷，仿佛没出娘胎就已经学会了似的。【精解点评：这是夸张的说法，作者强调的是，松毛虫幼虫的适应能力和学习能力强。】

24小时以后，帐篷就有一个榛仁那么大了。再过两星期，就会有苹果那样大。不过这毕竟只是一个暂时的处所。临近冬天的时候，它们还要再造一个更大更结实的帐篷，并且边造帐篷边吃着被帐篷包围起来的针叶。这样，它们的帐篷不仅为它们提供了住所，还解决了它们吃饭的问题，这的确是一个一举两得的好办法。这样它们就可以不必特意到帐

篷外去觅食。以免它们弱小的身躯，贸然跑到帐篷外，而遇到危险。

当支持帐篷的树叶都被它们吃光以后，帐篷就要塌了。于是，它们便像那些择水草而居的阿拉伯人一样，把全家搬到新的地方去重建家业。在松树的高处，它们又筑起了一个新的帐篷。就这样，它们辗转迁徙着，有时候竟能到达松树的顶端。

在这个时候，松毛虫开始换衣服了。它们的背上长出了六个红色的小圆斑，小圆斑周围环绕着红色和绯红色的毛。红斑的中间点缀着金色的圆点。而身体两边和腹部的毛却是白色的。

到了 11 月，它们开始在松树木枝的顶端搭建起过冬的帐篷来。它们用丝织的网把附近的松叶都网起来。树叶和丝合成的建筑材料能使建筑物更加坚固。全部完工的时候，这帐篷的形状就像是一个蛋，而它的大小相当于半加仑的容积。巢的中央是一根极粗的乳白色丝带，中间还夹杂着绿色的松叶。

顶上有许多圆孔，那是巢的门，毛毛虫们就从这里出出进进地生活。那矗立在帐外的松叶顶端上有一个丝织的网，下面是一个阳台。松毛虫会时常聚集在这儿晒太阳。它们像叠罗汉似的堆成一堆来享受阳光，上面张着的丝线用来减弱阳光的强度，使它们不至被太阳光晒伤。【精解点评：这里描述了松毛虫晒太阳的状态，用叠罗汉来形容形象而生动。】

松毛虫的巢里并不是一个整洁的地方，里面满是杂物的碎屑——毛虫们蜕下来的皮以及其他各种垃圾，真的脏乱极了。

松毛虫通常夜里在巢中睡觉，早晨 10 点左右出来，在阳台上集合，大家堆在一起，继续在太阳底下打盹。它们就这样消磨掉整个白天。它们在享受的同时还会时不时地摇摇头来表示快乐和舒适的心情。到傍晚的时候，这班瞌睡虫都醒了，然后各自从门口回家。

它们一面走一面吐丝。所以无论走到哪里，它们的巢总是越筑越大，也越来越坚固。它们在吐着丝的时候还会掺杂进去一些松叶用以加固。每天晚上总有两小时左右的时间来完成这项任务。它们早已忘记了夏天，只知道冬天就要来了，所以它们都抱着愉快而紧张的心情忙碌着。它们似乎在激励自己：

“当松树在寒风里摇曳它那带霜的枝丫时，我们将彼此拥抱在这温暖的巢里歇息！这太幸福了！让我们充满希望，为将来的幸福继续奋斗吧！”

的确，亲爱的毛毛虫们，我们人类也和你们一样，为了求得未来的平静和舒适而不惧艰辛地劳动。让我们满怀希望地努力工作吧！你们为了舒适的冬眠而工作，它能使你们从幼虫变成蛾，而我们为最后的安息而工作，它能消耗生命，却也创造新生。让我们一起努力工作吧！【精解点评：作者直抒胸臆，表达了对美好未来的憧憬，对努力工作的所有生命的尊敬。】

做完了一天的工作之后，用餐时间到了。它们从巢里钻出来，爬到巢下面的针叶上去用餐。它们都穿着红色的外衣，成群结队地趴在绿色的针叶上，树枝都被它们压得微微向下弯曲了——这是一副多么美妙的图画啊！这些食客们都安静且安详地咬着松叶。它们那宽大的黑色额头在我灯笼的照射下发着光。它们要这样吃到深夜才肯罢休，再回到巢里继续工作一会儿。当最后一批松毛虫吃完饭回到巢里的时候，大约已是深夜1点钟了。

松毛虫所吃的松叶通常只有3种，若是用其他常绿树的叶子喂给它们吃，它们是宁可饿死也不愿尝一下的——即使那些叶子的香味足以引起食欲。这似乎没什么好说的，松毛虫的胃和人有着相同的特点。【精解点评：作者在此将松毛虫与人相提并论，写松毛虫的同时，也是在写人，指出人们挑食的问题。】

松毛虫们在松树上散步的时候，会随时吐出丝织成丝带，然后就依照丝带所指引的路线走回去。有时候它们会丢了自己的丝带而找了其他松毛虫的丝带，那样它就会走人一个陌生的巢里。但这没有任何影响，巢里的主人并不会拒绝这不速之客的来临，更不会因此产生任何争执。大家似乎都习以为常，平静得跟什么事都没有发生一样。到了睡觉的时候，大家也就像兄弟一般睡在一起了，互相之间并没有一点生疏之感。

然后，不论是主人还是客人，大家依旧在限定的时间里工作，使它

们的巢更大、更厚。由于这类意外的事件时有发生，所以有几个巢总能有“外来人员”的加入。大家一起为它们的巢添砖加瓦，因此它们的巢就会比其他的巢大许多。“互相帮助，共同努力”是它们的信念，每一条毛毛虫都尽全力地工作，使巢增大增厚，并不在乎那到底是不是自己的巢。

事实上，正是因为这样才扩大了总体的劳动成果。如果每个松毛虫都各自为政（各自按自己的主张办事，不互相配合。比喻不考虑全局，各搞一套。为政：管理政事，泛指行事），宁死也不愿替别家卖命，那么结果会怎样？我断定，那一定会一事无成，谁也造不出这样又大又厚的巢。因此它们成百上千地共同工作，每一条小小的松毛虫，都尽了自己应尽的一份力量。于是，团结一致造就了许多属于大家的坚固堡垒——一个又大又厚又暖和的棉袋。每条松毛虫为自己工作的过程也是为其他松毛虫工作的过程，而其他松毛虫也相当于都在为它工作。这是多么幸福的一件事啊，它们从不介入任何私有观念和相互争斗。

有一个老故事，说是有一头羊，被人从船上扔到了海里，于是其余的羊也跟着跳下海去。因而，那个讲故事的人说道：“因为羊有一种天性，那就是不管走到哪里，都要永远跟着头一只羊。也就因为这点，亚里士多德曾批评羊是这世界上最愚蠢、最可笑的动物。”【精解点评：插入小故事，增加文章的趣味性，引起读者的阅读兴趣。】

松毛虫也具有这种天性，甚至比羊还要强烈。不管第一只走到什么地方，后面的也都会无条件地跟从。它们排着整齐的队伍，中间不留一点空隙。它们总是排成单行，头接着尾相互连接着。为首的那只，无论它怎样打转和歪歪斜斜地走，后面的都会照它的样子做，无一例外。

第一只毛毛虫会一面走一面吐丝，第二只毛虫便踏着那根丝前进，并且将自己吐出的丝加在第一条丝上面，后面的毛毛虫都依次效仿，所以当队伍通过以后，就会有一条很宽的丝带铺在那里映着太阳的光彩。这是一种奢侈的筑路方法，我们人类筑路的时候，用碎石铺在路上，然后用极重的蒸汽滚筒压平，粗糙坚硬但非常简便。而松毛虫，却用这么柔软的缎子来铺路，又软又滑，实在是太浪费了。

它们为什么会这样奢侈呢？它们为什么不能免掉这种豪华的设备，像其他虫子那样简朴地生活呢？【精解点评：连续两个问句，引起读者的思考，并引出下文中松毛虫出去活动的内容。】也许有这样两条理由：松毛虫是在晚上出去觅食的，而它们又必须经过曲曲折折的道路。它们要从一根树枝爬到另一根树枝上，要从针叶尖上爬到细枝上，再从细枝爬到粗枝上。如果没有这样的丝线来作路标，那么它们真的很难找回自己的家，这可以算是最基本的一条理由。

有时候，它们也会在白天排着队作长距离的远征，可能要行走30码左右的距离。这次，它们是去旅行的，可不是去寻找食物，它们要去看看世界，或者去找一个地方，作为它们将来蛰伏的场所。因为在变成蛾子之前，它们还要有一个漫长的蛰伏期。而在做这样的长途旅行时，丝线这样的路标就是不可缺少的。

它们在树上找食物的时候，或许是分散在各处，或许是集体活动，反正只要有丝线作路标，它们就可以安全且整齐地回到巢里。在集合的时候，大家就会在各自丝线的指引下，从四面八方匆匆聚集到大队伍中来。所以这丝带不仅仅是一条路，而且是一条牵引着个体统一行动的绳索。这便是第二个理由。

每一队总有一个领头的松毛虫，无论是大队还是小队。它能有资格做领袖完全是出自偶然。没有谁指定，也没有通过选举，今天你做，明天它做，并没有一定的规则。松毛虫队里发生的每一次变故常常会导致次序的重新排列。

比如说，如果队伍在行进过程中突发意外而散乱了，那么重新排好队后，就可能是另一只松毛虫成了领袖。尽管每一位“领袖”都是暂时的、随机的，而一旦站在了第一的位置上，它就会摆出领袖的样子，承担起对整个队伍应尽的责任。

当其余的松毛虫都紧紧地跟随着它前进的时候，这位领袖总会趁队伍调整的间隙摇摆自己的上身，好像在做什么运动似的，又好像在调整自己的状态——毕竟，从平民到领袖，可是一个质的飞跃。它必须明确

自己的责任，不能像往常一样，跟在别人后面。它必须在自己前进的同时，探头探脑地寻找路径。

它真是在观察地势吗？它是不是要选一个最好的方向？还是它突然找不到引路的丝线，所以犯了疑？看着它那又黑又亮，就像一滴柏油似的小脑袋，我真是无法推测它到底在想些什么？我只能根据它的举动，作一些简单的联想和推理。我想它的这些动作应该是在帮助它辨别哪些地方粗糙，哪些地方光滑，哪些地方可以通过，哪些地方却走不过去。当然，最主要的还是辨别出那条丝带是朝着哪个方向延伸。

松毛虫的队伍有长有短，相差悬殊，我所看到的最长的队伍有12码或13码，其中包含200多只松毛虫，它们排成极为精致的波纹形曲线，浩浩荡荡的。最短的队伍一共只有两条松毛虫，但它们依然遵从原则，一只紧跟在另一只的后面。【精解点评：数字说明，作者用精准的数字，将松毛虫队伍的长短状态描述得清晰可见。】

有一次我决定逗一逗我养在松树上的松毛虫，我想要用它们的丝替它们铺一条路，让它们按照我给它们的路线走。既然它们只会不假思索地跟着丝线走，那么如果我把这路线设计成一个没有起始的封闭的圆，那么它们会不会在这条路上不停地转圈呢？

一个偶然的发现帮助我实现了这个计划。在我的院子里有几个种着棕树的大花盆，盆的圆周大约有一码半长。平时，松毛虫们就总是喜欢爬到盆口的边沿，而那边沿又恰好是一个现成的圆周。

有一天，我看到花盆上爬了很大一群毛虫，并渐渐地来到它们最为喜欢的盆沿上。这一队毛虫陆陆续续到达了盆沿，并在盆沿上爬行。我等待并期盼着队伍形成一个封闭的环，也就是说，等第一只毛虫绕过一周而回到它出发的地方。一刻钟之后，我所想象的实现了。现在有整整一圈的松毛虫在绕着盆沿前进了。

然后的工作，就必须把继续往盆沿上走的松毛虫赶开，否则它们一定会使那些走错了路线的松毛虫知道出了问题，从而扰乱我的实验。要让它们不走上盆沿，就必须把从地上到花盆间的丝拿走。于是我就把还要继续上去的毛虫拨开，再用刷子轻轻刷去那些引路的丝线，这就相当于截断了它们的通道。这样，下面的虫子再也上不去，上面的也就再也找不到回去的路了。这一切准备就绪以后，我们就可以看到这有趣的景象了：

一群毛虫在花盆沿上不停地转圈，现在，它们中间已经没有领袖了。因为这是一个封闭的圆圈，没有起点和终点，谁都可以算作领袖，而谁又都不是领袖，可它们对自己所处的状态丝毫不知。

丝织和轨道渐渐地粗了，因为每条松毛虫都不断地把自己的丝加上去。除了这条圆形的路之外，也并没有一条其他的叉路了，这样看来它们真的会这样无休止地一圈一圈地走下去。

旧派的学者都喜欢引用驴子的故事："有一头驴子，它被安放在两捆干草中间，可结果它竟被饿死了。因为它无法决定应该先吃哪一捆。"其实现实中的驴子并不是这样，它不比别的动物愚蠢，当它同时拥有两捆的时候，就会把这两捆一起吃掉。我的毛虫会不会表现得聪明一点呢？它们能够摆脱这封闭的路线吗？我想它们一定会的。【精解点评：将驴子和松毛虫相对比，突出松毛虫的聪明和灵活，不会让自己陷入困境。】

我给自己一点安慰："这队伍会继续走一段时间，也许一个钟头或两个钟头吧。然后，在某一时刻，毛毛虫一定会发现自己犯的这个错误，进而离开那个骗人的圈子，找到回家的路。"

然而事实上，我的想法过于乐观了，我太高估了它们的能力。如果说只要没有东西阻挠它们，这些毛虫就会不顾饥饿，不顾自己一直无法回巢，而一直在那儿转着圈子，那么它们就真的是愚蠢至极了。然而，事实上，它们也的确真有这么蠢。

松毛虫们继续着它们的征程，已经走了好几个钟头了。到了黄昏的时候，它们都累了，队伍走走停停。当天气逐渐转冷的时候，它们便逐渐放慢了前进的速度。到了晚上10点钟左右的时候，它们仍然坚持着，但脚步明显慢了许多，好像只是在懒洋洋地摇摆着身体。吃饭的时间已经到了，其他的毛虫已经成群结队地走出来吃松叶了。

可是花盆上的虫子们还在坚持不懈地走，它们一定幻想着马上就可

以回到家里和同伴们一起进晚餐了。它们已经走了10个小时，一定又累又饿。而在离它们不过几寸远的地方就有一棵松树，它们只要从花盆上下来，就可以到达那里，美美地吃上一顿了。但这些可怜的家伙已经被自己吐的丝奴役了，它们只能沿着它走，它们一定像看到了海市蜃楼一样，总以为希望就在眼前了，而事实上家还远着呢！【精解点评：想象，作者站在松毛虫的角度，想象着前方的道路和状况，并且想象着松毛虫的感觉，表现了作者细腻的感情和丰富的想象力。】

10点半的时候，我终于等不下去了，只好离开它们去睡觉，我以为夜晚的寒冷可以让它们清醒一些。可是第二天早晨，当我再去看它们的时候，它们还是像昨天那样排着队，只是队伍并没有前进——晚上太冷了，它们只好蜷起身子取暖。当空气渐渐暖和起来后，它们便恢复了知觉，又开始在那儿兜圈子了。

第三天，一切也还都没有变化。这天夜里特别冷，可怜的毛虫只好又受了一夜的苦。我发现它们在花盆沿分成了两堆，没有人再排队。它们彼此相互依靠，尽量为自己也为对方提供些温暖。现在它们已经分成了两队，按理说每队都该有一个自己的领袖了，终于可以不必跟着别人走，而各自开辟生路了，我真为它们而高兴。看到它们正用那又黑又大的脑袋向左右试探的样子，我猜想它们马上就可以摆脱这个可怕的圈子了。可结果，我发现自己又错了。当这两支分开的队伍相逢的时候，又合成了一个封闭的圆圈，于是它们又开始无休止地兜圈子了，丝毫没有意识到它们已经错过了一个绝佳的逃生机会。

接下来的晚上仍然很冷。这些松毛虫又都挤到一堆，有许多毛虫被挤到了丝织轨道的两边，当它们一觉醒来，发现自己在躺在轨道外面，于是就只好跟着轨道外的一个领袖走，这个领袖正在往花盆里面爬。像这样离开轨道的冒险家一共有七位，而其余的毛虫并没有把注意力放在它们身上，继续兜着自己的圈子。【写作参考点：比喻，这里将脱离轨道的松毛虫比作冒险家，表明了离开轨道后的危险性很大。】

当到达花盆里的毛虫发现那里并没有食物，就只好垂头丧气地沿着丝线返回到原来的队伍里，这首次冒险就这样失败了。如果当初它们冒险的道路是朝着花盆外面而不是往里走的活，那情形就该好得多了。

一天就这样过去了，在这以后又过了一天。第 6 天的天气很好，我发现有几个勇敢的领袖，它们实在是热得受不了了，于是用后脚站在花盆的外沿上，做出向空中跳跃的姿势。终于，有一只壮起胆子决定冒险，它顺着花盆往下溜，可是还没到一半，它的勇气便消失了，只好又回到花盆上，与同伴们一起承担困苦。这时盆沿上的毛虫队已不再是一个完整的圆，而是在某处断开了。

然而也正是因为有了这一个领袖，才有了一条新的出路。两天以后，也就是这个实验的第八天，它们终于开辟了新的道路，它们已经开始从盆沿上往下爬，而到太阳落山的时候，最后一只松毛虫也回到了盆脚下的巢里。

我粗略计算了一下，它们一共走了 48 个小时。绕着圆圈走过的路程在四分之一公里以上。只有在晚上寒冷的时候，队伍才会失去秩序，然而它们仍不会离开轨道，不会设法安全地回到家里。多么可怜无知的松毛虫啊！有人总喜欢吹嘘动物的理解力，可是在这些松毛虫身上，我实在看不出这个优点。不过，它们最终还是回到了家，而没有活活饿死在花盆沿上，这说明它们还并不是笨得要死。

到了正月，松毛虫会第二次脱皮。在这之后，它便不再像以前那么美丽了。不过有失也有得，它添了一种很有用的器官。现在，它背部中央的毛变成暗淡的红色了，由于其间还夹杂着白色的长毛，所以看上去颜色就更淡了。这件褪了色的衣服还有一个特点，那就是背上的八条裂缝，像门一般，可以自由开关。【精解点评：将松毛虫背上的裂缝比作可以自由开关的门，形象地突出了它的特点。】当这裂缝开着的时候，我们可以看到每个裂口里都长有一个小小的“瘤”。它很灵敏，稍稍有一些动静它就会消失。这些特别的裂口和“瘤”是做什么用的呢？当然绝不是用来呼吸的，因为任何动物——即便是一条松毛虫，都不会从背上呼吸。让我们来回想一下松毛虫的习性，或许我们可以从中寻找到这些器官的作用。

冬天或是晚上的时候，是松毛虫们最活跃的时候，但是如果北风刮得太猛烈，天气冷得太厉害，甚至下雨下雪或是雾厚得结成冰屑，在这样的天气里，松毛虫便会谨慎地呆在家里，躲在那温暖安全的帐篷下面。

松毛虫们害怕恶劣的天气，一个雨滴就能使它们发抖，一片雪花就能惹起它们的怒火。预先了解天气状况，对松毛虫的日常生活有着非常重要的意义。在黑夜里，这样一支庞大的队伍到遥远的地方去觅食，如果遇到坏天气，那实在是一件危险的事。如果突然遭到风雨的袭击，那么松毛虫就真的要遭殃了，而这样的不幸在冬季是时常会发生的。可松毛虫们有它们的办法。下面就让我来说说它们是怎样预知天气的吧。

有一天，我和几个朋友一起到院子里看毛虫队的夜游。9 点钟，我们就进了院子。可是……可是……这次是怎么了？巢外一只毛虫都没有！就在昨天晚上和前天晚上还有许多毛虫出来呢，怎么今天就全都不见了？它们都跑到哪儿去了？是集体出游吗？还是遇到了什么可怕的灾难？我们等到 10 点、11 点，一直到半夜。失望之余，我只得送走了我的朋友。【精解点评：作者提出一连串的问题，引起读者的注意力，为下文中松毛虫因为下雨而未出来的内容做铺垫和蓄势。】

第二天，我发现昨晚上竟然下了雨，直到早晨还在继续下着，而且山上还有积雪。我脑子里突然有一个念头闪过，是不是毛虫对天气的变化要比我们灵敏得多呢？它们是不是因为早已预料到天气要变坏，所以才没有出来呢？它们不愿意出来冒险，一定是这样的！我为自己的想法暗自高兴，所以我想我还得继续观察它们。

后来我发现每当报纸上预告有气压来临的时候——比如暴风雨将至的时候——我的松毛虫就总会躲在巢里。虽然它们的巢暴露在坏天气中，可风霜雨雪还有寒冷，都不能影响它们，它们甚至能预报雨天过后的风暴。它们这种预报天气的本领，很快就得到了我们全家的认可和信任。每当我们要进城去买东西的时候，总会在前一天晚上去征求一下松毛虫们的意见，看看第二天是不是要去，这完全取决于晚上松毛虫的举动，它成了我们家的“小小气象预报员”。【写作参考点：比喻，将松毛虫比作“气象预报员”，突出了它对天气的变化灵敏的特点。】

然后，我联想到了它的小孔，我推测松毛虫的第二套服装应该给了它这个预测天气的本领。这种本领很可能与那些可以自由开关的裂口有关。它们时时张开，吸进一些空气作为样品，再吸收到里面检验一番，如果从这空气里检测出暴风雨的信息，便会立刻发出警告。

3 月到来的时候，松毛虫们纷纷离开巢所在的那棵松树，做最后一次旅行。3 月20 日那天，我花了整整一个早晨，观察了一队3 码长，包含着100 多只毛虫的毛虫队。【精解点评：日期和数字，表明作者观察和研究得仔细，以及对待研究的严谨态度。】它们的衣服已经褪色了。队伍很艰难地缓缓前进，它们越过高低不平的地面，然后分成两队，成为两支互不干扰的队伍，各奔东西。

现在，它们有着极为重要的工作要做。当队伍行进了两小时，便到达一个墙角下，那里的泥土又松又软，并且极容易钻洞。

那松毛虫的首领一面探测，一面稍稍地挖一下泥土，似乎在鉴定泥土的性质。其余的松毛虫对领袖是绝对的服从，因此只是盲目地跟从着它，接受领袖的一切决定，根本没有自己的喜好。

最后，当领头的松毛虫终于找到了一处喜欢的地方，便会停下脚步。然后，所有的松毛虫都走出队伍，成为散乱的一群虫子，就像接到了“自由行动”的命令，再也不规规矩矩地排队了。

每一只虫子都在胡乱摇摆着背部，所有的嘴巴都在挖着泥土，最后它们终于为自己筑成了可以安息的洞。到某个时候，打过地道的泥土有了裂缝，就会把它们埋在里面。于是一切便又恢复平静了。现在，毛虫们把自己葬在离地面3 寸深的土地里，准备着织它们的茧子。

两星期后，我往地面下挖土，又找到了它们。它们被包在小小的白色丝袋里，丝袋外面还沾染着泥土。有时，由于泥土土质的影响，它们甚至把自己埋到9 寸以下的深处。

可是那翅膀脆弱而且触须柔软的蛾子是如何从地底下爬到地面上的呢？它一直要等到7、8 月才能出来。而那时候，由于长久风吹雨打，日晒雨淋，泥土早已变得坚硬无比。除非它有特殊的工具，否则他们绝对无法冲出那坚硬的泥土，而且它的身体形状必须是很简单的。我弄了一些茧子装在实验室的试管里，以便看得更仔细些。我发现它们在钻出茧子的时候，会有一个蓄势待发的姿势，就像短跑运动员起跑前的预备姿势一样。【精解点评：这里运用比喻的手法，将松毛虫即将钻出的姿势，比作运动员起跑前的预备姿势，比喻合理而形象。】它们把美丽的衣服卷成一捆，自己缩成一个圆底的圆柱形，并把翅膀紧贴在脚前，像裹围巾一般，它的触须还没有张开，弯向后方，紧贴在身体的两侧。它身上的毛发向后躺平，只有腿是自由活动的，这样才可以帮助身体钻出泥土。

即使做好了这些准备工作，但如果要挖洞，还是远远不够的，它们还有更厉害的法宝呢！如果你用指尖在它头上摸一下，你就会碰到几道很深的皱纹。我把它拿到放大镜下观察，发现那是坚硬的鳞片。在它额头中部顶上的鳞片是所有鳞片中最硬的，就像一个回旋钻的钻头一样。我看到在我的试管里，这些蛾子用头轻轻地撞撞这边，再碰碰那边，想把沙块钻穿。到了第二天，它们就钻出了一条10寸长的隧道通到地面上来了。

最后，它们终于到了泥土外面，只见它缓缓地伸展开翅膀，张开触须，蓬松一下它的毛发。现在它已完全打扮好了，成为一只漂亮成熟又自由自在的飞蛾了。【精解点评：动作描写，简短的动作描写，将松毛虫破茧之后变成飞蛾的形态表现出来。】尽管它并不是所有蛾子中最美丽的一类，但它也确实很漂亮了。你看，它有灰色的前翅，上面嵌着几条棕色的曲线；后翅是白色的，腹部盖着淡红色的绒毛。颈部有一圈小小的鳞片，因为这些鳞片挤得很紧密，所以看上去就像是一整片，很像一套华丽的盔甲。

关于这鳞片，还有些极为有趣的事情。如果我们用针尖去拨弄它们，不管我们的动作多么轻微小心，都立刻会有无数的鳞片飞扬起来。我们在这一章的开头已经叙述，正是这些鳞片制成了用来装卵的小筒。

本文主要记述了松毛虫的日常生活，作者在文中以一贯的拟人化的语言，

再现了松毛虫的日常活动，并且运用想象和细节描写，将自己的所观所感，形象而真实地呈现出来。另外，作者以虫写人，不时将虫的习性和人的人性联系起来，表现了作者对整个自然生命的观照。作者的语言诙谐而轻松，多种句式的运用、小故事的插入，这些都增加了科普性文章的可读性。

在本文中，通过作者的观察，再现了松毛虫爬下花盆沿的过程，本是很短的路程，松毛虫却耗时 48 小时，行走了四分之一公里以上。作者形象地将这个过程称为“长征”。作者还发现，松毛虫对天气变化很灵敏，可以被称为“气象预报员”。松毛虫也有着无条件跟从的习性，这让我们想到人类社会中的盲目跟风，作者在写虫的过程中，也是在写人性，发人深思。

1.文章开头，作者与松毛虫订立了一个约定，这个“约定”是什么？

2.这种松毛虫为什么也被称作“列队虫”？

3.“松毛虫也具有这种天性，甚至比羊还要强烈。”文中的“这种天性”指的是什么？

（答案见最后）

1.作者为什么后来不急于赶走松毛虫了？

2.这篇文章里，作者观察了松毛虫的哪些活动？

3.作者对松毛虫的盲目跟随持什么态度？

螳　　螂

名师导读

螳螂是我们常见的一种小昆虫，它具有纤细的形体和锋利的锯齿。它有很多杀伤力很大的武器，所以是非常凶猛的，但它也不是一无是处，作者笔下的螳螂又有着哪些可爱之处呢？我们一起来看看吧。

一、打猎

在南方有一种昆虫，与蝉一样，很能引起人的兴趣，但因为它不能唱歌，所以并不出名。如果它也有一种钹，那么它的声誉，一定比有名的音乐家还要大，因为它的形体与习性都是极不寻常的。它将是一名出色的乐手。

在多年以前的古希腊时期，这种昆虫叫做螳螂，也有人把它称作先知者。农夫们时常看见它竖起前半身，立在被太阳灼烧的青草上，态度很庄严。它那宽阔、薄如轻纱的翼，如面膜似的轻摆，前腿形状如臂，伸向半空，好像是在祈祷。在无知识的农夫看来，它就是一个虔诚的女尼。因而，就有人称它为祈祷的螳螂了。【精解点评：插叙，这里讲述了古希腊时期关于螳螂的小故事，交代了“祈祷的螳螂”的来历。】

这完全是个巨大的错误！那貌似真诚的态度是虚假的；似乎是在祈

祷的高举着的手臂，其实是最可怕的利刃；无论任何东西从它的身边经过，它都会立刻面露凶相，用它的凶器去捕杀它们。它真如饿虎般凶猛，如妖魔般残忍，它专以活的动物为食。这样看来，在它温柔的面纱下，隐藏着十分吓人的杀气。

若仅仅看它的外表，那是并不令人害怕的，相反，看上去它相当美丽——它有纤细而优雅的姿态，淡绿的体色，薄如轻纱的长翼。它的颈部是柔软的，头可以朝任何方向自由转动。也只有这种昆虫才能向各个方向凝视，真可谓是眼观六路。它甚至还有一个完整的面孔。这一切特征使它看上去就是一个温柔的小动物。【写作参考点：这是对螳螂外貌的描述，作者用优美的语言，描绘出拥有美丽外表的螳螂，与上文中的凶残形象迥然不同。】

螳螂天生就拥有一副娴美而优雅的身材。不仅如此，它还拥有另外一种独特的东西，那便是生长在它前足上的那对武器。它极具杀伤力，并且极富进攻性，螳螂就是用它来冲杀和防御的。而它的这种身材和它这对武器之间的对比，实在是太大了，太明显了，真的令人难以置信。这个小动物是温存与残忍的共同体。【精解点评：用总结性的句子，概括了螳螂两个方面的特性，即优雅与凶猛。】

见过螳螂的人，都会十分清楚地发现，它有着长而纤细的腰部。而且不光很长，还特别地有力。螳螂还有一对很长的大腿，与它的长腰相比，还要更长一些。而且，它的大腿下面还生长着两排十分锋利的锯齿状的东西。在这两排尖利的锯齿的后面，还生长着一些大齿，一共有 3 个。可以想象，螳螂的大腿简直就是两排刀口。螳螂可以随时把腿折叠起来，分别收放在这两排锯齿的中间，这样就安全了，不至于伤到自己。

如果说螳螂的大腿像是两排刀口的锯齿的话，那么它的小腿可以说就是两排刀口的锯子。那些小腿上的锯齿要远远多于长在大腿上的。而且，小腿上的锯齿和大腿上的并不完全相同。小腿锯齿的末端还生长着像金针一样的，尖锐且坚硬的钩子。除此以外，锯齿上还长着一把有着双面刃的刀，就好像那种弧形的修理各种花枝用的剪刀一样。

对于这些小硬钩，我曾经历过许多不堪回首的往事。每次想到它们，都有一种不舒服的感觉。记得从前曾经有过许多次这样的经历——在我到野外去捕捉螳螂的时候，经常遭到这个小动物强有力的自卫与还击，总是捉它不成，反倒中了这个小东西厉害的“暗器”——被它的锯齿抓住了手。而且，它总是抓得很牢，很不容易让它放开，使自己从中解脱出来。所以，只有另想方法，请求他人前来相助，才能使我摆脱它的纠缠。所以，在我们这里，也许不会再有什么其他的昆虫比这小小的螳螂更难对付，更难捕捉了。【精解点评：作者在此插入自己捉螳螂的经历，用来说明螳螂的小硬钩这个武器的厉害。】

在螳螂身上有着各种各样的武器和暗器，因此，在遇到危险的时候，它可以用各种方法来保护自己。比如，它有如针般的硬钩，可以用镰钩钩住你的手指；它有锯齿般的尖刺，可以用它来扎、刺你的手；它还有一对锋利无比且十分健壮的大钳子，这对大钳子可是相当危险的，它有很强的威力，当它挟住你的手时，那滋味儿可实在不太好！总体说来，这种种颇具杀伤力的方法，绝对让你难以应对。要想活捉这个小动物，还真得动一番脑筋、费一番心思呢！否则，我们真的无法捉住它。这个小东西不知要比人类小多少倍，但却能威吓住人类。

平时，在它休息不动的时候，这个异常勇猛的捕食机器，只是将身体蜷缩在胸坎处，看上去似乎十分平和温顺，更不至于会有那么大的攻击性。甚至会让你觉得，这个小动物简直是一只热爱祈祷的温和的小昆虫。【写作参考点：比喻，用“捕食机器”来形容螳螂的勇猛，形象而贴切。】

然而，它并不总是这样，要不然，它身上具备的那些既能进攻又可防卫的武器还有什么用呢？只要有其他的昆虫从它们的身边走过，无论是哪种昆虫，也无论它们是无意路过，还是有意地偷袭，螳螂便会立刻失去那副安详和平的样子。它会结束蜷缩着休息的状态，伸展开它身体的每一部分。然后，那个可怜的路过者，在没有任何思想准备的情况下，便糊里糊涂地被螳螂的利钩俘虏了。它被重压在螳螂的两排锯齿之间，一动也不能动。然后，螳螂用它那有力的钳子用力一夹，一切战斗就都结束了。无论是蝗虫，还是蚱蜢，或者甚至是其他更强壮的昆虫，都无法从这四排锋利的锯齿下逃脱。所以，一旦被捉，就只好束手就擒了。它可真是个凶残的杀虫机器。【精解点评：作者在这里为我们呈现了螳螂捕食的场面，展现了它的娴熟与手到擒来。】

如果你想到原野里面去做详尽的研究，去观察螳螂的习性，那实在是太难做到了。因此，我不得不把螳螂捉到室内来观察、分析和研究。如果把螳螂放在一个用铜丝盖住的盆子里，再放一些沙子在盆里，那么，这只螳螂将会非常满意并生活得非常愉快。而需要我做的，就只是提供给它充足而又新鲜的食物就行了。有了这些必需的食品，它会生活得更满意。因为我想要进行一些实验，测量一下螳螂的筋力究竟有多大。所以，我不仅仅只提供新鲜的蝗虫或者蚱蜢给螳螂吃，同时，还必须给它提供一些大个儿的蜘蛛，这样才能使它的身体更加强壮。至于我的观察、研究，接下来我将一一给大家作详细的说明和阐释。【精解点评：领起下文，经过一系列的前期准备之后，这里用一句话引出下文的内容。】

有这样一只愚蠢的灰色蝗虫，它鲁莽地朝着那只螳螂迎面跳了过去，丝毫没有感觉到危险。后者，也就是那只螳螂，立即凶相毕露，然后，迅速地做出了一种让人感到特别震惊的姿势，使得那只无所畏惧的小蝗虫，此时此刻也充满了恐惧。这时螳螂所做出的这种奇怪的样子，我敢确定，你从来都没有见到过。

螳螂把它的翅膀张到极限，并且竖起它的翅，那种直立的状态就好像船的风帆一样。螳螂把翅膀竖在背后，并使身体的上端呈弯曲状，样子就像一根有着弯曲手柄的拐杖，并且不时地上下起落着。它不光有着如此奇特的动作，与此同时，它还会发出一种声音。就像是毒蛇喘息时发出的声响。螳螂把自己的整个身体全都放置在后足上面。显然，它已经摆出了一副随时迎战的姿态——它已经把身体的前半部完全都竖起来了，那对锋利的前臂也早已张开了，露出了那种黑白相间的斑点，随时准备东挡西杀。这样的姿势，谁能否认这是随时备战的姿势呢？

螳螂在做出这种令人惊讶的姿势之后，就一动也不动了，它用眼睛

瞄准着敌人，死死地盯着它未来的俘虏，准备随时上阵，来迎接激烈的战斗。哪怕那只蝗虫只是轻轻地、稍微移动一点点位置，螳螂都会马上转动它的头，目光始终跟随着蝗虫。螳螂这种用目光杀人的战术，其目的是很明显的，那就是利用对方的恐惧心理，并继续把更大的恐惧深入到这个即将成为牺牲品的对手心灵深处，形成“雪上加霜”的效果，给对手施加更大的压力。螳螂希望在战斗尚未打响之前，就能让面前的敌人因恐惧而陷于不利状态，从而达到不战自胜的目的。因此，螳螂正在虚张声势，利用心理战术，用假装凶猛的姿态，和面前的敌人进行周旋。螳螂真可谓是个心理战术的专家啊！【精解点评：虚实结合，这里的螳螂是如何运用心理战术的内容是作者想象出来的，是虚写，作者对螳螂心理的分析准确到位，使人信服。】

看起来，螳螂的这个精心设计的作战策略已经起到了足够的作用。那个天不怕、地不怕的小蝗虫果然被螳螂所蒙骗，真的是把它当成什么凶猛的怪物了。当它看到螳螂的这副奇怪的样子以后，立刻就被吓呆了，它紧紧地注视着面前的这个怪模怪样的家伙，一动也不敢动。在没有弄清面前的敌人的身份之前，它是不会轻易地向对方发起任何攻击的。

这样一来，那一向蹦来蹦去的蝗虫，现在，竟然突然不知所措了，甚至忘了要马上跳起来逃跑。这只被吓得慌了神儿的蝗虫，早就把“三十六计，走为上策”这一招儿丢到脑后去了。可怜的小蝗虫害怕极了，怯生生地伏在原地，不敢有半点动静。生怕稍不留神，就会命丧黄泉。在它最恐惧的时候，它竟然莫名其妙地向前移动，去接近那螳螂。它居然害怕到这样的地步，竟然自己去送死。【精解点评：这里运用侧面描写，将螳螂心理战术的成功，通过小蝗虫的惶恐来表现出来。】看来螳螂的心理战术是完全成功了。

当那个可怜的蝗虫移动到螳螂刚好可以碰到它的位置时，螳螂便毫不客气，一点儿也不留情地迅速动用它的武器——那有力的“掌”——重重的地击打那个可怜的蝗虫，再用那两条锯子用力地把它压紧。这样，无论那个小俘虏如何顽强拼命地抵抗，也都无济于事了。接下来，这个残暴的魔鬼胜利者便开始享用它的战利品了，它一定是十分得意的。就像这样，像秋风扫落叶一样干脆利落地制服敌人，是螳螂永远不变的信条。

在蜘蛛捕捉食物、降服敌人的时候，它通常会采取这样的办法：首先，是先发制人，以迅雷不及掩耳之势猛烈地刺向敌人的颈部，使它中毒。对手中了毒，自然也就浑身无力，也就不能继续作任何抵抗与防卫了。俗话说先下手为强嘛！与此相同的，螳螂在对蝗虫发起进攻的时候，也是首先重重地、毫不留情地袭击对方的颈部。在一顿拳打脚踢的痛捶之后，再加上前番万分的恐惧，蝗虫头脑的运转能力逐渐下降，动作也渐渐地迟缓下来，也许是因为如此重创使它头脑发昏了吧。

看来这种办法的确既有效又非常实用，螳螂就是利用这种办法，屡屡取得战斗的胜利的。无论是捕食和它大小相近的昆虫，还是对付比自己还要大一些的昆虫，这种办法都是十分有效的。【精解点评：总结，这里分析总结了螳螂降服敌人的方法的有效性。】不过，最让人感到不易理解的是，这么一只小小的昆虫，它的食量竟然如此之大，竟然能吃掉这么多的食物。

在螳螂的美食之中，那些喜好掘地的黄蜂们，算得上是其中之一了。因此黄蜂的家经常会有螳螂的光顾。螳螂总是埋伏在蜂窠的周围，等待时机，特别是那种能够一箭双雕的好机会。

为什么说是一箭双雕呢？因为，有的时候，螳螂等待的不仅仅是黄蜂本身。因为在回巢的黄蜂身上常常也会携带一些属于它自己的俘虏，这样一来，对于螳螂而言，不就是双份的俘虏了吗？这便是一箭双雕的意思。【精解点评：疑问句式的运用，调动读者的阅读兴趣，随后又回答了自己的疑问，给予读者“恍然大悟”的阅读效果。】不过，螳螂并不会总是如此幸运，它也会遇到倒霉的时候。它甚至会常常什么都等不到，只好无功而返。

这主要是因为，黄蜂已经有所疑虑，并且开始有所戒备了，这就会让螳螂失望而归。但是，也有个别掉以轻心者虽然已经发觉敌人的存在，

但仍不加小心，这样就会被螳螂看准时机，一举将其抓获。这些命运悲惨的黄蜂是怎么落入螳螂的魔掌的呢？

原来，总有一些粗心的黄蜂，当它们扇着翅膀从外面回家的时候，对早已埋伏起来的敌人毫无戒备。然而，当突然发觉大敌当前的时候，会被突如其来的敌人吓住，心里难免会稍稍有所迟疑，这样它飞行的速度就会忽然减慢下来。就在这千钧一发的关键时刻，螳螂出手了——这可怜的黄蜂瞬间便坠入那个有着两排锯齿的捕捉器——那螳螂的前臂和上臂的锯齿之中了。螳螂就是这样出其不意，以快制胜的。后面的事情，可想而知，那个不幸的牺牲者会被胜利者一口一口地吃掉，成为螳螂的一顿美餐。

记得有一次，我曾见到过这样有趣的一幕。有一只黄蜂，刚刚俘获了一只蜜蜂，并把它带回到自己的储藏室里。可没料到，正当它高兴地享用美味的时候，竟遭到了一只凶悍的螳螂的突然袭击，它无力还击，便只好束手就擒了。这只黄蜂正在贪婪地吸食蜜蜂嗉袋里储藏的蜜，但是螳螂的双锯，在不经意间，竟然有力地夹在了它的身上。可是，就是在这生死攸关的关键时刻，这样巨大的惊吓、恐怖和痛苦，竟然都没有让这只贪吃的小动物停止吸食的动作，它竟依然在舔食着那芬香诱人的蜜汁。这真是太令人惊奇了，难道这就是所谓的“鸟为食亡”？【精解点评：这是对螳螂突然袭击的场面描写，作者运用戏剧化的语言，使人读起来身临其境，感到惊心动魄，同时也表现出螳螂高超的捕获本领。】

螳螂的食物的范围并不仅仅局限于其他种类的昆虫。螳螂虽然有特别神圣的气概，但是，或许你都不会想到，因为这实在是让人太不可思议了——它还是一种食其同类的动物呢！也就是说，螳螂还会以螳螂为食，它们会吃掉自己的兄弟姐妹。而且，在它吃的时候，甚至还面不改色，泰然自若。那副样子，简直和它吃蝗虫、蚱蜢的时候一模一样，仿佛这也是天经地义的事情。

并且，在这样的情况下，围绕它旁边围观的观众们，也并没有任何反应，没有任何反抗的行动。不仅如此，这些观众还纷纷跃跃欲试，时刻准备着，一旦有了机会，它们也同样会这么做的，也同样地毫不在乎，仿佛理所当然一样。另外，雌螳螂们甚至还有食用丈夫的习性。这实在太让人惊讶了！在吃它的丈夫的时候，雌性的螳螂会咬住丈夫的头颈，然后再一口一口地吃下去。最后，剩余下来的只有它丈夫的那两片薄薄的翅膀而已。这真是太让人难以置信了。

螳螂真的是比狼还要狠毒10倍啊！听说，即便是狼，也不会以它们的同类为食。那么，螳螂就真是太可怕的动物了！【精解点评：作者在此直指螳螂的狠毒和残忍，表达了作者对其捕食同类的厌恶。】

二、螳螂的巢

在我们看来螳螂是如此凶猛可怕，它身上有那么多颇具杀伤性的有力武器，并且还用那么凶残的捕食方法，甚至它要以自己的同类为食。然而尽管如此，螳螂也和人类一样，不光有令人厌弃的缺点和不足，它也同样拥有很多优点。【精解点评：转折和过渡，即使是捕食同类的螳螂也有优点，作者在此笔锋一转，将文章过渡到对螳螂建巢穴的描写。】比如，螳螂会为自己建造十分精美的巢穴，这便是螳螂众多优点中最突出的一个。

在有阳光照耀的地方，随处都可以找得到螳螂建造的窠巢。比如，石头堆里，木头块下，树枝上，枯草丛里，砖头底下，一条破布下，或者是旧皮鞋的破皮子上面等等。总之，无论是什么东西，只要它有着凸凹不平的表面，便都可以作为它们筑巢的坚固的地基。螳螂就是利用这样的地基来建自己的房屋的。

螳螂的巢，大小约有一两寸长，宽不足1寸。巢的颜色是金黄色的，就像一粒麦子。【写作参考点：比喻，将螳螂的巢的颜色，比作麦子的颜色，比喻巧妙而贴切。】起初，这种巢是由一种多泡沫的物质构成的。在建成不久以后，这种多泡沫的物质就会逐渐变成固体，而且慢慢地变硬了。如果把它们点燃，便会产生出一种像燃烧丝质品一样的气味儿。螳螂的巢具有形态各异的特点，这主要是因为巢所附着的地点不同，因而它们会随着地形的变化而变化，如此一来就会有不同形状的巢存在。但

是，不管巢的形状如何千变万化，它总是有一个凸起的表面——这一点是不变的。

整个螳螂的巢，大致可以分成三个部分。其中一部分是由一种小片做成的，并且排列成双行，前后相互叠压着，就像屋顶上瓦片的排列方式一样。在这种小片的边缘处，还有两行缺口，那是用来做门的。小螳螂在孵化之后，就是从这里爬出来的。至于其他部分的墙壁，全都是无法通行的。

螳螂的卵一层一层地堆积在巢穴里面。这些卵的头都是冲着门口的。前面我们已经提到过，那道门有两行，分成左右两边。所以，在这些卵孵化成幼虫以后，有一半会从左边的门出来，而其余的则从右边的门出来。

还有这样一个事实值得注意，那就是母螳螂在建造这个十分精致的巢穴的时候，也正是它产卵的时候。在这个时候，会有一种非常有黏性的物质从母螳螂的身体里排泄出来。这种物质与毛虫排泄出来的丝液极其相似。它在被排泄出来以后，会与空气互相混合变成泡沫。然后，母螳螂还会用身体末端的小杓，把它打起更多的泡沫来。这种动作，就像我们用筷子打鸡蛋一样。那些被打起来的泡沫呈灰白色，与肥皂沫十分相似。开始的时候，泡沫是有黏性的，但是几分钟以后，这些黏性的泡沫就变成了固体。

母螳螂就是在这泡沫的海洋中产卵，并繁衍出后代的。每当产下一层卵以后，它就会在卵上覆盖上一层这样的泡沫。然后，这层泡沫很快就将变成固体了。

在新建的巢穴的门外，螳螂还会用另外一层材料，把这个巢穴封起来。看上去，这层材料和其他的材料并不一样——那是一层多孔、纯洁无光的粉白色的材料。这与螳螂巢内部其他部分的灰白颜色是有着很大的差异的。就好像是面包师们把蛋白、糖和面粉搅和在一起，用来作饼干外衣的混合物一样。【精解点评：这里用做饼干外衣的混合物，来形容螳螂封巢穴的材料的颜色，形象而贴切，同时展现了作者丰富的想象力。】这种雪白色的外壳，是很容易破碎，也极容易脱落下来的。当这层外壳脱落下来的时候，螳螂巢的大门，就会完全暴露在外面。通常在巢建成后，它就会被风吹雨打所侵蚀，变成小片的样子。然后，这些小片会逐渐地脱落下去。所以，在旧巢上，就无法再看见它的痕迹了。

虽然这两种材料，在外表上看来，几乎没有任何共同点，然而实际上，它们的质地是完全相同的。它们是拥有同样原质的东西，只是有两种不同的表现形式罢了。螳螂用它身上的杓打扫着泡沫的表面，然后，揭掉表面上的一层浮皮，把它做成一条带子，覆盖在巢穴的背面。这看起来，就像一条冰霜形成的带子一样。【精解点评：这里将带子比作冰霜，突出强调了这一层浮皮的完整和密不透风。】因此，它实际上仅仅是黏性物质最薄、最轻的那一部分。它之所以看上去会显得比较白一些，主要是因为构成它的泡沫比较细巧，光的反射能力较强罢了。

这绝对是一个非常奇异的操作方式。螳螂有自己的一套好方法，可以很迅速、很自然地做成一种角质物质。于是，它的第一批卵就生产在这种物质上面了。

螳螂不仅是一种极其能干的动物，也是一种很有建筑才华的动物。产卵时，它排泄出起到保护作用的泡沫，制造出糖一般柔软的包被物；同时，它还能制作出一种用于遮盖的薄片，以及通行用的小道。而在完成这些工作的过程中，螳螂都只是站立在巢的根脚处，一动也不动，连身体也不移动一下。

它就这样在它背后建筑起一座了不起的建筑物，而它自己对这个建筑物连看都不看一眼。在这整个建造过程中，它那粗壮而有力的大腿，竟然没有一丝用武之地，根本无法发挥什么作用，什么都做不了。这所有一切的繁杂工作，完全都是靠这部小机器自己完成的。

母亲的工作成功完成以后，就什么也不管，扔下一切，自顾自地走了。我总是对它抱有一线希望，希望它可以发发善心回来探望一下它的孩子，以便表示它对整个家族的爱护和关切之情。但是，我总实现不了我的这个希望。因为事实实在太明显，它对于我的希望竟然没有一点儿

兴趣，它真的是一去不返了。【精解点评：作者寄希望于螳螂母亲，但事实上，他无法改变螳螂无情和凶狠的本性，螳螂母亲还是抛弃了自己的孩子，自顾自地走了。】

所以，根据这一事实，我得出了以下这个结论：螳螂都是些没心没肺的东西，总是做一些极其残忍、恶毒的事情。比如，它会吞食自己的丈夫作为美餐；还比如，它会抛弃它自己的子女，弃家出走且永不返还。

螳螂的卵都是在有太阳光的地方进行孵化的。并且通常是在6月中旬，上午10点钟的时候。

在前面已经和大家叙述过了，在螳螂的巢里，有两个小小的缺口可以作为螳螂幼虫的出路。这一部分指的就是窠巢里面那一块像鳞片的地方。如果你再仔细地观察一下，你就会发现在每一个鳞片的下面，都可以看见一个稍稍有一点儿透明的小块儿。紧挨着这个小块儿的后面，有两个大大的黑点。那不是别的什么东西，那就是这个可爱的小动物的一对小眼睛了。幼小的螳螂蛴螬，静静地在那个薄薄的片下面伏卧。

如果再仔细一点观察，就会发现它已经有将近一半的身体解放出来了。那么，让我们再来看看这个小东西的身体是怎样的吧。它的身体主要以黄色为主，还掺杂着一些红色。它长着一个十分肥胖而且硕大的脑袋。从这个幼虫的表皮来看，它的那对特别大的眼睛非常容易就能被分辨出来。它把自己的小嘴贴在胸部，腿又和它的腹部紧紧地挨在一起。这只小小的幼虫，从它的外形上看，如果没有它那些和腹部紧贴着的腿，其他部分很容易让人联想到另一种动物的状态，那就是刚刚才离开巢穴的蝉的最初状态。这两者简直是像极了。【精解点评：将螳螂与刚离开巢穴的蝉相对比，表明两者这时的状态很像。】

和蝉一样，为了便捷与自身的安全，幼小的螳螂刚刚钻出巢降临到这个世界上，就必须穿上一层结实的外套来保护自己。要是幼虫打算从那狭小而又弯曲的小道里爬出巢来，而在此之前就把自己的小腿完全伸展开来，那几乎是不太可能的事。

这是因为，如果它真的完全伸展开身体，它那高高翘起的用来杀戮敌人的长矛，还有竖立起来的那极其灵敏的触须，就会完全把自己的出世的道路给阻挡住了，这样它根本就无法前行，更别提从通道中爬行出来了。也正是因为这个原因，这个小动物，在它刚刚降临到这个世界上的时候，它就是被一个襁褓[qiǎng bǎo]团团包裹在其中的，那是一只小船一般的形状。

在小幼虫刚刚降生的时候，当它出现在巢中的薄片下面不久，它的头就开始逐渐长大，并继续膨胀，一直到像一粒水泡为止。这个有力气的小生命，会在出生后不久，就开始靠自己的力量努力生存。它持续不断地伸缩着，努力地解放着自己的身体。它就是用这样的方法，每做一次动作，脑袋就会稍稍地变大一些。到了最后的时刻，它胸部的外皮终于破裂了。然后，它便更加努力，“乘胜追击”（趁着胜利的形势继续追击敌人，扩大战果。乘：趁着，音 chéng）。它剧烈地摆动，速度也更加快了。它拼命挣扎着，用尽浑身的力气，锲而不舍（不断地镂刻。比喻有恒心，有毅力。锲：镂刻，音 qiè，舍：停止）地弯曲扭动着它那副小小的躯干。看来，它真的是义无反顾地痛下决心要挣脱这难缠的外衣的束缚，它一定很想马上看到外面的大千世界究竟是个什么样子。渐渐地，它的腿和触须最先得到了解放。然后，通过后来不断的摆动与挣扎之后，它终于完全实现了自己的目的。

有几百只小螳螂，它们同时团团地拥挤在如此狭小的巢穴之中，这场景，倒真的可以说是一种了不起的奇观呢！在这小螳螂幼虫还没有集体打破外衣，没有集体冲出襁褓变成螳螂的样子之前，总会最先露出它的那双小眼睛向外观看。我们通常很难见到一个螳螂幼虫独自行动。情况恰恰相反，它们就好像是在什么统一的信号指挥下行动一样。每当有这信号传达出来，几乎所有的卵在同一时刻孵化出来：一起打破它们的外衣，从硬壳中将身体钻出来。就像这样，在这一刹那之间，螳螂的巢穴中就如同召开大会一样，一下子集合起无数个幼虫来。它们将这个不太大的地方挤得满满的。它们近乎狂热地爬动着，看上去既兴奋又急切，它们要马上脱掉这件困扰它们生活的讨厌的外衣。它们有的不小心跌落，

有的则使劲地爬行到巢穴附近的其他枝叶上面去。在接下来的几天中，还会有一群幼虫在巢穴中出现，它们同样要进行与前辈们相同的工作，直到它们全都孵化出来。于是，繁衍就这样时刻不停地继续着。

然而，世间总是有很多不幸！这些可怜的小幼虫竟然孵化到了这样一个布满危险与恐怖的世界上来，虽然它们自己还并不清楚明白这一点。【精解点评：这里的转折句，将话题带到小幼虫遇到危险上，也为读者留下了悬念。】

我曾经在门外边的围墙内，或者是在树林中的那些幽静的地方观察过它们好多次。每当看到那些小小的卵在孵化，一个个小幼虫破壳而出，我总怀揣着一种美好的愿望，希望能够尽自己微薄的力量，保护好这些可爱的小生命，让它们能够平平安安而且快快乐乐地在这个世界上生活。但事情总是不能如愿。已经至少有 20 次了(而实际上要比这个数目多得多)，我总是能看到极其残暴的景象，总是能亲眼目睹那令人恐惧的场面。

这些乳臭未干的小虫，当它们还未懂得什么叫危险的时候，就已经命丧黄泉；它们还没来得及体验一下生活，享受一下宝贵的生命，就已经丧命于刽子手的手中了，实在是太可怜了！【精解点评：还没有说清是什么危险，作者便再次表达了对幼虫安危的提心吊胆，表现了作者关心弱小生命的仁爱之心。】螳螂虽然产下了许多卵，然而事实上，它所生产出来的卵并没有足够的数量，至少，它产下的那些卵，还不足以躲避那些早已在巢穴门口埋伏多时的强大敌人。只要幼虫出现，它们便会不失时机地加以杀戮。

对于螳螂幼虫而言，蚂蚁是它们最具杀伤力的天敌。每一天，我都会在不经意之间看到，一只只蚂蚁不厌其烦地到螳螂巢穴旁边守候。它们非常有耐心，而且信心十足地等待时机的成熟，以便立即采取强有力的行动。每当我看到它们，都会千方百计地帮螳螂把它们驱赶掉。可惜，我的行动几乎起不到作用，我没有足够的能力驱逐它们。因为，它们总是抢先一步，率先占据有利的地形。如此说来，蚂蚁的时间观念还是很强的。虽然它们早早就在大门之外守候，可它们却很难深入到巢穴的内部去。这是因为，螳螂巢穴的四围都有一层厚厚的坚硬墙壁，这便形成了一道十分坚固的壁垒，而蚂蚁对此束手无策。它们还没有足够的智慧自己想出冲破这一层屏障的办法。所以，它们总是埋伏在巢穴的门口，静候它们的俘虏出来。

就因为这样，螳螂幼虫的处境实在是非常危险的。只要它跨出自家大门一步，那么，马上就会成为蚂蚁的猎物，葬送掉自己的生命。因为守候在巢边的蚂蚁是绝不会轻易放过任何一顿美餐的。一旦有猎物探出头来，便立刻将其擒住，再用力扯掉幼虫身上的外衣，毫不客气地将其撕成碎片。

在这场战斗中，你可以看到，那些只能靠随意的摆动身体来进行自我保护的小动物，会与那些前来捕获食物的异常凶猛、残忍的强盗们进行激烈的拼杀。尽管这些小动物们非常弱小，但它们仍然坚持着、挣扎着，不放弃一丝生存的机会。但是，这种挣扎与那些暴徒的残暴之举相比，实在是太微不足道了！用不了多久，也就是一小会儿的工夫，这场充满血腥的大屠杀便宣告结束了。在这残暴的屠杀之后，能够幸存下来的，只不过是碰巧逃脱了敌人恶爪的少数几个幸存者而已。而其他的小生命，都已经成为蚂蚁的口中之食了。就这样，一个原本人丁兴旺的家族衰败了。【写作参考点：这句话运用拟人的手法，将螳螂家族拟人化，表达了作者对螳螂幼虫遭遇蚂蚁残食的惋惜和怜悯之情。】

这是非常奇怪的事情。我们在上文曾经提到过，螳螂是一种十分凶残的动物。它不仅以锋利的杀伤性武器去攻击并捕食其他的动物，而且还会以自己的同类为食，并且在食用自己的至亲骨肉时，竟然还会那样的心安理得。

然而，就是这种可以被视为昆虫杀手的螳螂，在它刚刚拥有生命的时候，也还是要牺牲在这极其渺小的蚂蚁的魔爪下，这真是一件奇妙的现象！大自然创造的生命真是让人不可思议啊！这个小小的恶魔，眼睁睁地看着它自己的家族被毁灭，眼睁睁地看着自己的兄弟姐妹被一群小小的侏儒所欺凌和吞食，却丝毫没有办法，只能傻傻地目送亲

人们远离这个充满危险的世界。【精解点评：这里用“侏儒”来代指蚂蚁，表明蚂蚁这个对手的弱小，也表现了螳螂幼虫刚来到世界时，遇到不可想象的危险。】

然而，这样的情形并不会持续太久。因为，遭遇不测的只是那些刚刚出世，刚刚从卵中孵化出来的幼虫而已。当这些幼虫开始在大自然中生活以后，过不了多久，便可以拥有强壮的体魄。这样一来，在成长了一段时间之后，它就具备了自我保护的能力了，再也不是任人宰割的可怜虫了！

当螳螂长大以后，情况就完全不同了。当它从蚂蚁群里迅速走过，它所经过的地方，那些曾经任意行凶的敌人们纷纷跌倒下来。没有一个有能力去攻击和欺负这个已经长大了的“弱者”。螳螂在行进的时候，会把它的前臂放置在胸前，摆出一副自卫的警戒状态。它那种傲慢的态度和不可小视的神气，早已经把这群小小的蚂蚁吓得胆战心惊，它们再也不敢轻举妄动，而有些胆小鬼甚至已经望风而逃了。

事实上，螳螂还有很多的敌人，而不只是这些小个子的蚂蚁。而且其他的敌人还要强大的多。这些天敌可不是像蚂蚁那样容易被吓倒的。举例来说，那种在墙壁上面居住的小形的灰色蜥蜴，就很难对付。那些小小螳螂的自卫和恐吓的姿势，在它那里是完全起不到作用的。小蜥蜴进攻螳螂的方法主要是用它的舌尖，一个一个地舐起那些刚刚幸运地逃出蚂蚁虎口的小昆虫。

虽然一个小螳螂还不能填满蜥蜴的嘴，但是，我们可以从蜥蜴的面部表情清楚地看出，这小螳螂是极美味的食品。看来，它相当满意，每吃掉一个，总是要微微闭一下眼皮，这真的表现出它的满足来。然而，对于那些年幼而又倒霉的小螳螂而言，它们可真的是“才出虎穴，又入狼窝”了！

不仅仅是在卵孵化出来以后是如此的危险，事实上，甚至在卵还没有完全发育成熟的时候，就已经有万分危险笼罩着它们了。【精解点评：这是一句过渡句，上承刚孵化出来的幼虫面临危险的内容，下启还在发

育中的卵也同样面临危险的内容。】

有这样一种体形小巧的野蜂，它身上长着一种刺针，这种刺针极其尖利，它足可以刺透螳螂用泡沫硬化以后筑成的巢穴。这样一来，螳螂的后代，就将如同蝉的子孙一样，遭受到相同的命运。这位无理的入侵者，在并没有受到邀请的情况下，就在螳螂的巢穴中擅自产下自己的卵。而且它的卵孵化起来也要早于这巢穴本来的主人。于是，螳螂的卵就会无法避免地受到侵略者的骚扰，被侵略者吞食。如果说螳螂产下1000枚卵，那么，最后能够幸存下来，而没有遭受噩运被残酷地毁灭掉的，大概也就只有一对而已。【精解点评：作者用数字来说明螳螂的卵遭遇的厄运，成活率仅为千分之二，这种说明方法，使读者易于理解。】

这样一来，下面的这条生物链便形成了：螳螂以蝗虫为食，蚂蚁又会吃掉螳螂，而蚂蚁又是鸡的美食。然后，等秋天来了，鸡长大了，也长肥了，我们就又会把鸡做成佳肴吃掉，这实在是太有趣了！

或许螳螂、蝗虫、蚂蚁，甚至是其他长得更为微小的动物，被我们食用之后都可以增加脑力。它们采用一种非常奇妙但又极不常见的方法，为我们的大脑提供某种有益的物质。然后，再作为我们思想之灯的燃料，使我们的精力慢慢地发达起来，储蓄起来，并且一点一点地传送到我们身体的各个器官，流进我们的血脉里。它们滋养着我们身上的每一处不足，我们就是在它们死亡的基础之上生存的。这世界本来就是一个没有起始的循环的圆环。各种物质完结以后，会在此基础上，有其他物质重新开始一切。从某种意义上讲，各种物质的死，就是各种物质的生。它有着极其深刻的哲学含义。

若干年前，人们总是习惯性地用迷信的眼光来看待螳螂的巢。在布罗温司这个地方，螳螂的巢，被人们视为一种可以医治冻疮的灵丹妙药。很多人会用一个螳螂的巢来治病，他们把它劈成两半，将里面的浆汁挤出来，涂抹在患病的部位。农村里的人也常说，螳螂巢有着极好的功效，仿佛有什么神奇的魔力一样。然而，我自己并没有这样的感觉。

不仅如此，还有一些人盛传，说螳螂巢医治牙痛也非常有效。假

如你有了它，就再也不会被牙痛所困扰了。通常情况下，妇女们会在月夜里到野外去收集它，然后，小心翼翼地把它收藏在杯碗橱子的角落里，或者是把它们缝在一个袋子里面，仔细珍藏起来。如果附近的邻居们，有人患了牙痛病的话，就会跑来借用。妇女们都把它叫做“铁格奴”。

如果是脸肿了的病人，他们会说：“请你借给我一些铁格奴吧，我现在痛得厉害呢！”被求助的人就会赶快放下手里的针线活儿，拿出这个宝贝来。

而且她会很慎重地对朋友说：“随便你怎么使用都可以，但是一定不要把它丢掉。我也仅剩这么一个了，而且，现在又没有月亮！”【精解点评：语言描写的运用，增加文章的可读性，提高读者的阅读兴趣，也表现了螳螂巢的医用效果好。】

令人无法想象，农民们的这种心理上的简单而幼稚的习惯，竟然被19世纪的一位英国医生兼科学家所利用，他曾经向我们讲述过一个十分荒唐可笑的事情。他说在那个时候，如果一个小孩子在树林里迷了路，他就可以请求螳螂帮他指路；并且，他还告诉我们：“螳螂会伸出它的一只足，告诉他正确的道路，并且很少甚至从不会有任何错误。”

学海导航

作者在这篇文章中，运用大量的场面描写，将螳螂捕食的过程描写得惊心动魄，突出表现了螳螂的凶残。而同时，作者又描写了螳螂幼虫被天敌蚂蚁蚕食的过程，同样生动，此时可怜的幼虫与前文中凶残的成虫，形成了鲜明的对比，正是验证了那句“螳螂捕蝉，黄雀在后”的谚语，但这时，螳螂后面的不是黄雀，而是弱小的蚂蚁，衬托出幼虫初到世界遇到的危险之大。

读品悟思

这篇文章主要记述了螳螂捕食和幼虫被蚕食的过程，这样“吃与被吃”的过程，正体现出自然界不变的真理，即弱肉强食的食物链。文章前一部分，作者一直渲染螳螂捕食和蚕食同类的凶残，表达自己对它的愤恨，而后半部分，作者转而对遭蚂蚁捕食的螳螂幼虫，表达了自己的怜悯之心。作者在对昆虫的观察和研究中，表达了自己的情感倾向，同时向读者传达出一些科学的力量。

1.在遇到危险的时候，螳螂身上都有哪些武器和暗器可以用来保护自己？

2.螳螂屡屡战胜猎物的办法是什么？（用原文中的话回答）

3.作者为什么说，“螳螂都是些没心没肺的东西，总是做一些极其残忍、恶毒的事情”？

（答案见最后）

1.作者为什么说螳螂是一种极其能干的动物？

2.“它就这样在它背后建筑起一座了不起的建筑物”，这个“建筑物”是指什么？

3.通过文章末尾对螳螂巢的药物功效的介绍，作者想说明什么道理？

两种稀奇的蚱蜢

名师导读

蚱蜢是我们常见的一种小昆虫，作者所说的稀奇的蚱蜢是指恩布沙和白面孔螽斯，那么，这两种蚱蜢都有着怎样的特点和生活习性呢？它们为什么会比较稀奇呢？现在就让我们随作者探究的脚步，一起来认识一下这两种稀奇的蚱蜢吧。

一、恩布沙

海是最初繁衍出生物的地方，至今还有许多种奇形怪状的动物生活在那里，我们无法统计出它们的具体数目，也分不清它们到底有多少种类。这些动物以最原始的形态，生活在海洋的深处。因此我们时常说，海洋是人类无价的宝库，它是人类生存的重要条件之一。

但是，在陆地上，远古的奇形动物，差不多都已经灭绝了，只有少数活了下来繁衍至今。能存活到现在的绝大多都是昆虫类的动物。其中之一就是那种祈祷的螳螂，关于它特有的形状和习性，我已经在前文叙述过了。另外一种则是恩布沙。

这种昆虫，在它的幼虫时期，可以说是布罗温司省内最怪的动物了。它是一种身材细长，总是摇摆不定的奇异的昆虫。【精解点评：外形描写，对恩布沙这种小昆虫的外形进行了简单的勾勒，总体印象是身材细长。】

它的形状不同于任何一种昆虫，没有看习惯的人，决不敢用手指去碰触它。我邻居家的那个小孩，在见到这个奇怪的昆虫以后，不禁为它这个奇异的模样儿而惊讶，它的怪模样给他留下了深刻的印象，他把它称为“小鬼”。他认为它和妖魔鬼怪多少有些关系。从春季到5月，或是到秋天，甚至在有阳光的或温暖的冬天，我们都可以遇见它们，虽然它们从不成群结队地活动。

荒地上坚韧的草丛，还有在日光照耀下和在石头的遮蔽下的矮树丛，都是惧怕寒冷的恩布沙最喜欢的住宅。

下面，我要告诉你们我所知道的一切，告诉你们它长得像什么样子。它的尾部常常向背上卷起，曲在背上，像钩子一样的卷着。【精解点评：比喻，将它的尾部弯曲的状态比作钩子，形象而贴切。】在身体的下面，即弯曲的钩子上面，铺垫着许多叶状的鳞片，并排列成三行。

这个钩架长在四只细长如高跷的腿上。在每个大腿和小腿连接之处，都有一个弯形的、突出的刀片，这个刀片就像屠夫切肉常用的那种刀片一样。

在高跷或四足蹬上的钩的前面，有很长而且很直的胸部突起。那是一个很细的圆形突起，像一根草一样。在这草干的末梢，长着它的狩猎工具，完全类似于螳螂的那种猎具。

这里长着十分尖利的鱼叉，还有一个厉害的老虎钳，生长着像锯子一般的牙齿。上臂做成的钳口中间有一道沟，两边各有5只长长的钉，当中也长有小锯齿。小臂做成的钳口也有同样的沟，只是它的锯齿比较细巧，排列得比较密一些，也整齐一些。

在它休息的时候，前臂的锯齿嵌在上臂的沟里。整体看来，它就像一架用来加工的机器，有锯齿、有老虎钳、有沟、有道，如果这部机器的规模再稍微大一点，那它就是一部令人恐惧的刑具了。【精解点评：将它的身体比作机器和刑具，将它休息时的状态形象地表现出来。】

它的头部和这个机器相辅相承。并且，它长的这个头是那么怪异！尖尖的面孔，长而卷曲的胡须，突出的巨大眼睛，在它们之间还长着短

剑锋利的刃；此外，还有一种从未见过的东西长在前额——那是一种像高高的僧帽一样的东西，它可以作为一种向前突出的精美头饰，向左右两边分开，形成尖起的翅膀。

为什么这个“小鬼”要长着这样一种像古代占卜家所戴的奇形怪状的尖帽子呢？不久以后我们就会了解到它的用途所在。

在小的时候，这动物的颜色是普通的灰色，等到它完成发育以后，就会装饰上灰绿、白，还有粉红色的条纹。

你也许会在丛林中遇见这个奇怪的东西，它在四只长足上晃荡，头部不停地向着你摇摆，并且转动它的僧帽，凝视着你的面容。

从它尖尖的脸上，我们似乎可以看到要遭受危险的形象。但是，如果你想要捉到它，它便会立刻放弃这种恐吓姿势，迅即跑得无影无踪。

在这样的情况下，它会低下高举的胸部，它的武器会帮助它握着小树枝，然后竭尽全力迈开大步逃之夭夭。如果你有很敏锐的眼光，那就很容易捉住它，再把它关在铁丝笼子里。

起初，我并不知道该如何喂养它们。我的“小鬼”又都很弱小，最多只有一两个月大。我会捉一些大小合适的蝗虫喂养它们，我只选取其中最小的一些喂给它们吃。

“小鬼”不但不吃它们，甚至还惧怕它们，无论哪个没有大脑的蝗虫怎样温和地靠近它，结果都会遭到野蛮的待遇。

它们会让尖帽子低下来，再愤怒地一捅，于是蝗虫便连滚带爬地被扔出去了。

原来，这个魔术家的帽子竟是它自卫的武器。公羊用它前额上的犄角来冲撞，同它的对手进行搏斗。同样，恩布沙也是用它的僧帽来和它的对手进行斗争。

第二次，我喂了一个活的苍蝇给它，这个恩布沙立即就接受了，而且把它当成美味的酒席佳肴。当苍蝇向它走近的时候，早已守候着的恩布沙马上将它的头掉转过来，胸部弯曲，给苍蝇猛然一叉，这样便把它夹在那两条锯子之间了。这一系列的动作比猫扑老鼠还要迅速。【精解

点评：将恩布沙捕食苍蝇的过程，比作猫抓老鼠的过程，表现了恩布沙动作的敏捷和快速。】

我惊讶地发现，一只苍蝇不仅可以作为它的一餐，而且足够它食用一天，甚至还可以持续吃上几天。这种相貌凶恶的昆虫，竟然只有如此微小的食量。

我开始以为它们是一个个凶恶的魔鬼，但是后来，我发现它们有着像病人一样少的食量。又过了一个时期以后，它们就连小蝇也懒得吃了。在整个冬天里，它们完全是断食的。只有到了春天，才又开始准备吃一些小量的米蝶或者蝗虫。它们总是攻击俘虏的颈部，如同螳螂一般。【精解点评：将恩布沙与螳螂相提并论，表现了两者在捕食俘虏时的相似性。】

幼小的恩布沙，在被我关在笼子里的时候，还有着一种非常特殊的习性。

它在铁丝笼里的姿势，从开始一直到最后，都始终如一，而且那是一种极其奇怪的姿势。它用它那有 4 只后足的爪，紧握着铁丝，一动不动地倒悬在那里，活像一只小金丝猴倒挂在横杠上一样。它将背部冲下，整个的身体就挂在那 4 个点上。如果它想要移动一下身体，它就会把前面的鱼叉张开，向外伸展开去，然后，紧握住另一根铁丝，并把它朝怀里拉过来。

在铁丝上来回移动时，它的背一直向下，并且鱼叉的两口合拢，缩回来放在胸前。

如果我们一直处于这种倒悬的位置，那一定是很难受的，并且也很不容易做到。如果我们这样做很可能会得病，要么是高血压，要么是脑出血。但是，恩布沙却能长久地保持这样的姿势。它在铁丝笼里，保持着倒悬的姿势，甚至可以持续 10 个月以上。

苍蝇趴在天花板上的时候，用的也是这样的姿势，但是它有休息的时间，它累了就要休息一会，等到养足了精神以后，再继续做这种动作。它会在空中飞舞，用习惯的方式走路，并沐浴在阳光中。

而恩布沙则完全相反，它要长时间地保持这种奇怪的姿势——达到

10个月以上——绝不休息。它背部朝下悬挂在铁丝网上，捕猎、吃饭、消化、睡眠，在经过昆虫的所有生命经历以后，最终死亡。它爬上去倒挂时还是个年幼的昆虫，而落下来的时候，已经是可怜的尸首了。

我们应该注意到，只有处在俘囚期的它才会如此保持着它的习惯性的动作，这并不是它天生的、固有的习惯。因为在户外，通常情况下，它是背脊向上地站在草上的，而并不是倒悬着。

与这种行为相似的，我还可以告诉你们另外一个稀奇的例子，它比这个还要特别一些。这就是一种黄蜂在夜晚休息时的姿态。那是一种特别的黄蜂——是长着红色的前脚的“泥蜂”。8月底的时候，在我的花园里随处可见。它们很喜欢在薄荷草上休息。在日入薄暮、黄昏将至的时候，特别是在暴风雨将至，十分闷热的日子里，我们总能看见一个奇怪的睡眠者——不管外界如何风雨大作，它都会在那里安详地熟睡着。【精解点评：用词精妙，这里的“日入薄暮”“黄昏将至”“风雨大作”等词，将外部环境表现出来，衬托出恩布沙的熟睡。】

任何一种昆虫的睡眠姿势，都不会比这个更奇怪的了。当你见到它以后一定会异常地惊讶。它用颚紧紧地咬住薄荷草的茎——而它通常会选择方形的茎，因为它比圆的茎更能握得牢固一些——然而身体却笔直地悬在空中，它的腿折叠着，和树干成直角。这昆虫把全身的重量，完完全全地放在了它的颚上。【精解点评：这里将恩布沙熟睡的状态和姿势，详细地展现出来。】

泥蜂正是利用它强有力的颚将身体在空中伸展，用这样的姿势睡觉的。如果从它的这种习惯来推测，那么我们一直以来对于休息的固有观念就要被推翻了。

这位睡眠者从不被这摇晃的吊床所烦扰，任凭风暴狂欢，枝叶摇摆，至多是在适当的时候用前足抵住这摇摆不定的枝干罢了。也许黄蜂的颚与鸟类的足趾有着相似的特征——它具有极强的把握力，甚至比风的力量还要强大许多。

尽管这姿势看上去非常困难，但有好几种黄蜂和蜜蜂都是采用这种奇怪的姿势来睡眠的——用它们有力的大腮咬住枝干，舒展身体，把腿蜷缩着。

大约到了5月中旬，恩布沙已经发育得差不多了。它的体态和服饰比螳螂更引人注目。它还保留着一点幼虫时代的怪相——垂直的胸部，膝上的武器和它身体下面的三行鳞片。但是它早已经不能再将身体卷成钩子，而且现在看起来也文雅多了——它有着巨大的灰绿色翅膀，会矫捷地飞翔，粉红色的肩头，身体的下部装饰着白色和绿色的条纹。

雄性的恩布沙是极其注意外表的。与有些蛾类相似，它极其夸张地用羽毛状的触须修饰着自己。

春天到来的时候，当农夫们遇见恩布沙，他们总会以为是看到了螳螂——这个秋天的女儿。

它们有着相似的外表，所以人们都怀疑它们的习性也是一样的。由于它们的外观一样，又都是昆虫类的动物，所以没有人认真仔细地观察过它们，更没有人仔细考察过它们的行动和坐卧，因而就猜测它们的生活习惯是一样的。

但是，事实上正是因为它所拥有的那种奇怪的甲胄，会使人们觉得恩布沙的生活方式一定要比螳螂凶狠得多。但是，这种想法完全错了，对恩布沙来说，这是个不公平的误解。未经过调查研究的结论是靠不住的。【精解点评：多次强调人们对恩布沙生活习性的误解，为下文中正确解释恩布沙的习性做铺垫。】

尽管它们具有极其相似的作战姿态，但是，恩布沙却是一个比较和平友好的温柔的动物！它绝不是一个好斗好战的狠毒的昆虫。【精解点评：对恩布沙性格的揭示，即友好温柔。】

它们被我关在铁丝罩里，无论是半打(一打是12只，半打是6只)还是只有一对，它们之间都是极和平友好，并且互利相处的。它们一刻也没有忘掉柔和的态度。

一直到发育完成的时候，它们之间也都是互相体谅、互相谦让、互不侵犯的。

它们的食量相当小，通常有两三只苍蝇就足够吃一天了。那些食量大的小动物，自然是好争斗的。当它们吃得饱饱的时候，就会把争斗当做一种消化食物的手段，同时也是一种健身的方式。争强好胜，事事不让人，从来不吃亏，这是典型的弱肉强食者的特点。它们从来都以利益和好处为先——见便宜就占，见利益就争，见好事就抢。螳螂一见到蝗虫就会立刻兴奋起来，这样战争也就不可避免地展开了。当螳螂迅速扑向蝗虫时，蝗虫自然也不会示弱，二者你争我斗，蝗虫会用利齿猛咬螳螂，而螳螂则用它尖利的双夹给蝗虫以有力的反击。这是一场极为精彩的争斗场面。

但是，与它们完全不同，节食的恩布沙，绝对是个和平的使者。它从不和邻居们争斗；也从不装神弄鬼，去恐吓外来者；它也从不和邻居们争夺地盘；它从不突然张开翅膀，也不像毒蛇那样凶恶地喷气、吐舌头；它也从不以自己的兄弟姐妹为食；更不会像螳螂那样，吞食自己的丈夫——它是从来不会做这种惨无人道的事情的。

这两种昆虫的器官，几乎相差无几，所以它们在性格和习性上的差异与身体的形状无关，与其外表也无关。那么造成这些差异的，也许是由于食物的不同吧。

无论是人还是动物，淳朴的生活总可以使性格变得温和一些，随和一些。这些都是营造一个和平共处的好环境的条件。但是，生活安逸了，就会开始变得残忍起来。贪食者吃肉又饮酒——这是野性勃发的基本的原因，它们从不能像善于节制的隐士一样温和平静。恩布沙只是过着简单的生活——就像吃些面包，在牛奶里泡泡。它是一种普普通通的昆虫，它是平和、温柔、和善的，而螳螂则是十足的贪婪者。

虽然我已经作了如此清楚明白的解释，但是一定还会有人提出更深一层的问题。

这两种昆虫拥有完全相同的形状，那么它们的生活需要想来一定也是相同的。那么为什么，一种如此贪食，而另一种却又如此有节制呢？如同已经被我们所了解的其他昆虫一样，它们的嗜好和习性并不完全取决于自身的形状和身体结构，而是在决定物质的定律方面，一定还有决定着本能的定律存在。【精解点评：作者自问自答，对于读者的疑惑，做了简明的回答和解释。】

二、白面孔螽斯

在我的住所附近生活的螽斯长着白色的面孔。它极其善于歌唱，并且有一种庄严的气质，在这些方面它都可以算得上是蚱蜢类中的领袖。它通体灰色，有一对强有力的大腮以及宽阔的象牙白色的面孔。【精解点评：外形描写，这里对白面孔螽斯这种小昆虫的外形进行了简单的勾勒，使读者对其有了初步印象。】

如果想要捕捉它，其实也并没有什么困难。我们经常可以在夏天最炎热的时候，见到它在长长的草上蹦来蹦去，特别是在生长着松树的岩石下面。

希腊字 Dectikog（即白面孔螽斯，Decticns 的语源）是咬的意思，表示喜欢咬。白面孔螽斯便因此而得名。它也确实是善于咬的昆虫。

假如你被一种强壮的蚱蜢抓住了指头，那么你可一定要当心一点儿，它会把你的指头咬出血来，那是很疼的，甚至会疼痛难忍。它用那强有力的颚作为凶猛的武器，每当我要捕捉它时，我都必须极其小心地提防它，否则随时都有可能被它咬伤甚至被它咬破。当它需要切碎它捕捉的、硬皮的捕获物时，那两颊突出的大型肌肉便派上用场了。

在笼子里饲养白面孔螽斯时，我发现蝗虫蚱蜢等任何新鲜的肉食，都是它们所需要的食物。其中，它们尤其喜欢那种长着蓝色翅膀的蝗虫。

每当我把食物放进笼子里时，总是会引起一阵骚动。尤其是在它们饿极了的时候。它们笨重地一步一步地向前突进——因为它的脖子很长，阻碍了行动，所以它没法很敏捷地跑动。这个时候，有些蝗虫会立即被捉住，而有的则乱飞、乱蹦、乱跳，有的甚至跳到笼子的顶上避难，这样就能逃出这螽斯所能捉捕到的范围——因为螽斯的身体笨重，根本不可能爬上那样的高度。不过蝗虫也就仅仅是稍稍延长了自己的生命而已，当它们或因疲倦或被下面的绿色食物所引诱，纷纷从上面跑下来时，它

们就无法逃脱被白面螽斯蚕食的命运了。那些螽斯会立即将它们捕获，这样它们最终还是成了螽斯的美食。

这种螽斯，虽然没有很强的智力，但是却会用一种科学的杀戮方法。就像我们在其他地方经常见到的一样，它们也是常常先刺捕猎物的颈部，再咬住主宰它运动的神经，使它立刻失去抵抗的能力。就如同其他肉食动物一样——如哺乳动物虎、猎豹等等，这些肉食动物都是先将所捕捉的猎物的喉管咬住，使它无法呼吸，因而丧失反抗能力以后，再将它一点点地吃掉，螽斯就是用与这相似的方法捕食的。【精解点评：将螽斯与其他肉食动物相提并论，表明它们捕食方式的相似。】

由于蝗虫是很难被杀死的，因而这不失为一种很聪明的方法。有时蝗虫的头已经被切掉了，但是它的躯体却还能够不停地跳动。我甚至曾经见过几只蝗虫，它们已经被捕食者吃掉一半了，还在不断地乱跳，最后竟然被它逃走了。

因为它喜欢以蝗虫为食，还有一些对于未成熟的谷类有害的种族也是它们的捕食范围，所以这类螽斯多一些，对于农业也是有很多好处的。

不过，对于目前已经在土地上生长着的果实，它们是起不到太多的保护作用的。它带给我们的主要兴趣，事实上是那些从远古时代继承下来的纪念品——它留给我们的一些已经在现今不常见了的习性。【精解点评：作者点明自己只对螽斯的习性感兴趣，也引起下文中对它的习性的介绍。】

我应该感谢白面孔螽斯，它们使我了解了更多的关于幼小螽斯的事情。

它产下的卵，和蝗虫、螳螂的并不一样。它们不会像螳螂一样把卵装在硬沫做成的桶里，也不会像蝉那样，将它们产在树枝的洞穴里。

这种螽斯会像播种植物一般，把卵直接种植在土壤里。在母白面孔螽斯身体的尾部有一种器官，它可以利用这个器官在土地上掘下一个小小的洞穴。然后在这个洞穴内，产下若干个卵，再将洞穴四周的土稍稍翻松，用这种器具，将土推入洞中，就像我们用手杖将土填入洞穴一样。它们就是用这样的方法，将这个小土井盖好，再将上面的土打扫平整。

然后，它会去附近散步，来做一些消遣和放松。在不久之后，它就会回到刚刚产卵的那个地方，在第一次产卵地点的旁边——它会记得清清楚楚——开始新的一轮工作。如果我们用1个小时的时间注意观察它，就可以看到它的全部动作。它们会反复5次以上，连附近的散步也包括在内。它产卵的地点，经常都是邻近的。

当各种工作都已经完成以后，我察看了它的这些小穴。那里只有卵，并没有小室或者任何壳状物来保护它们。在一个穴里通常约有60个，颜色大部分是紫灰色的，有菱角一样的形状。

我开始观察螽斯的工作状况，想深入了解它的卵孵化的具体情形。于是在8月底的时候，我就取来了很多卵，放在一个玻璃瓶子中，并在里面铺了一层沙土。它们在里面度过了安安稳稳的8个月，在那里它们感受不到气候的变化带来的痛苦：没有风暴，没有大雨，没有大雪，也没有它们在户外所必须经历的过度炎热的光照和日晒。

当6月来临的时候，生长在瓶中的卵，还没有表现出任何孵化的征兆。和9个月以前，我刚把它们取来的时候一样，既没有发皱，也没有变色，反而表现出极其健康的外观。然而在6月的田野里，小螽斯应该已经随处可见了，有的，甚至已经发育得很大了。因此我充满疑惑，究竟是什么理由使它迟延下来了呢？【精解点评：问句的提出，引起读者的思考和对下文内容的介绍。】

于是，我产生了这样一种想法，这种螽斯的卵，就像植物一样被种在土地里面，那就应该是毫无保护地暴露在雨雪之中的。

然而在我瓶子里的卵，是在比较干燥的环境下度过了大约8个月的时间。也许就因为它们本来是像植物种子一样散播着的，所以它的孵化大概也需要潮湿的环境，需要适合它孵化的一切条件，就如同种子需要潮湿才能发芽一样。因此，我决定用新的方法试一试。

我将那些养着的卵，分出来一部分，放在我的玻璃管里，然后在它

们上面加上薄薄的一层潮湿的细沙。最后我用湿棉花把玻璃管塞好，用以保持里面的湿度。所以无论谁看见我的实验，都会以为我是在做种子实验的植物学家。

这样，我的希望终于实现了。在温暖的、潮湿的环境之下，这些卵不久就表现出要孵化的迹象了。它们渐渐地，一点点地涨大，它的壳显然就要分裂开了。我用了两个星期的时间，每个小时我都很认真仔细地照顾着它，不知疲倦地守候着它。我真的是很想看看小螽斯从卵里孵化出来的情形，以解决遗留在我心中很久的疑问。

我已经知道，这种螽斯，在通常情况下，是把卵埋在土下边约一寸深的地方。新生的小螽斯在夏初时就可以在草地上跳跃了。它们长得完全一样——有一对又细又长的触须，细得如同发丝一般；在它们身后还长着两条非常奇怪的腿，像两条跳高用的撑杆，对于走路来说，是极讨厌的障碍。【写作参考点：比喻，将它的触须比作发丝，表现了触须又细又长的特点，将腿比作撑杆，形象而贴切地表现了腿的弹跳作用。】

我很想了解，这个如此柔弱的小动物，携带着这笨重的行李，当想要爬到地面上来时，它是如何进行它的那些工作的呢？它使用了什么工具又是如何在土中开出一条小路来的呢？它的触角是那么脆弱，遇到一粒小沙都可能会折断；还有那一双纤细的长腿，少许的力量也会使其断掉，这个小动物显然是不可能仅仅依靠自己的力量就能从土坑中逃出来的。

我曾经告诉过你们：蝉和螳螂，当它们从枝头或是巢里出来的时候，在身体表面都有一层保护层，就像一件大衣一样。

我想，这个小螽斯，在从沙土里钻出来的时候，一定也有一种外皮，这个外皮一定比后来它在草间跳跃时所穿的衣服还要简单瘦小，它将用这层外皮作为保护。

我的估计是正确的。那个时候，白面孔螽斯，和别的昆虫一样，的确穿有一件保护外衣。这个细小柔弱的白色小动物，就是长在一个鞘里的，它的六个足平置在胸前，并向后伸直。

为了让自己出来的时候更容易一些，它将大腿绑在身旁，而另外一个碍事的器官——触须——则被紧紧地压在这个保护层里面。

它的颈向胸部弯曲，大的黑点——是它的眼睛，还有那经常被人误以为是盔帽的毫无生气且异常肿大的面孔。颈部则因头的弯曲，显得十分开阔。它的筋脉也在微微地跳动，时张时合。新生的螽斯的头部正是在这种突出的、可以跳动的筋脉的作用下才能自由地转动。它们依赖颈部推动潮湿的沙土，挖掘出一个小洞穴。它将筋脉伸展开，成为球状，紧塞在洞里，这样当它成长为幼虫的时候，才会有足够的力量移动它的背，并推开厚厚的土层。

这样，进一步的步骤已经成功了。球泡的每一次涨起，都是在推动小螽斯在洞中的爬行，它就用这样的方式爬出洞来。

看着这个软弱的小动物努力地移动着它那膨胀的颈部，挖土掘壁，真是令人感到可怜。【精解点评：作者在此直抒胸臆，螽斯幼虫爬出洞，这个过程很艰辛，作者表达了对它的怜悯。】

它的肌肉还没有达到强健的时候，此时与硬石作斗争，真的是没有什么好处的。不过在它锲而不舍的努力奋斗下，居然获得了最终的成功。

终于有一天早晨，螽斯在这块地方打通了一个小小的孔道，这个孔道不是直的，约有一寸深，宽阔得像一根柴草。这个疲倦的昆虫终于可以通过这个孔道达到地面上了。

这位奋斗者在没有完全脱离土壤以前，也要休息一会儿，以便有充足的精力进行接下来的旅行。它在做最后一次的拼搏——竭力膨胀着头后面突出的筋脉，以突破那个始终保护着它的鞘。随后，这层坚固的外衣就被它抛弃了。

现在，它终于成长为一个幼小的螽斯了。这时它还是灰色的，但是，到了第二天就渐渐变黑了，这样同发育完全的螽斯比起来，它简直成了一个黑奴。不过它成熟时所拥有的象牙色的面孔是天生的——那是在它大腿之下，一条窄窄的白色斑纹。

被我养大的螽斯啊！你要面对的生活实在是太凶险了。【写作参考点：用一个“你”，将螽斯转化为第二人称的叙述，拉近了与它之间的距离，也表达了作者对它将要面对的凶险生活的担心。】

你那众多的同类，有好大一部分在尚没有得到自由之前，就因疲倦而死去了。在我的玻璃管中，有好多螽斯因受到沙粒的阻碍而放弃了尚未成功的奋斗。

在它的身上长着一种绒毛，它会把它的身体包裹起来。如果我不给它们以帮助，那么它们到地面上来就会遇到更多的危险，因为屋子外面的泥土已经被太阳晒硬了，要比试管里的粗糙得多。

这个长着白色条纹的黑怪物，吃着我给它的莴苣菜叶，并在我提供给它的房子里面尽情地跳跃，我可以很容易地豢养[huàn yǎng]（喂养牲畜。比喻收买并利用）它。

不过从它那里我已经得到了足够多的知识，它已不能再提供给我更多信息了，所以，我就恢复了它的自由，以报答它教给我的那些知识。我送给它这个房子——玻璃管，还有花园里的那些蝗虫。

因为它告诉我，在它孵化成幼虫的时候，是穿着一件临时的保护服的，并且还将那些最笨、最重的部分——如它的长腿和触角等等，全都包裹在鞘里。它又使我了解到，这种略微伸缩、呈干尸状的奇怪动物，在它的头颈上生长着一种瘤，或者说是颤动的泡泡——这是一种生来就有的机器，对它的旅行有很大的帮助。但在我最初观察螽斯的时候，却并没有发现它对行走的作用。

这篇文章介绍了两种非常稀奇的蚱蜢，即恩布沙和白面孔螽斯，作者运用对比的修辞手法，将蚱蜢与螳螂进行比较，表现了蚱蜢凶恶的外表下内心的平和温柔。文章主要分恩布沙和白面孔螽斯两部分分别进行叙述，结构简单，条理明晰。

读品悟思

在这篇文章中，我们了解到了恩布沙和白面孔螽斯两种稀奇的蚱蜢。文中对恩布沙温柔的本性进行了揭示，对螽斯猎食、产卵和孵化幼虫的过程进行了详尽的介绍，作者对螽斯产卵和散布种族的方式表现出极大的兴趣，它会像植物一样将卵“种”在地下。这些都给我们留下了深刻的印象。

考点巩固

1.惧怕寒冷的恩布沙最喜欢的住宅是哪些地方？

2.恩布沙在铁丝笼里，保持着倒悬的姿势，它最长能保持多长时间？

3.为什么说这类螽斯多一些，对于农业也是有很多好处的？

（答案见最后）

强化训练

1.恩布沙的外观形象有什么特点？

2.白面孔螽斯的产卵方式有什么特别之处？

3.新生的小螽斯长得什么样？

蟋　蟀

名师导读

在夏季和秋季的夜晚，我们总能听到蟋蟀不停的叫声，蟋蟀除了具有音乐的天赋以外，它还在建造窠穴和管理家庭方面，有着高超的技艺，也就是说，在很多的昆虫当中，只有蟋蟀在长大之后，会拥有固定的住所和家庭，这么会生活的小昆虫，让我们来认识一下吧。

一、家政

在草地里居住的蟋蟀，几乎是和蝉齐名的动物。它们在为数不多的几种模范式的昆虫中，表现得极其优秀。它之所以有如此优秀的名声，主要是因为它所建造的住所，和它出色的音乐天分。【精解点评：点明蟋蟀的两大特点，即建造的住所很特别和具有音乐天分。】如果它只有这其中的一项优势，是不足以让它们成就如此大的名声的。

那位名叫拉封丹的动物故事学家，对于它只是作了为数不多的几句讲解，似乎并没有注意到这种小动物的天才与名气。另外，还有一位法国的寓言作家也曾经写过一篇关于蟋蟀的寓言故事，只是可惜得很，他的这个故事太缺乏真实性和含蓄的幽默感。而且，这位寓言作家在这个蟋蟀的故事中犯了一个巨大的错误，他在故事中写到：蟋蟀并不满意如今的生活，一直在叹息自己的命运！然而事实可以证明，这真的是绝对错误的观点。因为，无论是谁，只要曾经亲自研究过蟋蟀，观察过它们的生活状态，哪怕仅仅是从表面上进行的观察与研究，都会感觉到蟋蟀对于自己的住所，以及它们天生的歌唱才能，都是非常满意而又感觉愉快的。的确，无论是谁，有了这两项荣耀，都该为自己感到自豪了。【精解点评：这里作者认为蟋蟀对自己的生活很满意。表现了蟋蟀有着积极向上的生活态度。】

在这个故事的结尾处，作者也承认了蟋蟀的这种满足感。他在文中写到：

“我的舒适的小家庭，是个充满快乐的地方，

如果你想要快乐的生活，那就请隐居在这里面吧！”

而在我的一位朋友所作的另一首诗中，却给了我不同的感觉。我觉得这首诗的表达更具有真实性，而且更加有力地表现出蟋蟀对于生活的热爱。【精解点评：对下面这首诗的简单介绍，引出下面这首诗的内容。】

下面就是我的朋友写的这首诗：

曾经有个关于动物的故事，
一只可怜的蟋蟀跑出来，
它来到它的房门边，
在金黄色的阳光下晒太阳。
它看见了一只趾高气扬的蝴蝶儿。
那蝴蝶飞舞着，
后面拖着那骄傲的尾巴，
尾巴上长着半月形的蓝色花纹。
它们轻轻快快地排着长队，
深黄色的星点与黑色的丝带，
骄傲的飞行者轻轻地拂过。
隐士说道：飞走吧，
整天到你们的花丛里徘徊吧，

不论菊花白，

还是玫瑰红，

都比不上我低凹的房子。

突然，

一阵风暴降临了，

雨水擒住了飞行者，

她那破碎的丝绒衣上染上了污点儿，

她那漂亮的翅膀涂满了烂泥。

而蟋蟀藏匿着，

淋不到雨，

吹不到风，

它冷眼观察着，

发出歌声。

风暴的威严与它毫不相关，

狂风暴雨也对它没有丝毫的阻碍。

远离这纷扰的世界吧！

不要过分留恋它的快乐与繁华，

一个低凹的庭院，

安逸而宁静，

至少可以给你以无忧无虑的时光。

读一读这首诗，我们应该可以对这可爱的蟋蟀有了一定的了解了。

【精解点评：引用一首诗，使读者更加清楚地了解蟋蟀的特点，也为文章增加了趣味性。】

我经常可以在蟋蟀的家门口看到它们正在卷动着它们的触须，来帮助它们前半部分身体保持凉爽，而又能使后面更加暖和。

它们从来不会妒嫉那些蝴蝶，即使它们可以在空中翩翩起舞。然而相反的，蟋蟀反倒有些怜惜它们。它们表现出的那种态度，就像是我们经常看到的一样——那种有家庭，能够体会到家的欢乐的人，每当讲起那些无家可归、孤苦伶仃的人时，都会流露出的一种表情，那就是怜悯。

蟋蟀从来不诉苦，也不悲观，它一向十分乐观，并且是积极向上的。它对于自己拥有的一切——房屋，以及它的那把简单的小提琴——都相当的满意和欣慰。我可以这样说，在某种意义上，蟋蟀绝对是个地道的哲学家。它似乎可以对世间万事的虚无缥缈了解得非常清楚，它还能够感觉到那种盲目地追求快乐，甚至近乎于疯狂的人的烦扰，并且深深地了解避开这种烦扰的好处。【写作参考点：将蟋蟀比作哲学家，对蟋蟀的积极向上的乐观心态做了哲学方面的阐释。】

对了，也许有一种描述方式对于我们的蟋蟀，不管怎样理解，都应该是正确的。不过，仍然需要用几行文字，才能把蟋蟀的优点公之于众。自从它们被那个动物故事学家拉封丹忽略了以后，蟋蟀已经经历了如此漫长的等待，等待着人们对它加以重视，加以介绍，加以描述。它们的朋友——人类忽略了它们。

对于我，一个自然学者而言，之所以提到前面的两篇寓言，最为重要的原因，乃是蟋蟀的窠穴。教训便建筑在这窠穴上面。

寓言作家在诗中谈到了蟋蟀舒适的隐居地点，而拉封丹，也赞美了在他看来那低下的家庭。因而，这样看来，最能引起人们注意的，毫无疑问，就是蟋蟀的住宅。它的住宅，甚至吸引了诗人的目光，尽管诗人通常不会注意到那些真正存在的事物。

确实，蟋蟀在建造窠穴以及管理家庭方面，可以算是技艺超群了。这众多的昆虫当中，只有蟋蟀在长大之后，会拥有固定的住所和家庭，这也算是它辛苦工作一生的报酬吧！【精解点评：直接点明蟋蟀在住所方面的特别之处，即固定的住所和家庭。】通常，每当一年之中最坏的时节来临，大多数的昆虫，都只会搭建一个临时的处所作为暂且的避风港，在里面躲避自然界的风风雨雨。它们的隐避场所得来的方便，因此在放弃它的时候，也不会觉得有任何可惜之处。

这些昆虫也经常会制造出一些让人感到惊奇的东西，来安置它们

自己的家。比如，棉花袋子，用各种树叶制作而成的篮子，还有那种用水泥制成的塔等等。还有很多的昆虫，它们长期生活在埋伏的地点，等待着时机，以捕获自己垂涎已久的猎物。例如，虎甲虫。它常常挖掘出一个垂直的洞，再利用自己平坦的、青铜颜色的小脑袋，塞住洞口——这是一个极具迷惑性的大门，如果一旦有其他种类的昆虫涉足这个诱捕它们的大门上时，那么，虎甲虫就会立即行动，毫不犹豫地掀起门来捕捉它。于是，这位倒霉的过路人，就这样落入虎甲虫精心伪装的陷阱里了。

另外还有一个例子，便是蚁狮。它会在沙子上面做成一个倾斜的隧道。牺牲在这里的是小小的蚂蚁。蚂蚁们一旦误入歧途，便会从这个斜坡上滑下去，根本无法停住，然后，马上就会死在乱石的袭击之下。而这些乱石，正是在这条隧道中守候猎物的猎者用颈部弹射出去的。

但是，上面提到的例子统统都只是一种临时性的避难所或是陷阱而已，根本不能称其为永久的家。

昆虫住在经过自己辛苦劳作而构造出来的家里面，无论是朝气蓬勃、生机盎然的春天，或者是在寒风刺骨、漫天飘雪的冬季，昆虫们都会无比地依赖，不会想迁移到任何其他的地方去居住。【精解点评：用词准确，用“朝气蓬勃”和“生机盎然”来形容春天，用“寒风刺骨”和“漫天飘雪”来形容冬天，形象而贴切。】这样一个真正适于居住的地方，是为了安全和舒适而建筑的，并且是从长远的角度考虑的，而并不是像前面所提到的其他昆虫那样，仅仅为了狩猎而建起家来，或是所谓的“育儿院”之类的后续工程。

如此说来，只有蟋蟀的家是为了安全和温馨而建造的。在一些充满阳光的草坡上，蟋蟀就是这个充满着隐士氛围的场院的主人。而当其他的昆虫过着孤独流浪的生活时，或者是那些卧在露天地里，埋伏在枯树叶、石头和老树的树皮底下的昆虫正在为没有一个稳定的家庭而烦恼时，蟋蟀却成了大自然中的一个拥有稳定住所的幸福的居民。因而，从中我们可以看出它的远见。

然而要想建造一个稳固的住宅，并不是那么简单的事情。不过，对于蟋蟀、兔子，当然还有人类而言，早已经构不成困难了。在我的住地的附近，有狐狸和獾猪搭建的洞穴，它们绝大部分只是用零乱的岩石构建而成的，并且一眼就能看出来，这些洞穴几乎都没有经过修整。当然，对于这类动物而言，只要有一个能让它暂且偷生的洞就已经很好了，“茅屋虽破能避风雨”，这样也就满足了。相比较之下，兔子要比它们更聪明一些。如果兔子没有找到任何天然的洞穴可以供自己居住，那么为了躲避外界的侵袭与烦扰，它们会到处寻找自己喜欢的地点进行挖掘，自己动手建造房子。

然而，蟋蟀要比它们中的任何一位都要聪明。在选择住所时，它从来不会重视那些偶然碰到的天然避难场所，更不会把它们作为住所。它总是非常慎重地为自己选择一个最佳的家庭住址。它们经常挑选那些有着良好的排水条件，并且有充足而温暖的阳光照耀的地方。只要是符合这样条件的地方，都被视为佳地，要优先考虑。

蟋蟀之所以放弃那种现成的天然而成的洞穴，是因为这些洞都不适合它生活，而且都建造得十分草率，住在里面没有丝毫的安全感。而且有时，其他的条件也很差。总之，这种洞绝不是首选对象。蟋蟀对自己的别墅要求相当高，每一点都必须是自己亲手挖掘而成的，从它的大厅一直到卧室，无一例外。

在人类以外，至今我还没有发现拥有比蟋蟀更加高超的建筑技术的动物。即便是人类，在利用混合沙石与灰泥使之凝固的方法以前，在用黏土涂抹墙壁的方法尚未发明之前，也不过是躲在岩洞里面，同野兽战斗，同大自然搏击的。【精解点评：将蟋蟀的建筑技术与人类相提并论，表现了作者对蟋蟀高超建筑技术的称赞。】

那么，大自然为什么要将这样一种非常特殊且极其有用的本能，赋予了蟋蟀呢？它是如此低下的动物，却可以居住得非常完美和舒适。它拥有自己的家，这里有很多不被文明的人类所知晓的优点：它拥有安全可靠的躲避隐藏的场所；它有享受不尽的舒适与安逸；同时，在属于它自

己的辖区以内，任何其他的昆虫都不可能居住下来，与它们成为邻居。没有谁可以与蟋蟀相比，除了我们人类。

这确实令人感到不解与迷惑，这样一种小动物，它怎么会拥有这样的才能呢？难道说，是大自然照顾着它们，赐予了它们某种特别的工具吗？当然，答案是否定的。蟋蟀，它可不是什么掘凿技术方面的专家。实际上，人们仅仅看到蟋蟀用以工作的工具如此柔弱，但是却能有这样的工作结果——人们为它们能够建造出如此完美的住宅而感到万分惊讶。

那么，是不是由于蟋蟀的皮肤过于柔嫩，经不起风雨的考验，才需要这样一个稳固的住宅呢？这当然也是错误的推断。因为，在它的同类兄弟姐妹中，也有和它一样，拥有着柔美的、感觉灵敏的皮肤，但是，它们却并不躲避，并不害怕暴露于大自然之中。

那么，它可以建筑出那平安舒适的住所的高超才能，是不是由于它身体结构上的某些原因而导致的呢？它到底有没有帮助它们完成任务的特殊器官呢？答案又是否定的。我可以来说明：在我住所的附近，分别生活着三种不同的蟋蟀。这三种蟋蟀，无论是从外表、颜色，还是身体的构造来看，与田野里常见的蟋蟀都是非常相像的。

在刚开始看到它们的时候，经常会误把它们当成田野中的蟋蟀。然而，这些由一个模子里刻出来的同类，竟然没有一个懂得究竟如何才能为自己挖掘一个安全的住所。其中，有一种身上长有斑点的蟋蟀，它只会把家安置在潮湿的草堆里边；还有一种性格孤僻的蟋蟀，它只会独自在园丁们翻土时弄起的土块上，寂寞地跳来跳去，就像一个无家可归的流浪汉一样；【精解点评：将蟋蟀比作无家可归的流浪汉，表现了它的性格孤僻和寂寞的特点。】而更有甚者，如波尔多蟋蟀，它们甚至会毫无顾忌、毫不恐惧地闯到我们的屋子里来，它们总是不顾主人的意愿，不请自来。从8月份一直到9月份，它都独自呆在那些既昏暗又特别寒冷的地方，小心翼翼地唱着歌。

如果再继续讲解前面已经提到过的那些问题，那是没有丝毫意义的。

因为那些问题的答案统统都是否定的。这些都是蟋蟀自然形成的本能，根本不可能成为我们有关问题的答案。如果将答案寄希望于蟋蟀的体态、身体结构、或是工作时所利用的工具上，那么这样来解释那些问题，同样是不可能的。长在昆虫身上的所有器官，几乎没有什么能够提供给我们满意的解释与帮助的东西，它们不能够让我们知晓任何原因，给不了我们任何有力的帮助。

在这四种长相相似的蟋蟀中，只有一种能够挖掘洞穴。于是，我们便明白，蟋蟀本能的由来是我们尚不可知的。

难道有谁会不晓得蟋蟀的家吗？任何一个人在他还是小孩子的时候，都会到过这位隐士的房屋前去观察。可是就算你再小心，这个小小的动物总能发觉你轻巧的脚步，总能感觉到你的来访。然后，它便立刻警觉起来，并且做出反应——马上躲到更加隐避的地方去。而当你好不容易才接近它的定居地时，这座住宅的门前也已经是空空如也了，真是让人失望极了。

我认为，凡是有过这样经历的人，都会知道，该怎样才能把这些隐匿者从躲藏之处诱惑出来——用一根草就可以了。我们把草伸到蟋蟀的洞穴里面去，再轻轻地转动几下，效果就会出来了。这样一来，小蟋蟀肯定会认为地面上发生了什么事情。于是，这只已经被搔痒了甚至已经有些恼怒了的蟋蟀，便从里面的房间跑出来。它会停留在过道中，迟疑着，同时，鼓动着它那细细的触须认真而警觉地打探着外面的一切动静。在没有探知到危险以后，它才渐渐地跑到有亮光的地方来。

只要这个小东西一跑到外面来，那便是自投罗网，人们也就很容易捉住它了。因为，我们故意造成的这一系列事情，已经糊弄住了我们这只可怜的小动物。它那简单的头脑已经被搞得晕头转向了，毕竟它的智力水平还是有限的啊！假如这一次，小蟋蟀幸运地逃脱掉了，那么，它将会更加疑虑，更加机警，时刻提高它的警惕性，不肯再轻易地从躲避的地方跑出来，不肯再轻易地冒险。如果出现了这样的情况，那我们就只好选择其他的手段来捕捉它了。比如，你可以利用一杯水，把蟋蟀从

洞穴中冲出来。

想起我们的童年，那真是值得人怀念与羡慕的时光啊。我们曾经在草地里跑来跑去，四处捉拿蟋蟀。捉到以后，我们就把它们带回家，用笼子把它们养起来，并采集一些新鲜的莴苣叶子来喂养它们。这真是一种莫大的快乐啊！

让我们再回过头来谈谈我这里的情况吧。为了能够更好地研究它们，我到处搜寻着它们的窠穴。孩童时代的快乐，仿佛就在昨天一般。当我的另一个小同伴——小保罗——一个在利用草须方面，堪称专家的孩子，在长时间地实施他的战略之后，他会忽然十分激动而兴奋地叫起来："我捉住它了！我捉住它了！一只多么可爱的小蟋蟀！"

"动作要快，"我对小保罗说道，"我这里有一个袋子。我的小俘虏，你快些跳进去吧，里面有充足的饮食，你就在袋子里面安心地居住吧。不过，我还有个条件——你可千万不要让我们失望啊！你一定要赶快告诉我们一些关于你们的事情，一些我们渴望知道而且正在苦苦寻觅的答案。而这些事情中，你首要要做的便是：让我仔细看一看你的家。"【精解点评：语言描写，透过作者亲切的语言，我们看到了作者对蟋蟀研究的热情，以及对蟋蟀的喜爱。】

二、它的住所

在那些青翠的草丛之中，倘若你不加注意的话，就会错过一个隐藏着的不为人知的隧道。这是一个有一定倾斜角度的隧道。在这里，即便是下过一场暴雨，也不会有任何积水。这个隐蔽的隧道，最多不过有9寸深的样子，宽度也只有人的一根手指头那样。隧道根据不同的地形情况和性质，或是弯曲，或是垂直。但是，总是要有一叶草把这间住屋半遮掩起来——就如同定律一样，其作用是很明显的，它就像一所罩壁一样，把进出洞穴的孔道遮避在黑暗之中。蟋蟀会跑出来吃周围的青草，但它决不会去碰这片草。蟋蟀们会将那微斜的门口，仔细用扫帚打扫干净，收拾得很宽敞。这里就成为了它们的一座平台。每当周围异常宁静的时候，蟋蟀就会悠闲自在地在这里聚集，弹奏起它的四弦提琴了。这是一场多么温馨的消夏音乐会啊！

屋子的内部并不奢华，那里有暴露着的，但是并不粗糙的墙——这些房子的主人有很多空闲的时间去修整太粗糙的地方。卧室就在隧道的底部，这里比其他的地方修饰得略微精细一些，并且更为宽敞。总体来说，这是个很简洁的住所，里面打扫得非常干净，也并不潮湿，一切都符合卫生标准。但是，如果从另一方面来考虑，蟋蟀是用极其简单的挖掘工具来掘土的，那么这个房屋真的可以说是一个伟大的工程了。如果想要知道它是如何建成的，它又是什么时候开始这巨大的工程的，那么我们就得回溯到蟋蟀刚刚产卵的时候了。

蟋蟀像黑螽斯一样，只把卵产在土里，深约四分之三寸的地方。它将它们排列成群，总数大约有 500 到 600 个。这卵真可谓是一种惊人的机器，它们在孵化以后，看起来就像一只灰白色的长瓶子，瓶顶上有一个整齐的孔。【精解点评：将蟋蟀孵化的卵比作长瓶子，形象而贴切。】在孔的旁边有一个像盖子一样的小帽子。这个盖子是如何去掉的呢？并不是因为蛴螬在里面不停地冲撞，才把盖子弄破了，而是因为在它上面有一种环绕着的线——一种抵抗力很弱的线，它会自动裂开。

卵产下两个星期以后，前端会出现两个大的蛴螬，那是待在襁褓中的蛴螬，穿着紧紧的衣服，还不能辨别得很清楚。你应该可以记得，螽斯也以同样的方法孵化。当它来到地面上时，也同样是穿着一件保护身体的紧身外衣的。蟋蟀和螽斯是同类的动物，因而它也穿着一件同样的制服，虽然事实上它并不需要。螽斯的卵会在地下生活 8 个月之久，它必须同已经变硬了的土壤搏斗一番，才能从地底下出来，因此它需要一件长衣来保护它的长腿。但是蟋蟀从整体上看是短粗的，而且卵在地下也不过几天的时间，它出来时只要穿过粉状的泥土就可以了，根本用不着和土地相抗争。正是因为这样的理由，它并不需要外衣，于是它就把这件外衣抛弃在后面的壳里了。

当蟋蟀脱去襁褓时，它的身体几乎完全是灰白色的，它将要与眼前的泥土战斗了。它用它的大腮将那些毫无抵抗力的泥土咬出来，然后把

它们扔在一旁或干脆踢到后面去，这样它很快就可以到地面上享受阳光了。它是这样弱小的一个可怜虫，个头还没有跳蚤大，但它就要冒着与同类相冲突的危险开始生活了。

再过 24 小时以后，它就变黑了，这时它的黑檀色足以和发育完全的蟋蟀相媲美。它几乎脱掉了全部的灰白色，到最后只留下来一条围绕着胸部的白肩带。在它身上长着两个黑色的点。这其中的一点，就在长瓶的头上。你可以看见一条环绕着的、薄薄的、突起的线，这层壳子将来就会在这条线上裂开。因为它的卵是透明的，所以我们可以看见这个小动物身上长着的节。现在应该是加倍注意的时候了，尤其是在早上的时候。

加倍的关爱会带给我们好运，如果我们不断地到卵旁边去观察，我们就会得到想要的报酬。在突起的线的四周，壳的抵抗力会渐渐消失，卵的一端会逐渐地裂开，被里面的小动物用头部顶着，然后升起来，落在一旁，就像小香水瓶的盖子一样。这样小虫就从瓶子里跳了出来。

当它出去以后，卵壳还是长形的，并且仍然光滑、完整、洁白，小小的盖子挂在瓶口的一端。鸡卵破裂，就是小鸡用嘴尖上的小硬瘤撞破的，而蟋蟀的卵做得比小鸡更加巧妙，如同打开象牙盒子的盖似的。它的头顶，已经足可以完成这件工作了。

我们在上文说过，当盖子去掉以后，一个幼小的蟋蟀就会跳出来，这句话还并不十分精确。它是非常灵敏和活泼的，它会不时地用长长的颤动着的触须打探四周的情况，并且匆忙地跑来跳去。直到有一天，它长得胖了，没法再做出如此放肆的行动为止，那才真有些滑稽呢！

母蟋蟀为什么要产下这么多的卵呢？我们还需要了解一下。这是因为多数的小动物是无法存活下来的，它们经常遭到其他动物大量并且残忍的屠杀，特别是被那些小型的灰蜥蜴和蚂蚁所杀害。蚂蚁这种讨厌的流寇，常常将我们的花园里的蟋蟀全都杀掉，它一口就能咬住这可怜的小动物，然后狼吞虎咽地把它们吃下去。

唉，这个可恨的恶人。请大家仔细想想，这蚂蚁还被我们放在比较高级的昆虫当中，并且还为它写了很多的书，更对它大加赞美——那称赞之声，不绝于耳。自然学者对它们很是推崇，使它的名誉日益增加。从这一点看来，动物和人一样，损害别人，是引起人们注意的最绝妙的方法。【精解点评：将蚂蚁与人相提并论，表现了动物与人在这一方面的相似性，体现了作者以动物写人的深刻性。】

人们很少注意到那些从事十分有益处的清洁工作的甲虫，它们更不能引来人们的注意与称赞，而吃人血的蚊虫，却是每个人都知道的。同时那些带着毒剑，暴躁而又虚夸的黄蜂，以及专做坏事的蚂蚁，也是被人们所熟知的。后者在我们南方的村庄中，经常会跑到人们的家里弄坏椽子，每当它们做这些坏事的时候，都会像品尝无花果一样高兴。

我花园里的蟋蟀，已经被蚂蚁残杀殆尽，于是，我不得不跑到其他地方去寻找它们。在 8 月里的落叶下，那里的草还没有被太阳完全晒干。我看到那些幼小的蟋蟀，已经完全变成黑色了，那白肩带的痕迹一点也没有存留下来，它们长大了。它们在这个时期，过的是流浪式的日子，一片枯叶，一块扁石头，就已经足够帮它去应付大千世界中的任何事情了。

许多曾在蚂蚁口中险象环生的蟋蟀，现在又做了黄蜂的牺牲品。黄蜂们猎取这些旅行者，然后把它们埋在地下。其实只要蟋蟀提前几个星期做好防护的工作，它们就可以躲避这种危险了。但是它们从来没有这样做过，它们死守着旧习惯，仿佛视死如归的样子。

一直要到 10 月末，寒气袭人的日子来了，蟋蟀才开始动手建造自己的巢穴。如果根据我们对养在笼子里的蟋蟀的观察来判断，这项工作应该是并不复杂的。挖穴并不在裸露的地面上进行，而是常常在有莴苣叶——那残留下来的食物——所掩盖的地点或者是在其他的能代替草叶的东西覆盖的地方进行。为了使它的住宅保持安全，这些掩盖物是必不可少的。

这位勤劳的矿工用它的前足扒着土地，并用大腮咬去较大的石块。

我看到它用那强有力的后足用力地蹬踏着土地，用后腿上长着的两排锯齿式的东西进行打扫。它将清扫出的尘土推到后面，并把它们倾斜地铺开。这样，我便已经观察到蟋蟀挖掘巢穴的全部方法了。

工作开始做得很快。在我笼子里的土中，它钻在下面一干就是两个小时，并且每隔一小会儿，它就会到进出口的地方来。但是这时它通常是面向里面的，它是在不停地打扫着尘土。如果干活干得劳累了，它就会在还未完成的家门口休息——把头朝向外面，特别无力地摆动着触须，摆出一副倦怠的样子。之后不久，它就又钻进去，用钳子和耙继续工作。后来，我感到有些不耐烦了，因为它的休息时间渐渐加长了。

这项工作最重要的部分基本完成了。洞口已经有两寸多深，足够这小虫满足一时之需了。余下的事情，就好办得多了，今天做一点，明天再做一点，然后这个洞就会随着天气的渐渐寒冷和蟋蟀身体的长大而加大加深了。如果是在比较暖和的冬天里，太阳可以照射到住宅的门口，那就还可以看见蟋蟀从洞穴里面扔出泥土来。就算在春意盎然的时节，这住宅的修理工作仍然在继续。这些小虫总是永不停歇地做着改良和装饰的工作，直到死去。

到了4月底，蟋蟀便开始唱歌了。在最初，这是一种生疏而又羞涩的独唱，然后不久，就会合成一曲美妙的音乐。它是非常善于演奏动听乐曲的音乐家，每块泥土都会夸赞它，我乐意称它为春天的歌唱者的魁首。【写作参考点：在作者的笔下，蟋蟀成为了音乐家，泥土也会夸赞，这是拟人化的手法，在作者亲切的叙述中，拉近了读者和大自然以及小昆虫之间的距离。】在我们的荒芜的土地上，在百里香和欧薄荷繁盛的开花时节，百灵鸟如火箭般飞起来，它用动听的喉咙纵情歌唱，将优美的歌声，从天空广泛地散布下来。而呆在地上的蟋蟀，它们也会禁不住被这歌声吸引，跟随着放歌一曲，以求与相知者相应和。它们的歌声单调而又无艺术感，但它的这种单调正与它生命复苏的单调喜悦相协调，这是一种警醒的歌颂，是为萌芽的种子和初生的叶片所了解和体味的。至于这二人合奏的乐曲，我想蟋蟀是当之无愧的优胜者。它的数目和不间断的音节足以使它独占鳌头。当百灵鸟的歌声渐渐消失以后，在这田野上，生长着的青灰色的欧薄荷——在日光下摇摆着的芳香的批评家，仍然能够享受到这朴实的歌唱家的一曲赞美之歌。这首歌会伴随它们度过寂寞的时光。这是多么有益的伴侣啊！它用美好回报给大自然。

三、它的乐器

为了使研究更为科学，我们可以很坦率地要求蟋蟀："把你的乐器给我们看看。"有价值的东西总是很简单，它也是一样。它有着和螽斯很相像的乐器，根据同样的原理，它不过是一只弓，弓上有一只钩子，以及一种振动膜。【精解点评：简明扼要地介绍了蟋蟀的乐器的原理。】右翼鞘几乎完全遮盖在左翼鞘上，只除去后面和转折包在体侧的那一部分，这种样式和我们原先看到的蚱蜢、螽斯，及其同类正好相反。蟋蟀是用右边的盖着左边的，而蚱蜢，则是左边的盖着右边的。

这两个翼鞘有着完全相同的构造，了解一个也就了解另一个了。它们分别平铺在蟋蟀的身上。然后在旁边，突然倾斜成直角，紧裹在身上，上面还长有细脉。

如果你揭开这两个翼鞘，然后对着亮光仔细地观察，你就可以看到它那极淡的淡红色。除去那两个用于连接的地方以外，前面是一个大的三角形，后面则是一个小的椭圆，上面生长着模糊的皱纹，它就是利用这两个地方进行发声的。这里的皮是透明的，比其他部位的皮要更加紧密一些，只是略带着一些烟灰色。

在前一部分的后端，有 5 条或是 6 条黑色的条纹在边隙的空隙中生长着，像是梯子的台阶一样。它们能互相摩擦，从而增加与下面弓的接触，以增强其振动。

在下面，围绕着空隙的两条脉线中有一条呈肋状。而切成钩子形状的就是弓，它长着大约 150 个三角形的齿，排列得十分整齐，完全符合几何学的规律。

这的确可以说是一件非常精致的乐器。弓上的 150 个齿，全都嵌在对面翼鞘的梯级里面，它们可以使 4 个发声器同时振动——下面的一对

直接摩擦，上面的一对则靠摆动摩擦，它只用其中的 4 只发音器就能将音乐传到数百码以外的地方，可以想象这声音是如何的急促啊！

它的声音可以与蝉清澈的鸣叫相媲美，并且没有后者的粗糙。因而比较来说，蟋蟀的叫声要更好听一些，因为它知道该如何调节它的曲调。蟋蟀的翼鞘向着两个不同的方向伸出，因而异常开阔，这就形成了制音器。如果把它放低一点，那就能改变其声音的强度。由于它们与蟋蟀柔软的身体相接触的程度不同，因而它会发出不同的声响——一会儿是柔和低声的吟唱，一会儿又是极高亢的歌颂。

蟋蟀身上有两个完全相似的翼盘，这一点是非常值得注意的。我可以清楚地看到上面弓的作用，和 4 个发声器的动作。然而下面的那一个——左翼的弓又有什么样的用处呢？它并不被放置在任何东西上，也没有接触在同样装饰着齿的钩子上。它是完全孤立的，根本起不到作用。除非能将两部分器具调换一下位置，将下面的放到上面去。倘若真的这样变换，那么这些器具的功用还是和以前一样，只不过这一次是利用它目前没有用到的那只弓演奏罢了。下面的胡琴弓搬到上面来，所演奏出来的调子是不会变的。

最初我以为蟋蟀的两只弓都是有用的，至少它们中有些是用左面那一只的。但是观察的结果恰恰与我的想象相反，我所观察过的众多蟋蟀都是将右翼鞘盖在左翼鞘上的，没有一只例外。

我亲自动手来进行我的计划。我极其小心地用我的钳子使蟋蟀的左翼鞘放在右翼鞘上，决不碰破一点儿皮。这是很容易的事情，只要有一点技巧和耐心，就可以办到。事情进展得很顺利，肩没有脱落，翼膜也没有皱褶。

我很希望蟋蟀仍然可以在这种状态下尽情歌唱，但结果就令我失望了，它会自己恢复到原来的状态。我重复做了好几次，但是蟋蟀的顽固终于还是战胜了我的摆布。

后来我猜测这种实验应该在翼鞘还是新的、软的时候进行，也就是说在蛴螬刚刚蜕去皮的时候。于是，我利用一只刚刚蜕化的幼虫做实验。

在这个时候，它未来的翼和翼鞘形状就像四个极小的薄片，它们长得极其短小，并且向着不同方向铺开去，这使我联想到面包师穿的那种短马甲。不久，这蛴螬便在我的面前，脱去了这层衣服。

小蟋蟀在慢慢长大，它的翼鞘也在渐渐变大，这时分辨不出哪一扇翼鞘会盖在上面。后来两边渐渐接近了，再过几分钟，右边的马上就要盖到左边的上面去了。于是这时候我便加以干涉了。

我用一根草轻轻地调整翼鞘的位置，使左边的翼鞘盖到右边的上面。蟋蟀虽然很不喜欢我这样做，但是最终我还是成功了。我将左边的翼鞘稍稍推向前方，然后我放下它，这样翼鞘逐渐在被我变换了的位置下长大。蟋蟀已经逐渐向左边发展了，我很希望它能够使用它的家族从未用过的左琴弓来演奏，听听它用左琴弓会演奏出怎样美妙动人的乐曲。

第三天，它就开始了。先听到几声摩擦的声音，好像机器的齿轮还没有磨合好，正在调整一样。随后便有了声音，仍然是它那种固有的音调。

唉，我过于信任我的能力了，我以为我破坏自然规律的行为可以成功；我以为可以造就一位新式的奏乐师，然而我一无所获。蟋蟀仍然拉它右面的琴弓，而且常常这样拉。后来，它因拼命努力，想把被我颠倒放置的翼鞘调整回原来的位置，结果导致肩膀脱臼。经过它的几番努力与挣扎,现在它已经把本来就应该在上面的翼鞘放回到原来的位置上了。那应该放在下面的仍然放在下面。我想改变它演奏习惯的做法的确是缺乏科学性的，所以它以它的行动来嘲笑我的行动。最终，它还是以右手琴师的身份度过一生的。

我们已经讲了半天它的乐器了，那现在让我们来欣赏一下它的音乐吧！【精解点评：过渡句，将话题由蟋蟀的乐器转到对它的音乐的介绍。】

蟋蟀喜欢在温暖的阳光下面唱歌，它会趴在自家的门口，从不躲在屋里自我陶醉。在它唱歌的时候，翼鞘发出“克利克利”柔和的振动声。那音调圆满，又非常响亮，而且明朗而精美，在延长之处仿佛无休无止。

整个春天寂寞的时光就这样过去了。这位隐士最初的歌唱只是为了让自己过得更快乐些。它为照耀在它身上的阳光而歌唱，为供给它食物的青草而歌唱，为它居住的平安隐避之所而歌唱。它的琴弦的第一目的，就是歌颂它生存的快乐，表达它对大自然恩赐的真诚谢意。

又过了一段时间，它便不再独自歌唱了，它是为它的伴侣而弹奏。但是说实话，它的这种关心并没有得到应有的报偿，因为到后来它和它的伴侣发生了激烈的争斗，它若不逃走，它的伴侣会把它弄成残废，甚至吃掉它的一部分肢体。不过不管怎样，就算它逃脱了好争斗的伴侣的欺压，它终究也还是要死的，到了6月，也便到了它生命的尽头。

据说喜欢听音乐的希腊人常常将蝉养在笼子里，每日听它们唱歌。我绝不信会有这样的事，至少也要表示怀疑：首先，蝉发出的声音是略带烦嚣的，如果听得久了，耳朵是受不了的，希腊人的听觉恐怕不见得那么喜欢听这种粗糙的、来自田野间的音乐吧！其次，蝉是不能长久地养在笼子里面的，除非我们连洋橄榄或榛系木一齐都放在笼子里面养。只要关一天，就会使这喜欢高飞的昆虫厌倦而死。【精解点评：对希腊人喜欢养蝉这件事，作者表示怀疑，并列出两点理由，表现了作者清晰的逻辑。】

将蟋蟀错误地当做蝉，就好像将蝉错误地当做蚱蜢一样，这是极有可能的。如此形容蟋蟀，不是没有道理。圈养生活对它来说也是很快乐的，并不烦恼。它很满意在笼子里被饲养的生活，这样它什么都不用干了。只要每天都有莴苣叶子吃，就算是被关在不及拳头大的笼子里，它也一样能非常快乐地生活。它会不住地叫。那被雅典小孩子挂在窗口笼子里养的，应该就是它吧？

布罗温司的小孩子，以及南方各处的小孩子们，也都喜欢把它们饲养起来。在城市里，蟋蟀就更成为孩子们的珍贵财产了。这种昆虫在主人那里备受恩宠，每天都有享不尽的美味佳肴。当然，它们也会用自己特有的方式来回报好心的主人，经常为他们唱起乡下的快乐之歌。因此，如果它死了，那么全家人都会感到悲哀，可见它与人类的关系是多么亲

密啊。

在我们附近生活着的其他三种蟋蟀，都有着极其相似的乐器，只是在细微处稍有一些不同。它们有着相似的歌声，只是声音的大小有所不同。波尔多蟋蟀，有时候会在我家厨房的黑暗处出现，它是蟋蟀一族中最小的，并且它的歌声也很细微，必须要侧耳静听才能听得见。

田野里的蟋蟀，经常在春天阳光明媚的时候歌唱。到了夏天的晚上，我们常听到的则是意大利蟋蟀的声音了。它是个瘦弱的昆虫，拥有近乎于白色的浅淡颜色——这似乎和它夜间行动的习惯相吻合。如果你将它放在手指中，你一定会担心把它捏扁。它喜欢待在高高的空中，在各种灌木里，或者是比较高的草上，它们很少爬到地面上来。在7 月到 10 月这些炎热的夜晚，它那甜蜜的歌声，伴随着日落西山，一直继续到半夜。

布罗温司的人都熟悉它的歌声，最小的灌木叶下也有它的乐队。那里有很柔和很慢的“格里里，格里里”的声音，加以轻微的颤音相辅助，听起来格外有趣。如果它们不被外来的事情打扰，这种声音便会一直持续下去，但是只要有一点儿声响，它就闭口不唱了。

你本来听见它就在你的附近，但是忽然你又觉得，它已在 15 码以外的地方唱歌了。但是如果你再朝着那个方向去寻找，它却并不在那里，这时听来，声音还是从原来的地方传过来的，再仔细听来，仿佛也并不是这样的。这声音究竟是从左面传来，还是从后面传来的呢？你完全被搞糊涂了，简直辨别不出歌声到底在何处发出的了。

造成这种距离不定的幻声，有两种方法可以做到。声音的高低与抑扬，根据下翼鞘被弓压迫的部位不同而产生。同时，翼鞘位置的不同也会影响声音。如果要发较高的声音，翼鞘就会抬得很高；如果翼鞘低下来一点，那么声音也会变低。淡色的蟋蟀会迷惑来捕捉它的人，用它颤动板的边缘压住柔软的身体，这样就能使听者发生幻觉。

在我所了解的昆虫中，其他任何昆虫的歌声都不如它的歌声更动人、更清晰。【精解点评：作者在此直抒胸臆，表达了他对蟋蟀歌声的喜爱和

赞叹。】每当8月夜深人静的晚上，我们都可以听到它优美的歌声。我常常俯卧在我哈麻司里迷迭香旁边的草地上，安静地欣赏这种动听的音乐，这种感觉真的是非常惬意。

在我的小花园中，生活着许多意大利蟋蟀。在每一株开着红花的野玫瑰上，都有它的歌颂者，欧薄荷上也有很多，另外野草莓树、小松树，也都变成了音乐演奏场所。它的声音是那样的清澈动听，极富美感，又异常动人。所以在这个世界中，即便是一根小小的树枝上，都会有颂扬生存的快乐之歌飘出来，这简直就是动物世界的“欢乐颂”！

在我头顶上，有天鹅在高高地飞翔于银河之间，而在地面上，有昆虫快乐的音乐围绕着我，时断时续，时起时息。这个微小的生命，用歌声诉说着它的快乐，它们甚至使我忘记欣赏星辰的美景，我已然完全陶醉于这美妙动听的音乐世界之中了。天上那些闪烁的眼睛，全都向下看着我，静静的，冷冷的，丝毫也不能打动我的心弦，为什么呢？因为它们缺少重要的一个因素——生命。因为我们有理智，所以我们知道：那些被太阳灼烧的地方，同我们的一样，不过最终来说，这种信念也不过是一种猜想，而不是一件确实无疑的事。

在我所有的同伴里，能让我感受到如此强烈的生命活力的，就是你了——我的蟋蟀，你们是我们土地的灵魂。这就是为什么我不再喜欢看天上的星辰，而只集中注意力欣赏你们动听的歌声的原因。一个活着的信念——如此弱小的生命的喜怒哀乐甚至比其他有意义的物质，更能引起我极大的兴趣，这也就更让我无比地热爱你们！

这篇文章为我们介绍了一种常见的小昆虫，它就是会唱歌的蟋蟀。作者在文中多处运用拟人、比喻等修辞手法，将蟋蟀的习性和特征表现得淋漓尽致，并且适时将蟋蟀和蝉、螳螂等小昆虫进行对比，使得它的特征更加鲜明和突出。作者的叙述语言亲切，使读者仿佛置身其中，与蟋蟀有了亲密接触一般。

读品悟思

作者在这篇文章中，为我们介绍了蟋蟀这种很常见的小昆虫。文章重点对蟋蟀的建筑和它的音乐进行了具体阐述，并对蟋蟀积极向上的生活态度给予了高度的赞扬。作者对前人的说法，不时提出自己的怀疑，并且有着完整的反驳理由，表现了作者对待科学的怀疑精神和清晰的逻辑思维。

考点巩固

1.蟋蟀对于自己拥有的一切，包括房屋和它的那把简单的小提琴，都很满意和欣慰。这表现了蟋蟀什么样的生活态度？

2.具备哪些条件的地方，会成为蟋蟀建造房屋的首选之地？

3.蟋蟀的家有着哪些人类所不知道的优点？

（答案见最后）

强化训练

1.蟋蟀在建造窠穴方面，有什么高超的技艺？

2.蟋蟀的住所有什么特点？

3.蟋蟀的发声是什么原理？

石　　蚕

名师导读

石蚕是一种很小的水生动物,它拥有可以移动的家,那会是什么样的家呢？它的家又是怎么建造的？它平时都要带着家活动吗？现在就让我们走进文章，去认识一下这个水生动物的移动城堡吧。

我曾经在我的玻璃池塘里养过一些小小的水生动物,它们叫做石蚕。从标准意义上说，它们是石蚕蛾的幼虫，平常都会很巧妙地隐藏在一个个枯枝做的小鞘中。

石蚕本来是在泥潭沼泽中的芦苇丛里生活的。它常常依附在芦苇的断枝上，随着芦苇在水中漂泊，而那小鞘就是它可以移动的家，也就是说它随时带着它的简易房子旅行。它的这个活动房子可真算得上是一个很精巧的编织艺术品——它是用那种被水浸透后剥蚀、脱落下来的植物的根皮组成的。

石蚕在筑巢的时候，会用牙齿把这种根皮撕成粗细适宜的纤维，然后再将这些纤维巧妙地编成一个合适的小鞘，鞘的大小刚刚可以把它的身体藏在里面。有些时候它也会利用极小的贝壳编织起来拼成一个小鞘，就像是做一件小小的百衲衣；还有的时候，它甚至会将米粒堆积起来，布

置成一个象牙塔似的窝——这可以说是它最华美的住宅了。【精解点评：百衲衣和象牙塔的比喻，形象而新奇。】

石蚕不仅用它的小鞘当做寓所，同时还会用它作为防御的工具。那个其貌不扬的小鞘的作用我曾经见识过，那是在我的玻璃池塘里展开的一场有趣的战争。

原本有一打水甲虫潜伏在玻璃池塘的水中，我对它们游泳的姿态产生了浓厚的兴趣。有一天，我无意中撒下两把石蚕，它们刚一入水便被潜在石块旁的水甲虫看见了，这些水甲虫立刻游到水面上，迅速地抓住了石蚕的小鞘。这时里面的石蚕也感觉到了凶猛的攻势，自知不敌，便想出了金蝉脱壳的妙计，不慌不忙地从小鞘里溜出来，一眨眼间就消失得无影无踪了。

那野蛮的水甲虫却还在凶狠地撕扯着小鞘，直到发觉想要的食物早已跑掉，自己受了石蚕的欺骗，这才无比懊恼沮丧，无限留恋又无可奈何地丢掉空鞘，去别处觅食了。

愚蠢的水甲虫啊！它们怎么也不会知道这聪明的石蚕早已逃到石头底下，重新建造保护它的鞘，准备迎接你们的下一次袭击了。

石蚕在水中能够任意遨游，完全是靠它们的小鞘。它们就像是一队潜水艇，一会儿上浮，一会儿下降，一会儿又神奇地在水中央停留，它们还会靠那舵的摆动随意控制航行的方向。我不禁产生了这样的疑惑——石蚕的小鞘是不是有像木筏那样的结构，或是有类似于浮囊作用的装备，才使它们不会下沉呢?

于是，我将石蚕的小鞘剥去，把它们分别放在水上。结果小鞘和石蚕都沉下去了。这又是什么原因呢?

原来，当石蚕在水底休息时，它会把整个身子都塞在小鞘里。而当它想浮到水面上时，它会先拖着小鞘爬上芦梗，再将前身伸到鞘外，这样，在小鞘的后部就出现一段空隙，石蚕就是靠着这一段空隙顺利上浮的。就好像一个活塞式的装置，跟针筒里空气柱的道理一样。这一段装着空气的鞘就像轮船上的救生圈一样，在水里产生一定的浮力，

使石蚕不致于下沉。因而在这样的条件下，石蚕用不着牢牢地粘附在芦苇枝或水草上，它可以尽情地浮到水面上享受阳光，也可以在水底尽情地遨游。

不过，石蚕并不是擅长游泳的水手。它那转身或拐弯的动作看上去是那样的笨拙，这是因为它并没有更好的辅助工具，只靠着那伸在鞘外的一段身体作为舵桨。当它沐浴了充足的阳光以后，它就会缩回前身，把空气排出，然后就渐渐向下沉落了。

像我们人类的潜水艇一样，石蚕的鞘可以说也是一个小小的潜水艇。【精解点评：将石蚕的鞘比作潜水艇，形象地将它的鞘的功能表现出来。】它们可以控制鞘内空气的多少来控制自己在水中的位置，使自己能够自由地升降，或者停留在水中央。虽然它们不懂人类博大精深的物理学，可这只小小的鞘却造得如此完美，又如此精巧，这完全是它们的本能。大自然所造就的一切，永远都是这么巧妙与和谐。

作者在这篇文章中为我们介绍了一种水生小动物，即石蚕。作者运用比喻、拟人等手法，将石蚕的可移动的房子，也就是它的巢形象地展现出来，并对它的巢的建造和作用进行了详细的介绍。

石蚕是一种生活在水中的小生物，它最大的特点就是，它所寄居的小鞘，可以随着芦苇飘荡和移动。这个小鞘不仅可以作为石蚕的寓所，同时它还可以作为防御的工具。有了这个小鞘，石蚕可以在水里自由地活动，作者将这个小鞘比作人类制作的潜水艇，表现了石蚕的小鞘的潜水功能，作者对小鞘的无限赞叹，表达了他对神奇的大自然的无限热爱。

考点巩固

1.石蚕的房子使用什么材质做成的?

2.为什么说“小鞘就是它可以移动的家”?

3.石蚕不仅把它的小鞘当做寓所,同时还会用它作为防御的工具。这防御工具的功能表现在哪儿?

(答案见最后)

强化训练

1.石蚕是一种什么样的小动物?

2.石蚕平时寄居在什么地方?

3.石蚕的房子有什么特殊功能?

被 管 虫

名师导读

被管虫是一种有着整齐的衣冠的小毛虫，简直就是一个优秀的裁缝，那么它的衣服是什么样子的？它的衣服又是怎么制作出来的？它又有着怎样的生活习性？现在就让我们去认识一下这位伟大的裁缝吧。

一、衣冠齐整的毛虫

当春天来临的时候，如果我们用自己的眼睛仔细地观察，那么在破旧的墙壁和尘土飞扬的大路上，或者是在那些空旷的土地上，就都能够发现一种比较奇怪的小东西。

那是一个小小的柴束，不知道是什么原因，它可以自由自在地行动，一跳一跳地向前走。这究竟是怎么一回事呢？没有生命的东西突然有了生命，不会活动的居然能够跳动了。

这的确是一件稀奇的事情，实在令人感到奇怪。不过倘若我们走近一些仔细地看一看，很快就能解开这个谜了。

在那些会动的柴束中间，有一条身上装饰着白色和黑色条纹的漂亮的毛虫。【精解点评：这里写了被管虫的出场，这条有着黑色和白色条纹的漂亮毛虫就是被管虫。】也许它是在为自己寻找食物，也许它是在寻找一个适当的地点，可以让它安全地化成蛾。对于它这些让人捉摸不透的动作，在后来它自己的所作所为中，我们就能了解清楚了。

它胆怯地朝前方匆忙地走着，它总是用树枝做成奇异的服装，把自己的身体完全遮挡住，只有头和长有6只短足的前部暴露在外面。

它只要受到一点小小的惊吓，就会本能地隐藏到这层壳里去，然后一动也不敢动。这显然是它的一种自我保护的本能，它生怕一不小心被其他的东西所伤害。

这就是为什么一束柴枝也会走动的答案。里面的毛虫就是柴把毛虫，它是属于被管虫一类的。这个既非常害怕寒冷而且又全身赤裸的被管虫，为了防御气候的变化，特意建起了一个属于它自己的轻便又舒适的隐避的场所，这是一个可以移动的安全的茅草屋。【精解点评：这里将被管虫建的场所比作茅草屋，说明了它是以树枝作材料的，又体现了这个场所温暖的特点。】

在还没有变成蛾以前，它是从来不敢贸然离开这间茅屋的。这确实要比那种装有轮盘的草屋更有优势，它完全像是一种用特殊的材料制作而成的隐士们穿的保护外衣。

在山谷里有一个农夫，叫邓内白，他经常穿着一种用兰草带子紧紧扎住的外衣。这件外衣是羊皮的，将皮板朝里，皮毛朝外。尤其是那些居住在深山里的农夫，其中更以中国黄土高坡上的农夫最为典型，在那里这种穿着打扮更是常见。而且他们还要在头上系一条白色的羊肚毛巾。相比较而言，被管虫的外衣，比这种打扮更要简单，因为它们只是用一个普普通通的柴枝做成一件朴素得不能再朴素的外衣而已，上面没有任何的装饰物品。可见，它们是多么的不拘于小节啊！

4 月的时候，在我们家的作坊上面有很多昆虫。有很多的被管虫也在那里的墙上生活，它们向我提供了详尽而广泛的知识。如果它正处在蛰伏的状态下，这就说明它们不久就要变成蛾子了。因而，这是一个极好的机会，在这个时候我能够直接地仔细地观察到它那柴草的外衣。

这些外衣有着相同的形状，就像是一个纺锤，大约有一寸半那么长。

那位于前端的细枝是固定的，而末端则是分散开的，它们就这样排列着，如果没有什么更好的地方可以保护自己，那么这里就是可以抵挡日光与雨水侵袭的避难场所了。

在不熟悉它以前，乍一看去，它真的就像一捆普通的草束。不过只是用草束这两个字还并不能正确地形容它的样子，因为麦茎实在是太少见了。

它的这件外衣主要以那些光滑的、柔韧的、富有木髓的小枝和小叶为材料，其次则会用草叶和柏树的鳞片枝等来代替，最后如果材料不够用了，它们还会用那些干叶的碎片和碎枝。总之，小毛虫遇到什么就使用什么，只要它是轻巧的、柔韧的、光滑的、干燥的、大小适当的就可以了。所以，它并没有很高的要求。

它总是原封不动地利用材料，完全都是依照其原有的形状，一点儿都不加以改变。也就是说既保持原有材料的性质，又保持原有材料的形状。

即使对于一些过长的材料，它也从不修整一下，使其成为适合的、适当的长度。比如造屋顶的板条也被它拉过来直接使用，而它的工作只不过是把前面固定住就行了。对于它来说，这项工作是很简单易行的。

要是想让旅行中的毛虫可以自由地行动，尤其是在它装上新枝以后，仍然能够保持它的头和足可以自如地活动，那么这个匣子的前部就必须用一种特别的方法装置而成。仅仅是用树枝来制造对它而言是不适用的，理由简单得很，因为它的枝不仅特别长而且还很硬实，这就对这位勤劳工人的工作起到了极大的妨碍，使它无法实现自己的目标。

因而，对它来说，必须拥有一个柔软的前部，才可以使自己向任何方向都能自由地旋转，从而可以很愉快地完成应该做的任务。

所以这些硬树枝在距离毛虫前部相当远的位置就中断了。取而代之的是一种领圈，那里的丝带只是用一种碎木屑来衬托，这样一来，也就增加了这保护层的强度和韧性，因而也就不会妨碍毛虫的弯曲了。这样一个领圈对于毛虫来说是非常重要，而且绝对不可缺少的。它可以使毛虫自由行动和弯曲。因而所有的被管虫都要用到它——无论它的做法有什么区别。在柴束前部，是一张触摸起来让人觉得很柔软的网，它的内部是用纯丝织成的，外面包裹着绒状的木屑，这张网里装着可以自由转动的头部。而那些木屑，是毛虫在割碎那些干草的时候得到的。

如果把草匣的外层轻轻地剥掉，并将它撕碎，就会发现里面有很多纤细的枝干，我曾经仔细地数过，大概有80多个呢。在这里面，从靠近毛虫的一端起到另一端，我又发现了同样的内衣。在打开它的外衣以前，我们只能看见中部与前端，而现在则可以看到全部了。这种内衣全都是由坚韧的丝织成的，这种丝有很强的韧性，我们甚至都无法用手把它拉断。这是一种光滑的组织，在它的内部有美丽的白色，而外部则是褐色并长有皱纹的，并且还有细碎的木屑分散地装饰在上面。

于是，我又有兴趣观察一下毛虫是如何做成这件精巧的外衣的了。这件外衣内外共有三层，它们按照一定的次序叠加在一起：第一层是极细的绫子，它是直接与毛虫的皮肤相接触的；第二层是粉碎的木屑，它是保护衣服上的丝用的，并使之坚韧；最后一层就是用小树枝做成的外壳。【精解点评：作者用充满条理性的语言，对被管虫的外衣进行了细致的描写。】

虽然每只被管虫都穿上了这种三层的衣服，不过不同种族的外壳有所差别。比如，有一种——那是在6月底的时候，我在靠近屋子旁边的一条尘土飞扬的大路上遇见的——它的壳无论从形式还是从做法上来看，都要好于前边提到过的那一种。它外面的保护层是用很多种材料制作而成的。比如那种空心树杆的断片，细麦秆的小片，还有那些青草的碎叶等。而在壳的前部，简直找不到一点儿枯叶的痕迹——而前文提到过的那一种，则是常常有的，但那足以妨碍其美观。在它的背部，也没有什么长的突出物，当它长出外皮之后，除了那颈部的领圈以外，整个毛虫就全都武装在那个用细秆做成的壳里面。二者相比较来说，总体上的差别并不大，唯一一点差别也就是它有比较完整的外观。

还有一种体形小巧，衣服也穿得比较简易一些的被管虫。在冬天就要过去的时候，在墙上或树上，尤其是在树皮多皱的老树上，比如洋橄榄树或榆树上，常常可以发现它的踪迹，当然在其他的地方也可以见到。它的壳非常小，通常还不足一寸的五分之二长。它会随意地拾起一些干草，把它们平行地粘合起来，如果不包括丝质的内壳，那么这就是它的全身衣服的材料。

衣服既要穿得更经济、更便宜，又要看上去更漂亮、更美丽，那可真是件具有相当大难度的事情啊！

二、良母

如果想知道更多一点关于它们的一些情况，那么我们就得在4月的时候捉几条幼小的被管虫，放在铁丝罩子里面养起来，这样我们就能看得更多一点，也可以观察得更清楚一点了。

这时它们中的大多数还都作为蛹而生活，等待着能够变成蛾子的那一天。但是它们并不都是那么安分守己地静静地待着，有一些是比较活跃好动的。它们会很自豪地慢慢爬到铁丝格子上去。然后，它们在那里用丝编织成小垫子，将自身的身体固定住，无论是对它们来说还是对我来说，都要耐心地等待，在几个星期之后，才会有一些事情发生。

到了6月底，雄性的幼虫就已经孵化好了。当它从壳里跑出来的时候，它就已经不再是什么毛虫，它已经变成蛾子了。

这个壳——就是那一束细秆——你应当还记得，它有两个出口，一个在前面，另一个在后面。前面的一个，是这个毛虫很谨慎、很当心地制作的，它是永远封闭着的，因为毛虫要利用这一端钉在支持物上，以便使蛹能够固定在上面。因此，孵化的蛾只能从后面的口钻出来。所以在毛虫还没有变化成蛾子之前，都要先在壳内转一个身，然后，才会慢慢地出来。

虽然雄蛾只穿着一件朴素的黄灰色的衣服，而且它的翼翅也与苍蝇差不多大小，可是，它看上去却是异常漂亮的。它们长着羽毛状的触须，还有细细的须头挂在翼边。【精解点评：这里对雄蛾的美丽外形进行了具

体介绍。】

通常，我们很少能够在一些比较显眼暴露的地方捕捉到雌蛾，而且，它们也是极不常见的。

雌蛾可以说是个怪物，其形状简直是难看到了极点。它的孵化会比别的昆虫迟几天，总是在其他昆虫已经孵化以后，它才会慢悠悠地从壳里钻出来。如果你是第一次看到它，你也许会惊吓地叫起来，它的样子没准真的会吓你一跳，没有一个人能够马上就看得惯眼前这个凄惨的生命。

它的难看程度并不比那些毛虫差——它什么都没有，没有翅膀，甚至在它背的中央，连毛也没有，光秃秃、圆溜溜的。让人真的不忍心再看第二眼。在它圆圆的身体的一段，戴着一顶灰白色的小帽子，在它身体的第一节上，背部的中央，长着一个大大的、长方形的黑色斑点——这便是它身体唯一的装饰物，雌被管虫没有蛾类所拥有的一切美丽。这就是雌蛾，这个怪物般的形象。【精解点评：这里对雌蛾的形象进行了详细的描述，将它丑陋的外形描绘出来，与上文中的雄蛾的美丽形成了鲜明的对比。】

当它将要离开蛹壳的时候，就会在里面产卵。于是，母亲的茅屋（也就是它的外套）就留传给它的子孙后代了。它要产很多卵，所以这产卵的时间也就很长，通常要经过30个小时以上。

产完卵后，它会将门关闭起来，以免有外来的事物侵扰，从而获得一种安全感。为了保护好它的卵，那就必须有种填充物。于是这位溺爱的母亲，只能利用它仅有的衣服了，因为它现在一贫如洗、穷困潦倒。它要利用戴在它体端的那顶丝绒帽子，来塞住门口，以保母子平安，安然无恙地生活。

最后，它所做的还不仅仅如此，它还要用自己的身体来做屏障。经过一次激烈的震动以后，它就会死在这个新屋的门前，然后在那里慢慢地风干，就算在死后，它还是依然留守在阵地上，为了它的下一代，死而无怨。看来不能以貌评价的何止是人。这看起来丑陋不堪的雌蛾，它

的内心、它的精神是多么伟大啊！

如果破开外面的壳，我们就可以看到那里面储存着的蛹的外衣。除去前面蛾子钻出来的地方有孔以外，其他的地方没有一点受到损坏。如果雄蛾要从这个狭小的隧道中出来，一定会感到它的翼和羽毛是很笨重的负担，并且会对它产生一定的阻力。

因此，当毛虫还处在蛹的时代时，就会拼命地朝门口奔跑出将近一半的路程来。然后最终成功地撞开琥珀色的外衣，随后就会有一块开阔的场所出现在它的面前，它可以自由自在地飞行了。

但是，母蛹没有翼，也不生羽毛，所以它们就不需要经过这种艰难的步骤。

它的圆筒形的身体是裸露出来的，和毛虫没有多少区别。正因为这一点它可以在狭小的隧道中爬出爬进，没有一点儿困难。因此它才会把外衣抛弃在后面——在壳里面，作为盖着茅草的屋顶。

同时，它还有一种颇具深谋远虑的举动，这足以表现出它极其深切的母爱。事实上它们好像已经是被装在桶里面了——母蛾已经很巧妙地把卵产在它脱下的羊皮纸状的袋子里面了，直到把它装满为止。但是仅仅把它的房子与丝绒帽子遗留给子孙，这并不能让它感到满足。最后，它还要把自己的皮也奉献出来留给子孙，在它身上，真的是充分体现了“可怜天下父母心”这句话。

我想方便地观察这件事情的整个过程，于是我便从柴草的外壳里捡来一只装满卵的蛹袋，并把它放在玻璃管中。然后，在7月的第一个星期里，我忽然发现它们竟然孵化成了一个被管虫的兴旺的大家族。它们有如此之快的孵化速度，我还没来得及注意，就有差不多40只以上的新生毛虫，在我没有看见的时候，统统都穿上新衣服了。

它们穿的衣服是用光亮的白绒制作而成的，特别像波斯人戴的头巾，说的简单一些、通俗一些，就像一种没有帽缨子的白棉礼帽。

不过说起来也很奇怪，它们并不把这顶帽子戴在头顶上，而是从尾部一直披到前面来。它们在这玻璃管里得意地来回跑着，因为这是属于它们自己的宽阔的屋子啊！现在，我就想要了解一下这顶帽子，看它究竟是由什么材料做成的，又是如何织造出来的。【精解点评：作者提出了问题，是对下文主要内容的起领，即下文将要记述帽子的材料和织造。】

幸运得很，蛹袋并没有变空。我又在里面找到了它们第二个大家族，其成员的数目和先前跑出去的差不多，大概还有5打或6打的卵在里面。

我拿走了那些已经穿好衣服的毛虫，只留下这些赤裸着身体的新客人在玻璃管里面。它们的头部是鲜红的，而身体的其余部分则全都是灰白的，全身还不足1寸的1/25长。

这次的等待并不久，从第二天起，这些小动物，就开始慢慢地、成群结队地离开它们的蛹袋。它们完全没有必要把这摇篮弄破，只从它们的母亲给它们留下的破口中出来就行了。

虽然它们都有洋葱头般漂亮的琥珀色，但是，没有一个利用那些柔软摇床的毛绒来做衣服。我们都以为这种柔软的材料可以被这些怕冷的动物做成毛毯，然而事实上没有一个小动物要去利用它。

我故意为它们留下来一些柴枝壳，而且靠近那个装有卵的蛹袋。这些小虫一出来便冲到那粗糙的表面，然后它们开始感觉到眼前的情况有些不对头了。于是便产生了一种迫切感。

在你还未进入丛林去打猎以前，首先要做的是必须穿好自己的衣服，对于这些小动物们来说，这一点同样是适用的。它们异常焦急，恨不得马上就攻破这个令人厌倦的陈旧的老壳，赶快换上那早已准备好的安全的外衣。

有一部分小虫已经注意到了被咬裂开的细枝，它们撕下那柔软洁白的内层，而有的很大胆，直接进入到空茎的隧道，在黑暗中努力寻找适宜的材料。它们的勇敢自然会有所回报的——它们都找到了极其适用的材料，然后用这些织成雪白的衣服。还有一些毛虫还在其中添加了一些它们所喜欢的东西，制作的衣服就成了杂色，这样雪白的颜色被黑的微粒给玷污了。

小毛虫是用它们的大头来制作衣服的。它们的大头长得就像一把剪刀，并且还长有5个坚硬的利齿。这把剪刀的刀口靠得很紧凑，虽然它的个头很小，但它却十分锋利，这样锋利的刀，既能夹住也能剪断各种纤维。

如果把它放在显微镜下我们就可以清楚地观察到，小毛虫的这把剪刀竟然可以算是机械的、正确的，而且是强有力的奇异标本。

如果羊也具备这样的工具的话，并且与它的身体也成同样的比例，那么羊就不光可以吃草甚至也能吃树干了。由此可见，小毛虫的头可是决不能被轻视的啊！

观察这些被管虫的幼虫是如何制造棉花一样的灰白色的礼帽，是很能够启发人们智慧的事情。无论是它们工作的进程，还是它们所应用的方法，都是很值得我们去注意的。它们实在太微小了，也太纤弱了。当我用放大镜观察它时，都必须非常小心，非常谨慎，既不敢使劲呼吸、喘粗气，也不敢大声说话，生怕稍稍有一点不小心，就会惊扰了它们。就算是微小的气流也可能会把它们移动了位置，或者是一口气把它给吹跑了。【写作参考点：细节描写，作者连喘粗气和大声说话都不敢，从这些小细节，我们能够看到作者对研究的谨慎，也表明了它们的微小和纤弱。】

可千万别小看了这个小东西，它虽然这么微小，但是，它可是一位有着高超的制造毛毯技术的专家。这个刚刚降生的小孤儿，竟然天生就知道该怎样从它母亲遗留给它的旧衣服上裁剪下自己所需要的衣服来。我现在可以告诉你们它所采用的方法，只不过在此之前，我必须先交代一点关于它的死去的母亲的事情。

我已经介绍过那铺在蛹袋里的毛绒被，它就像一张鸭绒床铺一样，软软乎乎，舒舒服服的。每当小毛虫从卵中钻出来以后，都会睡在这张床上面休息一会儿，并在其中取得适当的温暖，以便为到外面的世界中去工作做好准备。

野鸭会脱下身上的绒毛，为子孙后代做成一张华丽舒适的床。母兔则会用身上那些最柔软的毛为它新出生的儿女做一床温暖的被褥。而雌性被管虫也同样是这么做的。看来，任何一种生物的母亲总还是有一些共性的，它们的本能决定着这种共性，那就是无私地疼爱自己的儿女。

小虫的母亲会用一块柔软的充塞物，给小毛虫做成温暖的外衣，而且这材料又是那样的精细和美观。如果通过显微镜仔细地观察，我们就可以看到上面有一点一点的鳞片状物体，这就是它为小儿女们制作衣服准备的最好的呢绒材料。用不了多久，小幼虫就会在壳里出现，因此要尽快给它们准备一个温暖的屋子，让它们可以在里面自由地游戏玩耍，并且可以使它们在还没有进入到广大的世界里去之前，就在里面增加修养，积蓄力量。母蛾就像母兔、母鸭一样，用从身上取下的毛，不辞辛劳地为儿女们建造出一片美好的天地。

这应该是一种非常机械的行动方式，就像是连续不断地摩擦墙壁，而并不是有意识的自觉的举动一样。然而也并没有理由能证实我们的推测。甚至连最蠢笨的母亲也有它自己的先见之明，这位看上去似乎不太正常的蛾子翻来覆去地打着滚，并在狭窄的通道中跑来跑去，想尽一切办法把自己身上的毛弄下来，给它的家族制作舒适的床铺。

有些书上甚至提到过，自从小被管虫有了生命以后，就会吃掉自己的母亲。而事实上，我从来没有看到过这样的事情发生，而且也不知道这个说法是如何形成的。的确，这小小的母亲已经为它的家族奉献、牺牲了很多，最后只留下干干瘪瘪的一个尸体，这也许还不够这众多小子孙们一虫一口的。在我看来，小被管虫们是不吃自己的母亲的。我观察到的是，它们自从穿上衣服以后，一直到自己开始吃食，没有一个会咬自己已死去的母亲。【精解点评：作者用自己的观察，来否定被管虫吃自己死去母亲的说法，表明作者对待科学的严谨性和怀疑精神。】

三、聪明的裁缝

现在就让我详细地描述一下这些小幼虫的衣服吧。

在7月初，卵就开始孵化了，这个时候小幼虫的头部和身体的上部

呈现出鲜明的黑色，而身体下面的两节，是棕色的，其他部分又都是灰灰的琥珀色。它们是一些十分可爱的小生物，它们经常快速地用它们短小的脚跑来跑去。

它们孵化以后，从袋里钻出来，然后在相当长的一段时间里，它们仍然需要待在绒毛堆里——那些用它们的母亲身上取来的绒毛做成的褥子。这里要比培育它们的那个袋子更加空旷舒适一些。它们待在绒毛堆里，有些在休息，而有些却十分忙乱，还有一些比较心急，甚至已经开始练习行走了。它在离开外壳以前，全都在修身养性，增强体质，以便有足够的能力经受未知世界中风风雨雨的考验。

然而它们却并不留恋这个看上去比较奢华的地点。当它们的精力逐渐充沛起来后，就会纷纷爬出来分散地待在壳上面。随后积极的工作就要开始了，它们也慢慢地讲究起自己的穿着来——看来这些小家伙很看重脸面上的事情，食物问题以后才会想起来解决，目前只有穿衣服才是最要紧的事情。

蒙坦每次穿上他父亲从前曾经穿过的衣服时都会说:“我穿起我父亲的衣服了。”同样，幼小的被管虫穿起了自己母亲的衣服（必须分清楚的是，不是它身上的皮，而是它的衣服）。它们从树枝的外壳——也就是既会被我们称做屋子，又会被我们称做衣服的那种东西——剥取下一些适当的材料，然后开始利用这些材料，为自己制作新衣。由于小树枝的木髓比较容易取到，所以它们经常利用它们——特别是裂开的几枝——作为制作新衣的材料。

我们应该特别注意一下它们制作衣服的方法。这个小动物所采用的方法，实在是出乎我们人类的想象。它们是那样的灵巧，做起工作来又是那样的细致和精心。它们把那种填塞物都弄成极其微小的圆球。那么它们又是怎样将这些小圆球连接在一起的呢？很明显这位小裁缝需要一种支持物，作为一个基础。而这个支持物却又不是从毛虫自己的身体上得到的。

这个困难，是难不倒这些聪明的小家伙的：它们把小圆球聚集起来弄成一堆，然后用丝依次将它们一个个绑起来，这样，困难就轻易地被克服了。

现在你应该可以了解到，毛虫也能从自己身上吐出丝来，就像蜘蛛能吐丝织网一样。它们就是用这样的方法，把圆球或微粒连接在同一根丝上，做成一种十分漂亮的花环。等到连接得足够长了以后，这个小动物就会将花环围绕在自己的腰间，只留出 6 只脚，以免阻碍行动的自由，然后再用丝捆住末梢，于是一根圈带就这样形成了，围绕在这个小幼虫的身上。

这个圈带就是所有工作的起点和幼虫所需的支持物。当第一道工序完成以后，小幼虫再用大腮从壳上取下树心，固定上去，使它增长，于是一件完整的外衣就做好了。它们有时会将这些碎树心或圆球放置在顶上，而有时又会放在底下或旁边，不过通常都是放在前边的。其他任何的设计，都不会比这个花环的做法更好了。当外衣刚做出来的时候，是平的，当把它扣住以后，就成了带子的样子，圈在小毛虫的身体上。

最初的工作已经完成了，然后它会继续纺织下去。于是，那个最初的圈带逐渐发展为披肩、背心和短衫，后来更会变为长袍，经过几个小时劳作以后，就完全变成一件崭新雪白的大衣了。【精解点评：作者用拟人化的语言，将被管虫制作衣服的过程形象地分为披肩、背心和短衫，以及长袍和大衣，这几个阶段。】

还要感谢它的母亲的关心，小幼虫才得以免去光着身子跑来跑去的危险。假如它不将那个旧的壳丢掉，那么，这将成为它们获得新衣服的障碍，会给它们带来极大的困难，毕竟草束和有心髓的枝秆并不是随处可见的！然而，如果它们不想暴露而死，那么迟早它们都得找到它们要穿的衣服，因为它们可以利用其他能利用的材料——只要能找得到，什么都行。我也曾经对于这些在我的玻璃管中出生的小幼虫做过好几回类似的实验。

它会毫不犹豫地从一种蒲公英的茎里挖出雪白的心髓，然后将它做成洁净的长袍子，这显然要比由它的母亲遗留给它的旧衣服所改制的要

精致得多。有时还会有更好的衣服，那是用一种特殊植物的心髓织造而成的。这件新衣服上面装饰着细点，就像一粒粒的结晶块，或白糖的颗粒。这应该算得上是我们的裁缝家的杰出作品了。

那第二种材料，是我提供给它们的。那是一张吸墨纸，与上一种材料相同，我的小幼虫也毫不犹豫地将其表面割碎，用它做成一件纸衣服，它们非常喜欢这种新奇的材料，也非常感兴趣。后来，当我再次提供原来那种柴壳作为服装的材料给它们时，它们竟然看也不看，弃而不顾，而选取这种吸墨纸继续做它们的衣服了。

对于别的小幼虫，我没有提供什么材料给它们，然而它们并没有因此而失败。它们非常聪明，很快就采用了另一种方法。它们迅速地割碎那个瓶塞，并把它弄成小小的碎块，然后再将这些小碎块割成极其微小的颗粒，就好像它们和它们的祖先也曾经利用过这种材料一样——因为看上去它们对这些材料并不陌生。这种对于它们来说十分稀奇的材料，毛虫们也许从来都没有用过，然而它们却能把这些材料拿来做成衣服，并且还与其他材料做成的毫无差别。这些小幼虫的能力真的是让人感到无限的惊奇！

现在，我已经了解它们能够接受干而轻的植物材料了，于是我想我该换一种方法来实验。随后，我选用动物与矿物的材料来尝试。我割下一片大孔雀蛾的翅膀，然后把两个赤裸的小毛虫放在上面。有好长一段时间，它们两个都在迟疑。终于其中的一个决心要利用这块奇怪的地毯来尝试了，于是，不到一天的工夫，它就穿起了它亲手用大孔雀蛾的鳞片做成的灰色的绒衣了。

后来，我又尝试了一些软质的石块，它们都相当的柔软，只要轻轻一碰，就能破碎到如同蝴蝶翼上的粉粒的程度。【精解点评：将软质石块说成蝴蝶翼上的粉粒般柔软，这是夸张手法的运用。】我放了四个需要衣服的毛虫在这种材料上，其中一只很快就决定把自己打扮起来，开始为自己缝制衣服了。它的金属般的衣服，发出彩虹一样多彩炫目的亮光，闪烁在小毛虫的外壳上。这当然是很贵重，而且非常华丽，只是有点太笨重了。有了这样一个沉重的金属物的重压，小毛虫的行走变得非常辛苦，也非常缓慢。不过想象一下，东罗马的皇帝在有重大仪式的时候，应该也是这样的吧。

为了满足本能上的迫切需要，幼小的毛虫不会顾及这衣服会不会影响行动了。穿衣服的需要太迫切了，纺织一些矿物来做衣服总比光着身子好一些。再小的昆虫也会有爱美之心，它也希望自己可以打扮得漂漂亮亮的。吃的东西对它来说并没有像穿的东西那样重要，只顾穿衣打扮，只注重外表，是这些小毛虫的共性与天性。如果先将它关起来两天，然后再脱去它的衣服，将它放在它喜欢的食物面前——比如一片山柳菊的叶子——那么它一定会先做一件衣服。这是必然的，因为只有穿一件衣服在身上后，它才会有安全感，才会放心地去满足它的饮食需要。

它们对于衣服如此需要，并不是因为特别害怕寒冷，而是因为这种毛虫的先见。每当到了冬天，别的毛虫都会把自己隐藏在厚厚的树叶里，有的则藏在地下的巢穴里避寒，有的会在树枝的裂缝里取暖——这是怕寒的毛虫。但是，我们所说的被管虫却可以安然地暴露在空气当中。它不惧寒，也不怕冷，它自出生之日起，就已经学会了如何预防冬季的寒冷。

后来，当秋天细雨渐渐来临以后，它又开始赶做外层的柴壳。它们开始时做得很粗糙、很不用心，参差不齐的草茎和一片片凌乱的枯叶混杂在一起，没有次序地缀在颈部后面的衬衣上，然而头部必须仍然是柔软的，这样才不会妨碍毛虫向任何方向自由转动。这些不整齐的第一批材料，并不妨害建筑物后来的整齐。当这件长袍在前面渐渐变长的时候，那些材料便被甩到后边去了。

经过一段时间以后，碎叶会逐渐地加长。这时小毛虫也便更细心地选择材料了。它把每一种材料都依次铺下去。它铺置草茎时的敏捷与精巧，着实令人吃惊。我们不仅惊异于它们如此迅速、如此轻巧的动作，更惊讶于它们认真实在的态度。它们能做出如此舒适的铺垫，这是一些大的昆虫都无法做到的。它真的不能被小看啊！

它将这些东西放在它的腮和脚之间，不停地搓卷，然后再用下腮紧紧地把它们含住，将末端少许削去，再立即将其贴在长袍的尾端。这样做也许可以使丝线能粘得更坚固、更结实些。这似乎和铅管工匠的做法相类似——他们会在铅管的接合处锉[cuò]（用钢制成的磨钢、铁、竹、木等的工具）去一点。

于是，在还没有放到背上以前，小毛虫会用腮的力气，将草管竖起来，并且在空中舞动它，然后吐丝口便立即开始工作，将它粘在适当的地方。于是，毛虫便不再摸索着行动，也不再移动，一切工作就全都完成了。保护自己的、温暖的外壳已经做好了，只等寒冷气候的来临，这样，它便可以安心地生活了。

虽然这衣服内部的丝毡并不很厚实,但也足以使它感到舒适和安逸。等到春天来临以后，它就可以再利用闲暇的时间加以改良，使它又厚又密，而且变得更加柔软。就算是我们将它的外壳去掉，它也用不着再重新制造了。它只管在衬衣上一层一层地叠加，直到不能再加为止。这件长袍非常柔软，宽松而且多皱，不仅舒适，还很美观。它既没有保护，也没有隐避之所，然而它并不在意这些。做木工的时期早就过去了，该是装饰室内的时候了。它只全心全意地装饰它的屋子，填充房子——也就是它的长袍。如果房子没有了，那么它就将凄惨地死去——被蚂蚁咬得粉碎，成为蚂蚁的佳肴。这也许就是过分坚持本能的结果吧！

在这篇文章中，作者主要记述了被管虫的制衣过程和繁育后代的情况，文章运用拟人、比喻等多种手法，将被管虫的神奇的外衣展现出来，并对这衣服的制作过程进行了详尽的描述，作者在饱含情意的笔调中，表达了对被管虫的制衣才能的钦佩。

本篇文章主要记述了被管虫高超的制衣技艺，以及被管虫母亲为繁育后

代所作出的巨大牺牲和贡献。作者对这小小的虫子的赞叹和敬佩,也表现了作者作为一个科学家,对自然生命的尊重和敬仰。

1.被管虫的外衣是用一个普通的柴枝做成的,这表现了它的什么性格?

2.它们的外衣主要是以什么材料制成的?

3.它们对材料的使用,改变的浮动大吗?

(答案见最后)

1.被管虫制作衣服的方法是什么样的?

2.被管虫母亲是一个什么形象?

3.被管虫会吃掉自己死去母亲的尸体吗?

找枯露菌的甲虫

名师导读

甲虫喜欢找枯露菌，并且非常善于找，那么它为什么要执着地找枯露菌呢？是作为它的食物吗？这个枯露菌又是什么呢？也是一种菌类吗？带着这些疑问，让我们来走进文章，问问作者吧。

在讲到甲虫之前，让我先来介绍一下我的狗朋友，它很会寻找枯露菌。枯露菌是什么东西呢？它是一种生长在地底下的蘑菇。狗常常被用来寻找这种蘑菇。我的狗有着极好的运气，经常可以跟着一只在这方面极有经验的狗一同出去工作。而那只堪称找蘑菇专家的狗，其外貌实在是没有任何可取的地方：那是一只极为普通的狗，态度平静而从容，又丑又不整洁。总之，如果你有这样一条狗，你是绝对不会让它歇在你的火炉旁边的。然而我们不得不承认，它的的确确是一个名副其实的找蘑菇专家。在动物世界中，许多现象和人类世界一样：天才和贫瘠总是连在一起的，无论是哪方面的贫瘠。【精解点评：用总结性的话，强调了这只样貌丑陋的狗，在找蘑菇方面的奇异才能。】

这只狗的主人，是村里有名的枯露菌商人。他起初怀疑我要窥探他的秘密从而和他进行商业竞争，直到后来有人告诉他我只是要采集地下植物的标本，要借用他的狗，他才相信并允许我同他一道去工作。

我们事先作了约定——任何一方都不可以影响狗的行动，而且只要它发现一种菌类，不管是人们喜欢吃的还是其他不可以吃的蘑菇，它都应该得到一片面包作为酬劳。并且，它的主人绝对不能禁止他的狗到它喜欢的地方去，即使那个地方的蘑菇根本没有销路。而对于我的研究课题而言，蘑菇是否可吃并不重要，我的目的和枯露菌商人是不同的。

遵循着这个原则，我的这次远征获得了极大的成功。这只狗一路上慢慢地踱着步子走着，用鼻子嗅着。每走几步，它都要停下来，用鼻子探测着泥土。它还会用鼻子扒几下，然后用自信的眼光望着主人，似乎在说：

“就在这里了！就在这里了！我以我的性命保证！蘑菇就在这里！”【精解点评：这是作者揣测狗的心理，替它说出来的话，表现了作者对动物心理的准确把握。】

它的感觉果然没有错，主人只要依着它的指示掘下去就行了。万一主人的铲子掘得偏了，它就会赶快发出一声鼻音，提醒主人该把铲子放到哪个正确的部位。这样的工作从没有失败过。这狗的鼻子果然名不虚传。它从不说谎，它指示给我们的，包括各种地下菌类：大的，小的，有气味的，没气味的……当我忙碌着收集这些蘑菇的时候，我感到非常惊奇，这里面几乎包括了这一带地下蘑菇的所有品种。

狗是不是就靠那种我们常说的嗅觉来找寻的呢？对此我有所怀疑，它决不能只靠嗅觉就找出这许多气味完全不同的菌类来。它一定还有我们所不知道的感觉。

通常我们用人类的标准去推测一切事物的时候，往往极容易犯错。在这个世界上，有许多种感觉是我们人类并不了解的。而这样的感觉，在昆虫中尤为明显。

那么，就让我们来讲讲会找蘑菇的那种甲虫吧。【精解点评：过渡句，将文章内容转到对找蘑菇的甲虫的叙述上。】

它是一种美丽的甲虫，个头小小的，黑黑的颜色，有一个圆形的白绒肚皮，就像是一粒樱桃的核。当它用翅膀的边缘擦着腹部的时候，就

会发出一种柔和的“唧唧”声，就像小鸟看见母亲带着食物回来时所发出的声音一样。在雄的甲虫头上还长着一个美丽的角。【写作参考点：对甲虫外形的描写，使它的形象跃然纸上。】

我是在一个松树林里发现这种甲虫的，那里长满了蘑菇。那是一个美丽的地方，每当秋季气候温和的时候，我们全家便都会到那儿去玩。各种各样的东西在那个地方几乎应有尽有：有用细枝做成的老喜鹊的巢；有饶舌的柽(chēng)鸟吃饱后在树上互相嬉戏、追逐；有兔子翘着短尾巴突然从树丛里跳出来；还有可爱的小河，可以让孩子们建筑小型的隧道。这个河岸很容易堆成一排小屋，我们会用草盖在屋顶上，权当做是草屋，再在屋顶插上一段芦草作为烟囱。当微风轻轻地掠过，会发出轻轻的响声，我们的午餐就在这美妙的音乐中开始了。

显然，对于小孩子们来说，这的确是个美好的乐园。即便是成人，也会很喜欢这个地方。我到这里来最大的乐趣便是守候那些找蘑菇的甲虫们。在这里随处可见它们的洞，而且门都是开着的，只不过会有一堆疏松的泥土堆在洞口。它们的洞大约有几寸深，是向下的，而且往往是筑在比较松软的泥土中。

当我用小刀一直挖下去的时候，我总会发现这是个被废弃了的洞，甲虫们已经在夜里离开这里了——它在这里做完工作以后，就会迁到别处去。这种甲虫是个流浪者，并且喜欢在夜里行动，随便什么时候，只要它想离开这个洞，它就能很容易地在另外一处再建筑一个新巢。

有时候我也能侥幸挖掘到甲虫生活的洞，但始终只有一只，雌的或是雄的，从不会成对。看来这种洞并不是一个完整家庭的住所，而是专门给独身的甲虫住的。你看，这洞里的甲虫正在啃着一个小蘑菇，已经有一部分被吃完了。虽然它已经有些疲倦了，但仍旧紧紧地抱着它。它是决不肯轻易扔掉这个蘑菇的，这是它的宝贝，是它生命中的最爱。从周围吃剩的许多碎片来看，这只甲虫已经吃得饱饱的了。

当我从这甲虫的手中夺过这小小的宝物的时候，我发现这其实是一种很小的地下菌，跟枯露菌很相像。这样我们似乎可以解释甲虫的习惯和它需要经常搬家的理由了。让我们假设一下吧，在寂静的黄昏中，这个小旅行家从它的洞里慢慢地爬出来，一边快活地唱歌，一边悠闲地散步。它仔细地检查着土地，探究这地下所埋藏的东西，就像狗寻找枯露菌一样。它依靠它的嗅觉得知有菌的地方，那里通常只盖着几寸厚的泥土，而那些看起来肥沃的泥土，在它下面是决不会有菌类的。当它判定在某一点下面有菌的时候，便一直往下挖去，而且总能够得到它想要的食物。于是，它挖的洞也就成了它临时的宿舍，直到将食物吃完，它才会离开这个洞。它会在自己掘的洞底快活地吃着，从不操心它的洞门是开着的还是关着的。

等到洞里的食物都被吃光以后，它就要搬家了。它会另外寻找一个适当的地方，再掘下去，然后再住一阵子，吃一阵子，等到新屋里的食物也吃完了，它就再换一个地方。从秋季到来年的春季——菌类的生长季节里，它们就这样游荡着，“打一枪换一个地方”，从一个家搬到另一个家，很辛苦但又很洒脱。

甲虫所找到的菌并没有什么特殊的气味，那么它究竟是如何从地面上就感觉到地底下菌类的存在呢？它真的是聪明的甲虫，它实在是太有办法了。这是我们人类所望尘莫及的，哪怕是“千里眼”或是“顺风耳”，也无法找到那隐藏在地底下的秘密。【精解点评：问题的提出，作者并未给出答案，而是赞扬了甲虫的聪明，这问题就留给了读者去思考。】

这篇文章中，作者先讲会找蘑菇的狗，再将话题引到找枯露菌的甲虫上面，正是“先言他物以引起所咏之辞”的起兴的手法。作者对甲虫寻找枯露菌的过程进行了详尽的叙述，却没有说出甲虫能够这样做的原因，留给了读者去想象和思考。

作者在这篇文章中，重点写了自己观察甲虫寻找枯露菌的过程，而在介绍之前，却用了很大篇幅来写狗寻找蘑菇的才能，这是作者的一种叙述方式，即起兴。起兴也叫“兴”，是诗歌创作的一种手法，朱熹曾在《诗集传》中对起兴下过定义：“兴者，先言他物以引起所咏之辞也”，也就是说，先说其他事物，再说要说的事物。

1. “它的的确确是一个名副其实的找蘑菇专家。”这里的找蘑菇专家指的是谁？

2. “我的目的和枯露菌商人是不同的。”“我”的目的和商人的目的分别是什么？

3. “就在这里了！就在这里了！我以我的性命保证！蘑菇就在这里！”这是谁的语言？在这里有什么作用？

（答案见最后）

强化训练

1.为什么作者刚开始要讲寻找枯露菌的狗的事情？

2.作者对于会找蘑菇的狗的态度是怎样的？

3.试着思考一下，为什么甲虫能够准确地找到枯露菌？

萤

名师导读

萤火虫是我们熟知的一种小昆虫，它以能够发光而名扬于世，然而，在它美丽的外表下，竟然隐藏着凶残的本性，它也是凶残的食肉动物。那么它是怎么捕食的呢？它都吃些什么食物？它为什么会发光呢？读完下文内容，这些问题便都会迎刃而解。

一、它的外科器具

在众多种昆虫中，很少有会发光的，但其中有一种却以发光而著名。这个稀奇的小动物像是在尾巴上挂了一盏灯似的，每天用这明亮的灯光来表达它对快乐生活的美好祝愿。即便是我们并不认识它，不曾在黑夜里见过它从草丛上飞过，更不曾见过它从圆月上飞下来，就算我们没有深入地了解过它，那么至少，从它的名字上，我们可以多少有一些了解。古代的时候，希腊人曾经把它叫做亮尾巴，这是一个非常形象的名字。现在，科学家们给它起了一个新的名字，叫做萤火虫。

事实上，萤根本不属于蠕虫——即便是从它的外表上来看，它也不能算作是蠕虫。它长着 6 只短短的腿，而且，它懂得怎样去利用这些短足。在某种程度上说，它可真算得上一位真正的旅游家。当雄性的萤发育完全的时候，会有翅盖生长出来，就像真的甲虫一样。其实，它就是

甲虫的一种。

然而，雌性的萤却并不像雄性的那样引人注意，它甚至从来都没有体会过飞行的快乐。这实在是太可怜了，它竟不能懂得世界上还有自由飞行这种快乐可以享受。它始终都处于幼虫的状态，也就是说处于一种不完全的状态，它似乎永远也不可能长大。

可是，即便是在这种状态下，“蠕虫”这个名字对于它来说也是很不贴切的。在我们法国，经常会用“像蠕虫一样的粉光”这样的话来形容一些没有丝毫保护和遮掩的动物，然而，萤却是穿着衣服的。可以说，它的外皮就是它的衣服，它就是用自己的外皮来保护自己。而且，它的外皮还具有非常好看的颜色呢：它的胸部有一些微红，但全身是黑棕色的，并且在它身体的每一节的边沿处，都有一些粉红色的斑点作为装饰。像这样美丽鲜艳的衣服，蠕虫怎么会有呢？【精解点评：反问句的运用，加强了语气，同时说明萤火虫的外表很漂亮。】

就算事实是这样的，我们也还姑且继续把它叫做发光的蠕虫吧。因为，这个名字是全世界的人都熟知的。

萤，有两个很有趣的特点：首先，就是它获取食物的方法；其次，就是它尾巴上的那盏灯。

有一位在研究食物方面很著名的法国科学家曾经说过：“如果让我知道，你吃的是什么东西，那么我就可以告诉你，你究竟是什么东西。”【精解点评：引用法国科学家的话，增强文章内容的可读性，同时为下文中讲述萤火虫的饮食习惯做铺垫。】

同样的问题，应该也适用于任何昆虫。我们所作的研究就是这些昆虫们的生活习性——因为，我们人类常说“民以食为天”，那么，关于昆虫的食物方面的知识，便也是在它们的生活中最主要的问题。因而，它们的饮食习惯也就成了我们应该重点研究的问题之一。

虽然，从萤的外表来看，它似乎是一个纯洁善良而且非常可爱的小动物，但是事实上，它却是一个食肉动物，并且凶猛无比。它很善于猎取山珍野味，而且，它还有着十分凶恶的捕猎方法。【写作参考点：将萤的美丽外表与凶猛猎食作对比，突出表现了这一类昆虫的欺骗性和迷惑性。】这样看来，它那美丽的外表也是像其他一些昆虫一样的，是具有欺骗性的迷惑工具。通常，它喜欢捕获一些蜗牛来作为食物，而且人们早就了解到了它的这种喜好。而人们所不了解的，是萤的那种颇有些稀奇古怪的捕食方法。而且至今，我还并没有在其他的地方看到过相同的例子，足以见其非同一般的独特性。

下面就让我来详细叙述一下萤的这种捕食方法吧：在它开始捉食它的俘虏以前，它也是先要给它打一针麻醉药的，和其他的昆虫一样先使这个小猎物失去知觉，从而失去防御抵抗的能力，才有利于它捕捉并食用。也许可以这样来做个比方，我们人类在动手术之前，都是要先接受麻醉，渐渐失去知觉以后就不会感到疼痛了，它们的捕猎方法应该就是这个原理。

通常，萤所猎取的食物，都是一些很小很小的蜗牛，它们很少能捕捉到比樱桃大的蜗牛。在天气非常炎热的时候，经常会有大群的蜗牛聚集在路旁边的枯草或者是麦根上，就像集体纳凉一般。正因为酷热难耐，它们成群结队地一动也不动地伏在那里，就像生怕稍稍动一动，就会中暑一样。它们就这样静止着，懒洋洋地度过炎热的夏天。于是，我便会经常在这些地方看到，一些萤在咀嚼它们那已经失去知觉的俘虏。萤就是在这些摇摆不定的植物上把它们麻醉了的。

除了上述路边的枯草、麦根等地方以外，萤也常常选择其他一些可以获得食物的地方出没或停留。例如，它常到一些阴凉潮湿的沟渠附近去转悠。因为这样的地方，通常都会有很多杂草密密地生长在那里，因而也就可以在那里找到大量的蜗牛。这可真是难得的美餐啊！饱饱地吃上几顿是完全没有问题的。萤经常在这些地方，把它们的俘虏杀死在地上——就像人类的就地处决一样——干净利落地结束战斗。然后，获得丰厚的战利品。我为了方便观察，就在我自家的屋子里，制造出类似这样的场所，吸引萤到这里来捕食。因此，待在家里，我便可以制造出一个战场，使我更加仔细地观察它们的一举一动。

那么，下面就让我来叙述一下这奇怪的场面吧。【精解点评：这一句

是过渡句，引出下文关于萤捕食的场面描写。】

我取来一只大玻璃瓶，然后再在里面放进一些小草，随后我便将几只萤放了进去，还有一些蜗牛。我所选用的蜗牛，大小都比较合适，不算特别的大，也不算特别的小。当这一切都准备就绪以后，我们所需要继续进行的工作，就是等待，而且，是极其耐心的等待。另外，还有最为重要的一点，那就是必须十分留心，时刻注意着玻璃瓶中发生的一切动静，就算是极其微小的动作也不能轻易放过。因为，这整个的捕猎事件，通常都是在不经意的时候发生的，而且，也不会持续很长的时间，几乎就是一瞬间的事情。所以，我必须目不转睛地紧紧盯住瓶中的这些小动物。

不一会儿，我希望看到的事情就要发生了。萤已经开始注意到那些食物了。看起来，蜗牛对于萤而言，的确是具有极强的、难以抗拒的吸引力。在一般情况下，根据蜗牛的习性，除了外套膜的边缘那一部分会微微露出一点儿以外，身体的其他部分是全部都隐藏在它的家中——即它一直背着的壳子里面，因为这样它才会觉得更安全一些。

于是，这位猎人跃跃欲试，准备要发起总攻了。【精解点评：把萤火虫比作猎人，将准备进攻的状态用跃跃欲试来形容，显示出作者高超的语言水平。】它首先采取的行动，就是把自己随身携带的兵器迅速地抽出来——这件兵器是那样的细小，如果不依靠放大镜的帮助，简直是一点儿也看不出来。萤的身上长有两片颚，它们分别弯曲起来，再合拢到一起，就形成了一把钩子——尖利、细小，就像毛发一样纤细的钩子。倘若把它放到显微镜下面观察，我们就可以发现，在这支钩子上还长着一道沟槽。这件武器就是这个样子的，并没有什么其他更特别的地方。然而，这可是一件非常厉害的兵器，是可以轻易地致对手于死地的利刃。

这个小小的昆虫，正是利用这样一件兵器，在蜗牛的外膜上，不停地、反复地刺击。但是，萤却始终保持一种很平和的态度，神情也很温和，并不凶恶残酷，冷眼看去，好像并不是猎人在捕获食物，攻击它的俘虏，倒好像是两个动物在亲昵接吻一般。就像小孩子在一起互相戏弄对方的时候，常常用两个手指头，互相握住对方的皮肤，轻轻地揉搓一样。也许，通常我们会用“扭”这个字眼儿来形容这个动作。而且，事实上，这种动作近乎相互搔痒，而并不是那样重重地击打。

那么现在，也让我们来使用“扭”这个字吧。如果说描述动物，除了那些最简单平实的字以外，那些在言语中使用频繁的字，大部分都是用不到的。但是，应该允许我们这样说：萤是在“扭”动蜗牛，这也许更贴切一些。【精解点评：一个“扭”字，形象而贴切地表明了萤捕食时动作很轻的特点。】

萤在扭动蜗牛时，颇有它自己的方法。你会觉得它一点儿也不着急，不慌不忙的，而且很有章法。它每扭动一下对方之后，都要停下来一小会儿，仿佛是在做一些观察，看看这一次的扭动产生了什么样的效果。萤扭动的次数并不多，最多也就有五六次而已。就是这么简单的几下，便足以让蜗牛动弹不得，失去一切知觉而不省人事。再后来，也就是在萤开始享用它的时候，再扭上几下。看起来，这是很重要的几下扭动。

但是，萤究竟为什么还要再扭上几下呢？我就真的不得而知了。确实在最初的时候，只要轻轻地攻击几下，就足以使蜗牛慢慢地失去知觉不能动弹了。那么，它们为什么在食用前，还要再扭几下呢？我始终也没有想明白，所以至今仍是个谜。由于萤的动作异常迅速而敏捷，快得如同闪电一般，一瞬间就已经将毒汁从沟槽注射到蜗牛的体内了。【写作参考点：将萤的动作比作闪电，突出表现了动作的快速和敏捷。】这只是刹那间的一个动作，如果不是非常仔细地观察，是没那么容易就看到的。

当然，有一点是不必怀疑的，那就是，在萤对蜗牛进行刺击时，蜗牛是感觉不到丝毫的痛苦的。对于这个小小的推测，我曾经做过一次小实验来证实：我利用一只萤去进攻一只蜗牛，当萤扭了它四五次以后，我立刻迅速地把那只受到毒汁侵害的蜗牛拿开。然后，用一根细小的针去刺激这可怜的蜗牛的皮肤。可是那块被刺伤了的肉，竟然没有一点儿收缩的迹象，没有丝毫的反应。这就已经很明显了，此时此刻，这只受到攻击的蜗牛已经一点儿活气儿也没有了。它已经不会感觉到任何痛苦，

因为它早就已经游荡到另一个世界里去了。

还有一次偶然的发现，那一次我看到一只可怜的蜗牛遭到了萤的袭击。当时，这只蜗牛正在自由自在地向前爬行着——它的足慢慢地蠕动，触角长长地伸着。忽然，这突如其来的刺激和兴奋，使这只蜗牛不由自主地抽动了几下。然后，马上就静止了下来。它的足不再向前缓缓爬动，整个身体也全然失去了刚才的那种温文尔雅（形容人态度温和，举动斯文。现有时也指缺乏斗争性，做事不大胆泼辣，没有闯劲。温文：态度温和，有礼貌；尔雅：文雅）的曲线。它那长长的触角也变软了，不再伸展了，有气无力地垂下来，就像是一根坏了的手杖一样，再也感受不到任何东西了。所有的这一切现象都表明，这只蜗牛已经死了，它的灵魂已经到另一个世界里去了。

然而，实际上，这只蜗牛并没有完全死去。我完全有办法，可以让它重新活过来，我可以给它第二次生命。【精解点评：通过作者肯定的话语，我们可以看到作者对昆虫的熟悉程度。】就在这个可怜的蜗牛生不生、死不死的几天内，我每天都坚持给它洗澡，清洁身体，尤其是清洗伤口。就这样，在几天以后，奇迹就出现了。这只被萤无情地伤害了的蜗牛，这只悲惨的、几乎丧命的小动物，竟然恢复到了以前的状态，它甚至已经能够自由地爬行了。

同时，它的知觉也已经恢复正常了，当我再用小针刺激它的肉时，它立刻就会做出反应——小小的躯体会马上缩到背壳里去躲藏起来。这充分说明它已经完全恢复了知觉，就像并没有受到那些伤害一样。现在，它完全可以爬行了，那对长长的触角又重新伸展开了，就像是从来没有发生过什么意外的事情一样。而且令人惊喜的是，它的精神甚至更好了。在它失去知觉的那些日子里，它就像是进入了一种完全无知的沉醉状态，一切事物、一切变化都惊动不了它，而现在就大不一样了。它醒了，而且是完全苏醒了。它从死亡中复活了，奇迹般地逃离了魔爪，获得了新的生命。

在我们的科学中，人们已经发明创造了可以不让人感觉疼痛的方法，并已经利用在外科手术上。这种方法经过了多次医学上的实践，已经被证明是非常成功的了。然而，就在人类还没有找到这种方法之前，蛍以及很多其他种类的动物，就已经使用了好久了。

所不同的是，外科医生在手术前，会让我们嗅乙醚气体或者是注射其他麻醉剂，而那些昆虫所采用的方法却不同，它们会利用天生就长着的毒牙，向自己的猎物注射少量的特殊的毒药，以达到让它们失去知觉的目的。【写作参考点：对比的运用，将人类外科手术的麻醉方式与昆虫的麻醉方式相对比，突出表现了具备毒液麻醉能力的昆虫捕食时的凶残。】

当我们偶然想到蜗牛具有这样温柔、平和而无害的天性时，再看到蛍却要采取这种向它注射毒汁来麻醉它的特殊方法来制服它，然后以它为食，这个时候，我们总会有些奇怪的感觉。但是，我想我可以了解，蛍利用这种方法来猎取蜗牛的种种鲜为人知的理由。

如果蜗牛在地上爬行，或者蜷缩在自己的壳子里，那么，对它进行种种攻击，并不是困难的事情。原因是这样的，因为蜗牛除了背上背着的壳儿以外，并没有任何可以遮盖的东西来保护自己了，而且，蜗牛身体的前部是完全暴露在外面的，根本毫无遮挡。

但是，实际上，事情并没有这么简单。蜗牛不仅仅会在地上爬行，它还经常置身于高且不稳定的地方：它喜欢趴在草秆的顶上，喜欢待在表面光滑的石头上。如果它贴身在这些地方，那么就不需要什么其他的保护了。因为，这样的地点本身就为它提供了再好不过的天然屏障。这是什么原因呢？

这是因为当蜗牛把自己的身体紧紧地依附在这些东西上面时，这些东西就自然而然地起到了盖子的作用。于是，便能很好地保护住蜗牛了。不过，就算是在这样的保护之下，只要稍稍有些不小心，哪怕是只有一点儿没有遮盖严密，一旦被蛍发现，那么它的钩子可是一点儿也不讲情面的。只要有机可乘，它是决不会放弃的。而且，蛍的钩子总有办法可以触及到蜗牛的身体。它会一下子将猎物钩住，释放出毒液，于是蜗牛便失去知觉了。然后蛍就可以找个地方坐下来，安安稳稳地享用它的美餐了。【精解点评：蜗牛即使有外壳的保护，也避免不了蛍的趁机下手，

体现出萤的凶残和蜗牛的可怜。】

不过，蜗牛深居高处，也并不是没有危险。当它爬到草秆上时，也是很容易跌下来的。哪怕有一点儿轻微的扭动，或者是挣扎，蜗牛就会移动它的身体。而一旦蜗牛落到地面上，那么，萤就不得不去选择一个更好的猎物。所以，在萤捕捉蜗牛时，必须要使它感觉不到丝毫的痛苦，使它没有知觉，让它动弹不得，从而也就不能轻易地跑掉了。因此，萤在进攻蜗牛的时候，通常都会采取很轻微的触动方法，以免惊动了这只蜗牛，更避免它从摇摆不定的草秆上掉落下来。否则的话，那可就前功尽弃，白费一番心思了。这样看来，我推测，萤之所以具备这样的外科器具，理由也就应该是这样了吧！除此之外，我真的再也找不出更合适的理由了。

二、蔷薇花饰物

萤不会在草木的枝干上结束战斗，也不是使它的俘虏逐渐失去知觉就可以的，因为，这里也是存在一定危险性的地方。为了避免意外的发生，萤会很快地就地把它解决处理掉，也就是把它给完全吃掉。所以，萤获得食物的过程可并没有想象得那么简单容易！

那么，萤在吃蜗牛的时候，又是采用怎样的奇特方法呢？它真的是在食用它吗？是不是也需要把蜗牛分解成小块，或者是割成一些小碎片或碎粒的样子，然后再慢慢地、细细地咀嚼品味它呢？【精解点评：一连几个疑问句的提出，引起读者对萤吃蜗牛奇特方式的想象，增加阅读的趣味性。】由于，我从来没有在这些动物体内，发现过任何这种小颗粒食物，所以我猜想，它并不是以这样普通的方式来食用蜗牛的。

我认为萤的吃，并不是通常的狭义上的吃，它只不过是以另一种方式，来解决问题罢了。具体方法应该是这样的，它要将蜗牛先制成非常稀滑的肉粥，然后再来饮用。就像蝇吃小虫一样，它能够在捕获食物之后，先把它变成流质，然后再痛快地享用。

更为具体的情形和做法是这样的：萤先使蜗牛失去了知觉，无论这只蜗牛到底有多大。在开始的时候，总是只有一只萤来享用它。然后就会有客人三三两两地跑过来，它们绝不会与主人发生任何争执，它们会聚集到一起，和主人一起分享食物。再过了两三天以后，如果把蜗牛的身体翻转过来，将它的面朝下放置，那么，它体内剩余的东西，就会像锅里的羹一样流出来。到了这个时候，萤的膳食便已经结束了。它所吃下的只不过是一些其他动物吃剩下的东西。因而，一只蜗牛就这样被众多昆虫同时分享了。

事实是很明显的，与前面我们看到过的“扭”的动作相似，经过几次轻咬之后，蜗牛的肉就已经变成了肉粥。【精解点评：前后照应，这里提到与“扭”的动作相似的轻咬，与前文中的内容相呼应。】然后，许多其他昆虫跑过来共同享用。它们都很随意，每一个客人都毫不客气地把它吃掉。同时，每一位客人又都利用自己的一种消化素把它变成肉汤。它们需要用这种方法来进食，说明萤的嘴是非常柔软的。萤在用毒牙给蜗牛注射麻醉剂的同时，也会注入其他的物质到蜗牛的体内，以使蜗牛身上固体的肉能够变成流质。这样，那柔软的嘴便有了适合的食物，也就使它吃得更加方便自如。

那被我关在玻璃瓶里的蜗牛，它并不是一直都站得特别稳，因此，它总是非常小心谨慎的。有的时候，蜗牛会爬到瓶子的顶部，而那顶口是用玻璃片盖住的，于是，它为了能够更加稳固、踏实地停留在那里，它就要利用自己身体中拥有的黏性液体，将自己粘在那个玻璃片上。如此一来，的确是非常稳定安全的。只不过一定要用足够多的黏液才行，不然的话，哪怕就稍微少了那么一点儿，都将是十分危险的——在这样的情况下，即便是轻微的一个动作，也足以使它的壳脱离那个玻璃片，掉到下面去。

而萤则常常要利用一种爬行器——为了弥补它自己腿部，以及足部力量的不足——爬到瓶子的顶部去。它们会先仔细地观察一下蜗牛的动静，然后作出相应的判断和选择，再寻找方便下来的地方。当确定好这一切以后，再那么迅速地轻轻一咬，于是对手便失去知觉了。这一切都在刹那间发生。接下来的事情大家也都清楚了，萤决不会拖延时间，它会马上开始抓紧时间来制造它的美味佳肴——肉粥，以便作为数日内的

食品。

萤在一阵风卷残云般的吞食以后，便吃饱了，剩下的蜗牛壳也就完全空了。然而，没有了主人的空壳依然是粘在玻璃片上的，并没有脱落下来。而且，壳的位置也没有丝毫的改变，这都是黏液的作用。那个牺牲了的蜗牛在没有一点儿反抗的情况下，就这样静悄悄地、不知不觉地被宰割了，最终，变成了别人嘴里营养丰富、美不胜收的大餐。如今，就在它那受到攻击的地点，它身体逐渐流干了，只剩一个空空如也的壳儿。【精解点评：这里描述了蜗牛被残食的过程，既形象又具体，使读者印象深刻，同时表现了萤的残忍。】整个故事就是这个样子的。它向我们表明了一个事实：萤的这种麻醉式的咬伤，有着相当大的功效。所以，可以说，萤处理蜗牛的方法是十分巧妙的。

萤要想顺利地完成自己的任务，达到自己的目的——比如，爬到悬在半空中的玻璃片上去，或者爬到有蜗牛小憩的草秆上去，必须要具备一种特别的爬行足或其他什么有利的器官，这样才可以使它自己不至于在还未触及到猎物时，就先从高空跌落下来，从而半途而废。它现有的笨拙的足显然是不够用的，于是，它就必须要有一种辅助的东西。

如果我们把一只萤放到放大镜下面进行仔细的观察和研究，我们就可以很容易地发现，在萤的身上，的确存在着一种特别的器官。大自然在创造它的时候真的很公平，它是那样的细心，并没有忘掉赐给它必要的工具。在萤身体的后半部，接近它尾巴的地方，有一个白点。通过放大镜我们可以清楚地看到，这个白点是由一定数量的短小的细管，或者是指头组合而成的。

有的时候，这些东西会合拢在一起，团成一团，而有的时候，它们则会张开，变成蔷薇花的形状。正是这种精细的结构，这些隆起来的指头，给萤提供了巨大的帮助，使得它能够牢牢地吸附在非常光滑的表面上，不仅如此，还可以帮助它向前爬行。如果萤想使自己紧紧地吸到玻璃片上，或者是草秆上，那么，它就会放开那些指头，让蔷薇花绽放开来。【写作参考点：比喻的运用，用绽放的蔷薇花来代指细管张开的状态，

形象而生动。】

萤就利用这些小指头自然的吸附力而牢固地粘在那些它想停留的支撑物体上。而且，当萤想在它所处的地方爬行时，它只要让那些指头相互交错地一张一缩就可以了。因为有了这些微小的器官，萤才可以在看起来如此危险的地方自由地爬行。

那些长在萤身上的，构成蔷薇花形的指头是没有节的。但是，它们每一个都可以向任何方向随意地转动。而且事实上，与其说它们像是指头，倒不如说它们更像是一根根细细的管子。因为，这一个比喻似乎更加合适、贴切。如果说它们像指头的话，它们却并不能拿起什么东西，它们只能是利用其吸附力而附着在其他东西上。它们是有很大的作用的，除了上面所说的粘附，以及在危险处爬行这两大功能以外，它还具有第三种功能——当做海绵以及刷子使用。【精解点评：这一句话将细管的三个功能概述出来，并且引起下文中对第三个功能的具体叙述。】

萤饱餐一顿以后，它都会适当地休息，这个时候它便会利用这种自动的小刷子，在头上、身上到处进行扫刷和清洁，这样既方便，又卫生。因为那管子有着很好的柔韧性，而且使用起来又相当便利，所以它才能够如此游刃有余地利用身体的这一器官。在它饱餐之后，舒舒服服地休息一下，再用刷子清理——从身体的这一端刷到另外一端，而且非常仔细、认真，所有的部位都不会被遗漏掉。从这一点我可以推测，它是一种非常爱清洁，又很注意自身形象的小动物。从它那副神采奕奕、得意洋洋，又特别舒服的表情来判断，这个小动物对清理个人卫生的事情还是非常重视的，而且也是非常有兴趣去做的。

当我们看到这些的时候，我们不禁会产生这样的疑问：为什么这个小东西会如此专心致志地拂拭自己呢？为什么又如此谨慎呢？其实答案是显而易见的：把一只蜗牛做成一锅肉粥，花费了很多心思，然后再用很多天的时间去消化它，定然会把自己的身体弄得很肮脏。那么，在饱餐之后，的确很有必要认认真真地把自己的身体好好清洗一番，让自己焕然一新。

三、它的灯

我们正在介绍的萤，如果除了会利用那种类似于接吻一样的动作——轻轻地扭动几下——来施行麻醉术以外，再也没有什么其他的才能，那么它也就不会有如此大的名声了，更不会有这么多的人都知道它的大名。所以，它一定还具有一些其他的动物所没有的特殊本领，比如特异功能什么的。那么它究竟还有什么样的奇特本领呢？

我们大家都知道，它的身上还有一盏灯，它会在黑夜里点燃这盏灯。而在黑夜中为自己留一盏灯，照耀着自己前进的路程，这就是使它成名的最重要的原因之一了。【精解点评：萤火虫最主要的特征就是能发光，这里将它的发光器官比作一盏灯，形象而贴切。】

雌萤发光的器官，生长在它身体最后三节的地方。在前两节中的每一节下面都发出光来，形成了宽宽的节形。而位于第三节的发光部位要比前两节小得多，那里只是有两个小小的点。它发出的光亮从背面透射出来，所以我们可以在这个小昆虫的上下两面看见光。这些发出来的光是微微带有蓝色的、很明亮的光。

而雄性的萤却不同。与雌萤相比，雄萤只有雌萤那许多盏灯中的小灯，也就是说，只有尾部最后一节处的两个小亮点。而这两个小点，是所有的萤类都具有的一个器官，从萤还是幼小的蛴螬时代开始，它们就已经具备了这两个用于发光的小点。此后，萤长大，它们也随着萤的身体不断地长大，这在萤的一生中都不会有丝毫改变。这两个小点，通常是可以在身体的任何一个方向都能看见的。然而雌萤所特有的那两条宽带子则不同，它是只会在下面发光的。这就是雄、雌的主要区别之一。【精解点评：这里从萤类所具有的发光器官的多少，来区分雌雄萤，语言通俗，晓白易懂。】

我曾经在我的显微镜下，观察过这两条发光的带子。在萤的皮上，有很细很细的粒形物质，那是由一种白颜色的涂料形成的，光就发源于这个地方。在这些物质的附近，更是分布着一种非常奇特的器官，那是一些生长着很多细枝的东西。这种枝干分散生长在发光物体的上面，有的还深入其中。

我可以清楚地说明，光亮是由萤的呼吸器官产生的。世界上有一些物质，当它和空气相混合以后，便会发出亮光，有一些，甚至还会燃烧，产生火焰，这样的物质，被人们称为“可燃物”。而那种和空气相混合后发光或者产生火焰的作用，则通常被人们称之为“氧化作用”。萤能够发光，正是为这种氧化作用提供了一个很好的例证与说明——萤的灯就是氧化的结果。那些像白色涂料一样的物质，就是经过氧化作用以后，剩下的余物。氧化作用所需要的空气，是由与萤的呼吸器官相连的细细的小管提供的，而那种发光物质的性质，至今还没有人能够知道。

现在，还有一个问题我们了解得还算清楚。我们知道，萤是有能力调节它身体上发出的亮光的强度的，也就是说，它可以随意地将自己身上的光加亮，或者是调暗，或者是干脆熄灭它。

那么，这个聪明的小动物，究竟是如何调节它自身的光亮的呢？经过仔细观察，我了解到，如果萤身上的细管里面流入的空气量增加了，那么它发出来的光的亮度就会有所增强；要是哪天萤觉得倦了，把气管里面空气的输送停止下来，那么，光的亮度自然也就会变得微弱，甚至熄灭。

还有一些外界的刺激，也会对气管产生影响。这盏精致的小灯——萤身上最后一节上的两个小点——哪怕只有一点点的侵扰，它都会立刻就熄灭。这一点我确实深有体会，每当我想要捕捉这些幼稚可爱的小动物时，它们总是喜欢和我捉迷藏。明明就在刚才，清清楚楚地看见它在草丛里发光，并且飞舞个不停，可是，只要我的脚步稍微有一点儿不慎，发出一点儿声响，或者是我在不知不觉中触动了身边的一些枝条，那个光亮就会马上消失掉，这个昆虫自然也就看不见了。这样，我也就失去了捕捉的对象，浪费了一次机会。【精解点评：作者以自己的经历为例，说明萤火虫光的亮度也会受到外界的刺激，而发生变化。】

然而，雌萤的光带，即便是受到极大的惊吓与扰动，都不会有多大的变化。比如说，如果把一个雌萤放在铁丝做的笼子里面，空气是完全

可以流通的。然后，我们在铁笼子附近放上一枪——这样爆烈的声音，竟然也是毫无结果——萤似乎什么也没有听到，就算是听到了，也置之不理。它的光亮依然在闪烁，没有丝毫的变化。

于是，我只好再换一种方法试探：我把冷水洒到它们的身上去，但是，仍然没有成功。我还尝试过其他的方法，然而各种刺激居然都不奏效，没有一盏灯会熄灭，顶多是把光亮稍微停一下，而且，这样的情况也是很少发生的。

然后，我又拿了一个烟斗，吹进一阵烟到铁笼子里去。这一吹，那光亮倒真的停止了一段时间，有一些竟然熄掉了，可即刻之间便又点着了。等到烟雾全部散去以后，那光亮便又像刚才一样明亮了。如果把它们拿在手掌上，轻轻地捏一捏。只要你捏得不是特别的重，那么，它们的光亮也并不会减少很多。所以，到目前为止，我们根本就没有什么办法能让它们同时熄灭。

从各个方面来看，毫无疑问，萤的确可以控制并调节它自己的发光器官，它可以随意地使它更明亮，更微弱，或是熄灭。不过，也许在某一种我们还并不了解的条件下，它也会失去它的这种自我调节的能力。如果我们从它发光的地方，割下一片皮来，把它放在玻璃瓶或管子里面，这块皮也仍然可以发光，不过亮度暗些罢了。

因为，对于发光的物质而言，是并不需要什么生命因素来支持的。这是因为，能够发光的外皮，可以直接和空气相接触而发出光亮，因此，气管中氧气的流通也就不是必要的了。就是在那种含有空气的水中，这层外皮发出的光也和在空气中时一样明亮。然而，如果是把它放在那种已经煮沸过的水里，由于空气已经被“驱逐”出来了，所以，光也就会渐渐地熄灭。因此，再没有更好的证据来证明萤的光是氧化作用的结果了。

萤发出来的光，是白色且平静的。它那柔和的光对人的眼睛产生不了任何刺激。人们看过这种光以后，会自然而然地联想到，它们简直就是那种从月亮里面掉落下来的一朵朵可爱洁白的小花朵，充满诗情画意的温馨。【写作参考点：比喻，这里将萤火虫发出的柔和的光，比作黑夜

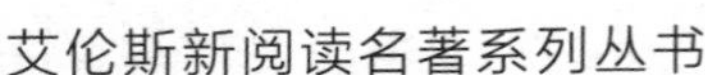

里洒下的白色月光，并且用小花朵来代指萤火虫，语言充满诗意，使人印象深刻。】

虽然这种光亮十分灿烂，但是同时它又是那样的微弱。假使我们在黑暗之中，捉住一只细小的萤，然后用它的光向书上的文字照过去，我们便会很容易地辨别出每一个字母，甚至还可分辨出不是很长的词来。不过，超过了这光亮所照射到的那样狭小的范围，那就什么都看不清楚了。不过，这样微弱的灯，这样吝啬的光亮，不久就会令读书人感到厌倦的。

然而，这些能够发光的小动物，这些本该在心中充满光明的小昆虫，在事实上却是一群心理上相当黑暗的家伙。它们对于整个家族完全没有感情。家庭对于它们来说，是无关紧要的，柔情对于它们也是没有丝毫实际意义的。

它们会随时随地地产卵：有的时候，产在地面上；有的时候，产在草叶上。无论何时何地，也不管在什么样的条件下，它都可以随意散播自己的后代。真可谓是四处闯荡，四海为家，随遇而安。而且，在它们产下卵以后，就再也不去注意它们了，任凭它们自生自灭，自由地去生长。

从生到死，萤是一直放着亮光的，甚至连它的卵也会发光，幼虫也是如此。当寒冷的气候马上就要降临的时候，幼虫就会立刻钻到浅浅的地面下边去。假如我从地面把它挖掘出来，它的小灯也仍然是亮的。即便是在土壤的下面，它的小灯也依旧点着，它会永远为自己点亮希望的灯！【精解点评：作者在此将“灯”作为希望的象征，表达了对黑暗土壤下的幼虫向往光明的赞誉。】

作者在这篇文章中，为我们介绍了一种能发光的小昆虫，即萤火虫。我们了解到的只是它能发光，而并不知道它发光的原理，作者在文章中通过很多疑问的提出，引导读者思考，并通过实验和自己的经历，为我们讲述了萤火虫发光的相关知识，另外，作者的语言诙谐通俗，使读者在轻松的阅读中，了解了科普知识。

这篇文章主要讲述了萤火虫的捕食，它所用到的捕食器具，以及揭示了它的发光原理。从文中，我们了解到，光鲜美丽的外表下，萤火虫也有着凶残的一面，作者描述它捕食蜗牛时的残暴令人战栗；而同时，它天生的发光本领，又让人觉得不可思议，人们还是会喜欢这个天生就代表着光明和希望的小昆虫。

1.“而人们所不了解的，是萤的那种颇有些稀奇古怪的捕食方法。”这里的“稀奇古怪的捕食方法”指的是什么方法？

2.作者认为萤的吃，并不是通常的狭义上的吃，而是以另一种方式，来解决问题。这里的“另一种方式”的具体方法是什么样的？

3.雄性和雌性萤火虫的发光器官是不一样的，具体有什么区别呢？

（答案见最后）

强化训练

1.本文主要讲述萤火虫的哪些方面的内容？

2.作者笔下的萤火虫有着哪些本领？

3.萤火虫光的亮度的调节，主要受到哪些方面的影响？

蜣　　螂

蜣螂是一种圆球式的小昆虫，也就是我们俗称的“屎壳郎”或“粪金龟”，它总是喜欢在脏物中滚圆球，就是这样一个现在人们很厌恶的脏东西，也有它辉煌的时候，它曾经被称为“神圣的甲虫”。这是怎么一回事呢？赶紧来看看吧。

一、圆球

人们第一次谈到蜣螂，是在六七千年以前。古代埃及的农民，在春天灌溉农田的时候，经常可以看见一种肥肥的黑色昆虫经过他们的身旁。它们匆忙地向后推着一个圆球似的东西。他们自然对眼前这个奇形怪状的旋转物体感到惊讶，像今日布罗温司的农民那样。

从前的埃及人想象这个圆球是地球的模型，而蜣螂的动作正是与天上星球的运转相符合。在他们看来，这种甲虫具有这样多的天文学知识，实在是很神圣的，所以他们把它称作“神圣的甲虫”。同时他们又认为，被甲虫抛在地上滚动的球体，里面装的是卵，是小甲虫们出来的地方。然而现在我们可以了解到，事实上，这仅仅是它的食物储藏室而已，里面根本没有卵。

这圆球并非什么美味佳肴。因为甲虫所从事的工作，就是从土里

收集污物，而这个球就是它把路上与野外的垃圾，很仔细地搓卷起来做成的。

它们是这样做成这个球的：它用它的牙齿来掘割。它一共有6颗牙，长在它扁平的头的前边，它们排列成半圆形，像一种弯形的钉耙。它们收集起其他昆虫抛开不要的东西，作为它挑选的食物。因为它们那弓形的前腿非常坚固，而且在外端也长有5颗锯齿，所以它也是很重要的工具。如果需要很大的力量去搬动一些障碍物，甲虫就必须利用到它的臂。它左右转动着有齿的臂，很有力地清扫，扫出一块小小的面积后，在那里堆集起它所耙集来的材料，然后，再放到4只后爪之间去推。蜣螂的这些腿长得又长又细，特别是后面的一对，形状略弯曲，前端还有尖利的爪子。甲虫便用这后腿将材料压在身体下，搓动、旋转，使它成为一个圆球。只要一会儿，一粒小丸就可以变得像胡桃那么大，然后不久又会大到像苹果一样。我曾见到很贪吃的家伙，它们甚至把圆球做到拳头那么大。【精解点评：将圆球比作胡桃、苹果和拳头，形象地再现了蜣螂滚圆球的过程。】

食物的圆球做成以后，就必须搬到适当的地方去，于是甲虫就开始旅行了。它用后腿抓紧这个球，再用前腿行走，头向下俯着，臀部举起，向后退着走。把那堆在后面的物件，轮流向左右推动。通常情况下，我们都会以为它该选择一条平坦或不很倾斜的路走。

然而事实出乎我们的意料！它总是走险峻的斜坡，攀登那些简直不可能上去的地方。这固执的家伙，偏要走这样的道路。相对于它们来说，这个球真的很笨重，一步一步艰苦地推进，还需要加倍小心。即使到了相当的高度以后，它也并不改变行走的方式。

所以，只要稍有不慎，那么所有的劳动就全白费了——球滚落下去，甲虫也会被拖下来。再爬上去，还会再掉下来。它这样一次又一次地往上爬，只要有一点儿小故障，就会前功尽弃，一根小小的草根能把它绊倒，一块滑石会使它失足。球和甲虫都跌下来，混在一起，有时甚至要经过一二十次的努力，才能获得最后的成功。有时直到它的努力成为绝

望，才会跑回去另找平坦的路。【精解点评：通过很多次的努力，才能获得成功，我们看到了蜣螂在滚圆球时执着的精神。】

有的时候，蜣螂是一个善于合作的动物，而且这种事情也是常常发生的。当一个甲虫已经做好了它的球，它便会离开它的同类，把收获品向后推动。而一个将要开始工作的邻居，一看到这种情况，就会忽然抛下工作，跑到这个滚动的球边上来，帮球主人一臂之力。它的帮助当然是值得欢迎的。但它绝不是真正的伙伴，而是一个强盗。要知道，自己亲自制作圆球是需要苦工和忍耐力的！而偷一个已经做成的，或者到邻居家去吃顿饭，那就容易多了。有的贼甲虫，用很狡猾的手段来偷，有的简直是用暴力来抢呢！

有时候，会有一个盗贼从上面飞下来，猛地将球主人击倒。然后它自己蹲在球上，前腿靠近胸口，静待球主人回来抢夺，准备接下来的争斗。如果球主人爬起来抢球，这个强盗就从后面打它一拳。于是这主人又会爬起来，推动这个球，球滚动了，强盗也就因此而滚落。那么，接着就是一场角力比赛了。两个甲虫互相厮打着，腿与腿相绞，关节与关节相缠，它们角质的甲壳互相冲撞、摩擦，发出金属互相摩擦的声音。胜利的甲虫爬到球顶上，而失败的甲虫就会被驱逐，只好跑开去重新做自己的小弹丸。有几回，我甚至看见第三个甲虫出现，像强盗一样抢劫这个球。【精解点评：这里描绘了两个蜣螂互厮，争夺圆球的场面，精彩而有画面感。】

但也有时候，贼会牺牲一些时间，利用狡猾的手段来行骗。它会假装帮助这个搬运者搬动食物，它们共同经过生满百里香的沙地，经过满是车轮印和那险峻的地方，但实际上它却并没有用多少力，它做的大多只是坐在球顶上观光。到了适宜于收藏的地点，主人就开始用它边缘锐利的头和有齿的腿向下开掘，把沙土抛向后方，而这贼却抱住那球假装死了。当土穴越掘越深，工作的甲虫看不见了——即使有时它到地面上来看一看，看到球旁睡着的甲虫一动不动，便也就觉得安心了。

但是若主人离开的时间久了，那贼就会乘这个机会，很快地将球推走，同小偷怕被人捉住一样迅速。假使主人追上了它——这种偷盗行为被发现了——它就赶快变更位置，看起来好像它是无辜的，因为球向斜坡滚下去了，它仅仅是想拦住它！于是两个“伙伴”又将球搬回，好像什么事情都没有发生一样。

假使那贼安然逃走，主人艰苦做起来的东西丢了，也只有自认倒霉。它会揩揩颊部，吸点空气，飞走，再另起炉灶。我是很羡慕它这种百折不挠的品质的，甚至还有点嫉妒呢。【精解点评：作者在此直抒胸臆，表达了对它的百折不挠精神的钦羡。】

最终，它会将它的食品平安地储藏好。储藏室是在软土或沙土上掘成的土穴，如拳头般大小，有短小的通道通往地面，宽度则恰好可以容纳做好的圆球。食物推进去后，它就会坐在里面，然后将进出口用一些废物塞起来，圆球刚好塞满一屋子，从地面上一直堆到天花板。在食物与墙壁之间只留下一条很窄的小道，设宴人就坐在这里，通常只是自己一个，至多两个。接下来，便是这神圣的甲虫的昼夜宴饮，差不多有一个礼拜或两个礼拜，中间不会有一刻停止。

二、梨

我已经说过，古代埃及人以为神圣甲虫的卵，是在我刚才叙述的圆球当中的。这个我已经证明不是如此。甲虫放卵的真实情形，是在一个偶然的机会中被我发现的。我认识一个放羊的小孩子，在他空闲的时候，常来帮助我。

有一次，在6月的一个星期天，他到我这里来，手里拿着一个奇怪的东西，看起来好像一只小梨，但已经失掉新鲜的颜色，因腐朽而变成褐色。虽然原料似乎并没有经过精细的筛选，但摸上去很坚固，样子很好看。他告诉我，这里面一定有一个卵，因为有一个同样的梨，掘地时被偶然弄碎，里面藏有一粒像麦子一样大小的白色的卵。

第二天早晨，天刚蒙蒙亮的时候，我就同这位牧童出去考察这个事实。

不久我们就找到了一个神圣甲虫的地穴，因为它的土穴上面，总会堆积一堆新鲜的泥土，很容易被发现。我的同伴用我的小刀铲向地下拼命地掘，我则伏在地上，因为这样容易看见有什么东西被掘出来。一个洞穴掘开了，在潮湿的泥土里，我发现了一个精制的梨。

我真的不会忘记，这是我第一次看见一个母甲虫的奇异的工作呢！当挖掘古代埃及遗物的时候，如果我发现这神圣甲虫是用翡翠雕刻的，我的兴奋却也不见得更大。我们继续搜寻，于是发现了第二个土穴。这次母甲虫就在梨的旁边，而且紧紧抱着这只梨。这当然是在它未离开以前，完工毕事的举动，用不着怀疑，这个梨就是蜣螂的卵了。在这一个夏季，我至少发现了 100 个这样的卵。

像球一样的梨，是用人们丢弃在原野上的废物做成的，但是原料要精细些，为的是给蛴螬预备好的食物。当它刚从卵里跑出来的时候，还不能自己寻找食物，所以母亲将它包在最适宜的食物里，它可以立刻大吃起来，不至于挨饿。

卵是被放在梨的比较狭窄的一端的。每个有生命的种子，无论植物或动物，都是需要空气的，就是鸟蛋的壳上也分布着无数个小孔。假如蜣螂的卵是在梨的最后部分，它就闷死了，因为这里的材料粘得很紧，还包有硬壳。所以母甲虫要预备下一间精制透气的小空间，给它的小蛴螬居住。不仅是在小空间，甚至在梨的中央，也有少许空气。当这些已经不够供给柔弱的小蛴螬消耗，它不得不到中央去吃食的时候，它已经变得很强壮，能够自己引入一些空气了。

在梨子大的一头包上硬壳子，也是有很好的理由的。蜣螂的地穴是极热的，有时候温度能达到沸点。在这种高温下，这种食物经过三四个礼拜之后，就会干燥，不能吃了。如果小蛴螬的第一餐不是柔软的食物，而是石子一般硬得可怕的东西，这可怜的幼虫就会因为没有东西吃而饿死。在 8 月的时候，我就找到了许多这样的牺牲者。为了减少这种危险，母甲虫就用它强健而肥胖的前臂，拼命压那梨子的外层，把它压成能起保护作用的硬皮，如同栗子的硬壳，用以抵抗外面的热度。在酷热的暑天，管家婆会把面包摆在闭紧的锅里，保持它的新鲜。而昆虫也有自己

的方法，实现同样的目的:用压力打成锅子的样子来保存家族的面包。

我曾经观察过甲虫在巢里工作，所以知道它是怎样做梨子的。

它收集建筑用的材料，把自己关闭在地下，这样就可以专心从事当前的任务了。这材料大概是由两种方法得来的：一种是用搓的方法，这是很常见的。在天然环境下，甲虫用常法搓成一个球推向适应的地点。在推行的时候，表面已稍微有些坚硬，并且粘上了一些泥土和细沙。到了适应地点后，甲虫就把球储存起来以便产卵。这个适应地点，不只局限在离收集材料很近的地方。在这种情况下，它的工作不过是捆扎材料，运进洞而已。另一种方法却尤其显得稀奇。有一天，我见它把一块不成形的材料隐藏到地穴中去了。第二天，我到达它的工作场地时，发现这位艺术家正在工作，那块不成形的材料已成功地变成了一个梨，外形已经完全具备，而且是很精致地做好了。【写作参考点:将蜣螂比作艺术家，表现了它建造卵巢的才华。】

梨紧贴着地板的部分，已经敷上了细沙。其余的部分，也已磨得像玻璃一样光，这表明它还没有把梨子细细地滚过，不过是塑成形状罢了。

它塑造这只梨时，不停地用大足轻轻敲击，如同先前在日光下塑造圆球一样。

我在自己的工作室里，用大口玻璃瓶装满泥土，为母甲虫做成人工的地穴，并留下一个小孔以便观察它的动作，因此它工作的各项程序我就都可以看见了。

甲虫开始是做一个完整的球，然后环绕着梨做成一道圆环，加上压力，直至圆环成为一条深沟，做成一个瓶颈似的样子。这样，球的一端就做出了一个凸起。在凸起的中央，再加压力，做成一个火山口，即凹穴，边缘是很厚的，凹穴渐深，边缘也渐薄，最后形成一个袋。它把袋的内部磨光，把卵产在当中，再用一束纤维把袋口(即梨的尾部)塞住。【精解点评:作者在这里详细讲了这个梨形巢的做法。】

用这样粗糙的塞子封口是有理由的，别的部分甲虫都用腿重重地拍过，只有这里不拍。因为卵的顶端朝着封口，假如塞子重压深入，蛴螬就会感到痛苦。所以甲虫把口塞住，却不把塞子撞下去，就给蛴螬留下了充裕的生活空间。

三、甲虫的生长

卵在梨里约一个星期或10天之后，就孵化成蛴螬了。蛴螬聪明异常，它会毫不迟疑地开始吃四周的墙壁，而且总是朝厚的方向去吃，不致把梨弄出小孔，使自己从空隙里掉出来。不久它就变得很肥胖了，但样子却非常难看，背上隆起，皮肤透明，假如你拿它来朝着光亮看，能看见它的内部器官。如果古代埃及人能有机会看见在这种发育状态之下的肥白的蛴螬，他们是不会将它与庄严、美观的圣甲虫联系在一起的。

当第一次脱皮时，这个小昆虫虽然已经初具了全部甲虫的形状，但还未长成完全的甲虫。很少有昆虫能比这个小动物更美丽，翼盘在中央，像折叠的宽阔领带，前臂位于头部之下。半透明的如蜜的色彩，看来真如琥珀雕成的一般。它差不多要有4个星期保持这个状态，直到再脱掉一层皮为止。

在第二次蜕皮后，它的颜色变成红白色。在变成檀木的黑色之前，它还需要换好几回衣服。颜色渐黑，硬度渐强，直到披上角质的甲胄，才是完全长成的甲虫。

这些时候，它是在地底下梨形的巢穴里居住着的。它很渴望冲开梨的硬壳，跑到日光里来。但能否成功，还要依靠环境而定。

它准备出来的时机，通常选在8月份。8月的天气，是一年之中最干燥、最炎热的。所以，如果没有雨水来软一软泥土，要想冲开硬壳，打破墙壁，仅凭自身的力量，是办不到的。因为最柔软的材料，也会变成一种不能通过的坚壁，它们烧在夏天的火炉里，早已成为硬砖头了。

【精解点评：将夏天比作火炉，将变硬的材料比作坚硬的壁垒和砖头，形象而贴切。】

当然，我也曾做过这种实验，将干硬壳放在一个盒子里，保持其干燥，或早或迟，听见盒子里有一种尖锐的摩擦声，这是囚徒用它们头上

和前足的耙在那里刮墙壁，过了两三天，似乎并没有什么进展。

于是我加入一些助力给它们中的一对，用小刀戳开一个墙眼，但这两个小动物也并没有比其余的更有进步。

不到两星期，所有的壳内都沉寂了。这些用尽力量的囚徒，已经死了。

于是我又拿了一些同从前一样硬的壳，用湿布裹起来，放在瓶里，用木塞塞好，等湿气浸透，才将里面的潮布拿开，重新放到瓶子里。这次实验完全成功，壳被潮湿浸软后，遂被囚徒冲破。它勇敢地用腿支持着身体，把背部当做一条杠杆，认准一点，拼命去顶和撞。最后，墙壁破裂成了碎片。在每次实验中，甲虫都能从中解放出来。

在天然环境下，这些壳在地下的时候，情形也是一样的。当土壤被 8 月的太阳烤干，硬得像砖头一样时，这些昆虫要逃出牢狱，就不可能了。但偶尔下过一阵雨，硬壳恢复从前的松软，它们再用腿挣扎，用背推撞，就能得到自由了。

刚出来的时候，它并不关心食物。这时它最需要的是享受日光。跑到太阳里，一动不动地取暖。

一会儿，它就要吃了。没有人教它，它也会做，像它的前辈一样，去做一个食物的球，也去掘一个储藏室储藏食物，一点不用学习，它就能完全从事前辈们的工作。

学海导航

这篇文章带我们认识了爱滚圆球的蜣螂。文章中细节描写、动作描写等手法的运用，将神圣甲虫制造粪球的过程，以及它搬运粪球的艰难旅途展现出来。另外，文章有群像、有特写、有拟人、有比喻，语言生动诙谐、趣味十足。正是由于它的超强的消化功能，才造就了我们身边更加清洁、干净的环境。

本文主要讲述了甲虫滚圆球的过程、放卵的真实情形，以及甲虫的生长过程。通过阅读文章，我们对蜣螂的印象有所改观，它并非就是一个栖身于

脏物中的肮脏的小昆虫，相反地，它是一个清洁卫士，正是由于它将脏物滚成圆球并吃掉，才有了我们现在干净的环境。作者对蜣螂的评价较为客观，也体现了作者对世界上的生物一视同仁。

1.从前的埃及人为什么把甲虫称作“神圣的甲虫”？

2.被甲虫抛在地上滚动的球体，里面装的是什么？

3.甲虫所从事的工作是什么呢？

（答案见最后）

1.甲虫的卵要经过几次蜕皮才能完全长成甲虫？

2.甲虫的蛴螬长的是什么模样？

3.甲虫经过第二次蜕皮之后，它的身体有什么明显的变化？

卷心菜毛虫

名师导读

卷心菜毛虫是一种依靠卷心菜而生长的小昆虫，它与卷心菜有着千丝万缕的关系，因为它就像寄生虫一样，寄居在卷心菜的身体里。我们吃卷心菜的时候不得不小心，因为我们可能连着小虫子一起吃掉。先来看看这种小虫子的寄居生活吧。

在所有的蔬菜中，卷心菜几乎可以算是其中最为古老的一种。我们知道很早以前的人就已经开始吃它了。而实际上在人类开始食用它之前，它就已经在地球上存在了很长时间，所以我们实在是无法知道它究竟是什么时候出现的，人类又是什么时候首次种植它们，同时用的又是什么方法。

植物学家告诉我们，它最初是一种长茎、小叶、长在滨海悬崖的野生植物。关于这类事情的微小细节是没有多少记载的。历史歌颂的，都是那些夺去千万人生命的战场，它觉得那一片使人类生生不息的土地是没有什么研究价值的。它详细列举着各国国王的嗜好和怪癖，却无法告诉我们小麦的起源！但愿将来的历史记载会改变它的方向。

对于卷心菜我们实在是知道得太少了，这的确有点可惜，它真的算得上是一种很贵重的东西。因为它拥有着许多好玩的故事。不仅是人类，还有很多动物也都与它有着千丝万缕的联系。其中有一种普通的白色大蝴蝶，它的毛虫，就是靠卷心菜生长的。它们以卷心菜皮及其他一切和卷心菜相似的植物叶子为食，像花椰菜、白菜芽、大头菜，以及瑞典萝卜等。似乎它们生来就与此类蔬菜有着不解之缘。【精解点评：简单地介绍了毛虫的出场，并对这种毛虫的食物进行了罗列和介绍。】

它们也吃一些其他与卷心菜同类的植物。植物学家们称呼它们为十字花科，因为它们的花有四瓣，并且按照十字形排列。白蝴蝶的卵一般只产在这类植物上，可是它们是怎么区分这是十字花科植物的呢？它们又没有学过植物学。这的确是个问题。我研究植物和花草已经有 50 多年了，但如果要我判定一种没有开花的植物是不是属于十字花科，我也只能去查书。然而现在，我不需要去查书了，我可以根据白蝴蝶留下的记号作出判断——我是很信任它的。

白蝴蝶每年要成熟两次。一次是在 4、5 月里，另一次则是在 10 月，这正是我们这里卷心菜成熟的时候。白蝴蝶的日历恰巧和园丁的日历一样，当我们有卷心菜吃的时候，白蝴蝶便也要出来了。

白蝴蝶的卵是淡淡的橘黄色，聚成一片，有时候产在叶子朝阳的一面，有时候产在叶子背光的一面。经过一星期的孵化以后，卵就变成了毛虫，毛虫出来后的第一件事就是把这卵壳吃掉。我经常可以看到幼虫会把自己的卵壳吃掉，不知道这到底是什么原因。于是，我做了这样的推测：卷心菜的叶片上有蜡，滑得很，为了要使自己可以在上面走路而不滑倒，它就必须弄一些细丝来攀缠住自己的脚，如果要做出丝来，那就需要一种特殊的食物。所以，它要吃掉卵壳，因为那是一种和丝性质相似的物质，在这初生的小虫柔弱的胃里，只有它更容易转化成小虫所需要的丝。

不久以后，这些小虫就要尝尝这新鲜的绿色植物了，于是卷心菜的灾难也就来临了。它们的胃口实在是太好了！我从一颗最大的卷心菜上采下一大把叶子去喂我养在实验室的那一群幼虫。两个小时以后，除了叶子中央粗大的叶柄之外，已经什么都没有了。照这样的速度吃起来，

这一片卷心菜田用不了多久就会被吃光的。

这些贪吃的小毛虫，除了偶尔会伸一伸胳膊、挪一挪腿以外，其他的什么都不做，就只是吃个不停。当几只毛虫排着横队在一起吃叶子的时候，你甚至可以看见它们的头会同时抬起来，又同时低下去。就这样一次一次做着反复的动作，非常整齐，好像普鲁士士兵在操练一样。【写作参考点：比喻手法的运用，将几只行动一致的毛虫比作操练的士兵，形象地表现了它们之间的动作的整齐划一。】我并不了解它们这种整齐的动作有什么意义，是表示它们在必要的时候有集体作战的能力呢，还是表示它们在阳光下享受美食的快乐？总之，在它们成为极其肥大的毛虫之前，这是它们唯一的练习。

整整一个月之后，它们终于吃够了，于是就开始往四面八方爬。它们一面爬，一面把前身仰起，做出在空中探索的样子，就像是在做伸展运动，也许为了帮助消化和吸收吧。现在气候已经开始渐渐地冷了，所以我把我的毛虫客人们都安置在花房里，让花房的门开着。可是，令我惊讶的是，有一天我发现这群毛虫都不见了。

后来，我在附近的一些墙脚下发现了它们，那里离花房大概有 30 码的距离。它们都栖息在屋檐下，那里可以作为它们冬季的居所了。卷心菜的毛虫长得非常壮实健康，应该没有那么怕冷。

它们在这居所里织起茧子，然后变成蛹。等到来年春天，就会有蛾从这里飞出来了。

听着这卷心菜毛虫的故事，我们也许会感到非常有趣。可是如果我们任凭它毫无休止地繁殖，那么我们的卷心菜很快就会被吃光了。

所以当我们听说有一种昆虫，专门以猎取卷心菜毛虫为食的时候，我们丝毫没有感到痛惜，因为这样它们就可以没有那么快的繁殖速度。如果卷心菜毛虫是我们的敌人，那么那种卷心菜毛虫的敌人就是我们的朋友了。但它们是那样的弱小，又都喜欢默默无闻地工作，使得园丁们非但不认识它，甚至连听都没听说过它。即使他偶然看到在他所保护的植物周围有这样的小动物徘徊，他也决不会去注意它，更不会想到它会对自己有那么大的贡献。

我现在要给这小小的侏儒们一些应有的奖赏。

因为它长得细小，所以科学家们把它称为“小侏儒”，那么就让我也这么称呼它吧。我实在不知道它是不是还有其他好听一点的名字。【精解点评：将毛虫的天敌称作侏儒，表现了它细小的特点。】

让我们来看看它究竟是怎样工作的吧！春季，当我们走到菜园里去时，就一定可以看见在墙上或篱笆脚下的枯草上，有许多黄色的小茧子，一堆一堆地聚集在那里，每堆都有一个榛仁那么大。而每一堆的旁边都有一条毛虫，有时候是死的，看上去都很不完整。这些小茧子就是“小侏儒”们的劳动果实，它们是吃了身边的毛虫之后才长大的。而那些毛虫的残尸，也就是“小侏儒”们剩下的。

这种“小侏儒”比毛虫的幼虫还要小。当卷心菜毛虫在菜上产下橘黄色的卵以后，“小侏儒”的蛾就会立刻赶过去，凭借自己坚硬的刚毛的帮助，把自己的卵产在卷心菜毛虫的卵膜表面上。一只毛虫的卵上，往往可以有好几个“小侏儒”同时跑去产卵。根据它们卵的大小来看，一只毛虫差不多相当于65只“小侏儒”。

当这毛虫长大以后，它似乎并不会感觉到痛苦。它照常吃着菜叶，照常出去游玩，照常寻找适宜做茧子的场所。它甚至还能开展工作，只是它经常萎靡无力，无精打采，然后渐渐地消瘦下去，最后，只有死去。那是必然的，有那么多的“小侏儒”生活在它的身上，喝着它的血呢！毛虫们顽强地活着，直到身体里的“小侏儒”准备出来的时候。它们从毛虫的身体里一出来就开始织茧，然后，变成蛾，破茧而出。

在这篇文章中，作者首先介绍了卷心菜的种植历史很久远，然后讲到以卷心菜为食的卷心菜毛虫，重点对它的孵化过程、成长和结茧过程进行了介绍。另外，文章还讲到被称为“小侏儒”的毛虫的天敌。作者以卷心菜毛虫为中心，涉及到很多其他方面的内容，表现了作者渊博的学识。

这篇文章中，作者带领我们认识了一种寄居在卷心菜中的小毛虫，它以卷心菜为食，并且有着很大的胃口，对卷心菜来说是个杀伤力很大的害虫，然而，世间总是会有相生相克的事物存在，卷心菜毛虫也无法躲避它的天敌“小侏儒”的袭击。这正是“一物降一物”，作者通过这篇文章，将自然界中的食物链原理展现出来，表现了作者的学术才华。

1.卷心菜是一种什么植物？

2.卷心菜毛虫靠什么生长，以哪些植物为食？

3.幼虫为什么会把自己的卵壳吃掉？作者对此做出了什么猜测？

（答案见最后）

强化训练

1.作者为什么一开始先讲卷心菜的历史？

2.卷心菜毛虫是一种什么样的小虫子？

3.卷心菜毛虫的天敌是哪种小虫子？

寄 生 虫

名师导读

寄生虫是我们经常听到的一个词，它是指寄生在别的生物体上的动物。而现在更多的是比喻有劳动能力而不劳动，靠别人为生的人。那么本篇文章又为我们讲述了哪些所谓的“寄生虫”呢？一起走进看看吧。

在8、9月里，我们应该到光秃秃的、被太阳灼得发烫的山峡边去看看，我们应该在那找一个正对太阳的斜坡——那儿的土地往往热得烫手，因为太阳已经快把它烤焦了。恰恰正是这拥有火炉一般温度的地方，是我们所要观察的目标。因为就是在这种地方，我们可以得到巨大的收获。这里往往是黄蜂和蜜蜂的乐园。它们多在地下的土堆里忙着料理食物——这里放着一堆象鼻虫、蝗虫或蜘蛛，那里又有一组的蝇和毛毛虫在分门别类，还有的正在把蜜贮藏在皮袋里、土罐里、棉袋里或是树叶编的瓮里。

在这些默默地埋头苦干的蜜蜂和黄蜂中间，还夹杂着一些其他的昆虫，我们称之为寄生虫。它们匆匆忙忙地从这个家赶到那个家，耐心地躲在门口守候着。你别以为它们是在拜访好友，它们这些鬼鬼祟祟的行为绝不是出于好意，而是要找一个机会去牺牲别人，以便安置

自己的家。【精解点评：主人公名字还不知道，就已经将它的卑劣行为公之于众了。】

这有点类似于我们人类世界的争斗。勤劳善良的人们，刚辛辛苦苦地为儿女积蓄了一笔财产，却碰到一些不劳而获的家伙来抢夺。有时还会发生谋杀、抢劫、绑票之类的恶性事件，充满了罪恶和贪婪。至于他们的家庭，劳动者们曾为它付出了多少心血，贮藏了多少自己舍不得吃的食物，最终竟也被那伙强盗活活吞灭了。世界上几乎每天都有这样的事情发生，可以说，哪里有人类，哪里就有罪恶。【精解点评：作者直抒胸臆，表达了对人类社会中罪恶现象的控诉。】

昆虫世界也是这样，只要存在着懒惰和无能的虫类，就会有把别人的财产占为己有的罪恶。蜜蜂的幼虫们都被母亲安置在四周紧闭的小屋里，或呆在丝织的茧子里，为的是可以静静地睡一个长觉，直到它们变为成虫。

可是这些宏伟的蓝图往往不能实现，敌人自有办法攻进这四面不通的堡垒。每个敌人都有它特殊的战术——那些绝妙又狠毒的技巧，你根本连想都想不到。你看，一只奇异的虫，靠着一根针，把它自己的卵放到一条蛰伏着的幼虫旁边——这幼虫本是这里真正的主人；或是一条极小的虫，边爬边滑地溜进了人家的巢，于是，蛰伏着的主人便永远长睡不醒了，因为它马上就会被这条小虫吃掉了。那些凶狠的强盗，毫无愧意地占了人家的巢，用自己的茧子取代了人家的茧子。到了来年，善良的女主人已经被谋杀，而抢了巢杀了主人的恶棍倒出世了。

看看这一个，身上长着红白黑相间的条纹，形状像一只非常难看而又多毛的蚂蚁。它一步一步地仔细地观察着这个斜坡，检查着每一个角落，还不停地用它的触须在地面上试探着。你如果见到它，一定会觉得它是一只强壮的蚂蚁，只是看起来比普通的蚂蚁更漂亮一些。

其实，这是一种黄蜂，只是没有翅膀。它是其他许多蜂类幼虫的天敌。它虽然没有翅膀，但是它有一把短剑，或者说是一根利刺。只见它搜寻了一会儿，就在某个地方停下来，开始不停地挖掘，就跟具有极其丰富的经验的盗墓贼似的，挖出了一个地下巢穴。这巢在地面上看不出任何痕迹，但这家伙跟人类不一样，能看到我们所看不到的东西。它钻到洞里呆了一会儿，最后又重新出现在洞口。这一去一来的过程中，它已经干下了无耻的勾当:它潜进了别人的茧子，把卵产在那睡得正香的幼虫旁边，等它的卵孵化成幼虫，就会把茧子的主人当做丰盛的食物。

这是另外一种昆虫，满身闪耀着金色的、绿色的、蓝色的和紫色的光芒。它们被称作金蜂，是昆虫世界里的蜂雀。你看到它的模样，决不会把它和一个盗贼或是搞谋杀的凶手联系起来，可它们的确是把别的蜂的幼虫当做自己的食物，是个穷凶极恶的坏蛋。【精解点评:将闪着金光的外表与穷凶极恶的本质相对比，表现了金蜂复杂的特点。】

可是这无恶不作的金蜂并不懂得挖人家墙角的方法，所以只有等到母蜂回家的时候才能趁机溜进去。你看，一只半绿半粉红的金蜂大摇大摆地走进了一个捕蝇蜂的巢。那时，正值母亲带着一些新鲜的食物来看孩子们。于是，这个“侏儒”就趁机堂而皇之地进了“巨人”的家。它一直毫无顾忌地走到洞的底端，丝毫不会惧怕捕蝇蜂锐利的刺和强有力的嘴巴。至于那母蜂，不知道是不了解金蜂的丑恶行径和名声，还是给吓呆了，竟任由它自由进去。来年，如果我们挖开捕蝇蜂的巢，就可以看到几个赤褐色的针箍形的茧子，这本是捕蝇蜂的茧子。但在茧子的开口处有一个扁平的盖，就像丝织的摇篮。这个摇篮里本应该躺着的是捕蝇蜂的幼虫，而现在它却消失了，取而代之的是金蜂的幼虫。那个一手造就这坚固摇篮的可怜的捕蝇蜂的幼虫去哪里了？看一看茧子外面破碎的皮屑你就会恍然大悟:原来它早就成了金蜂幼虫的盘中餐!

看看这个表面漂亮而内心奸恶的金蜂，它身上披着金青色的外衣，腹部缠着“青铜”和“黄金”织成的袍子，尾部系着一条蓝色的丝带。当一只泥水匠蜂筑好了一个弯形的巢，并把入口封闭，等里面的幼虫渐渐成长，把食物吃完后，吐着丝装饰着它的小天地的时候，金蜂就在巢外等候时机了。一条细细的裂缝，或是水泥中的一个小孔，都可以给金蜂提

供一个把卵塞进泥水匠蜂的巢里去的足够的空间。总之，到了5月底，泥水匠蜂的巢里又有了一个针箍形的茧子，从这个茧子里出来的，又是一个口边沾满无辜者的鲜血的金蜂，而泥水匠蜂的幼虫，早被金蜂当做美食吃掉了。

正如我们所知道的那样，蝇类总是扮演强盗或小偷或歹徒等反面的角色。虽然它们看上去很弱小，弱小到甚至你用手指轻轻一撞，就可以把它们全部压死。可它们的祸害却很大。有一种小蝇，长着满身柔软的绒毛，看上去娇软无比，只要你轻轻一摸就会把它压得粉身碎骨，脆弱得就像一丝雪片，可是当它们飞起来时却有着惊人的速度。

乍一看，只是一个迅速移动的小点儿。它在空中徘徊着，翅膀飞快地震动着，使你看不出它在运动，倒觉得是静止似的。好像是被一根看不见的线吊在空中。如果你稍微动一下，它就突然不见了。你会以为它飞到别处去了，怎么找都找不到。它到哪儿去了呢？

其实，它哪儿也没去，就在你身边继续震动着翅膀。当你以为它真的不见了的时候，它早就又回到原来的地方了。它飞行的速度是如此之快，使你根本看不清它运行的轨迹。那么它在空中干什么呢？它正在打自己的小算盘，在等待机会把自己的卵放在别人预备好的食物里。我现在还不能确定它的幼虫所需要的是哪一种食物：蜜、猎物，还是其他昆虫的幼虫？

有一种灰白色的小蝇，我对它比较了解，因此可以用“强盗”来形容它。它蜷伏在日光下的沙地上，等待着抢劫的机会。当各种蜂类猎食回来，有的衔着一只马蝇，有的衔着一只蜜蜂，有的衔着一只甲虫，还有的衔着一只蝗虫。

大家都满载而归的时候，灰蝇就上来了，一会儿向前，一会儿向后，一会儿又打着转，总是紧跟着蜂，不让它在自己的眼皮底下溜走。当母蜂把猎物夹在腿间拖到洞里去的时候，它们也准备出击了。就在猎物将要全部进洞的那一刻，它们飞快地飞上去停在猎物的末端，将自己的卵产在上面。就在那一霎那的工夫里，它们以迅雷不及掩耳之势完成了任务。母蜂还没有把猎物拖进洞，猎物已就带上了新来的不速之客的种子了，这些“坏种子”变成虫子后，将要把这猎物当做成长所需的食物，而让洞主人的孩子们活活饿死。【精解点评：这就是灰蝇的寄生方式，这种以掠夺他人食物，造成他人牺牲的行径太卑劣了。】

不过，退一步想，对于这种专门掠夺人家的食物吃人家的孩子来养活自己的蝇类，我们也不必对它们过于指责。一个懒汉吃别人的东西，那是可耻的，我们会称他为“寄生虫”，因为他牺牲了同类来养活自己，可昆虫从来不做这样的事情。它从来不掠取其同类的食物，昆虫中的寄生虫掠夺的都是其他种类昆虫的食物，所以跟我们所说的“懒汉”还是有区别的。你还记得泥水匠蜂吗？没有一只泥水匠蜂会去沾染邻居们所储藏的蜜，除非邻居已经死了，或者已经搬到别的地方很久了。其他的蜜蜂和黄蜂也一样。所以，昆虫中的“寄生虫”要比人类中的“寄生虫”高尚得多。

我们所说的昆虫的寄生，其实是一种“行猎”行为。例如那没有翅膀，长得跟蚂蚁似的金蜂。它用别的蜂的幼虫喂养自己的孩子，就像别的蜂用毛毛虫、甲虫喂养自己的孩子一样。一切东西都可以成为猎手或盗贼，就看你从什么角度去看待这个问题。其实，我们人类就是最大的猎手和盗贼。他们偷吃了小牛的牛奶，抢夺了蜜蜂的蜂蜜，就像灰蝇掠夺蜂类幼虫的食物一样。人类这样做是为了抚育自己的孩子。自古以来人类不也总是想方设法，甚至不择手段地把自己的孩子拉扯大——这不就很像灰蝇吗？

学海导航

作者在本篇文章中，带领我们认识了两种寄生虫，即金蜂和灰蝇。这两种小虫子，都是以“行猎”的方式，来达到寄生的目的。金蜂会用别的蜂的幼虫喂养自己的孩子，而灰蝇则会将卵产在其他昆虫的猎物上，掠夺人家的食物，吃人家的孩子来养活自己。

读品悟思

作者在这篇文章中为我们介绍了金蜂和灰蝇两种寄生的小昆虫。作者详细地描述了这两种小虫子的寄生的方式,并对这种行为做出了客观的评价,最后,将这种寄生的行为,与人类相联系,体现了作者一贯的以虫性写人性的写作目的,作者认为虫子的寄生方式比人类还要高尚,表现了作者对人类社会中存在的“懒汉”现象的批判。

考点巩固

1.作者说的这两种寄生虫分别通过什么方式进行寄生?

2.文章中的金蜂是一个什么样的形象?

3.人类社会中的“懒汉”与虫类的寄生有什么主要区别?

(答案见最后)

强化训练

1.文章主要记述了寄生虫的哪些特征?

2.作者在文章中对人类社会中的寄生现象,有着怎样的评价?

3.作者为什么会认为“昆虫中的‘寄生虫’要比人类中的‘寄生虫’高尚得多”?

孔雀蛾

名师导读

一听“孔雀蛾”，想必大家第一反应都是，它应该是很漂亮的一种飞蛾。那么它到底长什么样子？既然叫“孔雀蛾”，它又与孔雀有什么关系呢？在这篇文章中，作者将为我们一一解惑。

有一种长得很漂亮的蛾，名叫孔雀蛾。它们大多数来自欧洲，全身长着红棕色的绒毛，脖子上带着一个白色的领结。翅膀上散落着一些灰色和褐色的小点儿，周围是一圈灰白色的边，横向分布着一条条淡淡的锯齿形的线。它翅膀的中央有一个大眼睛，有黑得发亮的瞳孔和许多色彩镶成的眼帘——有黑色、白色、栗色和紫色等各种各样的弧形线条。一种长得极为漂亮的毛虫是这种蛾的前身，它们靠吃杏叶为生，有着黄颜色的身体，上面还搭配镶嵌着蓝色的珠子。【精解点评：外形描写，作者详细地描写和介绍了孔雀蛾，使得这种少见的小飞虫活灵活现地出现在我们面前。】

5 月 6 日的早晨，在我的昆虫实验室的桌上，我发现一只雌的孔雀蛾破茧而出，就迅速地用一个金属丝做的钟罩把它罩了起来。我并不是出于什么目的而这么做的，只是一种习惯而已。我热衷于搜集一些新奇的事物，透明的钟罩可以让我细细欣赏而不致使它跑掉。

后来我的这种方法还真令我满意。因为我获得了意想不到的惊喜。大概在晚上 9 点钟的时候，大家都要准备上床睡觉，隔壁的房间里突然传来很大的声响。

小保罗都没顾得上把衣服穿好，就在屋里狂奔，疯狂地跳着、敲着椅子。他在不停地叫我：

“快来快来！”他喊道，“这些蛾子都变得像鸟一样大了，把整个房间都占满了！”

孩子的话一点儿也不夸张，我刚一跑进去，就看见满屋子里都是那种大蛾子，已经有 4 只被捉住关在了笼子里，其余的还在不停地拍打着翅膀在天花板下面翱翔。

一见此景，我立即想起那只早上被我关起来的囚徒。【精解点评：过渡句，引出下文中去看被关起来的那只蛾的相关内容。】

“快把衣服穿好”，我对儿子说，“放下鸟笼跟我来。我带你看更有趣的事情去。”

我们立刻跑下楼去，进到我的书房。这时正看见厨房里的仆人，她已被这突然发生的事件吓慌了，她以为这些是蝙蝠，正在用她的围裙扑打着这些大蛾。看来，我家里的每一部分都成了孔雀蛾们的领地，每一个人都被惊动了。

我们点着蜡烛走进书房，书房里有一扇窗是开着的。接着，我们看到了永生难忘的一幕：那些大蛾子不停地拍着翅膀，围着那钟罩飞来飞去，时上时下，时进时出，时而冲到天花板上，时而又俯冲下来。一见我们进来，它们便向蜡烛扑来，用翅膀把它扑灭。它们落在我们的肩上，扯我们的衣服，咬我们的脸。小保罗紧紧地握着我的手，却保持着一副镇定的样子。

一共有多少只蛾子？这个房间里大约有 20 只，再算上其他房间，应该在 40 只以上。天哪！ 40 个情人来向这位关在象牙塔里的公主，那天早晨才出生的新娘致敬！多么壮观的场面！

历经一个星期，每天晚上这些大蛾都会来朝见它们美丽的公主。那个季节每天都有暴风雨，而且晚上漆黑一片。【精解点评：这里描写了环境的恶劣，反映了雄性飞蛾求偶时，不辞艰险的真诚之意。】我们的屋子又是躲在许多大树的后面的，不留心很不易被发现。它们就是经过如此黑暗和艰难的路程，不顾一切地要拜见它们的女王。

在如此恶劣的天气条件下，即使那凶狠强壮的猫头鹰都不敢轻易出动，而孔雀蛾却敢冒险出来，而且还能够绕过树枝的阻挡，顺利到达目的地。它们是那样无畏、执着、敏锐，到达目的地的时候，它身上连一处伤也没有。他们在黑夜中穿梭，如同大白天一般。

寻找配偶是孔雀蛾一生中的唯一追求，为了实现这一目标，它们通过无数代的努力，继承了一种很特别的能力：不管路途有多远、路上有多黑暗、途中有多少障碍，它总能找到它的“心上人”。在它们的一生中，它们得花费大概两三个晚上来找配偶，每晚几个小时。在这期间如果它们找对象失败了，它的一生也就将结束了。

孔雀蛾不懂得吃。我们经常能看到许多别的蛾成群结队地在花园里吮吸着蜜汁，而它却丝毫不把吃放在心上。这样，它的寿命自然就不会长了，它只有两三天的时间，也只够找一个伴侣而已。

这篇文章中，作者运用简洁的语言，为我们介绍了一种美丽的飞蛾，并讲述了“飞蛾扑火”的故事，这里的“火”，并非真正的火，而是指热烈的爱情，作者通过自己的细致观察，从孔雀蛾的角度，来看待这一神圣的求偶行为，并运用环境描写，来衬托孔雀蛾对爱情的奋不顾身的精神。

谁说只有化蝶才是对爱情的最好诠释，本文中的孔雀蛾为爱执着的精神，同样感动了作者和广大读者。这种美丽的小飞蛾，把寻求配偶作为一生中唯一的追求，并为此付出巨大的努力，经历黑暗和险阻，它的寿命只有两三天，在它如此短暂的生命里，它用执着、无畏的精神谱写了一曲壮丽的乐章。

1. 它们身上的绒毛是_______，翅膀上散落着一些灰色和褐色的小点儿，周围是一圈灰白色的边，横向分布着一条条淡淡的锯齿形的线。它翅膀的中央有一个大眼睛，有黑得发亮的瞳孔和许多色彩镶成的眼帘。这种蛾的前身是____________________，它们靠吃_______为生，有着黄颜色的身体，上面还搭配镶嵌着蓝色的珠子。

2. “放下鸟笼跟我来。我带你看更有趣的事情去。”这里的“更有趣的事情”指的是什么事？

3. “在如此恶劣的天气条件下，即使那凶狠强壮的猫头鹰都不敢轻易出动，而孔雀蛾却敢冒险出来，而且还能够绕过树枝的阻挡，顺利到达目的地。”作者在此写猫头鹰有什么用意？

（答案见最后）

强化训练

1.作者笔下的孔雀蛾是什么样的？

2.孔雀蛾身上具有哪些值得我们学习的优秀品质和精神？

3.作者为什么强调孔雀蛾的寿命短？

西西弗

西西弗本是希腊神话中的一个人物,这篇文章中的西西弗却是一只甲虫的名字,那么它为什么叫这个名字?它与西西弗这个神话人物之间有着什么关联?作者为什么称它为好父亲?让我们一起来认识一下这位神秘的朋友吧。

有关清道夫甲虫做球的奇怪的趣闻，我希望你们听过还不会表现出厌倦的情绪。神圣甲虫和西班牙的犀头，我已经给你们讲过了，现在让我们再来听一些这种动物其他种类的故事吧。我们在昆虫的世界里已经遇到了许多的模范母亲，现在来注意一下不错的父亲吧，让我们也感到有趣些！

要不是在高等动物中，好的父亲还真是不好找。鸟类在这方面是非常优秀的，而人类最能尽这种义务。在低级动物的家族中，父亲却特别不关心家族里的事情，很少有昆虫打破这种规律。这种无情如果发生在高级动物的世界中，就是要被厌恶的。但对于昆虫的父亲来说却是可以原谅的，因为它们幼小的后代不需要长时间的看护，只要有个合适的地点，新生昆虫就可以健康茁壮地成长，几乎可以不需要什么帮助就能得到食物。比如粉蝶只要把卵产在菜叶上，就可以保护种族的安全，母亲

有利用植物的本能，根本不需要别人的帮助。父亲有责任心又有什么用呢？母亲在产卵的时候，父亲也没有必要在一边保护。【精解点评：作者用一大段来说父亲的作用小，其实是为下文中好父亲西西弗的形象做铺垫。】

很多昆虫都会采用一种特别简单的养育法，即它们先要找一个餐室，当做幼虫卵化后的家，或者先找一个地方，幼虫在那里自己就能觅到适当的食物，在出生后食用。在这样一种养育方式下，父亲是不需要的，所以通常到死，父亲也没有为它后代的成长给予丝毫的帮助。

不过事情也并不都是按照这种原始的方式进行的。有些种族就为它们的家庭准备好了妆奁，以备它们将来的食宿使用。蜜蜂和黄蜂特别擅长建造小巢，像口袋、小瓶之类的，并且在里面装满蜂蜜，而且它们还十分善于造筑土穴，用来储藏野味，给蛴螬做食物。

它们要花去几乎一生的时间，来做这项建筑巢穴和收集食物的工作，而这些却只是母亲单独一人去承担。就在这工作消磨它的时间，耗去它的生命的时候，父亲则只会沉醉于日光下，懒洋洋地远离着工作场，毫不怜惜地看着它那勤劳的伴侣在单独从事这么艰苦的工作。

事实上它从来都没有帮助过它的伴侣。我们不禁要问，为什么它不肯帮助一下呢？为什么它不会学学燕子夫妻，一起带一些草和一些泥土到巢里，还带一些小虫给小鸟吃？这是个毫无作用的议论。雄性昆虫类似的事一点也没做，它很可以像工人一样地帮助雌虫，再由更智慧的雌虫建筑起来。或从叶子上割下一块，或从植物上摘下一些棉花，抑或从泥土中收集一点水泥，但是即使它很容易就能收集一些材料，也完全是它力所能及的事情，雄虫也不会去做。也许它会借口自己比较软弱。而它不做的真正原因，可能只是因为它不愿做而已。

大多数从事劳动的昆虫，居然一点也不知道它们当父亲的责任，这令男人们很是感到奇怪。为了幼虫能够发展它的最高才能，其他人都在积极地努力着，可是这些父亲们却能像蝴蝶一样愚钝，不愿为家族出一份力。然而对下面的问题，我们却迷惑不解：为什么这种昆虫，就会有这种特别的本能，而别的昆虫就不具备呢？

令我们非常惊奇和难以理解的是，我们看到清道夫甲虫竟有这种高贵的品质，而采蜜的昆虫却没有。许多种清道夫甲虫善于担负起家庭的重任，更加懂得两人共同工作的价值。例如蜣螂夫妻，它们共同准备蛴螬的食物，在它的伴侣制造食物时，父亲就会进行强有力的轧榨工作。

在普遍的自私的情形中，这是很少见的一个例外，它们成为了家族共同劳作习惯的最好的榜样。

我对这件事经过了长期的研究，除这个例子之外，我还可以增加另外三个例子，全都是有关清道夫甲虫合作的事。

第一个是锡赛弗斯，它是一个最小最勤劳的搓丸药者。它特别活泼和灵敏，而且毫不介意在危险的道路上摔倒。它会固执地爬起来，有时又重新倒下去，又再起来。正是因为它们那些狂乱的体操，使它获得了一个名字——西西弗。【精解点评：在这里，好父亲西西弗终于上场了。】

任何人都会懂得，一个小人物如果想要变得很著名，就一定得经过很多艰难的努力奋斗。它不得不把一块大石头滚上高山，可是每次好不容易到达了山顶，那石头又会滑落下来，重新滚到山脚下。【精解点评：神话故事的插入，增加了文章的趣味性，也为文章中主人公名字的来源做了揭示。】我很欣赏这个神话，我们当中许多人都有过类似的经历。就我自己而言，执着艰辛地攀登峻峭的山坡已经50多年了，为了安全地得到每天的面包，我把很多精力浪费在这里。面包一经滑去，就滚了下去，掉落到深渊里，这是很难摆稳的。

我现在所说的西西弗，就是在陡峭的山坡上义无反顾地滚着粮食，根本就不知道有这种困难。它的粮食有时给自己吃，有时带给它的子女。在像我们这样的地方，是很少能看见它的。我能得到这么多可以观察的对象来研究，还多亏了我从前几次提起过的助手。

我有个7岁的小儿子，名叫保罗。他和我一起热心地猎取昆虫，和任何一个同龄的小孩子相比，他更清楚地了解蝉、蝗虫和蟋蟀的秘密，

特别是清道夫甲虫。在20步以外，他都能靠他敏锐的眼光，准确地辨别出地上隆起的小土堆，哪一个是甲虫的巢穴，哪一个不是。他还有双灵敏的耳朵，甚至可以听到螽斯细微的歌声，换了我是完全办不到的。而我则用我的知识换取他的视力和听觉，他也很乐意接受我的意见。【精解点评：表现了在对昆虫研究方面，父子之间融洽的合作关系。】

小保罗有他自己养虫子的笼子，神圣的甲虫可以在里面做巢。他自己还有一个和手帕差不多大小的花园，能种些豆子在里面，但他为了知道小根是否长了一点，常常要把它们挖起来看看。他在林地上种有4株小槲树，只有手掌那么高，旁边还连着槲树子，可以给它供给养料。这是研究昆虫之余一种极好的休息方式，对于昆虫研究的进步是不会有丝毫影响的。

5月将近的一天，我和保罗起得特别早，甚至连早饭都没有顾得上吃，我们便开始了在山脚下的草场上、在羊群曾经走过的地方寻找。在这里，保罗非常热心地寻找着，不久我们便找着了西西弗，到最后足足找到了好几对，真是收获颇丰。

我们需要一个铁丝的罩子，沙土的床，以及充足食物的供给，才能使它们安居下来，为此我们也变成"清道夫"了。这些动物个头不大，还没有樱桃核大，生着一副奇怪的形状！身体短而肥，后部是尖的，有着很长的脚，伸开来和蜘蛛的挺相似，后足呈弯曲形，生得更长，最适合挖土和搓小球。【精解点评：这是对西西弗外观的描述，将西西弗奇怪的形状展现出来。】

没多久，西西弗就开始建设家族了。父亲和母亲两人一起热心地忙碌着，为了它们的子女从事着搓卷、搬动和贮藏食物的工作。它们可以利用前足的刀子，随意地从食物上割下小块来。夫妻俩共同努力，一次又一次地拍打和挤压着食物，最终做成了一粒豌豆大的球。

它们把圆球做成正确的圆形，是用不着机械的力量来滚这球的，这和在神圣甲虫的工作场里看到的情景一样。材料在没有被移动之前，甚至可以说在没有被拾起之前，就已经做成了圆形。现在我们又多了一位圆形学家，它们善于制作出保藏食物的最好的样式——圆形。

没多久球就制造成功了。为了保护里面的柔软物质，使它不至于变得太干燥，它必须用力地滚动它，让它具有一层硬壳。我们看到，前面全副武装的、身段大一点的是母亲，它把长长的后足支撑在地上，前足则放在球上，一边将球向自己的身边拉，一边向后退着走。而父亲则处在相反的方位，头向着下面，在后面推，这种工作方法与两个神圣甲虫在一起时是相同的，不过目的却不一样，西西弗夫妻是为蛴螬在搬运食物，不像大的滚梨者（即神圣甲虫）是为自己准备食物在地下大嚼享用的。

它们这一对一直在地面上走着，没有固定的目标，也不管在路中央有没有障碍物。母亲就这样倒退着走，自然免不了碰到障碍，可是就算它看到了，也不会绕过障碍走的。它一定要做最顽固的尝试，试图爬过我的铁丝笼子——这是一种浪费时间而且根本不可能完成的工作。母亲用后足抓住铁丝网把球朝它的方向拉过来，然后用前足把球抱在空中；这时父亲觉得无物可推就也抱住了球，趴在上面，把它自己身体的重量加在了球上，丝毫也不再费什么力气了。它们一直试图着这种艰难的努力，于是球和骑在上面的昆虫，掉落到地上，滚成一团。母亲从上面惊奇地望着下面，不一会就下来了，重新扶好这个球，再一次做这个不可能成功的尝试。接二连三的跌落之后，才决定放弃对这个铁丝网的攀爬。

即使是在平地滚动，有时候也是会有困难的。差不多每隔几分钟都会碰到隆起的石头堆，食物就会翻倒。正在努力推的昆虫也会被翻倒，结果就仰卧着把脚踢来踢去。不过这对它们来说只是很小很小的事情而已。西西弗并不在意自己的常常翻倒，甚至会被人以为它也许是喜欢这样的。不管过程怎样，球在它们的努力下最终是变硬了，而且非常坚固。跌倒、颠簸等都是过程中的小插曲。不过这种疯狂的跳跃还是要持续上几个小时之久！

最后，如果母亲认为工作可以结束了，它就会在附近找个合适的地

点把球贮存起来。留守的父亲，则蹲在食物的上面，等待它的归来。如果它的伴侣离开太久，它会把它的后足高高举起灵活地搓着球，这可以帮着解解闷儿。它玩弄自己珍贵的小球时，就如同演戏者处置他的球一样。它用它变形的腿去检查那个球是否完整。那种高举的样子，让人觉得它生活得真的很满足,因为这是父亲在保障它子女将来的幸福的满足。

它似乎在自豪地说:“我搓成的这块圆球，是为了给我的孩子们做面包用的！”【精解点评:语言描写，这是作者想象出的西西弗父亲的话，拟人化的描写使这种昆虫的习性特征更加生动有趣。】

它兴高采烈地高高地举着那个球，好像在给每个人展示，这个是它辛勤工作的成果。正在这个时候，母亲找好了埋藏的地方，已经开始做一个浅坑了，以便将球推进浅坑中。忠于职守的父亲一刻也不离开自己的成果，母亲则用足和头孜孜不倦地挖土。很快，坑就挖好，足够容纳那个球了。母亲始终坚持要把球靠近自己，在洞穴做成以前，还一定要前后左右地把它晃动几下，这是为了避免寄生物的侵害。如果只把它放在洞穴边上，在这个家尚未完成之时，它担心会有什么不幸的事发生。毕竟有很多蚊蝇和别的动物，会突如其来地来夺取它们的成果，因此一定得分外小心。

很快圆球已经有一半放在还没有完成的土穴里了。母亲用足抱着球待在下面，慢慢地往下拉，父亲则在上面，轻轻地往下放，而且还要注意不能让落下去的泥土堵住洞口。一切都在很顺利地进行着。母亲在下面挖凿着，球继续下落，异常地小心。它们很好地配合着，一个虫往下拉，一个虫控制着下落的速度，并把障碍物清除掉。再经过一段时间的努力，球和矿工就都进到地下去了。之后所要做的事，是再做一回从前做好的事，我们为此必须再等半天或几个小时才行。

如果我们继续耐心地等待下去，就会看到父亲又单独回到地面，蹲在靠近土穴的沙土上。而母亲依旧在下面尽着自己应尽的义务——这是父亲所帮不了的，常常要到第二天才能完工。最后当母亲也出来后，父亲这才离开它打盹的地方，和母亲一起走。这对再次见面的夫妇，一起又回到它们从前找到食物的地方，稍作休息，便又开始了收集材料的工作。于是它们俩又一轮新的忙碌开始了，再次一起塑模型，运输和储藏球。

我很是佩服它们的这种毅力。但是我不敢确定，这便是甲虫们共有的习惯。显然，我们见到的许多甲虫是轻浮而又没有恒心的。但我所看见的西西弗爱护家庭的这种习惯，已经让我十分尊重它们了。【精解点评：将西西弗的毅力，与甲虫的轻浮相比较，表现了西西弗不同于其他甲虫的优秀品质，也表达了作者对它这种爱护家庭的习惯的敬重。】

现在该轮到我们查看土巢了：它并不很深，而且在墙边留有一个小空隙，宽度正好适合母亲在球旁转动。寝室不大，这也是父亲不能在那里久留的原因。工作室一旦准备好，父亲就一定要跑出去，留下的任务就请女雕刻家来完成了。

地窖中只储藏着球这么一件艺术杰作。形状和神圣甲虫的梨状球相同，不过比它小得多。因为小，我们更加为球表面的光滑和圆形的标准而叹服，其最宽的地方，直径也只有一寸的二分之一到四分之三的大小。

我们另外还有过一次对西西弗的观察。我在铁丝笼存有6对西西弗，它们一共做了57个梨，每个当中都存有一颗卵。这样，每一对平均就有9个以上的蛴螬，神圣甲虫远做不出这个数目。它为什么可以产下这么多的后代呢？也许只有一个理由可以解释，那就是父亲和母亲共同工作的结果，一个家族的负担，两人的精力比一个人更容易承受，分担起来也就不觉得太重了。

学海导航

这篇文章最大的艺术特色，便是对比手法的运用。作者将好父亲西西弗和作为父亲的作者本人相对比，将西西弗的毅力与其他甲虫的轻浮相对比，使得西西弗的好父亲形象更加深入人心。另外，神话故事的插入和作者生活的叙述，为文章增添了趣味性。

读品悟思

作者在这篇文章中，为我们介绍了西西弗，西西弗本是希腊神话中的一个神话人物，将一个甲虫叫做这样的名字，表明它具有西西弗的坚韧的毅力。另外，作者主要记述了作为一个好父亲的它对家庭的爱护和照料。作者在写虫子的同时，也是在写人。

考点巩固

1.西西弗的外观形象是什么样的？（用原文中的话来回答）

2.西西弗的神话故事主要讲了什么事？

3.西西弗做这样的滚球运动，表现了它什么样的品质？

（答案见最后）

强化训练

1.好父亲西西弗最大的特点是什么？

2.作者为什么要强调轻浮和缺少毅力是甲虫共有的习惯？

3.查查相关资料，想想神话中的西西弗为什么要做这样的永无止境的滚石头上山的事情？

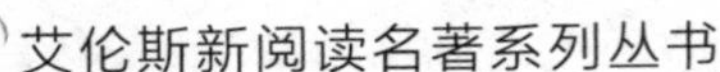

神秘的池塘

对于池塘，很多人的印象都是一池臭水，并对此表示厌烦，但作者开篇就说，池塘里有着千千万万的生命在忙碌着，并表达了自己对这个“绿色世界”的钟爱，那么，作者是怎么具体描绘这个神奇的“绿色世界”的呢？我们一起走进看一看吧。

每当凝视池塘的时候，我从来都不会感觉厌倦。在这个小小的绿色世界里，不知道会有多少小生命在生生不息地忙碌着。在满是泥泞的池边，我们随处可见一堆堆黑色的小蝌蚪在暖和的池水中嬉戏打闹；有着红色肚皮的蝾螈[róng yuán]（两栖动物，有大鲵和小鲵两种）也把它的宽尾巴来回地摇摆着，像舵一样，缓缓地前进；【写作参考点：比喻，将蝾螈的宽尾巴比作船舵，形象而生动。】一群群石蚕的幼虫常常藏在那芦苇丛中，它们每个都用一个枯枝做的小鞘将身体隐匿起来，对于防御天敌和各种各样意想不到的灾难来说，这个小鞘是必不可少的。

水甲虫活泼地在池塘的深处跳跃着，它的前翅的尖端带着一个气泡，这个气泡可以帮助它来呼吸。它的胸下长着一片胸翼，在阳光的照耀下闪闪发光，就像一个威武的大将军佩带在胸前的一块闪着银光的铠甲。【写作参考点：比喻，将水甲虫的胸翼比作将军的铠甲，形象而生动表现

了这片胸翼的防护功能。】一堆闪闪发光的“蚌蛛”正在水面上，欢快地扭动着身体，不停地打着转。噢，不，那可不是“蚌蛛”，那是豉虫们在开舞会呢！看那不远的地方，一队池鳐游向这边来了，它们用着旁击式的游泳姿势，好似裁缝手中的缝衣针一样迅速而有力地穿梭着。

在这个地方还会有水蝎出没，它交叉着两肢，在水面上得意地摆出一副仰泳的姿态。瞧那神情，就好像在炫耀它是天底下最伟大的游泳好手一样。再看那穿着沾满泥巴外套的蜻蜓的幼虫，它身体的后部带着一个漏斗。凭借着以极高的速度把漏斗里的水挤压出来所带来的反作用力，它的身体就会以同样的高速冲向前方。

在池塘的底部，还有许多贝壳动物沉静又稳重地躺在那里。时不时地，小小的田螺们也会顺着池底悄悄地、缓缓地爬上岸边，把它们沉沉的盖子小心翼翼地慢慢张开，眼睛一眨一眨地，一边好奇地欣赏这个美丽的水中乐园，一边又尽情地享受着陆地上的新鲜空气；水蛭们爬在它们的猎取物上，得意洋洋地不停地扭动着它们的身躯；不计其数的孑孓[jié jué]（蚊子的幼虫，通称跟头虫）在水中有节奏地一扭一曲，等到不久的将来它们变成蚊子的时候，就成为人人厌恶的坏蛋了。

如果不能凝神静气，在一般人眼里，这是一个宁静的小池塘，而它的直径也不过几尺。可是在经过阳光的孕育后，它的每一处都犹如一个辽阔、神秘而又丰富多彩的殿堂。它能给一个孩子带来无限的好奇！让我告诉你，在我的记忆中，我是怎样被第一个池塘所深深地吸引住的。它激发了我幼小的好奇心。

在我很小的时候，家里很贫穷，只有我妈妈继承的一所房子和一块小小的已经废弃的园子。“我们怎么样才能好好地活下去呢？”这对我们来说是一个十分严重的问题，我的爸爸妈妈经常会把它挂在嘴边。

“大拇指”的故事你们听说过吗？那个可怜的“大拇指”躲在他父亲的矮凳子下，偷偷地听他父亲和母亲议论一些关于生活窘迫的事。我跟那个“大拇指”就很像。不同的是，我没有藏在凳子底下去偷听，而是趴在桌子上一面假装睡着了，一面偷听他们谈话的。【精解点评：对比，将“大拇指”的故事和“我”的故事相对比，引起读者兴趣，同时引出“我”的不一样的故事。】令我感到幸运的是，我没有听到像“大拇指”的父亲所说的那种让人伤心的话，相反地，那是一个鼓舞人的美妙计划。听得我心中不禁涌起一阵无法用语言来表达的快乐和欣慰。

“我们是不是可以来养一群小鸭，”妈妈说，“养大了将来一定可以换不少钱。我们可以买回来些油脂，让亨利每天负责照料它们，把它们喂得肥肥的。”

“太好了！”父亲高兴地赞同道，“那就让我们来试试看吧。”

当天晚上，我就做了一个美好的梦。我带着一群可爱的小鸭子们一起来到了池边，它们都穿着鲜黄色的外衣，欢快地在水中嬉戏洗澡。我微笑地在旁边站着，静静地看着它们洗澡，耐心地等它们洗完后，带着它们晃悠悠地走回家去。走到半路的时候，我发现其中有一只小鸭累得走不动了，就小心翼翼地把它捧在怀中，放在篮子里面，让它美美地休息。

没想到才两个月，我就美梦成真了：我们家里买来了 24 只受孕的鸭蛋。鸭子自己是不会孵蛋的，只能由母鸡来代劳。可怜的老母鸡可分不出孵的到底是自己的亲骨肉还是别家的“野孩子”，反正都是圆溜溜的蛋，它都很乐意去孵，并把孵出来的小家伙当做自己的亲生骨肉来对待。我们有两只黑母鸡负责孵育小鸭，一只是我们自己家的，而另外一只则是向邻居借来的。

那些小鸭们每天由我们家的那只黑母鸡陪着，黑母鸡还不厌其烦地和小鸭们一起做游戏玩耍，小鸭们就这样快快乐乐地健康成长。后来，我找来一只木桶，大约有两寸高，往里盛了些水后，这个木桶就变成了小鸭们的游泳池。只要天气晴朗，我就将小鸭们放到桶里，这时它们就一边沐浴着温暖的阳光，一边在水里洗澡嬉戏，显得特别美满和高兴，可把旁边的黑母鸡给羡慕坏了。【写作参考点：运用拟人的手法，将小动物的心思描绘得很逼真。】

两星期以后，它们都长大了，这只小小的木桶已经不能满足小鸭们

的要求了。这么少的水怎么能让它们在里面自由自在地翻身跳跃呢？何况它们还需要许多小虾米、小螃蟹、小虫子之类作为它们的食物，而这些食物通常大量地附着在互相缠绕的水草中，只能等着它们自己去猎取。取水对我来说成了一个大问题。因为我们家住在山上，从山脚下带大量的水上来是很不容易的。尤其是到了夏天，打来的水都不够我们自己喝，哪里还有小鸭的份儿呢？【精解点评：反问句的运用，增强了语气，突出表达了为小鸭取水的困难性很大。】

我们家附近倒是有一口井，可那是一口半枯的井，邻居们每天都要轮流使用，再加上学校里的校长先生养的那头贪得无厌的驴子——它总是对着那井水大口大口地喝水，那口井很快就被喝干了。直到等整整的一昼夜之后，井水才能渐渐地升起来，恢复到原来的水位。在水如此急缺的情况下，我们可怜的小鸭子哪里还有自由嬉水的份？

还好，在山脚下有一条潺潺的小溪。那自然成了小鸭们的天然乐园。然而在我们家和那条小溪之间，有一条村里的小路。在那条路上经常有几只凶恶的猫和狗出没，如果被鸭子们遇到了，它们就会毫不犹豫地冲散小鸭群，使我很难再把它们重新聚拢在一起，所以我们不能走那条小路，只得另谋出路。我想起在离山不远的地方，有一个很荒凉很偏僻的地方，那里倒有一块很大的草地和一个不小的池塘，肯定也没有什么猫呀狗呀之类的打扰，也不失为小鸭们不错的去处。

我开始当上了牧童，心中别提多快活、多自在了。不过就是可怜了我那双赤裸裸的双脚。因为跑了太多的路，它们渐渐地磨起了水泡。可我又不能把箱子里那双鞋子拿出来穿，因为那双宝贵的鞋子只能在过节的时候穿。我没有办法，只能赤裸着双脚，在乱石杂草中不停地奔跑，伤口也就越来越大了。

不仅我的脚受折磨，小鸭们的脚似乎也折腾不起，因为它们还小，蹼[pǔ]（一些水栖动物或有水栖习性的动物，在它们的趾间具有一层皮膜，可用来划水运动，这层皮膜称为蹼）还没有完全长成，还远不够坚硬。我们在崎岖的山路上走着，不时地能听到它们发出“呷呷——”的叫声，似乎是在请求我让它们休息一下。一到这个时候，我也只好满足它们的要求，把它们聚集在树荫下歇歇脚，不然的话恐怕它们再也没有力气把剩下的路走完了。

功夫不负有心人，最后我们终于到达了目的地。那池里的水不深，很温暖，水中露出的一个个土丘就像是小小的岛屿。一见此景，小鸭们就飞奔了过去，忙碌地在岸上寻找食物，吃饱喝足后，到水里洗澡嬉戏去了。它们洗澡的时候仿佛是在跳水中芭蕾，身体是倒竖起来的，把前身埋在水里，尾巴指向空中。我高兴地欣赏着小鸭们优美的舞姿，时不时地看看水中其他的景物。【写作参考点：这里运用比喻的手法，用优美的芭蕾舞姿来表现小鸭洗澡的状态，形象而生动。】

咦，那是什么？我看到有几条互相缠绕着的绳子躺在泥土上，像熏满了的烟灰，黑沉沉的，又粗又松。看起来很像是从什么袜子上拆下来的绒线。于是我就想：肯定是哪位牧羊女在水边织一只黑色的绒线袜子，由于某种原因织不下去了，只能全部拆掉重新开始，接下来的不耐烦使她索性把它们全丢在水里了。这个推测也挺合理的。

我走过去，想拾一段仔细观察一下。没想到这玩意儿又黏又滑，刚抓起来就从我的手指缝里滑走了。我试了好几次，花费了好大的劲，可就是捉不住它，还有几段绳子的结突然散了，滑出只有针尖般大小的一颗颗小珠子，后面拖着一条扁平的尾巴。啊，我一下子认出它们了，那就是我非常熟悉的青蛙的幼虫——蝌蚪。

除了蝌蚪，在这里我还发现了许多其他生物。有一种有着黑色的背部，在阳光下闪闪发亮，并不停地在水面上打旋。我试图用手去捉它们，可我还没出手，它们似乎就已经预料到危险的临近，逃得无影无踪了。我还想捉几个放到碗里面好好研究研究呢，可惜就是捉不到。

那池水的深处，有一团又绿又密的水草。我小心地把它们轻轻拨开，立刻就有许多水珠争先恐后地浮到水面聚成一个大大的水泡。【精解点评：词语妙用，“争先恐后”这个词，巧妙地将水珠立刻聚拢的状态表现出来。】看来一定有什么奇怪的生物隐藏在这厚厚的水草底下。我继续往

深处看，有许多像豆子一样扁平的贝壳，周围还冒着几个涡圈；有一种小虫好像戴了羽毛；还有一种小生物不断舞动着柔软的鳍片，像是穿着华丽的裙子在不停地跳舞。我对这些生物一无所知，也不知道它们为什么这样不停地游来游去，也不晓得它们叫什么，我只能出神地对着这个神秘、玄妙的水池，浮想联翩。

池水通过小小的渠道缓缓地流入附近的田地，那儿长着几棵赤杨，我又在那儿发现了美丽的生物，那是一只甲虫，像核桃那么大，身上带着一些蓝色。那蓝色是如此的赏心悦目，使我联想起了那天堂里美丽的天使，她的衣服一定也是这种美丽的蓝色。我怀着虔诚的心情轻轻地捉起它，把它放进了一个空的蜗牛壳，用叶子把它塞好。我要把它带回家中，细细欣赏一番。

接着我的注意力又被别的东西吸引住了。清澈而又凉爽的泉水源源不断地从岩石上流下来，不停地滋润着这个池塘。泉水先流到一个小小的潭里，然后汇成一条小溪。我看着看着就突发奇想，觉得这样让溪水默默地流过就太可惜了。可以把它看作一个小小的瀑布，去推动一个磨。【精解点评：想象，作者想象着这是一个能推磨的瀑布，进而为他的创造提供了蓝本，表现出作者儿时惊人的想象力和好奇心。】于是，我就开始着手做一个小磨。我用稻草做成轴，用两个小石块支着它，不一会儿就完工了。这个磨做得很成功，只可惜当时没有小伙伴和我一起玩，只有几只小鸭来欣赏我的杰作。

这个小小的成功大大地激发了我的创造欲望，一发不可收拾。我又计划筑一个小水坝，那里有许多乱石可以利用，我耐心地挑选着可以用来筑坝的石块，挑着挑着，我忽然发现了一个奇迹，它使我再也无心去继续建造什么水坝了。

当我打开一个大石头时，发现下面有一个小拳头那么大的窟窿，从窟窿里面发出一簇簇光环，好像是一簇簇钻石的切面在阳光照耀下闪着耀眼的光，又好像是教堂里彩灯上垂下来的一串串晶莹剔透的珠子。

多么灿烂而美丽的东西啊！它使我想起孩子们躺在打禾场的干草上

所讲的神龙传奇的故事：神龙是地下宝库的守护者，它们守护着不计其数的奇珍异宝。现在在我眼前闪光的这些东西，会不会就是神话中所说的皇冠和首饰呢？难道它们就蕴藏在这些砖石中吗？【精解点评：疑问句的使用，不仅引起读者的阅读兴趣，也为下文的神秘做铺垫。】在这些破碎的砖石中，我可以搜集到许多发光的碎石，这些都是神龙赐给我的珍宝啊！我仿佛觉得神龙在召唤我，要给我数不清的金子。在潺潺的泉水下，我看见许多金色的颗粒，它们都粘在一片细沙上。我俯下身子仔细观察，发现这些金粒在阳光下随着泉水打着转，这真是金子吗？真是那可以用来制造20法郎金币的金子吗？对一个贫穷的家庭来说,这金币是多么的宝贵啊！

我轻轻地拣起一些细沙，放在手掌中。这发光的金粒数量很多，但是颗粒却很小，得把麦秆用唾沫浸湿了，才能用来粘住它们。我不得不放弃这项麻烦的工作。我想一定有一大块一大块的金子深藏在山石中，可以等到以后我来把山炸开了再说。这些小金粒太微不足道了，我才不去拣它们呢！

我继续把砖石打碎，看看里面还有什么。可是这下我看到的不是珠宝，我看到有一条小虫从碎片里爬出来。它的身体是螺旋形的，带着一节一节的疤痕，像一条蜗牛在雨天的古墙里蜿蜒着爬到墙外，那有节疤的地方显得格外沧桑和强壮。我不知道它们是怎样钻进这些砖石内部的，也不知道它们钻进去干嘛。

为了纪念我发现的“宝藏”，再加上好奇心的驱使，我把砖石装在口袋里，塞得满满的。这时候，天快黑了，小鸭们也吃饱了，于是我对它们说：“来，跟着我，我们得回家了。”

我的脑海里装满了幻想，脚跟的疼痛早已忘记了。

在回去的路上，我尽情地想着我的蓝衣甲虫，像蜗牛一样的甲虫，还有那些神龙所赐的宝物。可是一踏进家门，我就回过神来了，父母的反应令我一下子很失望。他们看见了我那膨胀的衣袋里面尽是一些没有用处的砖石，我的衣服也快被砖石撑破了。

“小鬼，我叫你看鸭子，你却自顾自地去玩耍，你捡那么多砖石回来，是不是还嫌我们家周围的石头不够多啊？赶紧把这些东西扔出去！”【写作参考点：透过父亲的语言，我们看到了一个严厉的父亲形象，也表现了父亲对孩子爱玩天性的不理解。】父亲冲着我吼道。

我只好遵照父亲的命令，把我的那些珍宝、金粒、羊角的化石和天蓝色的甲虫统统抛在门外的废石堆里，母亲看着我，无奈地叹了口气。

“孩子，你真让我为难。如果你带些青菜回来，我倒也不会责备你，那些东西至少可以喂喂兔子，可这种碎石，只会把你的衣服撑破，这种毒虫只会把你的手刺伤，它们究竟能给你什么好处呢？蠢货！准是什么东西把你迷住了！”

可怜的母亲，她说得不错，的确有一种东西把我迷住了——那是大自然的魔力。几年后，我知道了那个池塘边的“钻石”其实是岩石的晶体；所谓的“金粒”，原来也不过是云母而已，它们并不是什么神龙赐给我的宝物。尽管如此，对于我，那个池塘始终保持着它的诱惑力，因为它充满了神秘，那些东西在我看来，其魅力远胜于钻石和黄金。【精解点评：作者直抒胸臆，表达了自己对大自然无尽的喜爱之情。】

学海导航

本文中，作者运用拟人、比喻、想象等手法，将一个普通的池塘，描绘成一个情趣盎然的“万生园”，其中各种小生物，包括在常人看来是很厌恶和感到恐惧的小生物，在作者笔下都变得十分可爱，表现了作者对大自然的无限崇敬和热爱之情。

读品悟思

本文详细介绍了神秘池塘里各种生物的生命活动，以及这些生物给作者带来的快乐生活的过程。作者在文章最后一段道出了自己的心声，他被充满诱惑力的大自然所迷住，他向往那个神秘辽阔而又丰富多彩的世界。

每一个生命体都是大自然的尤物，都值得我们尊重，通过作者对池塘里

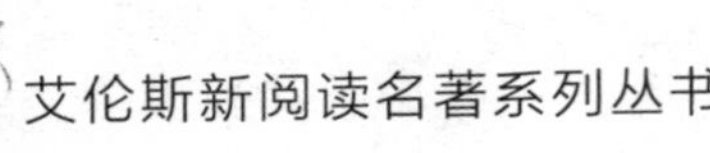

这些小生物的赞颂，我们可以感受到自然生命之伟大，正是由于生命的差异，才形成这多彩的大千世界，和谐共存的大自然。

1.《神秘的池塘》中描写到池塘底下的许多沉静又稳重的贝壳动物：________沿着池底轻轻地、缓缓地爬到岸边；________伏在它们的征服物上，不停地扭动身躯，一副得意洋洋的样子；孑孓在水中有节奏地一扭一曲，不久的将来它们就会变成________。

2. “它的每一处都犹如一个辽阔、神秘而又丰富多彩的殿堂。”文中这句话运用了什么修辞手法？有什么表达效果？

3. “不仅我的脚受折磨，小鸭们的脚似乎也折腾不起”，这句话在结构上有什么作用？

（答案见最后）

强化训练

1.表面看起来平静的池塘，在作者的笔下热闹非凡。这些小动物你喜欢哪一种？说说喜欢的理由。

2.法布尔被认为拥有“哲学家一般的思想，美术家一般的看法，文学家一般的抒写”。请你从选文中找出相应的例子，就这三方面中的任意一个方面进行简单的分析。

3.你的童年是否也有不被父母理解的苦闷，说出来与大家交流。

西班牙犀头的自制

西班牙犀头也是一种甲虫，在甲虫中它个子最大，也是最漂亮的，对于这个漂亮的甲虫，你一定还有很多疑问，比如，它为什么叫西班牙犀头？它跟犀牛有什么联系？既然有这么多疑问，那就赶紧来认识一下这位漂亮的甲虫朋友吧。

还记得神圣甲虫吧，它耗费大量时间，做成既可以当食物又可以当梨形窝巢的基础的圆球。

我已经说过，这种形状对于小甲虫来说有莫大的好处，因为圆形是非常好的形状，可以把食物保存得既不干也不硬。

我长时间观察这种甲虫的工作后，开始怀疑我对它本能的极力赞扬是不是错了。它们是否真的关心它们的小幼虫，是否真的为它们准备好最柔软最合适的食物？甲虫把做球当成它们自己的职业啊！难道在地底下做球不是很奇怪吗？一个生着长而弯的腿的动物，把球在地上滚来滚去是很便利的。不管在哪儿，当然要从事自己所喜欢的职业。自己只有把想干的工作干好，才能在自然界中生存下去，才能在大自然中繁衍后代，一代一代地生存下去。

它并不顾及自己的幼虫，做成梨形的外壳这件事或许仅仅是碰巧

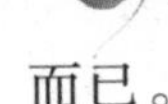

而已。

我还观察过一种清道夫甲虫，以便圆满地解决这个疑难问题。它在日常的工作中，非常不熟悉做球这样的工作，然而，到了产卵期，它就会突然改变以往的习惯，将自己储存的所有食物都做成一个圆圆的团。这一点表明它是真的关心它的幼虫，而不仅仅是习惯而已。

现在，在我的住所附近，就有这样一种甲虫。它虽然不如神圣甲虫那么魁伟，在甲虫中却是最漂亮的，个子也最大。它的名字就是西班牙犀头。【精解点评：作者用简洁的语言，介绍了西班牙犀头的出场，并将它的形象大致描绘出来。】

它最与众不同的地方，就是它胸部的陡坡和头上长的角。

这种甲虫是圆的并且很短，自然也就不适合做神圣甲虫所做的那些运动。它的腿不适合用来做球。它不像一个勇敢者，也不像神圣甲虫那样，有一个勇敢者的胆魄，因为稍有一点惊扰，它的腿就会本能地蜷缩在自己身体底下。

它们根本不像搓滚弹丸的工具，它们那种发育不全的样子，表明它们缺乏挖掘性，这足以使我们清楚地知道它是不能带着一个滚动的圆球走路的。犀头有着很不活泼的性格。有一次，我看到，它在月光下寻找到了食物，就在那个地方挖了一个洞。它把这个洞挖得很草率，其中最大的也只有能放下一个苹果的大小。

它把刚刚找来的食品和食料逐渐堆在这个地方，至少一直要堆积到洞穴的门口。

我们可以看到这个犀头的贪吃和馋嘴了，因为它把大量的食物堆积为不成形的一大堆。它在这个地底下待多长时间，完全取决于食物能够吃多长时间，一直待到吃完所存的食物为止。

等吃完所有存储的食物以后，它的食品仓库也空了，它这才重新跑到地面上，再去寻找新鲜的食物，然后又另挖掘一个洞穴，重复它那种存了吃，吃了再出来找的周期性运动。

可以毫不客气地说，它只不过是一个清道夫，是一个肥料的收集者

而已。除此之外，它没有什么特别的本事，仅是一个平平庸庸的虫子。

【精解点评：概括性的语言，将西班牙犀头的形象展现出来，即清道夫和肥料收集者。】

它对于搓捏圆球的技术，显然是个外行。它那短而笨的腿，也完全不能胜任这种技术性的工作。

每当5、6月之间，产卵的时候一到，这个昆虫就变成了一个能手，非常擅长选择最柔软的材料，选择最舒适的环境，为它顺利地产卵打造一个良好的环境。

它开始为它的家族准备食物，但它从不旅行，从不搬运，一旦在一个地方找到，如果它认为是最好的，就立刻把它们埋在地下，不做任何添加配制工作，也从不进行再加工。

然而，我看到它把这个洞穴挖掘得比它自己吃食用的临时洞穴更宽大一些，而且建造得也更加精细。

在这种野外的环境里，我觉得要想仔细观察犀头的一些生活习惯和生长过程，是非常困难的，所以后来为了我可以更加认真仔细地观察它，我就把它放到我的昆虫屋里面。这为我自己提供了许多方便。

刚开始，这个可怜的小昆虫，因为被我俘虏了，可能认为大难临头，所以有一些胆怯。当它把洞穴做好以后，自己还是提心吊胆地出入洞穴，唯恐我再一次伤害它。然而慢慢地它的胆子越来越大，竟然在一夜之间，将我提供给它的全部食物都储存了起来。

过了快一个星期的时候，我掘起了昆虫屋中的泥土。我以前见过的它用来储存食物的洞穴立刻呈现在了我的眼前。这是一个很大的厅堂，一个很大的仓库。它有着并不很整齐的屋顶，很普通的四壁，差不多是平平坦坦的地板。

在一个角上有个圆孔，从这里一直通往倾斜的走廊，通过这个走廊可以到达土面上。这个昆虫的别墅是用新鲜的泥土挖掘成的一个大洞。它的墙壁，曾经被很仔细地压过，并且认真地进行过装饰，足以抵抗我在做实验时所引起的地震。通过这里很容易就能看到这个昆虫和它所有的技能。它不遗余力地，用尽所有的掘地力量，来做一个永久的家，可是它的餐厅却仅仅是一个土穴，墙壁也没有那么坚固。

我觉得，当它从事这个大型工程建设的时候，它的丈夫或者它的伴侣一定会来帮助它的，至少我常常看见它和它的丈夫一同待在一个洞穴里。我也相信丈夫和妻子会一起收集并储存食物，它的妻子也会因为这个帮助而更加勤快地工作。因为夫妻二人共同做一件事情，同干一份工作，自然要快得多，至少比一个人干事要快得多。不过，等到屋子里储备满了食物，足够它生活以后，它的丈夫也就隐退了。这位丈夫从地底下上来，到别的地方去居住了。它也就结束了对这个家庭应做的工作，尽完了自己的全部职责——一个丈夫应尽的职责，也就此结束了对这个家庭的义务。

那么，在土屋放下许多食物后，我所看到的又是什么样的呢？是一大堆互相堆叠在一起的小土块吗？完全错误。事实上根本不是想象中的那个样子。除了一条小路以外，我只看到单独的一个很大的土块，储存食物的那个屋子全都被塞满了。

这种食物圆堆形状各异，有的像吐绶鸡的蛋，有的像普通的洋葱头，有的差不多是完整的圆形——这使我想起了荷兰的那种圆形硬酪，有的是圆形而上部微微有点突起。【写作参考点：比喻，将食物圆堆比作鸡蛋、洋头葱等物，表现了食物圆堆形状各异的特点。】但是，任何一种，都有着很光滑的表面，并呈现出精致的曲线。

这位母亲，不辞辛苦地把很多很多的材料一次次地带去，并收集在一起搓成一个大团。它是这样做的：将材料捣碎成许多的小堆，将它们合在一起，糅合起来，同时踩踏它们。有好几回我都见到它在这个巨大的球顶上不停地劳作。当然，和神圣的甲虫做的那个球相比，这个球要大得多，前者只不过是个小小的弹丸而已。它有时也徘徊在约 4 寸直径的凸面上，敲、拍、打、揉、含，把它变得坚固而又平坦。如此新奇的景观，我只见过一次，而且只有一次。这是多么难能可贵的机会啊！可惜的是，它一见到我就立刻滚到弯曲的斜坡下不见了。因为它已经发现，

自己的所作所为已被人注意，完全暴露了身份和目标，所以它就溜之大吉了。

由于有一排墨纸盖住的玻璃瓶的帮助，在这里我发现了许许多多有趣的事情。

首先，我发现这个大球常常被雕饰得很整齐，无论其倾斜程度有多大的差异——这并不是由于搓滚的方法而形成的。

实际上我明白，它决不能把这么大的体积滚进这个差不多已经被塞满了的洞里去，况且这个昆虫的力量还没大到可以移动这么一大堆东西的地步。

我每次到瓶边观察，都看到同样一番景象：母虫爬到球顶上，看看这里、又瞅瞅那里，瞧瞧这边、又窥窥那边，它轻轻地敲，轻轻地拍，尽量让它变得光滑，一点也看不出它有移动这个球的意思。

事实证明，制造这个球的确不是采用的搓滚的方法。

就像面包工人将面粉团分成许多许多的小块，每一块将来都将成为面包一样，这犀头甲虫也是一样的做法。它用头部锋利的边缘和前爪的利齿，划开一道圆形的裂口，从大块上随意割下小小的一块来。在做这样工作的时候，它一点犹豫都没有，也从来不重复改做。它不会在这里加上一点，也不会在那里去掉一点。它一气呵成，一次切割就得到适当的一块。

其次，就是如何把球变成一定的形状。它费力地用它那双短臂将球抱起，只靠压力把它做成圆块，这让人感觉它很不适合做这项工作。它无比庄重地在一块不成形的食物上爬上爬下，时而左爬，时而右爬，时而前爬，时而后爬，它不停地爬呀爬呀，耐心地一次又一次地触摸，终于在工作 24 小时以上的时间后，将有棱有角的东西变圆了，像成熟的梅子一般大小。

在它那间狭小的技术操作室里，几乎没有它可以自由地转动一下的余地。令人惊叹的是，经过如此漫长的时间和忍耐以后，它竟然做成了十分适当的圆球。在我们看来，这几乎是不可能的，因为它的工具是多

么的笨拙，地位是多么的低微啊！【精解点评：作者对它地位的贬低，其实是对它能力的肯定。】

它津津有味地用足摩擦着圆球的表面，又经过了很长的时间，它才终于满意了。它爬到这个圆球的顶部，慢慢地向下压出一个浅浅的坑来，之后它就在这个像盆一样的小坑里产下一枚卵。

它非常非常小心地把这个盆的边缘合拢起来，以遮盖它产下的那枚卵，而后又把边缘向上挤，使之变得略略尖细而突出。这样，这个球就变成了椭圆形。

完成了第一个，这个昆虫又用同样的方法开始第二个小块的工作。接着，又重新做第三个、第四个……你一定还记得，神圣甲虫用很熟悉的方法只做一个梨形的巢。

这个昆虫的洞穴中隐藏着三四个蛋形的球，一个紧挨着一个，而且排放得都很有规则，细小的一端全都朝着上面。

在经过长期艰苦的工作以后，是不是它也像神圣的甲虫一样，跑出来寻找自己的食物去了？事实可不是你想的那样，它并不那样做。它没有跑出去，更没有去寻找食物，而是待在那里一动不动地守护着。要知道自打钻入地下以后，它可是一点食物也没有吃过。它像大自然中所有的母亲一样，充满着无私和奉献的精神，对自己的子女永远只有爱护、关怀与牺牲。它甚至不肯去碰一碰那些为自己的子女预备下的丰盛的食物。它宁愿自己承受饥饿，宁愿自己忍受痛苦，也不愿意让自己的小幼虫将来尝到一丁点儿的苦。这是多么伟大的奉献精神啊！在昆虫的世界里，我们也充分体会到了最伟大的母爱！

它为了看守这几个为子女编织下的摇篮，宁肯不出去寻食，因为这是这个家族能够继续繁衍生息的条件。这是它们的家，是它们的小别墅，是它们生活在世上的唯一安身的地方，因而一定要仔细地看护好。

正是因为母亲的离开，神圣甲虫的梨才遭到了损坏。母亲一经离开，梨就有可能破裂。再经过相当长的一段时期，梨就不成形状了，一个家就这样逐渐消失了。

这种甲虫的蛋之所以可以长时间完好地保存，正是因为它有母亲的关心爱护。没有母亲的这份责任感，它们的蛋也很难完好地保存下来。

这种甲虫从这一个蛋跑到那一个上，再从那一个跑到另一个上，看一看，听一听，就怕它们有什么闪失，受到什么外来的侵害。这真像人类母亲对待自己怀里的婴儿一样，关怀得无微不至。多么好的一位甲虫妈妈啊！【精解点评：将甲虫妈妈与人类母亲相提并论，表现了作者对甲虫妈妈爱护孩子的赞扬。】

它不停地忙碌着，一会修补这儿，一会又修补那儿，生怕它的小幼虫受到什么干扰，受到外来的欺辱。我的眼睛已经看不出有什么不足的地方，而它虽然很笨拙，但仅凭角和足在黑暗中竟然比我们的视觉在日光中还要灵敏，看得还要清楚。这一点我们真的可以深刻地感觉到，只要上面有细微的破裂，它立刻就会跑过去，赶紧修补，防止空气透进去，威胁它的卵。它为了保护自己的卵，在摇篮中狭窄的过道里跑进跑出，仔细观察，认真巡视。如果我们打扰到它，破坏了它正常的生活，它就会立刻用身体抵住翼尖壳的边缘，发出柔软的沙沙声，好像渴求和平的鸣声，又像发出的强烈抗议。

它就是如此，兢兢业业地爱护着它的摇篮。连休息的时间都很少，有时候它实在困得支撑不住，也会在旁边睡上一小会儿，但也只是打一会儿盹而已，决不会高枕无忧地大睡一场。这位母亲就是这样守护着它的卵，将自己的一切都奉献给了它们，为儿女操碎了一颗心。

犀头在地下室中，有着一个昆虫所少有的特点，那就是十分快乐地照顾家庭。多么伟大的母爱呀！这是一个奉献者的自豪。

它通过自己弄的缺口，听见它的幼虫在壳内爬动，渴望获取自由。当那里的小囚犯，伸直了腿，弯曲了腰，想要推开压在自己头上的天花板时，它的母亲会感觉到，自己的宝贝正在一天天地长大，快要独立地生活了。让自己的小宝宝快快出来，去尽情感受自由与生命的美好吧！

母虫既然有建造修理的本领，为什么不能把它打碎呢？我不能肯定或否定，因为我没有见到过这种事情发生。我们或许会说，这个母虫是因为它被关在无法逃脱的玻璃瓶子里，没有任何行动的自由，所以才一直守在巢中。不过，即使是这样，它坚持进行摩擦工作和长时间的观察，难道就不感到焦急吗？在我们看来，这个工作对于它来说显然很自然，已经习惯地成为它生活中的一部分了。

或许它真想恢复自由，要是那样，它就会在瓶中爬上爬下，毫无休止地忙碌。但是，我看见它经常很平静，也很安心地待在它的圆球旁。

为了要得到确切的第一手资料，为了了解事情的真相，我随时都会去察看玻璃瓶中有什么事发生。

如果它想要休息，它可以随时钻入沙土中，随意隐藏自己的身体；如果它想要饮食，也随时可以出来取得新鲜食物。然而无论是休息也好，日光浴与饮食也好，都无法使它离开它自己的家族片刻。它静静地坐在那里，一直等到最后一个圆球破裂。我时常看见它坐在摇篮旁边，那份安静，那份重担在肩的责任感很让我感动。【精解点评：作者在此直抒胸臆，表达了自己对它的这份责任感的感动。】

它大概会有4个月的时间不吃任何食物，这时的它已不像最初为了照顾家族时那么贪嘴了，只有长时间的坐守，其自制力让人惊叹！

母鸡伏在它的蛋上，直到自己的蛋变成小鸡，也只才忘记饮食数星期，而犀头却能忘记饮食长达到三分之一个年头那么久。

每当夏天过去的时候，人类和牲畜都盼望着下几场雨。终于盼来了，地上随即积了很深的水。

于是在我们布罗温司酷热干燥、生命不安的夏季过后，就有凉爽的气候来使它恢复生机。

石南开放了红色钟形的花，海葱绽放出穗状的花朵，草莓树的珊瑚色果子也已经开始变软了，神圣甲虫和犀头也裂开外层的包壳，跑到地面上来，享受一下一年来最后这几天的好天气。

犀头家族的成员们解放了，由它们的母亲带领，缓缓地来到地面。一般有三四个，最多的是5个。

公的犀头生有比较长的角，特别容易分辨出来。

母的犀头与母亲则很难分别。因此，很容易把它们搞混淆。

没过多久，它们的母亲又有了一种突然的改变。从前牺牲一切、无私奉献的母亲，现在已不再那么关心家族的利益了。

从这以后，它们开始独自管理自己的家和自己的利益，彼此之间也就不相互照应了。

虽然目前母甲虫对家族变得漠不关心，但我们却不能因此而忘记它4个月来辛辛苦苦的看护，避免蜜蜂、黄蜂、蚂蚁等外来者的干涉和侵犯。据我所知，自己养儿育女，关心它们的健康，一直到长成之后，再没有别的昆虫能够做到这些了。

它近乎于完全独立地为每个孩子预备摇篮似的食物，细心呵护，尽心修补，以防止其破裂，使摇篮十分安全。这是一个母亲无私的奉献！【精解点评：作者再次抒情，表达了对甲虫母亲的无私奉献精神的赞颂和感动。】

它拥有如此浓厚与执着的情感，使它失掉了一切的欲望和饮食的需要。

在洞穴的黑暗里看护它的骨肉达到4个月之久，细心地看护着它的卵。

它在子女们未得到解放出来之前，它决不恢复户外的快乐生活。

我们竟然从田野中愚蠢的清道夫身上，看到了最深切的关于母性本能的例子，不禁对这种小昆虫产生了无限的敬意。

这篇文章中，作者为我们介绍了一种叫做西班牙犀头的甲虫。作者在文章中多次直接抒发自己对西班牙犀头母亲的敬意，西班牙犀头母亲照顾家庭的奉献精神，可以与人类相提并论，甚至比人类做的还要好。作者在赞颂小昆虫的优秀品质的同时，也影射了人类社会中某些方面的缺失。

西班牙犀头是甲虫中个头最大，也是最漂亮的一种。作者在文章中重点探讨了它对幼虫和家庭的关心，并且并这种母爱和奉献精神给予了很高的评价。我们都知道，作者对昆虫的研究，其实也是对所有生灵的拷问，小昆虫有着的这样的母性本能，一丝也不亚于人类社会中的母爱。

1.为什么圆球对甲虫来说，有很大的好处？

2.从哪里可以看出，甲虫是真的关心它的幼虫，而不仅仅是习惯而已？从文中找出相关的事例？

3.西班牙犀头最与众不同的地方是什么？

（答案见最后）

强化训练

1.作者说，西班牙犀头在产卵时就变成一个能手，这“能手”表现在什么地方？

2.犀头在地下室中，有着一个昆虫所少有的特点，这个特点指的是什么？

3.作者对西班牙犀头的母爱，寄寓了怎样的情感？

蜂螨的冒险

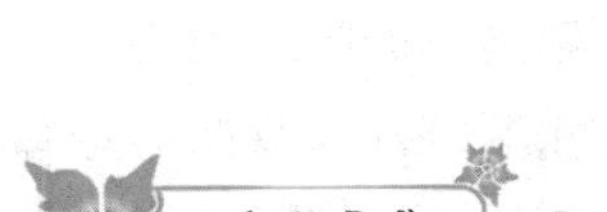

蜂螨完整发育的时期只有一两天，在它短暂的生命中，它还要去完成繁殖后代的使命，雌蜂螨更是身负重任，完成产卵任务后，便香消玉殒了。那么，它们有着怎样的生活习性，又冒了什么险呢？

一、蜂螨

在卡本托拉斯乡下沙土地的高堤附近，聚集着数量众多的黄蜂和蜜蜂。为什么它们会偏爱这个地方？究其原因，主要是因为这一地区有着非常充足的阳光，而且这一带还非常容易开凿，非常适合黄蜂和蜜蜂在这里定居。【精解点评：设问，作者自问自答，黄蜂和蜜蜂出没于这个地方的原因揭示出来。】

5 月份，这里数量最多的主要有两种蜜蜂。它们都属于泥水匠蜂，是地下的一个个小屋的建造者。其中的一种蜜蜂，它们在自己的住宅门口，构建起一个土筒——一道自认为固若金汤的用来防御的壁垒。整个筒是弧形的而且在它的里面留有空隙，筒的长和宽好比人的一个手指头。当有很多蜜蜂飞到这一带来定居时，发现了这一个个弧形的土手指的装饰以后，都会感到奇怪，不知道这是一些什么东西。

还有另外一种蜜蜂，我们大家对它可能比较熟悉，它们被称作掘地蜂。它们将自己的住所直接暴露在外面，其走廊的外口并未设置类似上一种蜂的手指形的防御壁垒。它们乐于在旧墙石头之间的缝隙中、废弃的房舍或者是沙石上头显露的表面，来安营扎寨进行工作。然而，最令它们满意和向往的，也是它们常常成群结对地奔赴的地方，要算是那些地面上突起的，朝着南方的地方。因为在那里我经常可以找到它们开凿的处所。

它们常常在这儿好多码宽的墙上，凿有很多很多的小孔，整体看起来呈海绵状。这么多小小的洞孔，一定是用锥子戳出来的吧，因为它们是那么的整齐有度，每一个孔穴差不多都有四五寸深，都与盘曲的走廊相通相连。而蜂巢就在这底下。如果你对这种蜜蜂的工作情况感兴趣的话，那么一定要在5月的后半月到它们的工作场上来，但是为了保证安全，千万要注意和它们保持一定的距离。这样，我们就会发现它们一群一群地汇合在一起，喧哗着，并且一齐努力，无比勤奋，充满毅力，从事着关于食物和蜂巢的各项工作。

然而，我来到这个被掘地蜂占领了的地方，次数最多的不是5月，而是在8、9月间。这个时候正值夏天休假，到处充满了快乐和自由。在那个季节里，在掘地蜂窠巢的附近，一切都变得非常宁静了，因为所有工作都早已进行完毕。不过这时却有很多的蜘蛛拥挤地呆在缝隙里面，或者有丝管子伸入到蜜蜂的走廊里。

这里曾经住满了蜂，到处都是忙忙碌碌的身影，现在却仿佛突然变成了凄惨、悲凉的废墟一般。这到底发生了什么，我们谁也无从知晓。在大地表面以下约有数寸深的土室中，有成千的幼虫被封闭在里面。它们全都悄悄地静候着春天的来临。自然，这些柔弱而又没有防御能力的幼虫，是这样的肥胖，有吸引力，一定足以引诱某种寄生者，或者招来某种正处在饥饿之中到处寻觅食品的外来昆虫。这件事应该很值得研究一下。

有两件事引起了我的注意。这里飞着一些非常丑陋的苍蝇，它们身上的颜色是半黑半白的。这些苍蝇慢慢地在几个洞穴之间飞来飞去，以

便于把卵产在这些地方。其中，有一些卵是挂在网上的，早已干枯死了。而在其他的地方，比如，在堤上的蜘蛛网上，也挂着许多某种甲虫——蜂螨的尸体。在这些尸体当中，雌雄夹杂着。不过，仍然还有一少部分是有生命的。雌性的甲虫，一定早已伸入到了蜂的住宅里面，而且毫无疑问，它们一定是在蜂的窠巢中产下自己的卵。

如果我们耐心地在堤的表面下寻找，很多有趣的东西就会展现在我们面前。刚进8月的时候，我们将会发现，顶上有一层小房屋，它们的样子和底下的蜂巢相比，相差很远。之所以会这样，主要是因为这是由两种不一样的蜂建造而成的。其中有一种我们已经介绍过了，就是掘地蜂；而另外一种，有一个很好听的名字，叫竹蜂。

掘地蜂组成了一支先锋队，负责完成挖掘地道的工作。【精解点评：拟人手法的运用，将掘地蜂比作先锋队，将掘地蜂挖地道的工作状态表现出来。】它们懂得，必须把它们自己的住所选择建在合适的地方。如果一旦发生了什么事情，它们就都会离开它们辛苦建筑起来的外部的小房间。

这时，竹蜂就会紧随它们之后跑进来，把这一方难得的宝地据为己有。然后它们就将利用很粗糙的土壁，把走廊简单地分割成大小并不完全相等的、毫无艺术特色的许多小房间。它们的建筑构思是如此的简单，如此没有美感，可见，它们是多么投机取巧，而且还很缺少艺术的灵感。

与竹蜂相对比，掘地蜂建造的窠巢非常整洁而又美观，并且还进行了非常精心别致的粉饰和装修。在我们看来，它们从事的工作是极具艺术性的，它们都是具有高超的艺术创造才能的建筑师。【精解点评：比喻，将掘地蜂比作建筑师，来表现它高超的艺术创作才能，并且将它与竹蜂相对比，来凸显它的窠巢的精美。】它们善于利用适当的土壤，建造好的窠巢，任何一个普通的敌害都别想轻易地入侵。也正是因为这个原因，这种蜜蜂的幼虫才没有必要去学着做茧。它们只要“赤身裸体”地躺在温暖的小房间中享福就行了，那里面光滑得如同粉饰过一样。

然而，竹蜂的小房间里却大不一样。那里必须用一些东西来加以保护才行。原因很明显，它们的窠巢做得非常的草率肤浅，只是建筑在土壤的表面上，而且只有很薄的墙壁做壁垒。因此，和掘地蜂的幼虫不同，竹蜂的幼虫必须包在非常坚固的厚厚的虫茧里才能不被侵扰。这样做有两点好处：一方面，厚厚的茧可以保护幼虫不致于被草率而建的巢里的墙壁碰撞而受到不必要的伤害；另一方面，也可以使得小幼虫免于仇敌的爪牙的侵袭，不致于还在襁褓之中，就遭到不测而夭折离世。

虽然这两种蜂都居住在这个堤上，但是我们还是很容易就可以分辨出哪一种蜂巢属于哪一种蜜蜂。很显然，“一丝不挂”的赤裸小幼虫被保护在坚固而美观的掘地蜂的窠巢里；而用坚实的茧包裹着的小幼虫则待在草率的竹蜂的窠巢中。

与此同时，这两种不同的蜜蜂，还都各自有着自己特殊的寄生者，或是不世仇敌。竹蜂的寄生者，是那种身上黑白相间的蝇，很容易在蜂巢隧道的门口发现它们。它们闯到窠巢中，然后将自己的卵产在里面。掘地蜂的寄生者是蜂蟎，在堤面上也时常能发现很多这种甲虫的尸首。

如果我们将竹蜂的小房间从上面拿开，便可以观察掘地蜂的家了。里面一部分小房间居住着正在成长之中的昆虫，还有一部分小房间中，住满了掘地蜂的幼虫。也会有一些小房间中，藏着一个蛋形的壳。这种壳分成了好几节，上面还带有突出来的呼吸孔。它不仅薄而且还很脆，特别易碎。它有着琥珀的颜色，非常透明。因此，如果从外边看，我们可以很清楚地看到，里面会有一个已经发育完全的蜂蟎在挣扎着，极其渴望能早日从里面解放出来，获得自由。

那么，这个很奇特的壳到底是个什么东西呢？看起来，它并太像某一种甲虫的壳。这个寄生者，是怎么会出现在这个蜂巢里面的呢？

【精解点评：疑问句的提出，引起读者的思考，将文章引入对这个壳的介绍上。】

单从它的地理位置上来看，简直是不可能侵入的。即使你使用放大镜进行仔细观察，也看不出它有过什么受损的痕迹。经过三年周密

而细致的观察，我终于将这个谜解开了。我将它记录在我的昆虫生活史上，于是又增加了一页奇怪而有趣的内容。下面就是我对这个问题的研究结果。

蜂螨，它完整发育的时期也只不过有一两天的寿命而已，而它的全部生命，又是在掘地蜂的门口度过的。它在这短暂的生命里，除去要繁殖子孙后代以外，其余的什么都没有了。

蜂螨也像其他的动物一样，具备所有的消化器官，但是，它究竟要不要吃食物，我也不能肯定。雌甲虫的唯一愿望和目的，就是要产下它的小宝宝。做完这件事，它的生命也就到头，可以放心地离开这个世界了。那么，雄性呢？它们在这种土穴上伏上一两天之后，也同样命归九泉了。【精解点评：在蜂螨短暂的生命中，它还要完成繁育后代的使命，这是多么伟大的生命啊。】

一个问题的答案现在就已经清楚了，蜂的住宅旁边的那片蜘蛛网上悬挂着的那么多莫名其妙的尸首，现在可知道它们的来源了。

人们会以为，这种甲虫在它产卵的时候，一定是把所有的房间全都跑遍，在每一个蜜蜂的幼虫身上，都要产下一个卵。可是，事实经过并非如此，我曾经仔仔细细地把蜜蜂的隧道里面搜寻过一遍，最后发现，蜂螨只在蜂巢的门口里边产卵，在距离门口差不多有一到两寸远的地方积累成一堆。这些卵全部呈白颜色，其形状为蛋形。它们有着很小的体积，互相之间轻轻地粘连在一起。我保守地估计，其数目大概也得有一两千吧。【精解点评：这是对蜂螨的卵的外形描述，形象而具体，数目的估计，也表现了作者观察的仔细。】

这一事实不太符合一般人的思维，它们并没有把卵产在蜂巢的里面，而仅仅将它们产在蜜蜂住宅的门口之内，而且还堆成一小堆。不光如此，它们的母亲并没有在它们的保护上下功夫，既不储备布置一些起保护作用的东西，也不考虑为它们防御冬天的寒冷，也不替它们关上这扇进出孔道的大门，以便抵御前来伤害它们的成千上万的敌人。总而言之，它们的母亲把它们产下之后，它们就变成了孤儿，这个世界要靠它们独自去闯荡了。在冬日的严寒还不曾到来之前，蜘蛛及其他更为凶悍的侵略者们便沿着这条开着口的隧道，随意践踏和侵占，那些可怜的卵也就成了侵犯者的可口美餐了。

为了能更清楚地明白这一点，我把若干的卵放在一个盒子里面。大约到了9月，它们还没有孵化出来的时候，我就想象着，一旦它们孵化完成，就会立刻跑开去，到处寻找掘地蜂的小房间。然而，结果证明我完全错了。这一群幼小的蛴螬——小小的黑色动物，还不到一寸的二十五分之一长——虽然它们拥有强有力的健壮的腿,但一点也派不上用场。它们并不愿跑散开，而是更喜欢非常混乱地相处在一起，和脱下来的卵壳混杂在一起生活。我有意在它们面前悄悄地放了一块带有蜂巢的土块，想看看它们会采取怎样的行动，可是结果却令我大失所望，这一点儿也不能诱惑这些小动物离开那种混杂状态。后来我又强行把其中的几个挪开一些，它们便会立即又跑回去，继续躲在其他的同伴里面，和它们混居生活在一起。

最后，我在冬天的时候跑到了卡本托拉斯的野外，到那里去观察掘地蜂居住的地方。我想知道在自然的状态之下，蜂螨的幼虫们是否也仍然如此，即在孵化之后，不分散开居住，而是混杂地在一起生活。观察的结果告诉我，完全一样。在野外的情况与我的小盒子里的情况真的一模一样。我看到那些在野外的蜂螨的幼虫也同样是累积成一堆，并且也是和它们的卵壳混住在一起的。

到现在为止，我还有个疑问不能解答：蜂螨究竟是怎么进到蜜蜂的小房间里面来的呢？它们又是怎样走进另一种并不属于自己的壳里去的呢？【精解点评：作者在这里给我们提出了问题，留待我们思考，也为下文中它们的冒险设置了悬念。】

二、第一次的冒险

在我仔细观察过幼小蜂螨的外表以后，便立刻察觉到，它们有很特别的生活习性，这一定会很有趣。

我通过认真的研究，察觉到使蜂螨在很平常的平面上边轻轻移动一

下是很困难的。在蜂螨的幼虫居住的地方，我们很清楚地了解到，它们一定有很容易跌落下去的危险。这种事情是不是一定会发生呢？从蜂螨幼虫的角度来看，这种问题轻而易举地就能被解决掉。因为它们天生就生着一对弯曲又锋利并且非常强劲的大腮；它们还长着强有力的腿，和能够自由活动的爪；它们还生长有许许多多坚硬的毛和如锋芒一般的针；而且它们生来就带着一副坚硬的长钉，上面长着锐利且很结实的尖儿，很像一种犁头的形状和样子，任何光滑的土都能被它牢固地刺入而不松动。这些还远远不够，除了刚刚介绍的这些利器以外，它还可以分泌出一种具有很强黏性的液汁。假使其他的任何器官都不存在，仅仅靠这种液汁，它也是可以紧紧地粘在物体上而不会滑下去。由此可见，它有多么强的自我防护能力啊！

到底是什么样的原因，致使这些幼小的蛴螬打算一定要在这里居住？我曾一再绞尽脑汁，冥思苦想着这个问题，可怎么也想不出满意的答案来。所以，为了能很快地得到答案，我只能非常焦急地期盼着大自然的气候能够尽快转暖一些。

我一直将蛴螬禁闭在牢笼中，它们以前本来是躺着不动的，只会躲藏在像海绵一样的卵壳堆里边睡大觉。可到了4月底的时候，它们忽然开始活动了。一开始，这些小家伙们便在度过严冬的盒子里，到处爬走着。它们好像正在寻找什么东西——一些它们迫切需要的东西，从它们匆匆忙忙的动作和它们那不知疲倦的精气神儿很容易看出来。很明显，它们找的这些东西应该是它们的食物了。因为，从9月底这些蜂螨的幼虫们开始孵化时算起，一直到现在4月底的时候，差不多足足有7个月的时间了。虽然它们一直处于一种麻木停滞的状态，但它们也应该需要获取一点儿有营养的东西来强壮一下身体了。自从开始孵化，它们就像是上天注定被判了7个月的囚徒一样，不能做任何事情，只能保持着一种姿势，这些小动物可是具有生命的“精灵”啊。

此时此刻，当我发现它们一个个如此富有激情充满动力地奔波的时候，很自然地就猜想到，一定是饥饿，也只有饥饿才能驱使这些有生命的小动物，使它们本能地不辞劳苦地如此忙忙碌碌地工作。

这些匆匆忙忙寻找食物的小动物们，它们真正寻找的食物仅仅是存在蜂巢中的储藏品罢了。我凭什么可以这样说呢？因为到了后期的时候，我们是从这些蜂巢中发现的那些蜂螨。现在这些储藏品不只限于蜜蜂的幼虫来食用，蜂螨们也可以分享它们。

我给它们提供里面藏着蜜蜂幼虫的蜂巢，甚至把蜂螨直接地放到蜂巢里边去。可以说，我想尽了各种办法，施展了所有伎俩，希望能唤起它们的食欲。然而，我的努力事实上却是没有丝毫效果。接着，我只好想到利用蜂蜜进行试探的方法。为此，我花去了5月份的大部分时间，希望能够找到存储着蜜汁的蜂巢。

最后终于找到了我所希望的蜂巢，我用蜂螨的幼虫替换掉其中蜜蜂的幼虫，把它们放到蜂巢中储备的蜂蜜里。然而之后的事情再一次打击了我，几乎没有任何实验比这一次失败得更惨重了。幼虫们根本就不会去饮食那些蜜汁，令人更沮丧的是，这种黏性的东西反而把它们粘住了，最后它们都被闷死在其中，这大大出乎了我的意料！

我对着它们非常失望地喊道："这里有现成的蜂窠、幼虫、还有蜜汁提供给你们，难道这些还不足够吗！你们就这么贪婪吗！你们这些可恶的小东西，到底什么东西才是你们需要的呢？"【精解点评：语言描写，作者对它们的叫喊，表达了作者对它们的失望之极，也表现了作者与昆虫之间能够进行交流的独特关系。】

不过失望最终还是消失了，我还是发现了它们真正需要的东西。原来，它们并不渴求什么特殊的东西。它们是想要掘地蜂把它们亲自带到蜂巢里边去。

当4月即将来临的时候，在前面我已经提到过，居住在蜂巢的门内的一堆幼虫，已经开始蠢蠢欲动，有一点儿活动的迹象了。仅仅就在这几天以后，它们便将要离开那个地方。它们紧紧地附着在蜜蜂的毛上，直到被带到了野外，谁也不知已经被带到了多么遥远的地方。多么怪异的小动物啊！

每当掘地蜂要经过蜂巢门口的时候，不管它是要远行，还是刚从远方归来，一旦停在了门口，那些已经等待了很久的蜂螨的幼虫，便会迫不及待爬到蜜蜂的身上去。它们钻进掘地蜂的绒毛里面，紧紧地抓住它，即使这只掘地蜂要飞到很远很远的地方去，我们也不必担心它们有掉到地上去的危险，因为它们抓得实在是太紧了。它们这样做自然有它们的道理，这样可以借助蜜蜂强壮的身体，到达那些储藏有大量蜂蜜的巢里去了。是不是很聪明呢？

当我们第一次观察到这样的情形时，一定会觉得这种喜欢冒险的小幼虫，也许要在蜜蜂的身上先寻觅到一些食物来填下肚子。但是，事实再一次证明我们是错的，蜂螨的幼虫在蜂的细细的绒毛里面伏卧着，呆在靠近蜜蜂肩头的地方，它把头朝向里面而尾巴却朝向外面，与蜜蜂的身体呈直角状。

它们一旦选择好了地点，便不会再随便地移动。如果真如我们所想的那样，它们打算在蜜蜂的身上寻觅些吃的东西的话，那么它们就不会停留，而应该是这里那里地到处跑动，寻找一下哪一部分是最鲜嫩的才对。

然而，事实告诉我们，它们总是要选择最硬的部分固着在蜜蜂身上，通常是在靠近蜜蜂翅膀下面的部位，有时也附着在蜜蜂的头上。它们只要攀住一根毛就不会再动了。因此，客观的东西总归是客观的，并不是我们想当然的那样。这些小甲虫为什么如此执着地附着在蜜蜂的身体上？我想，仅仅是希望能让蜜蜂把它们带到即将要建造起来的蜂巢里去吧。

不过，这位未来的寄生者，飞行时必须要紧紧抓牢它的主人的毛才行。蜜蜂或者会在鲜花绿叶中急速地穿梭飞行，或者会在窠巢里摩擦行进，甚至它还会用足清洁它的身体，无论怎样，这时的小幼虫都必须抓得很牢靠才行，否则就会有生命的危险！

我们曾经一度怀疑过，究竟是什么东西可以使蜂螨的幼虫依附在蜜蜂的身上，经受如此的波折都不会掉落？答案现在已经很明了了，正是生长在蜜蜂身上的绒毛帮助了那些小东西们。

这时，长在蜂螨身上的那两根大钉就开始发挥它独特的用途了。这两个大钉比起那些最精密的人工的钳子来，还要更加精密得多。它们只要合拢起来，便可以紧紧握住蜜蜂身上的毛。【精解点评：将蜂螨身上的大钉与人工的钳子相比较，突出表现了蜂螨大钉精密的特点。】

同时，那些粘液的价值也凸显了出来。它能将这个小动物的身体更加牢固地粘在蜜蜂的身上，而不致脱落。而且，幼虫足上长着的尖针和硬毛的作用我们也可以了解了，它们都是用来插入蜜蜂的软毛里的，这使得它本来已经牢固的地位更加稳固了。

多么不可思议啊！当幼虫爬在平面上时，那些在我们看来似乎毫无用武之地的“组合设备”，居然能有如此巨大的作用。这个柔弱的小动物，当它冒着危险去周游大千世界的时候，竟然有如此多的利器可供利用，避免它从蜜蜂的身上跌落下来，这是多么奇妙啊！

三、第二次的冒险

我在5月21日这一天去了卡本托拉斯，想仔细看一看蜂螨进入蜂巢时的门路。

这件工作很不好做，我们得用尽全力才可能完成。我们发现在野外宽广的地面上，一群蜜蜂，正在那边疯狂乱舞着，好像是受了日光刺激似的。就在我正用杂乱的眼光注视着它们的动作时，突然一种单调而可怕的喧哗声在狂乱的蜂群中响起。紧接着，掘地蜂以闪电般的迅猛，飞身而起，到处去寻找食物。

与此同时，另外一群成千上万的蜜蜂正在往回家的方向飞来。它们身上有的携带着已经采好了的蜜汁，有的带回了用来建造蜂巢的泥土。

还好在那时，我已经掌握了一些有关这类昆虫的知识，对它们的一些习性也有所了解了。要知道，不管是谁有意还是无意地闯进它们的群里，抑或只是轻轻地碰一碰它们的住所，那么他马上就会被它们狂刺成千疮百孔而立即身亡。有一次，我去查看大黄蜂的蜂房，由于距离太近了，一种恐惧的颤抖马上传遍全身，那种感觉我是一辈子也忘不掉！

但是，如果我不去进入到这种恐惧的蜂群里，不去想方设法克服这种恐惧，又怎能得到我所渴望知道的事情呢?【精解点评:作者为了科学研究，克服恐惧，冒险进入蜂群，表现了作者为科学献身的精神。】而且，往往必须在那里站上几个钟头，必要的时候，甚至一整天都呆在那里。我必须手拿放大镜，站在它们当中一动也不能动，仔细盯着它们的工作，目不转睛，时刻注意着蜂巢里的动向。与此同时，我还不能使用面套、手套以及其他各类遮盖保护的东西，因为我不能让我的手指和眼睛受到其他任何物体的妨碍。只要能得到我想要的，其余的一概不管，哪怕我离开蜂巢时，脸上已经被蜇得都快让人认不出来了，也不能为了保护自己而穿戴各种遮盖的东西。

那一天，为了解决那个难题我着实困扰了很长时间。

我很幸运地用网子捉住了几只掘地蜂，这让我感到十分的高兴。因为它们的身上都栖息着蜂螨的幼虫，这也正是我一直想要的。

我扣紧衣服，突然冲入这群蜜蜂的中心。然后我又拿了锄头锄下一块泥。令我感到非常奇怪的是，我居然一点儿也没有受到它们的攻击和伤害。

随后我又进行了一次，花的时间比第一次还要更长一些，可仍然是同样的结果，我并没有受一点儿伤害，并没有一个蜜蜂想利用它的尖针来刺我。从此以后，我就再也不担惊受怕了。每一次，我都大胆地长时间地逗留在蜂巢前面，掀起土块，赶走其中的蜜蜂，取出里面的蜂蜜。在这一过程中，自始至终都没有引起类似那种喧哗的更为可怕的事情发生。这其中的原因又是什么呢？这主要是因为掘地蜂是一种比较爱好和平的动物。如果它们的巢内部被破坏，它们就会马上离开那里，转移地点，躲避到其他的地方去重新安家。即便是它们有的时候受了一点儿伤，也不会轻易使用它们的尖针，只有当它们被人捉住的时候，才会用一下来反抗。

不过我还得向掘地蜂的缺乏勇气表示感谢。我没有进行一点儿防护，居然也能够在这些喧闹的蜂群中，安安静静地坐在一块石头上，并且还可以随意地几个小时几个小时地观察它们的巢穴，却并没有被刺过一针。这时，经过这个地方的一些乡下人，看见我居然能很安静地坐在蜂群之中，他们便以为我对它们施加了什么魔法，控制住了它们。

就通过这样的方法，我细致地研究了许多蜜蜂的蜂巢。其中有些蜂巢还是大开着的，里面还多少储备着一些蜜汁；还有一些蜂巢却用土掩盖了起来，而里面放的是一些大不一样的东西。有的时候是一些蜜蜂的幼虫；有的时候又是其他种类的比较肥大的幼虫；还有些时候，是一个卵漂浮在蜜汁的表面上。这就是掘地蜂的卵，它呈非常美丽的白颜色，是稍微有一点儿弯曲的圆柱形，大概有一寸的五分之二或者六分之一长。

【精解点评：对掘地蜂的卵的外形描写，具体而形象。】

只有在少数的小房间中，我才能看到这种虫卵浮在蜂蜜的表面上，而在其他的许多小房间中，更多的呈现在眼前的是幼小的蜂螨的蛴螬。它们在蜜蜂的卵上伏卧着，就好像是伏在一种木筏上，其形状和大小都和刚刚孵化出来的时候是一样的，没有什么变化。在这个蜜蜂巢里，敌人居然已经卧在家门口了。

它到底是在什么时候，用的又是什么方法进来的呢？这些小房间全都封闭得很严密，我仔细地观察了很多这样的小房间，也很难找出一丁点儿它们可以闯进去的缝隙。所以我认为，在储藏蜂蜜的仓库大门还没有关上之前，这位寄生者一定就已经进去了。但是另一方面，在门没有关上的小房间里面我只看到了蜂蜜，没有发现有卵浮在那上面，也从没有蜂螨的幼虫在里面留宿。所以，这些幼虫要么是在蜜蜂产卵的时候进去的，要么是后来蜜蜂封门的时候进去的。根据我的经验判断，幼虫一定是在蜜蜂将卵产在蜜上的那一瞬间进入小房间的。

我拿了小房间来，一个里面装满了蜂蜜，表面上还浮着一个卵，然后又拿上几只蜂螨的幼虫，将它们一起放到玻璃罩里面进行观察。然而我发现，它们既很少会跑到蜂巢里边去，又不能够安然地跑到“木筏”上边去！对它们而言，围绕着这个“木筏”的蜂蜜看来是不那么安全。即使有那么几只幼虫离这个蜜湖很近了，或者一不小心涉足其中，那么它们

一看到这个黏性很大的东西，也会立即千方百计地想办法逃离这个危险的地方。

然而，总会有一些倒霉的幼虫，跌落到蜂的窠巢里面，就会被渐渐闷死。所以，根据这一点我们可以断定，蜂螨的幼虫是绝对不敢轻易离开蜜蜂的毛的，尤其是在蜜蜂呆在小房间里或靠近小房间的时候，就更得牢牢地依附于蜜蜂的身体。就是因为，只要和蜂蜜的表面稍有一点儿接触，柔弱的小幼虫就很可能窒息而死亡。

我们必须清楚地认识到，我们是在封闭的小房间中发现幼小的蜂螨的，并且它们一定会呆在蜜蜂的卵上面。这个小小的卵，既可以给这个小小的动物当做一个安全的木筏，以便使它能漂浮在这个可怕的蜜湖中不被粘掉，又可以为幼虫提供第一顿美味佳肴。【精解点评：将蜜蜂的卵比作木筏，表现了卵能漂浮在液体上的功能。】

当然，这只蜂螨的幼小的蛴螬想要到达这只在蜜湖中心漂浮着的，又将成为它的美味食品的木筏，必须不能让自己与蜂蜜接触，不然的话后果只能是死路一条。要想达到目的，完成这关键的一步，这个小东西应该怎么做呢？原来聪明的小幼虫，趁着蜜蜂正在产卵的时候，一下子就从它的身上迅速地滑落到了那个卵上。这样一来目的被巧妙地达到了。于是，幼虫便和卵一起作伴，一起在蜜上浮着。我们在一个蜂室里面，只能看到一个蜂螨的幼虫，因为这只由蜜蜂产下的卵太小了，不能同时乘载超过一个以上的幼虫。

蜂螨幼虫的这种在我们人类看来很聪明的动作，好像是异常有灵性似的。随着我们对昆虫的继续研究，我们会发现它们还将为我们提供更多的这样有灵感的例子。

我们可以说，当蜜蜂把产下的卵放在蜜汁上时，也就把它们的小天敌——蜂螨的幼虫一起放到了小房间里面，之后，蜜蜂会特别认真地把小房间的门用土给密封好。这样，它所需要做的工作就都完成了。接下来，蜜蜂大概也要经历和前面相同的过程，开始做第二个小房间——在第一个小房间的旁边。就照这样，反反复复不停地继续下去，直到把隐蔽在蜜蜂绒毛中的寄生者全都安顿好了，这才算结束。

现在，让我们暂时不去怜悯这位有些苦恼的母亲，不去管它所做的毫无结果的工作，而把我们的注意力转移到这些蜂螨的幼虫身上，它们用很巧妙的方法最终得到了膳宿，看看它对我们的实验会有怎样的反应。

假使我们把装有一只蜂螨的幼虫的小房间上面的盖子拿走，我们去猜一猜，将会发生什么样的事情呢？

刚开始卵还是完好无损的，也没有受到一点儿破坏。可是好景不长，没过多久，蜂螨的幼虫便开始了它的破坏工作。我们可以看到，幼虫跑到一个长有小黑点的白卵上面。然后，它突然停住了，它用它的6只脚使身体可以停得很稳当。接下来，它使出全身的气力，利用长在自己身上的大腮的尖钩咬住那个卵身上的薄皮儿，剧烈地拉拽着，直到那个卵被它拉破为止。随后，卵里面的东西就都流了出来。那只幼虫，看见了这种东西非常得意，似得胜的将军，马上高兴地把它消灭光。这个小小的家伙，原来把它的大腿的尖钩第一次用在拉破蜂卵的时候。

蜂螨的幼虫能想出这样奇妙的方法，真是天生聪明啊！借着这种巧妙的方法，小小的幼虫便可以在它寄生的蜂巢的小房间中大肆作为，毫无顾忌了。它还可以随便地享用香甜的蜜汁，因为蜜蜂的幼虫在孵化过程中，同样也是需要蜜汁来补充营养的。当然，这么一点点的营养品在孵化中只够蜂卵自己吸收，而不可能在日后为两者一起享用。所以只要蜂螨的幼虫在拉扯卵皮的期间，越迅速越用力就越有利。这么一番折腾之后，“僧多粥少”的这个难题自然就解决了。

蜂卵中还有着一种奇妙的滋味，这也是蜂螨的幼虫非要破坏蜜蜂的卵的另外一个重要的原因。正是这种特殊的滋味吸引着蜂螨幼虫，驱使着它在第一餐就要迫不及待地享用这个香甜可口的小卵。在刚刚把卵撕破的时候，这个小幼虫吃到的是从卵里流出来的诱人的浆汁。当过了几天以后，幼虫就越来越得寸进尺了，它不断地加油努力，把卵的裂口撕扯得更大一些，这时，卵内部的流质也就被它贪婪地享受到了，这么一

直下去直到满足为止。

幼虫一直在不断地吸食着蜜蜂卵，而储备在蜂卵周围的鲜美的蜜汁，却根本诱惑不了贪吃的蜂螨幼虫，它不去碰它们，连理都不愿理睬一下。由此看来，对于蜂螨幼虫而言，蜜蜂的卵的重要性是无可替代的，它是小幼虫必需的食品。这么一个小小的蜂卵，既可以保护它在蜜湖中安全地行进，充当蜂螨幼虫的一叶扁舟，更有意义的是，它还可以为幼虫提供相当有营养的食品，这是幼虫茁壮成长的重要条件。

等到整整一个星期以后，一个还未出生的生命就这样悄悄地结束了。这个可怜的小蜂卵只留下了一个空空无物的干壳，什么东西也没有剩下了。相反的是，蜂螨幼虫已经美美地享用完了它人生的第一顿大餐，幼虫也茁壮地成长，几乎是原来的两倍大了。【精解点评：将蜂卵和蜂螨幼虫进行对比，表现了蜂螨寄生在蜂巢，掠夺营养的最终结果。】它的形状也发生了一些明显的变化，背部也裂开了，形成了自己的第二种形状，真正地成为了一只简单的甲虫。小幼虫把自己从那个裂缝中解脱出来了，从它身上脱下来一个壳，然后自己就落到了蜂蜜上。那个壳还依旧停留在原来的那个小小的“木筏”上。不过，它们在不久以后也都被淹没在蜜浪之中了。

到此为止，蜂螨幼虫的历史便这么圆满地结束了！

这篇文章为我们讲述了蜂螨，这种寿命只有几天的小虫子。文中，作者通过一连串问题的提出，引导读者对蜂螨进行了一步步深入的探究，让我们对它的寄生过程有所了解，作者运用对比的手法，将蜂螨的形象和寄食的特点进行了突出和描摹，使读者印象深刻。

这篇文章中，我们认识了一种只有几天生命的蜂螨，在它短暂的生命里，它还要完成繁育后代的重要使命，它会将它的卵寄居到掘地蜂身上，文章对

它进入掘地蜂的蜂巢和获取食物的过程进行了具体的讲述。与此同时，我们也看到作者为了研究，不惜花费自己大量的时间，还要冒着危险进入蜂群，这也体现出作者对科研的执着和献身精神。

1.掘地蜂的住所有什么特点？

2.和掘地蜂的幼虫不同，竹蜂的幼虫必须包在非常坚固的厚厚的虫茧里才能不被侵扰。这样做有什么好处？

3.幼小的蜂螨呆在蜜蜂的卵上面，这个小小的卵，有什么作用？

（答案见最后）

强化训练

1.竹蜂的房间为什么需要用一些东西加以保护？

2.竹蜂的寄生者和掘地蜂的寄生者分别是什么？

3.是什么东西可以使蜂螨的幼虫依附在蜜蜂的身上，经受如此的波折都不会掉落？

荒石园

每个人都有自己非常喜欢的一块儿“宝地”，作者钟情的宝地便是这个荒石园，甚至于作者将自己的实验室搬到了这旷野之中，在这个与喧闹分割开的荒芜的园子里，作者又有着怎样的研究呢?

我的“钟情宝地”是一块不算太大的地方，周围的围墙把它与熙熙攘攘、喧闹沸扬的公路隔绝开了。这块地方可谓是偏僻荒芜的不毛之地，鲜有人问津，又遭日头的曝晒，不过却是刺茎菊科植物和膜翅目昆虫们所喜爱的地方。因人迹罕至，我便可以在那里不受过往行人的打扰，专心致志地对砂泥蜂和石泥蜂等进行研究。这种探索难度很大，只有通过实验才能有所发现。我无需在那里耗费时间，或者伤心劳神地跑来跑去，东寻西觅，也无需急急忙忙地赶来赶去。只需安排好周密的计划，细心地设置下陷阱圈套，然后每天不断地观察记录所获得的成果。我的夙愿、我的梦想，在“钟情宝地”逐渐实现，这是一个我一直苦苦追求但却总难以实现的梦想。

想要在旷野之中为自己准备一个实验室，对一个每天都在为日常生计操劳的人，实属不易。凭借自己顽强的意志力，我 40 年如一日与贫困潦倒的生活苦斗着，终于我的心愿得以满足。这是我孜孜不倦、顽强奋斗的结果，个中的艰苦繁难我就不在这里赘述了。总之，我的实验室算是有了，尽管它的条件并不十分理想，但是作为它的主人，我就必须拿出点时间来侍弄它。

事实上，我如同一个苦役犯，身上锁着沉重的锁链，闲暇时间并不太多。但愿望实现了，总是好事，虽说稍嫌迟了一些，【精解点评：作者将自己比作苦役犯，表明他整日被研究所累，并没有太多自己的闲暇时间，但为了实现愿望，这些便能够忍受，表现了他对事业的执着。】我可爱的小虫子们！我真害怕，到了采摘梨桃瓜果之时，我的牙齿却啃不动它们了。是啊，确实是来得晚了点儿：当初那广阔的旷野，如今已变成低矮的穹庐，令人窒息憋闷，而且还在继续地变低变矮变窄变小。

对往事，除了我已失去的东西以外，我并没有丝毫遗憾，或者任何愧疚，哪怕是对我那些已经逝去的光阴。而且，我对一切都已不再抱有希望了。世态炎凉（世态：人情世故；炎：热，亲热；凉：冷淡。指一些人在别人得势时百般奉承，别人失势时就十分冷淡。）我已遍尝，体会甚深，我已心力交瘁，心灰意冷。我常常会禁不住要问问自己，为了活命吃尽苦头，这是否值得？这就是我此时此刻的心情。

放眼向四周望去，唯有一片废墟，一堵断壁残垣萧索地立于其间。这段墙因为由石灰沙泥浇灌凝固，所以仍旧兀立在废墟中央，如我对科学真理的执着追求与热爱的真实写照一般。【精解点评：作者将自己对科学研究的执着，比作兀立在废墟中的墙，表明了两者共同的执着精神。】亲爱的灵巧的膜翅目昆虫朋友们啊，我的这份热爱能否让我有资格给你们的故事追加一些描述？我会不会心有余而力不足？既然心存这份担忧，为何又把你们抛弃如此之久呢？已经有朋友因此而责备我了。

唉！请你们去告诉他们，告诉那些既是你们的也是我的朋友们，告诉他们我并非因为懒惰和健忘，才会抛弃你们；告诉他们我一直在惦记着你们；告诉他们我始终坚信节腹泥蜂的秘密洞穴中，还有许多有待我

们去探索的有趣秘密；告诉他们飞蝗泥蜂的猎食活动会向我们提供许多有趣的故事。

然而，我既缺少时间，又单枪匹马、孤立无援，无人理睬，更何况我在高谈阔论之前，必须先考虑生计问题。请你们这样如实地告诉他们吧，相信他们会原谅我的。

也有人指责我缺少书卷气，没有学究味儿，说我用词欠妥，不够严谨。他们担心，如果一部作品让读者谈起来容易，不费脑子，那该作品就没能表达出真理来。按照他们的说法，唯有写得晦涩难懂，让人摸不着头脑的作品才是思想深刻的。你们这些身上或长着螫针[shì zhēn]（螫针是一些膜翅目昆虫，如蜜蜂、胡蜂等尾部有螫刺作用的一种构造）或披着鞘翅的朋友们，请全都过来替我辩白，替我作证吧。请你们站出来告诉他们，我与你们的关系是多么亲密，我是多么耐心细致地观察你们，多么认真严肃地记录下你们的活动。我相信，你们会异口同声地说："是的，他写的东西没有丝毫言之无物、空洞乏味的套话，更没有丝毫不懂装懂、不求甚解的胡诌[hú zhōu]瞎扯，有的只是准确无误地记录下来的所观察到的真情实况，既未胡乱添加，也未挂一漏万。"今后，如果有人问到你们，请你们就这么回答他们吧！

我亲爱的昆虫朋友们，假如因为我对你们的描述让人生厌，因而说服不了那帮嗓门儿很大的人，那我会挺身而出，严肃郑重地告诉他们："你们对昆虫开膛破肚，而我却是让它们活蹦乱跳地生活着，对它们进行观察、研究；你们把它们变成了可怕又可怜的东西，而我则是让人们更加地喜爱它们；你们是在酷刑室和碎尸间里干活，而我，是在蔚蓝色的天空下，边听着蝉儿欢快的鸣唱边仔细地观察着；你们使用试剂测试蜂房和原生质，而我则是在它们各种本能得以充分表现时探究它们的本能；你们探索的是死，而我探究的则是生。"

所以，我完全有资格进一步表明我的想法：野猪把清泉的水给搅浑了。原本是青年人一种非常好的专业——博物史，因为越分越细，相互隔绝，互不关联，竟至成了一个令人厌恶、不愿涉猎的领域。诚然，我是在为学者们而写，是在为未来或多或少地为解决“本能”这一难题作出贡献的哲学家们而写，但我尤其是在为青年人而写。我真切地希望他们能热爱这门被你们弄得令人憎恶的博物史专业。这也是我竭力地坚持真实第一，一丝不苟，绝不采用你们那种科学性文字的原因。【精解点评：作者在此表达了自己不写科学性文字的原因，和自己一贯坚持的原则。】你们的那种科学性的文字，说实在的，就像是从休伦人使用的土语中借来的。这种情况，并不少见。然而，此时此刻，我并不想讨论这些事。

我想说的，是长期以来一直魂牵梦绕的那块计划之中的土地——我一心想着把它变成一座活昆虫实验室。终于我在一个荒僻的小村子里寻觅到了它。这块地被当地人称之为“阿尔玛”，意为“一块除了百里香恣意生长，几乎没有其他植物的荒芜之地”。这块地极其贫瘠，满地乱石，即使辛勤耕种，也难有收成。

春天时，偶尔带来点雨水，乱石堆中也会长出一点草，引来羊群光顾。由于乱石之间仍夹杂着一点红土，所以我的阿尔玛还是长过一些作物的，据说从前那儿就长着一些葡萄。确实，为了种上几棵树，我在地上挖来刨去，偶尔会挖到已部分炭化了的珍稀乔本植物的根茎来。于是，我便用唯一可以刨得动这种荒地的农用三齿长柄叉又刨又挖，然而总会感到十分遗憾。

据说最早种植的葡萄树找不到，百里香、薰衣草也没有了，一簇簇的胭脂虫栎也见不着了。这种矮小的胭脂虫栎本可以长成一片矮树林的，虽然它们长不高，只要稍微抬高点腿，就可以从上面迈过去。这些植物，尤其是百里香和薰衣草，能够为膜翅目昆虫提供它们需要采集的东西，所以十分有用。我不得不把被我的农用三齿长柄叉不小心刨出来的再给栽进去。

这里生长的最多的是那些随着风吹的土粒而来，尔后又长年积存起来的植物，它们无需我去亲手侍弄。最主要的是犬齿草，那是十分讨厌的禾本植物，三年炮火连天、硝烟弥漫的战争都没能让它们灭绝，真可

谓是“野火烧不尽，春风吹又生”。【精解点评：引用古诗句，使文章文采增加，用来形容犬齿草顽强的生命力，也较为贴切。】数量上占第二位的是矢车菊，一副桀骜不驯[jié ào bù xùn]（桀：凶暴；骜：马不驯良，比喻傲慢。性情强暴不驯顺）的模样，浑身长满了刺，或者长满了棘。其中又可分为两年生矢车菊、蒺藜[jí lí]矢车菊、丘陵矢车菊、苦涩矢车菊，而以两年生矢车菊数量为最多。各种各样的矢车菊交织纠缠，乱糟糟地簇拥在一起，其中有一种菊科植物，如枝形大烛台似的支棱着，一副凶恶相，被称之为西班牙刺卡冬。它的枝杈末梢长着很大的橘红色花朵，如同火焰一般，而刺茎则硬如铁钉。

再有伊利大刺蓟，它长得比西班牙刺卡冬要高，茎孤零零地“一枝独秀”，笔直硬挺，高达一两米，梢头长着一个硕大的紫红色绒球。它身上所佩带的利器，与西班牙刺卡冬相比毫不逊色。

此外，还有刺茎菊科类植物。首先必须提到的是恶蓟，浑身带刺，令采集者无从下手；其次是披针蓟，阔叶，叶脉顶端是梭标状硬尖；最后是越长颜色越黑的染黑蓟，这种植物集缩成一个团，形状如插满针刺的玫瑰花结。

在这些蓟类植物之间的空地上，爬着荆棘的新枝丫，结着淡蓝色的果实，长长的枝条像是长着刺的绳条。如果想要在这杂乱丛生的荆棘中观察膜翅目昆虫采蜜，就得穿上半高筒长靴，否则腿肚子会被拉得满是条条血丝，又痒又疼。当土壤中还存留着春雨给予的水分，墒情[shāng qíng]（土壤湿度是否适于耕种的情况）尚可时，角锥般的刺卡冬和大翅蓟细长的新枝丫，便会从两年生矢车菊的黄色头状花序铺就的整块地毯上生长出来。

这时候，在这片荒凉贫瘠的艰苦环境中，这种极具顽强生命力的荆棘反而会展现出它们的独特娇媚。四下里矗立着一座座狼牙棒似的金字塔，伊利里亚矢车菊投出它那横七竖八的标枪来。可是，等到干旱的夏日来临时，这儿呈现的将是一片枯枝败叶的景象，划根火柴，就会点着整块土地。可以说，我一开始拥有这片园子时，它就是这么一座荒石园。

不过，它也是我想永远与昆虫们亲密无间生活的美丽伊甸园——这块我经过40年的艰苦努力，顽强奋斗，最终才获得的宝地。

称它为美丽迷人的伊甸园，并不言过其实。因为，这块没人看得上眼的荒地，虽然没一个人会往上面撒一把萝卜籽，但是对膜翅目昆虫来说，却是个天堂。荒地上那茁壮成长的荆刺蓟类植物和矢车菊，把周围的膜翅目昆虫全都吸引来了。

我以前在野外捕捉昆虫时，从未见到过任何一个地方，像这个荒石园那样，聚集着如此多的昆虫！可以说，各行各业的所有膜翅目昆虫全都聚集到这里来了。在它们当中，有专以捕食活物为生的“捕猎者”，有以湿土造房的“筑窝者”，有梳理绒絮的“整理工”，有在花叶和花蕾中修剪材料备用的“备料工”，有用碎纸片建造纸板屋的“建筑师”，有搅拌泥土的“泥瓦工”，有给木头钻眼的“木工”，有在地下挖掘坑道的“矿工”，有加工羊肠薄膜的“技工”……还有很多其他的职业技术人员，我也记不清了。【精解点评：将膜翅目昆虫比作各行各业的职业技术人员，表明了这些昆虫不同的技能，也展现了作者语言运用的到位。】

看看这个，知道它是干什么的吗？它叫黄斑蜂，在两年生矢车菊那蛛网般的茎上刮来刮去，刮出一个小绒球来，然后便得意洋洋地把这个小绒球衔在大颚间，弄到地下，制造出一个棉絮袋子来装它的卵。那些你争我斗、互不相让的家伙又是干什么的呢？它们是切叶蜂，腹部下方有一个花粉刷，刷子颜色各异，有的是黑色，有的是白色，有的则是火红火红的颜色。它们还要离开蓟类植物丛，飞到附近的灌木丛中，从灌木叶子上剪下一些椭圆形的小叶片，把它们组装成容器，来装它们的收获物——花粉。

再看那些一身黑绒衣服的，它们是石泥蜂，专门加工水泥和卵石。我们在荒石园中的石头上，很容易就能看到它们建造起来的房屋。还有那些突然飞起，左冲右突，大声嗡鸣的，是干什么的呢？它们是砂泥蜂，把自己的家安在破旧墙壁和附近向阳物体的斜面上。

现在，我们看到的是壁蜂。有的在蜗牛空壳的螺旋壁上建造自己的

窝；有的在忙着啄一段荆条，吸去其汁液，好为自己的幼虫做成一个圆柱形的房屋，而且，房屋还要用隔板隔开，隔成一层一层的，俨然一幢楼房；有的还在设法将一个折断了的芦苇的天然通道派上用场；还有的干脆就乐享其成地免费使用高墙石蜂空闲着的走廊。让我们再来看看那些大头蜂和长须蜂，它们的雄蜂都长着高高翘起的长触角；那是毛斑蜂，它的后爪上长着一个粗大的毛钳，是它的采蜜器官；那些是种类繁多的土蜂；此外，还有一些腰腹纤细的隧蜂。我就先这么简要地提上几句，不一一赘述[zhuì shù]（说些不必要的细节）了，否则我得把采花蜜的昆虫全都记录下来。

我曾经把我新发现的昆虫呈送给波尔多的昆虫学家佩雷教授，他问我是不是有什么特别的捕捉方法，怎么会捕捉到这么多既稀见而又全新的昆虫品种？我既不是什么捕捉昆虫的专家学者，也不是一心一意寻找昆虫、捕捉昆虫、制作标本的专家学者，我只是对研究昆虫的生活习性很感兴趣的昆虫学爱好者。我所有的昆虫都是在长着茂密的蓟类植物和矢车菊的草地上捉到，并喂养的。

与这个采集花蜜的大家庭在一起的，还有一群群捕食采蜜者的猎食者。泥瓦匠们在我的荒石园中垒造园子围墙时，遗留下来不少的沙子和石头，这儿那儿地随意堆放着。由于工程进展缓慢，拖了又拖，一开始就运到荒石园来的这些建筑材料便一直遗弃着。渐渐地，石蜂们开始在石头之间的空隙投宿过夜，一堆一堆地挤在一起。

粗壮的斑纹蜂遇到袭击时，会迎面扑来，不管侵袭者是人还是狗。为了防止金龟子侵袭，它们往往选择洞穴较深的地方过夜。白袍黑翅的脊令鸟，如同身着多明我会（一个教派名称，又译为道明会，会士均披黑色斗篷，因此称为“黑衣修士”，以区别于方济各会的“灰衣修士”、加尔默罗会的“白衣修士”）服装的修士，栖息在最高的石头上，唱着并不动听的小曲短调。离它栖息的石头不远处，必定有它的窝巢，大概就在附近某个石头堆中，窝巢内藏着它那些天蓝色的小蛋。不一会儿，这位“多明我会修士”便消失在石头堆中，不见了踪影。对这个脊令鸟我却颇有点怀念，而对于那些长耳斑纹蜂，我却并不因它的消失而感到遗憾。

至于沙堆，是另一类昆虫的幽居场所。在那儿，泥蜂清扫着门庭，用后腿把细沙往后蹬踢，形成一个抛物弧线；朗格多克飞蝗泥蜂用触角把无翅螽斯咬住，拖入洞中；大唇泥蜂则在把它的储备食物——叶蝉藏入窖中。让我心疼不已的是，泥瓦匠终于还是把那儿的猎手们全都给撵[niǎn]走了，不过假如有一天，我想让它们回来的话，也许我只需再堆起一些沙堆来，它们也就很快归来了。

砂泥蜂居无定所，所以它们倒是没有消失。我在春季里可看见某些品种的砂泥蜂，在秋季里又可看见另一些品种的砂泥蜂，飞到荒石园的小径和草地上，来来去去，寻找毛虫。各种蛛蜂也留在园中，它们拍打着翅膀，警惕地飞行着，从隐蔽的角落捕捉蜘蛛。个头儿大的蛛蜂则窥伺着狼蛛，而狼蛛的洞穴在荒石园中有很多。

这种蜘蛛的洞穴呈竖井状，井口由禾本植物的茎秆中间夹着蛛丝做成的护栏保护着。往洞穴底部看去，大多数的狼蛛个头儿很大，眼睛闪烁发亮，看得人直起鸡皮疙瘩。对蛛蜂来说，捕捉这种猎物可是件非同小可的事啊！好吧，让我们观观战吧。盛夏午后的酷热中，蚂蚁大队爬出了“兵营”，排成一个长蛇阵，到远处去捕捉奴隶。

我们不妨随着这蚂蚁大军前行，看看它们是如何围捕猎物的。在一堆已经变成了腐殖质的杂草周围，一群长约一点五法寸的土蜂正没精打采、懒洋洋地飞动着，它们被金龟子、蛀犀金龟子和金匠花金龟子的幼虫吸引住了——那可是它们的丰盛美餐啊，于是便一头钻进那堆杂草中去了。值得观察研究的对象简直是太多太多了，而且这里，也只是提到了一部分而已！

这座被遗弃的荒石园，人去楼空，房屋闲置，地也撂[liào]（放，搁）荒了。没有人住的这座荒石园，成了动物的天堂，没有人会伤害它们，它们也就占据了这儿的角角落落。黄莺在丁香树丛中筑巢搭窝；翠鸟在柏树那繁茂的枝叶间落户安家；麻雀把碎皮头和稻草麦秆

衔到屋瓦下;南方的金丝雀在那建在梧桐树梢，没有半个黄杏大的小安乐窝里鸣叫;红角鸮习惯了这儿的环境,晚间飞来唱它那单调歌曲，如笛音般清脆;雅典娜鸟猫头鹰也飞临此地，发出刺耳的咕咕声响来伴奏。

在那座废弃的屋前有一个大池塘。向村子里输送泉水的渡槽，顺带着也把清清的流水送到这个大池塘中。动物发情的季节，方圆一公里的两栖动物都会向池塘边爬来。灯芯草蟾蜍[chán chú]——有的个头儿大如盘子，背上披着窄小细长的黄绶带[shòu dài]，在池塘里幽会、沐浴;日暮黄昏，“助产士”雄蟾蜍的后腿上挂着一串胡椒粒似的雌蟾蜍卵;这位宽厚慈爱的父亲，带着它珍贵的卵袋从远方蹦跳而来，把这卵袋没入池塘中，然后再躲到一块石板下面，发出铃铛般的声响。

成群的雨蛙躲在树丛间，不想在此时此刻哇哇乱叫，便以优美动人的姿势跳水嬉戏。五月里，在夜幕降临之后，这个大池塘就变成了一个大乐池，各种鸣声交织在一起，震耳欲聋，若是在吃饭，就甭想在饭桌上交谈，假如躺在床上，也难以成眠。【精解点评：这里将池塘比作一个大乐池，表现了池塘里各种热闹的声音，使得作者寝食难安。】为了让园内保持安静，必须采取严厉的措施。不然又能怎么办？想睡而又被吵得无法入睡的人，心必然会变硬。

无法无天的膜翅目昆虫竟然把我的隐居之所也给侵占了！白边飞蝗泥蜂在我屋门槛前的瓦砾堆里做窝;踏进家门时，我不得不备加小心，以免一不留神把它的窝给踩坏了，让那些正在忙活的“矿工们”遭到灭顶之灾。我已经整整25年没有看到过这种捕捉蝗虫的高手了。记得我第一次看见它时，是走了好几里地去寻找的，之后，每次去寻访它，都是顶着八月火热的骄阳前去，经历着令人难以忍受的长途跋涉。

可是，今天，我却在自家门前见到了它们，它们竟然成了我的好芳邻！关闭的窗户框为长腹蜂提供了温度适宜的套房，它把泥筑的蜂巢建在了规整石材砌成的内墙壁上；这些捕食蜘蛛的好猎手归来时，穿过窗框上原有的一个现成小洞孔，钻入房内。

在百叶窗的线脚上，有几只孤身的石蜂建起了它们的蜂房群落；略微开启着的防风窗板内侧，有一只黑胡蜂为自己建造了一个小土圆顶，圆顶上面有一个大口短细颈脖；胡蜂和马蜂也经常光顾我家——它们飞到饭桌上，尝尝桌上放着的葡萄是否熟透了。

毫不夸张，这儿的昆虫确实是又多又全，而我所见到的只不过是一小部分，非常不全。如果我能与它们交谈，那么我就会忘掉孤独寂寥，感到情趣盎然。这些昆虫，有些是我的新朋有的则是我的旧友，它们全都聚集在我这里，挤在这方小天地中，忙着捕食、采蜜、筑窝搭巢。

假如想要改变一下观察环境，这也不难，因为几百步开外便是一座山，山上长满了野草莓丛、岩蔷薇丛、欧石南树丛；还有泥蜂们偏爱的沙质土层，有各种膜翅目昆虫喜欢开发利用的泥灰质坡面。我正是因为早已认准了这块风水宝地，这笔宝贵财富，才离开繁华喧闹的城市，来到塞里尼昂，躲在这冷僻的乡间，给萝卜地锄草，给莴苣地浇水。

为了解剖对我们来说并无多大意义的海洋中的小动物，人们花费大量资金，在大西洋沿岸和地中海边建起许多实验室；人们耗费大量钱财，购置显微镜、精密的解剖器械、捕捞设备、船只，雇用捕捞人员，建造水族馆，以了解某些环节运动的卵黄是如何分裂的。直到如今，我都没弄明白，这些人搞这些有什么用处？为什么他们对陆地上的小昆虫瞧不上眼、不屑一顾？要知道，这些小昆虫可是与我们息息相关，它们为普通生理学提供着难能可贵的资料。另外，它们中有一些在疯狂地吞食我们的农作物，肆无忌惮地破坏着公共利益。

我们迫切地需要一座昆虫学实验室，不是研究死昆虫，而是研究活蹦乱跳的活昆虫的实验室，一座以研究这个昆虫世界中，那些小小的动物的本能、习性、生活方式、劳作、争斗和生息繁衍为目的的昆虫实验室。我们的农业和哲学必须对它予以高度重视。彻底掌握对我

的葡萄树进行吞食、蹂躏[róu lìn](践踏，比喻用暴力欺压、欺凌)的那些昆虫，可能要比了解一种蔓足纲动物的某根神经末梢结尾是什么状态更加重要。

通过实验划分清楚智力与本能的界线，通过比较动物系列的各种事实，以揭示人的理性是不是一种可以改变的特性等等，这一切应该比了解一个甲壳动物的触须有多少要重要得多。要解决这些大问题，必须动用大批工作人员，可是目前，只有我一人在孤军奋战。当下，人们把注意力放在了软体动物和植虫动物的身上，花费了大量的资金购置许许多多的拖网去探索海底世界，可是对自己脚下的土地却漠然处之，不肯下功夫了解。我在等待人们改变态度的同时，开辟了荒石园这座昆虫实验室，而这座实验室不用花纳税人一分钱。【精解点评：作者在这里指出昆虫研究对人类的巨大价值，以及人们对昆虫研究的漠视，并对此表达了自己的无奈和孤军奋战的孤寂。】

这篇文章中，作者夹叙夹议，带领我们参观了他的野外实验室，这也就是被他当做“钟情宝地”的荒石园。就在这所荒败的园子里，有着作者钟情的各种植物和小昆虫，作者与它们为伴，度过了自己 40 年的科研生活。

作者在这篇文章中，带领我们走进他钟情的宝地，即荒石园，认识了远离喧嚣的一个僻静的小园子，这里有着不一样的热闹，这里有着各种植物和鸟类。由于人的罕至，这里便成为了膜翅目昆虫们的天堂。作者对于人们研究重点的偏移提出了自己的看法，他认为这些小昆虫具有很大的研究价值，这价值对于人类的生产生活有着巨大的影响，但是人们却往往忽视了这一点，并在最后对于昆虫的研究发出了呼唤。

1.由于人迹罕至,这个园子有什么特点?

2.作者与其他研究者的研究有什么区别?

3.作者的昆虫实验室,主要以研究昆虫的哪些方面为目的?

(答案见最后)

强化训练

1.作者找到的这个荒僻的小园子被当地人称为“阿尔玛”,这个“阿尔玛”是什么意思?

2.作者提到的荒石园里有哪些膜翅目昆虫?

3.作者如何看待昆虫研究对于人类的价值?

灰 毛 虫

名师导读

砂泥蜂是灰毛虫的天敌，它能够很容易找到灰毛虫，并将其制服，那么，它是用什么器官感知到灰毛虫的藏身地点的呢？很多动物都有着敏感的感知器官，现在就让我们一起来进入文章，探究一下吧。

砂泥蜂捕捉毛虫的过程，我们已经有所了解了。我觉得我所观察到的情况有重要的意义，即使荒石园昆虫实验室不再为我提供任何东西，那么，光是这一次的观察就足以弥补一切了。膜翅目昆虫为了制服灰毛虫所采取的“外科手术”，简直达到了登峰造极的程度，迄今为止我还没有见到在本能方面胜过它的。它的这种天生的本领实在是让人刮目相看啊！它的这种本领难道不足以引起我们的深思吗？砂泥蜂犹如无意识的生理学家，它具有多么巧妙的逻辑，多么精确稳健的本领啊！

这种奇迹，绝不是在田野里悠闲地散散步就能碰巧遇到、就能看到的。就算是真的出现了这种大好机会，你也来不及利用。我可是花了整整五个钟头，始终坚守在那里，即使如此，也未能完成计划中的实验项目。所以若想要很好地完成这种观察实验，就必须在自己家中，利用空闲时间来进行。

砂泥蜂这种膜翅目昆虫是如何发现灰毛虫在地下的藏身处的？按照砂泥蜂的工作顺序来观察它的捕猎情况，就必须首先考虑这个问题。【精解点评：问题的提出，引导读者阅读，引出下文对砂泥蜂工作顺序的介绍。】

表面看来，至少用眼睛观察，没有任何迹象可以表明毛虫就藏在那儿。毛虫的藏身处可以是光秃秃的土地或长着草的地方，可以是满是石头或泥土的地方，也可以是连成一片的土地或裂隙小缝。地面的这些不同，对捕猎者砂泥蜂来说，全都无关紧要。它搜索所有的地方，而并不是专门喜欢搜索某一处。不管它停在何处、搜索了多长时间，我都看不出那个地方有何与众不同，但恰恰是在那儿，一定会藏着一只灰毛虫。我前面的叙述已经指出了这一点，我曾经接连 5 次在砂泥蜂的指引下，找到了灰毛虫，而砂泥蜂只因无力深挖下去，前功尽弃。所以，我可以肯定，这绝不是视觉的问题。

到底是它的什么器官在起作用呢？是它的嗅觉吗？我们来看一下是什么样的情况。进行搜索的器官是触角，这一点已经证实了。触角的末端弯成弓形，在不断地颤动着，昆虫便用它来轻巧而快速地拍击土地。假如发现有缝隙，它便把颤动的细丝伸进缝隙中去进行探查；如果一簇禾本植物的根茎像网似的蔓延在地面上，它便加快抖动触角，以搜索根茎网里凹陷的地方。触角的末端彼此贴在一起一会儿，在所探索的地方，如同两根有触觉的丝条，两个活动自如的手指，可以通过触摸了解情况。但光这么触摸查不出来地下到底有什么，因为它要寻找的是灰毛虫，可这灰毛虫却躲在地下好几寸深的洞穴中。

我们接着便会想到它的嗅觉器官。毫无疑问，昆虫的嗅觉器官十分发达。埋葬虫、扁甲虫、阎虫、皮囊等“食尸者”昆虫，就是靠着自己的嗅觉，才能急匆匆地赶往有一只死鼹鼠的地方去。【精解点评：举例说明，这里列举了几个有着敏感嗅觉的昆虫。对“昆虫的嗅觉器官十分发达”的论断做了论证。】如果要说昆虫确实拥有较强的嗅觉器官，那么就必须知道它的嗅觉器官究竟生在它身体的哪个部位。

有许多人肯定地说：长在它的触角里。即使这种说法不无道理，但我们仍很难理解，由角质的环一节一节连接而成的一根茎怎么会起到鼻子的功能呢？因为鼻子的构造与触角是大不相同的。鼻子与触角是两个毫无共同之处的器官组织，怎么会产生出相同的感觉来呢？工具不同，它们的功用怎么能一样？再说，就我们所说的这种膜翅目昆虫来说，就我们所观察到的这种膜翅目动物而言，我们是可以对上述的说法提出异议来。

嗅觉是一种被动的器官，而不是主动的器官。它是在等到气味传来时，就接收下来，而不是像触角似的主动器官，主动去感觉，主动去探查气味从哪儿散发出来。砂泥蜂的触角就是在不停地动着，它这是在探查，在主动地感觉。那它究竟在感觉什么呢？

如果说它真的是在感觉气味的话，那它完全可以一动不动，这要比它动个不停的感觉效果强得多。再说，如果没有气味，也就谈不上什么嗅觉了。我曾经亲自拿毛虫做过实验，我让鼻子比我尖，比我敏感得多的年轻人也去闻闻毛虫，大家没一个人能闻到毛虫散发出了什么气味。

狗鼻子很灵敏，这是尽人皆知的。当狗用鼻子拱地进行探查时，它是受到块茎的香气吸引，这香味我们即使透过厚厚的土层也能闻到。我承认，狗的嗅觉确实比人的嗅觉灵敏，它可以闻得更远更广，它所接受的感觉也更加强烈且更加持久。

但是，它是由于散发的气味而产生感觉，而这种气味，在距离不算太远时，我们人的鼻子也能感觉得出来。如果大家硬要坚持，我也可以同意砂泥蜂具有跟狗同样灵敏甚至更加灵敏的嗅觉，但这也同样需要有气味散发出来才行呀。所以，我觉得人的鼻子凑上去都闻不到什么气味的毛虫，砂泥蜂又如何能够透过厚厚的土层闻得到呢？

无论是人，还是其他的动物，还是灰毛虫，如果其感官具有同样的功能，那其感官就有同样的刺激体。就我所知，在绝对黑暗的环境中，人也好，其他的动物也好，都无法看清东西。当然，动物的敏锐性一般来说是一样的，但受感力的程度却有差异。有的动物受感力很强，有的就很弱；有的东西，某些动物可以感觉得到，而有些动物就感觉不到。这一点毋庸置疑。而且一般说来，昆虫的嗅觉感受力好像并不是很强，它并不是靠着敏锐的嗅觉感受气味的。

那么是依靠听觉吗？靠这种器官功能，昆虫也无法很好地探查猎物。昆虫的听觉器官长在何处？有人说长在触角里。确实，昆虫那些敏锐的触角受到声音刺激后，好像全部都在颤动着。用触角探查的砂泥蜂可能是由从地下传来的轻微响动，比如猎物用大颚啃噬草根的声响，毛虫扭动身躯的声响，从而知道猎物藏在何处。可是，这种声响真的是极其微弱，要透过有吸音作用的土层传到外面来，简直太不可思议了！

更何况这所谓的声响，不是极其微弱，而是根本没有。灰毛虫是在夜间活动的，而白日里，它则是蜷缩在洞穴中，一动也不动。它不啃噬任何东西，至少我按照砂泥蜂指引的方位挖到的灰毛虫没啃噬什么东西，再说，也没什么东西可以让它啃噬。它在一个没有树根的土层里一动不动地呆着，安安静静，不发出一点声响。

听觉也跟嗅觉一样，完全被排除了。【精解点评：作者采用的探究方法是排除法，一步步排除和探寻问题的答案，逻辑思路清晰。】这么一来，问题又出现了，而且更加地说不清楚。砂泥蜂到底是怎么辨别出地下藏着的灰毛虫的方位的？毫无疑问，触角是给砂泥蜂引路的器官。但触角并不是起嗅觉作用的器官呀，除非大家同意如下的看法：这些触角虽然既干又硬，表面没有丝毫通常器官所需要的纤细结构，却能感觉得出来我们根本就无法闻到的气味。如果确实如此，那就是在承认粗糙的工具也能制造出精美的作品来。触角因无声音可听，也就起不了听觉器官的作用。那触角到底在起什么作用呢？这个问题我无法解答。我现在不清楚，将来能否搞清楚，也不敢奢望。

一般来说，我们倾向于——也许也只能如此了——用我们知其然，但不知其所以然的尺度去衡量世间万物；我们把自己的感知手段赋予动物，却根本没有想到动物很可能拥有其他的手段。而我们对它们的手段不可能具有明确的概念，因为我们与它们之间没有什么类似的地方。我

们不知道它们的感知是怎么一回事，如同我们双眼失明，对于颜色就一无所知一样。难道我们就敢保证我们对物质全都掌握得一清二楚，没有不明白的地方了吗？难道我们敢确定，对于有生命的物体来说，感觉只是凭借着光线、声音、气味、香气以及可触摸的特性显示出来的吗？

物理学和化学尽管属于年轻的科学，但它们却已经向我们证明，我们所不了解的黑色中含有大量可以提取的物质。一种新的官能，也许就存在于菊头蝙蝠那迄今为止一直被称之为怪诞的鼻子里，这一种新的官能，可能在砂泥蜂的触角里也存在着。它的触角为我们的观察研究揭示了一个世界，这是一个我们的肌体结构肯定永远也不会让我们想到要去探索的世界。

物质的某些特性，在人的身上虽然没有能够让人感受到，但是，在具有与人不同官能的动物身上，难道就不可能产生反应吗？斯帕朗扎尼曾经在一间房间里，在各个方向扯起许多条绳子，而且还堆上几堆荆棘，把房间变成了一座迷宫。然后，他把瞎蝙蝠放到这间迷宫里来。这些瞎蝙蝠彼此认识，飞起来速度很快，在迷宫里飞来飞去，但却碰不到他所设置的重重障碍。

原因何在？是什么类似于我们人的器官在指引着它们吗？有谁能告诉我这一奥秘？【精解点评：作者通过问题的设置，引导我们的阅读和思考，并紧扣问题，引出下文中的内容。】我也想弄清楚，砂泥蜂是如何借助自己的触角准确找到灰毛虫的藏身地点的。请不要说这是它的嗅觉使然。如果非要说是嗅觉的缘故，那么就得假定它的嗅觉灵敏得令人惊叹，同时还得承认，它所拥有的器官根本就不是用来感知气味的。砂泥蜂的行为并不是一件孤立的事实，所以我才在这里浪费笔墨，大费周章。

不过，我们现在还是先来谈谈灰毛虫吧！我们有必要更加详尽地了解这种毛毛虫。我有四五只灰毛虫，是我在砂泥蜂为我指引的洞穴深处用刀子挖到的。我原打算用它们来逐一替换作为牺牲品贡献的猎物，好仔细看清砂泥蜂施行其外科手术的全过程。【精解点评：将砂泥蜂对灰毛虫的捕食说成实施外科手术，表现了作者语言的丰富性。】

可是，我未能如愿，计划落了空，于是我便把它们放进短颈大口瓶里，瓶底铺上一层土，再用生菜心覆盖起来。白天，我的囚徒们一直躲藏在土里。只有到了晚上，它们才爬到土层上面来，一个个在生菜叶下啃噬着。到了8月，它们就全都躲在了土里，不再爬到土层上面来，各自忙着编织自己的茧。茧表面很粗糙，呈椭圆形，如小鸽子蛋一般大小。8月底，蛾子孵了出来，我认得出来那是黄地老虎。

原来毛刺砂泥蜂是用黄地老虎的毛虫来喂养自己的幼虫，而且它只是在具有地下生活习性的类别中进行挑选。这些毛虫因外表呈淡灰色，所以俗称灰毛虫。灰毛虫是对农田作物和花园里的花草极为有害的害虫。它们白天躲藏在地底下，夜晚爬到地面上来，啃噬草本植物的根茎，无论是装饰性植物还是蔬菜瓜果，它们全都不放过。它们把花圃、菜地、农田糟蹋、祸害个够。假如你发现一棵苗好端端地便枯萎了，那你轻轻地把它扯出来，就会发现，它的根已经被咬断了。这帮贪婪而讨厌的灰毛虫，夜晚从田间地头经过，用其大颚毫不客气地把秧苗给咬断。它所造成的破坏，与白毛虫(也就是鳃角金龟)的幼虫不相上下。如果它在甜菜地里大量地繁殖，那损失可就更加不得了了。

而它的天敌正是砂泥蜂。砂泥蜂在自觉自愿地帮助我们消灭这祸害庄稼的可恶敌人。我把这在春天积极地寻找灰毛虫的砂泥蜂告诉了农民朋友们，让他们知道这位“农田卫士”能够帮助我们发现灰毛虫的藏身之地，将它们消灭掉。【精解点评：拟人手法的运用，将砂泥蜂说成“农田卫士”，表明它捕食灰毛虫，对于农田具有保护作用。】只要园子里有一只砂泥蜂存在，那么，一畦生菜或一花坛的凤仙花就能逃脱被毁灭的危险。

可是，我的这一提醒并未引起农民们的重视。虽然他们并没有想要消灭这种膜翅目昆虫，但他们也没有去帮助它们大量繁殖，以把灰毛虫消灭干净。他们只是任由这种可亲可爱的膜翅目昆虫，自由地从一条小径飞到另一条小径，飞到东飞到西，任由它们在花园的角角落落里查看搜索。

对昆虫，我们在绝大多数情况下是无能为力的。我们既无法在它们有害时把它们消灭干净，也不能在它们有益时对它们加以保护。人类能够挖凿运河把大陆切成一块一块，以便把两个海洋连接起来；人类能够开凿隧道，把阿尔卑斯山打通；人类还能计算出太阳的重量。可是人类却无法阻止一个可恶的害虫，在人们还未尝鲜时就先把红红的樱桃给啃啮掉；也无法阻止这可憎可厌的家伙去毁灭自己的葡萄园！泰坦被俾格米人打败，力大无穷者却显得如此软弱无力，真是奇怪得无法理解！【精解点评：列举了人类在改造自然和科学研究方面的无穷力量，也对比地说到，人们对于小昆虫的无能为力，表现了人类力量的有限性和昆虫对人类生产生活的巨大影响。】

如今我们在昆虫的世界里，有了一个机智聪颖的帮手，那可憎可恶的灰毛虫难以抗御的天敌——砂泥蜂。我们能否想点法子，帮助我们的这个助手在田地里和园子里繁衍，大批地生长？看来是没什么法子可想的，因为让砂泥蜂大量繁殖的首要条件就是先大量繁殖灰毛虫，因为后者是砂泥蜂的唯一食粮。而喂养砂泥蜂可不是一件简单的事，因为它不像蜜蜂那样群居生活，从不离开自己的窝巢，更不像爬在桑叶上的愚蠢的蚕和它那笨拙的蛾子，拍拍翅膀，交配，产卵，然后死去。砂泥蜂经常迁徙，飞的速度很快，有点天马行空、我行我素的意思，不受任何约束。

更何况，那首要的条件就让我们不敢存此设想——若是想要大量繁殖帮我们寻找灰毛虫的砂泥蜂，那就得听任灰毛虫大量繁殖，酿成巨大的灾害，那也就陷进了恶性循环之中：为了益，求助于害。灰毛虫多了，砂泥蜂才能找到丰富的食物来喂养自己的幼虫，其家族才能兴旺；灰毛虫缺乏，砂泥蜂的后代就必然会减少，直至绝种。昌盛与衰亡的循环往复就是吞噬者与被吞噬者的比例平衡，这是一条永恒不变的自然规律。

作者在这篇文章中为我们介绍了砂泥蜂对灰毛虫的寻找和捕食。作者对砂泥蜂是靠什么器官寻找灰毛虫这个问题，进行了深入的探讨，虽然最终并没有给出一个明确的答案，但是作者运用排除法，为我们排除了许多错误的答案。砂泥蜂捕食灰毛虫对农田有着有利的影响，而人们往往认识不到，作者对此也表示惋惜。

在这篇文章中，我们随着作者的探究，认识了砂泥蜂和灰毛虫这两种天生就是敌人的小昆虫。砂泥蜂能够很容易找到灰毛虫，并将其制服，作者对它凭借什么器官寻找灰毛虫进行了探究。此外，砂泥蜂对于农田的帮助，便是消灭了对农田有害的灰毛虫，而农民却认识不到这一点。人类在改造自然和科学研究方面有着无穷力量，但对于小昆虫却无能为力，作者对人类能力的有限发出了感慨，同时也点出了自然界的"吃与被吃"，以及兴衰循环的规律。

1.作者按照什么样的顺序，来探究砂泥蜂起作用的器官？

2.昆虫的嗅觉器官十分发达。作者举了什么例子来论证的？

3.作者对砂泥蜂的器官的探究，先后顺序是什么？

（答案见最后）

强化训练

1.通过文章的介绍，你认为砂泥蜂有什么特殊本领？

2.砂泥蜂对农田有帮助，而人们为什么不利用它来消灭害虫灰毛虫呢？

3.如果想要大量繁殖砂泥蜂，就会陷入什么样的恶性循环之中？

米诺多蒂菲

只看标题，你一定会心生疑惑，“米诺多蒂菲”也是昆虫吗？怎么会有虫子叫这种名字？它到底长什么样？为什么会有这样的一个名字？不用着急，文章中，作者会为我们一一解惑，现在就让我们来认识这位“奇怪的朋友”吧。

专业分类学家采用了两个吓人的名字，给本章要介绍的这个昆虫命名：一个是米诺多，就是弥诺斯那头在克里特岛地下迷宫中以人肉为食的公牛的名字；另一个是蒂菲，即巨人族中的一位，系大地之子，他曾经试图登天。凭借弥诺斯之女阿里阿德涅给的一团线，阿德尼安·忒修斯捉住了米诺多，把它杀死，安然无恙地走出地下迷宫，使自己祖国的百姓永远摆脱了被这半人半兽的怪物吞食的厄运。蒂菲则在自己垒起的高山之巅遭到雷劈，跌入埃特拉火山口中。

据说，他依然在火山口中。他的气息化作了火山的烟雾。他如果一咳嗽，便会引起火山喷发出岩浆；他如果想换个肩膀扛着，让另一个肩膀歇一歇，便会引发西西里岛的地震，让西西里岛不得安宁。

这些神话人物的名字听起来既响亮又悦耳，在昆虫的故事里找到这类古老神话的痕迹并不让人觉得扫兴。它们不会引起与真情实况的矛盾，而那些按照构词法硬造出来的名称反而总会名实不符。如果用一些朦胧近似的名字把神话与历史联系起来，那才是最符合人意的。

米诺多蒂菲就是这样的。人们称一种体形较大、与地下打洞的昆虫血缘极为相近的黑色鞘翅目昆虫为米诺多蒂菲。它是一种平和无害的昆虫，但它的角可比弥诺斯的公牛厉害得多。在我们的那些披着甲胄的昆虫中，谁都没有它的武器那么咄咄逼人。【精解点评：这是米诺多蒂菲的出场，作者用“平和无害”来概述这种小昆虫，后又渲染它的角是很厉害的武器，增加了这个小昆虫的神秘感，引发读者的阅读兴趣。】雄性米诺多蒂菲胸前有三根一束的平行前伸的锋利长矛。假如它体积增大如公牛，即使忒修斯本人在野外遇上了它，恐怕也不敢迎战它那支可怕的三叉戟。

神话中的蒂菲野心勃勃，想把连根拔起的群山垒成一根立柱，去洗劫诸神的仙境。博物学家们的蒂菲则不会登天，只会下地，而且能把地钻得很深很深。蒂菲用肩膀一扛，会把一个省弄得震颤起来；我们的昆虫蒂菲则用脊背去拱，把泥土拱松动，导致小土堆震颤不已，如同被埋在火山中的蒂菲一动，埃特拉火山就轰隆作响一般。

这种昆虫就是我们将要描述的。但是，讲这个故事有什么用处呢？这么深入细致地去研究它又有什么意义呢？我知道，这种研究不会让一粒胡椒身价百倍，不会让一堆烂白菜成为无价之宝，也不会造成装备一支舰队、让决心拼个你死我活的人们相互对峙那样的严重后果。我们的这种昆虫并不期盼这么多荣耀。它只是在通过自己那些富有变化的表现来展示自己的生活，它能够帮助我们多少弄懂一点所有的书中最晦涩的那本——关于我们人类自身的书。

米诺多蒂菲很容易弄到，养起来不费钱，观察起来却挺有意思，所以它比那些高级动物更能满足我们的好奇心。再说，与我们成为近邻的那些高级动物研究起来非常单调乏味，而它则不然。它的本能、习性和身体构造都很有特点，是我们闻所未闻的，所以它能向我们揭示一个新的世界，仿佛我们是在与另一个星球的生物举行研讨会。这也是我高度

评价这种昆虫并坚持不懈地与之建立联系的原因。

这种昆虫喜爱露天沙土地，因为羊群去牧场必经那里，一路上总要不停地拉下羊粪蛋——那是它日常的美食。如果没有羊粪蛋，它就退而求其次，找点很容易收集到的兔子的细小粪便来凑合。一般说来，兔子总是躲到百里香丛中去拉屎撒尿，因为它非常胆小，怕暴露目标，遭到袭击。

约摸在3月份的头几天，就可以碰见米诺多蒂菲夫妇齐心协力，专心修窝筑巢。此前一直分居于各自浅穴中的雌雄米诺多蒂菲，现在开始要共同生活较长的一段时间了。

在那么多的同类中间，夫妻双方还能相互认出对方来吗？它俩之间是不是有海誓山盟？【精解点评：这里用疑问句开头，不仅激发读者的阅读兴趣，也起着引起下文的作用。】如果说婚姻破裂的机会十分罕见的话，那么对于雌性来说，甚至这种破裂的机会根本就不存在。因为做母亲的很长时间都不会离开其住处。相反，对做父亲的来说，婚姻破裂的机会却很多，因为职责所在，它必须经常外出。如同我们马上就会看到的那样，雄性一辈子都得为储备粮食奔忙，是天生的垃圾搬运工。白天它独自一人按时把妻子洞中挖出来的土运走；夜晚它又独自在自家宅子周围搜寻，为自己的孩子们寻找做大面包的小粪球。【写作参考点：拟人的手法运用，将一个昆虫家庭和谐幸福的画面呈现出来，令人难忘。】

各家住宅有时候会比邻而建。收集粮食的丈夫归来时会不会摸错了门，闯进别人家中去呢？在它外出寻食时，会不会在路上碰见一位没有呆在闺中的散步女子，于是便忘了妻子的恩爱，准备离婚呢？这个问题值得研究。我用下面这个方法解决了这一问题。

我挖出来了两对正在挖土建巢的夫妇。我用针尖在它们鞘翅下部边缘做了无法抹去的记号，以便我能把它们区分开来。我随手把这四位分别放在一块有两柞（量词，张开的大拇指和中指两端之距离）深的沙土场地上。这样的土质一夜工夫就能挖出一口井来。在它们急需粮食的情况下，我又给它们弄一把羊粪放进去。我用一只瓦钵翻扣在场地上，既可以防止它们逃逸又可以遮阳，让它们安安静静地去沉思默想。

答案在第二天出来了，非常令人满意。场地上只有两个洞穴，两对夫妇如原先一样重新聚在一起，两只雄性都各自找到了自己的结发妻子。次日，我做了第二次实验，然后又做了第三次实验，结果都一样：用针尖做了记号的一对在一个洞中，没做记号的另一对则在通道尽头的另一个洞穴里。

我总共重复做了五次实验，它们每天都得重新开始组建家庭。【精解点评：前面重点描写了两次实验，这里就不再重复写相同的实验了，在结构安排上详略得当。】现在，事情变糟了。有时，接受实验的四只中每只各居一屋，有时在同一个洞穴中住着两只雄性，或者两只雌性，有时一个雌性接待另一雌性或雄性，但组合方式与一开始完全不同了。我过分地重复实验，这以后就乱套了。我每天这么折腾都把这些挖掘工弄烦了。一个摇摇欲坠的宅子老是在重建，终于把合法夫妻给拆散了。既然房屋每天都倒塌，正常的夫妻生活也就过不下去了。

这并也没有多大关系，因为一开始的那三次实验已足以证明，尽管那两对夫妇一次一次地受到惊吓，但似乎并没有破坏它们夫妇之间那微妙的纽带，夫妇关系仍有着一定的抗拒力。夫妇双方在我精心制造的一系列混乱之中，仍旧能够认出对方。它们信守着彼此间的山盟海誓，这在朝三暮四的昆虫界实在是一种难能可贵的高尚品质。因为我们人类可以根据话语、音色、音调相互识别，而它们则是哑巴，没有任何方法呼唤。剩下的只有嗅觉。

米诺多蒂菲寻找自己妻子的情况让我想起了我家的爱犬汤姆。汤姆在发情期间，鼻子朝上，嗅闻由风送来的空气，然后跳过围墙，急忙奔向远方传来的具有魔力的召唤。由此，我还想起了大孔雀蝶，它们从好几公里以外飞来，向刚出茧的正值婚嫁的雌蝶表示敬意。

但是，这种对比还有许多不尽如人意之处。狗和大孔雀蝶在受到妙龄异性召唤时尚不认识那位美人儿，而对长途跋涉前去朝圣一窍不通的米诺多蒂菲则完全不同。它稍微转上一圈便径直奔向它已经常与之接触的女人了；它通过对方身体中散发出的与别人不同的气味，通过某种除了它这个情郎而外，别人闻不出来的某些独特气味把它的女人辨别出来。这些带有气味的散发物是由什么成分构成的呢？米诺多蒂菲尚未告诉我。这一点让人觉得很遗憾，它本会告诉我们一些有关其嗅觉之神功的有趣故事的。

这对夫妻在家中又是怎么分工的呢？要想知道这一点，可不是容易的事，这可不是用小刀尖挑出来看看就可以的。要是想参观在洞中挖掘的这种昆虫的话，就得动用镐头，那可是很累的活儿。这种昆虫的宅子可不像圣甲虫、螳螂和其他一些昆虫的屋子，用小铲子轻轻一铲，毫不费力地就挖开了。米诺多蒂菲住在一口深井中，只有用一把结实的铁铲，连续挖上好几个小时才能挖到底。如果太阳再稍微毒一点，干完这个活儿你一定会累趴下。

我年岁大了，可怜的关节都生锈了！唉！明知地下有个有趣的问题，想要探究一番，却力不从心，挖不动了！但是人老心不老，我的热情仍旧如当年挖掘条蜂喜爱的松软的山坡时一样，热情似火。我对研究工作的喜爱并未减退，只不过力气上差些罢了。

幸好我有一个帮手，他就是我的儿子保罗，他身轻体健，臂膀有力，帮了我的大忙。我动脑，他动手。家中其他的人，包括孩子们的妈妈，也都非常地积极，平常总帮我们一把。坑越挖越深，必须隔着老远仔细观察铲子挖出来的那些东西，查找每一点滴资料，这时候人多眼睛就亮。一个人没看见的，另一个人就会瞅见。双目失明的于贝尔依靠一个目光敏锐的忠实仆人对蜜蜂进行研究。我的条件比这位伟大的瑞士博物学家可强得多了。我的眼睛虽然已经老花，但视力还是不错的，何况我家人的眼睛都很好，他们都在帮助我。如果说我还在继续进行研究的话，他们功不可没，我非常感激他们。【精解点评：这里穿插记叙了家人对自己的帮助，作者想象着，如果单靠自己既费时，还会很累，但作者的研究热情不减，加上家人的帮忙，作者的研究热情更加高涨，表现了作者对科学的执着，以及对家人的感激之情。】

我们一大清早就到了现场，找到了一个洞穴，还有一个挺大的土堆，土堆呈圆柱形，是一下子推上来的一整块土。挪开土块，便现出一口很深很深的井。我用途中捡拾的一根很长很笔直的灯芯草秆儿试探着往井下伸去，越伸越深。最后，在一米半左右的深处，那根灯芯草秆儿就不能再往下去了。我们探到米诺多蒂菲的卧室了。

用小铲子小心翼翼地剥落卧室外面的土，便可以看到屋里的主人，先挖出来的是雄性米诺多蒂菲，再稍微往下挖一点就挖到了雌性米诺多蒂菲。夫妻俩被取出来之后，露出一个颜色很深的圆点：那是粮食柱的末端。现在接着小心又小心地轻轻挖。我们沿着洞底边缘，把中间的那块土与它周围的土切割开来，然后用小铲子兜底儿把那块土整个儿地铲起来，既得小心谨慎又得干净利落。铲起来了！我们弄到了米诺多蒂菲夫妇及其卧室了。我们挖了一个上午，累得精疲力竭，总算弄到了这笔财富。保罗背上直冒热气，可见他花了多大的力气。

当然，1.5 米这个深度不是、也不可能是一成不变的，许多因素都会使深度改变，比如昆虫钻过的地方的湿度和土质如何，产卵期的远近，昆虫干活时热情的大小和时间是否充裕等。我看见过有一些洞穴还要稍微深一些；也见到过另有一些洞穴还没达到一米深。

不管是什么情况，为了生儿育女，米诺多蒂菲都必须有一个很深的住所，而据我所知，没有任何其他一种昆虫挖掘工挖过这么深。我们马上就会想到是什么样的迫切需要使羊粪蛋的收集者居住在那么深的地方？

离开现场之前，我们先记下一个事实，因为这一事实以后会很有价值。【精解点评：作者在这里设置悬念，这一事实有什么价值，引发读者的思考，也为下文的描写做铺垫。】雌性米诺多蒂菲住在洞穴底部，而其丈夫则呆在其上方不远处，它俩都被吓得一动也不敢动。现在尚无法确知它俩在干什么。

这一细节在我翻挖的各个洞穴中都一再地被发现，这似乎说明这对伙伴各自有一个固定的位置。

养儿育女的米诺多蒂菲妈妈住在下层。它独自在挖掘，因为它精通

垂直挖掘的技术，这种挖法事半功倍，可以挖得很深。它是个能工巧匠，始终不停地对着坑道工作面挖掘着。而它的丈夫只是一名小工，呆在它身后，用它的角背篓随时清理浮土。这之后，能工巧匠变成了女面包师，把为孩子们准备的糕点制作成圆柱形；而米诺多蒂菲爸爸为它打下手，为妈妈从外面搬运进来食物原料。如同所有的和睦家庭一样，女主内男主外。【写作参考点：作者使用拟人化的语言，将米诺多蒂菲的家庭分工情况娓娓道来，令读者感到温馨亲切。】这可能就是在管形宅子中它俩所居的住处始终不变的原因。将来我们就会得知这种猜测是否与事实相符。

好了，现在让我们在家里从容地、舒舒服服地观察好不容易挖掘出来的洞穴中间的那整块土。这块土中有一个呈香肠状的食品罐头，长短粗细大约和拇指一般。里面装着的食品颜色很深，压得很瓷实，分好多层，可以辨别出其中有已压碎了的羊粪蛋。有时候，面包揉得很细，从头到尾全都十分地均匀；更多的时候这圆柱形面团像一种牛皮糖，里面有一些疙疙瘩瘩的东西。女面包师的忙闲情况不同，所揉制的面包看上去也千差万别，有时间就做得讲究，没时间则敷衍了事。

在洞穴的那个死胡同里，紧紧地嵌着食品罐头。那儿的墙壁比井里其他地方的更光滑、更平整。用小刀尖轻易地就可把它与周围土层剥离开来，就像剥树皮似的。就这样我弄到了这个不沾一点泥土的食品罐头。

现在这项工作已做完，我们来了解一下卵的情况，因为这只罐头肯定是为幼虫准备的。【精解点评：这是承上启下的过渡句，上承工作已经结束，下启卵的情况。】由于我知道粪金龟就是把卵产在“香肠”底部食物中间的一个特别的窝窝儿里的，所以我期待着在“香肠”底部的一个密室里找到粪金龟的近亲米诺多蒂菲的卵。可是，我判断错了。我要找的卵并不在我所猜想的地方，也不在“香肠”的上部，反正食品罐头里哪儿都没有。

我又在食品罐头外面寻找，终于找到了。卵就在罐头食品柱的下面的沙土里，完全没有妈妈们精心安排的保护。那儿没有新生儿细嫩肌肤所要求的墙壁光滑的小房间，有的只是一个并非精心建造，而是妈妈胡乱扒拉起来的粗糙的废墟堆，幼虫将在这个离食物有一段距离的硬床上孵化。为了吃到食物，幼虫必须扒拉沙土，穿过这个有几毫米厚的沙土天花板。

我既然已挖出了那连带着食品罐头的整块土，又有我自制的器具，那么我就可以观察这段香肠是如何制成的了。

首先，米诺多蒂菲爸爸爬出洞外，选好一个粪球，其长度大于井口直径。它把粪球往井口挪去，倒退着用前爪拖拽，或者用头盔轻轻顶着一下一下地往前推。推到井口边时，它不是猛一使劲儿，一下子把粪球推进洞里去，绝对不是，它有自己的计划，不让粪球重重地摔落下去。它爬进井口，前足搂紧粪球，小心地把一头塞进井内。到了离井底有一定距离的地方，它只需把粪球稍微倾斜一点，粪球就可以两头顶着井壁，因为其轴心很宽。这样就构成了一块临时的楼板，可以承重两三个粪球。【精解点评：这是一段场面描写，将米诺多蒂菲爸爸搬运食物进洞的过程，详细生动地展现出来，反映了它的聪慧和仔细。】

这就是米诺多蒂菲爸爸的加工车间，它可以在此干活儿，又不影响在下面工作着的妻子。这是一座磨坊，制作面包的粗面粉就要在这儿进行加工。

这个磨坊工爸爸装备精良。你瞧它的那支三叉戟，十分坚挺的前胸上戳着一束三根的锋利长矛，两边的两根长，而中间的那根短，三根的矛头全都直指前方。

这件兵器有何用途呢？我起先以为只不过是雄性的一件饰物，如同粪金龟族中许多其他族类都佩戴着的一样，只是形状各异而已。米诺多蒂菲的这个可不是饰物，而是它的一件劳动工具。【精解点评：这里再次提到雄性米诺多蒂菲胸前的三叉戟，与开篇的介绍相呼应，在结构上前后照应。】

那三根矛尖并不整齐，而是形成了一个凹弧，里面可以装载一个粪球。在那块没铺得太好、摇来晃去的楼板上，米诺多蒂菲爸爸得用四只后爪支撑着井壁才能保持平衡。那它将怎样把那个滑动的粪球固定住，

并把它压碎呢？

我们来看看它是怎么干的吧！它稍稍弯下身子，把三叉戟插入粪球，这样一来粪球便卡在新月形的工具中固定不动了。米诺多蒂菲爸爸的前爪是空着的，因此它便可以用前臂上的锯齿状臂铠去锯粪球，把它切成一小块一小块的，让它从楼板缝隙处落下去，落在米诺多蒂菲妈妈身旁。

这些从磨坊工爸爸那儿掉下去的是粗粉，还没有过过筛子，里面还掺杂着没太磨细的碎块。尽管这粉磨得不细，但仍给正在精心制作面包的女面包师帮了大忙，使它得以减省劳力，一下子就可以把好粉次粉分离开来。当楼上的粪球，包括楼板全被磨碎之后，有角的磨坊工匠便回到地面，寻找新的粪料，然后从容不迫地重新开始研磨。

作坊中的女面包师也没有闲着。它把自己身旁纷纷散落的面粉捡起来，进一步碾细，进行精加工，再进行分类，软一些的用作面包心，硬一些的用作面包皮。它转过来绕过去，用自己那扁平的胳膊轻轻地拍打着原料，然后把原料一层层地摊开，再用脚踩瓷实，宛如葡萄酒酿制工榨葡萄汁一般。踩瓷实之后的大面饼便于储存。丈夫供应面粉，妻子揉制加工，经过将近十天的共同努力，夫妇二人终于制作成功了长圆柱形的大面包。

米诺多蒂菲的种种美德值得概括一下。【精解点评：这里作者巧妙过渡，只用一句话就将读者带入下面的“概括美德”方面，巧妙引出下面的内容。】

严冬过去之后，雄性米诺多蒂菲便开始寻觅配偶，找到之后便与之安居地下。从此，它便对自己的妻子忠贞不渝，尽管它会经常外出，而且也可能碰上让它移情别恋的女性，但它始终不忘发妻。它以一种没有任何事物可以使之减退的热情，帮助自己那位在孩子们独立之前绝不出门的挖掘女工。整整一个多月，它用它那叉口背篓把挖出的土运往洞外，始终任劳任怨，从不被那艰难的攀登吓倒。它把轻松的耙土工作留给妻子做，自己则干着最重最累的活儿，把泥土从那条狭窄、高深、垂直的坑道，往上推出洞外。随后，这位运土小工又变成了粮食寻觅者，到处去收集粮食，为孩子们准备吃的东西。为了减轻妻子剥皮、分拣、装料的工作，它又当上磨面工。在离洞底有一定距离的地方，它研碎被太阳晒干晒硬了的粮食，加工成粗粉、细粉，让面粉不停地散落在女面包师的面包房内。

最后，它精疲力竭地离开家，在洞外露天里凄凉地死去。它尽职尽责地完成了自己作为父亲的责任；它为了自己的家人过得幸福而作出了无私的奉献。【写作参考点：这里运用拟人的手法，将雄性米诺多蒂菲人格化，歌颂了它无私奉献的优秀品质。】是的，在父亲们对自己的孩子普遍漠不关心的昆虫中间，米诺多蒂菲是个例外，它为自己的孩子们倾注了全部的心血。它总是想到自己的家人，从未想到自己。它原本可以尽情享受美好的时光、原可与同伴们一起欢宴、原可与女邻居们调情嬉耍，但它却并未这样，而是埋头于地下的劳作，拼死拼活地为自己的家人留下一份产业。当它足僵爪硬、奄奄一息时，它可以无愧地告慰自己："我尽了做父亲的职责，我为家人尽力了。"米诺多蒂菲妈妈也是一心扑在这个家上，从未出过大门。古人把这种贞洁女子称之为 domi mansit。它把一个个面团揉成圆柱形，把一只只卵分别产在一个个面团下面，从此便守护着自己的这些宝贝，直到孩子们长大，能独立离去为止。当秋天到来时，模范妈妈终于又回到地面上来，孩子们簇拥着它。孩子们自由自在地四散而去，到羊群常去吃草的地方去捡拾粪球，大快朵颐。这时一生为了孩子们的慈母已无事可做，溘然长逝。

在这篇文章中，作者仍然大量运用拟人的手法，带领我们认识了一种名字很特别的小昆虫，即米诺多蒂菲。作者在轻松活泼的语言中，为我们展现了米诺多蒂菲家庭和睦幸福的生活。虽然是一篇说明性的文章，却写得很生动，充满情趣，仿佛作者就是这个家庭的一员，表现了作者对这种小昆虫的熟悉程度，反映了作者对昆虫研究的深入。

这篇文章为我们介绍了一种很特别的小昆虫，它叫米诺多蒂菲，它的名字来源自神话故事。作者主要记述了米诺多蒂菲的婚姻、家庭生活。在这个和谐的家庭中，父母亲相亲相爱，对孩子更是鞠躬尽瘁，倍加疼爱。母亲为家庭创造产业，为孩子做自己所能做的一切，父亲更是为家庭勇于牺牲，这种奉献的精神让我们倍受感动。在残酷的自然界，我们还能看到这么温馨的家庭，让我们心生感叹。

1.弥诺斯那头在克里特岛地下迷宫中以人肉为食的公牛的名字，它就是_______；另一个是巨人族中的一位，系大地之子，即_______。

2.“在那么多的同类中间，夫妻双方还能相互认出对方来吗？它俩之间是不是有海誓山盟？”这两个疑问句有什么作用？

3.“离开现场之前，我们先记下一个事实，因为这一事实以后会很有价值。”这句话在文中有什么作用？

（答案见最后）

强化训练

1.作者为什么在开篇用很大篇幅来讲述米诺多蒂菲名字的来源？

2.米诺多蒂菲爸爸的什么精神更打动你？

3.自然界中还有其他动物拥有这种和睦的家庭吗？

南美潘帕斯草原的食粪虫

名师导读

作者对南美洲的潘帕斯草原上的一种食粪虫也有所研究，那么，这种食粪虫有什么特别之处吗？作者又是通过什么机会对它有所了解的？让我们赶紧追上作者的脚步，一起来看看吧。

对于善于考察研究的人来说，跑遍全球，穿越五洲四海，从南极到北极，观察生命在各种气候条件下无穷无尽的变化情况，这肯定是最好的工作。鲁滨逊的漂流让我欢喜兴奋，我年轻的时候就曾怀有他那种美妙的幻想。可是，随着周游世界那美丽梦幻破灭而来的是郁闷和蛰居的现实。印度的热带丛林、巴西的原始森林、南美大兀鹰喜爱的安的列斯山脉的峻岭高峰，全都缩作一块作为探察场的荒石园。

但思想上的收获并非一定要长途跋涉。上苍保佑，让我并不为此而抱怨不已。让·雅克在他那金丝雀生活的海绿树丛中采集植物；在其窗边长出来的一株草莓上，贝尔纳丹·德·圣皮埃尔偶然地发现了一个世界；把一张扶手椅当做马车，萨维埃·德·梅斯特尔在自己的房间里作了一次最著名的旅行。这种旅行方式是我力所能及的，只是没有马车，因为在荆棘丛中驾车太难了。【精解点评：作者列举了几位在身边发现科学的事例，表明自己也能像他们一样，同时排遣了自己未能远途跋涉去

做研究的内心的无奈。】

我在荒石园周围上百次地一段一段地绕行；我在一家又一家人家驻足，耐心地询问。经过一段时间的努力，我总能获得零零星星的答案。我对最小的昆虫小村镇都非常熟悉；我在这个小村镇里了解了螳螂栖息的各种细枝；也熟知了苍白的意大利蟋蟀在宁静的夏夜轻轻鸣唱的所有荆棘丛；我认识了披着被黄蜂这个棉花小袋编织工耙平的棉絮的所有小草；也踏遍了切叶蜂这个树叶剪裁工出没的所有丁香矮树丛。如果说对荒石园的角角落落的踏勘还不够的话，我就跑得远一些，获得更多的贡品。

绕过旁边的藩篱，在大约 100 米的地方，我同埃及圣甲虫、天牛、粪金龟、蜣螂、螽斯、蟋蟀、绿蚱蜢等接触，总之我与一大群昆虫部落进行了接触，但要想了解它们的进化史，恐怕得耗尽一个人整整一生的时间。

可以说，我同自己的近邻接触就足够了，非常地够了，用不着长途跋涉跑到很远很远的地方去。再说，跑遍世界，把注意力分散在那么多研究对象上，这不是观察研究。四处旅行的昆虫学家可以把自己所得到的许多标本钉在标本盒里，这是专业词汇分类学家和昆虫采集者的乐趣，但是收集详尽的资料则是另一码事。

他们是科学上的流浪犹太人，没有时间驻足停留。当他们为了研究这样那样的事实时，可能就要长时间地停在某地，然而下一站又在催促着他们上路。我们就不要让他们在这种状况下为难了。就让他们在软木板上钉吧，就让他们用塔菲亚酒的短颈大口瓶去浸泡吧，就让他们把耐心观察、需时费力的活儿留给我这样深居简出（简：简省。原指野兽藏在深密的地方，很少出现。后指常呆在家里，很少出门）的人吧。这就是为什么除了专业分类词汇学家列出的枯燥乏味的昆虫体貌特征之外，昆虫的历史极其贫乏的原因。

异国的昆虫数量繁多，无以数计，它们的习性我们几乎始终一无所知。但是我们可以把我们眼前所见到的情景与别处发生的情况联系起来加以比较：看一看同一种昆虫在不同的气候条件下，其基本本能是如何变化的，这会是非常有用处的。

每当这时，无法远行的遗憾便会重新涌上心头，让我比以往任何时候都更加地感到无奈，我多想在《一千零一夜》中的那张魔毯上找到一个座位，飞到我想去的地方。啊！神奇的飞毯啊，你要比萨维埃·德·梅斯特尔的马车合适得多。但愿我能在你上面有一个角落可坐！

基督教会学校的修士、布宜诺斯艾利斯市萨尔中学的朱迪利安教友带给我一个意想不到的好运，他让我找到了这个角落。他虚怀若谷（胸怀像山谷一样深广。形容十分谦虚，能容纳别人的意见。虚，谦虚；谷，山谷），受其恩泽者理应对他表示的感激会让他很不高兴。我在此只想说，按照我的要求，他的双眼代替了我的眼睛。他寻找、发现、观察，然后把他的笔记以及发现的材料寄给我。我通过通信的方式同他一起寻找、发现、观察。

多亏了这么卓绝的合作者，我成功了，在那张魔毯上找到了座位。我现在到了阿根廷共和国的潘帕斯大草原，渴望把塞里昂的食粪虫的本领，与其在另一个半球的竞争者的本领作一番比较。【精解点评：作者通过书信的方式，让朋友代替自己观察潘帕斯草原的食粪虫，以这种特殊的方式进行科学研究，表现了作者对科研的执着和无限热情，也透露了下文的内容，即他将对不同地域的两种食粪虫进行比较。】

偶然的机会竟然让我首先得到了法那斯米隆那漂亮的昆虫，全身黑中透蓝。雄性法那斯米隆前胸有个凹下的半月形，肩部有锋利的翼端，额上竖着一个可与西班牙蜣螂媲美的扁角，角的末端呈三叉形。雌性则以普通的褶皱代替这漂亮的装饰。雄性与雌性的头罩前部都有一个双头尖，肯定是一种挖掘工具，也是可以用于切割的解剖刀。

这种昆虫短粗、壮实、呈四角形，让人联想到蒙彼利埃周围非常罕见的一种昆虫——奥氏宽胸蜣螂。如果形状相似则本领也必然相似的话，那我们就该毫不迟疑地把奥氏宽胸蜣螂制作的那件又粗又短的香肠面包联系到法那斯米隆身上。

唉！每当牵涉本能的问题时，昆虫的体形结构就会造成误导。这种

脊背正方、爪子短小的食粪虫在制作葫芦时技艺超群。连圣甲虫都制作不了这么像模像样，个头儿又这么大的葫芦。这种粗壮短小的昆虫制作的产品之精美让人拍案叫绝。这种葫芦制作得如此符合几何学标准，简直无可挑剔：葫芦颈并不细长，却把优雅与力量结合在一起。它似乎是以印第安人的某种葫芦为模型制作的，特别是它的细颈半开，鼓凸部分还刻有漂亮的格子纹饰，那是这种昆虫跗骨的印迹。它如同用藤柳条嵌护着的一只铁壶，其大小有的可以达到甚至超过一只鸡蛋。

这真可谓是一件极其奇特而罕见的珍品，尤其是这竟然是出自一个外形笨拙、粗短的工人之手。这再一次说明工具不能造就艺术家。引导制作工匠完成杰作的有比工具更重要的东西：我说的是“头脑”——昆虫的才智，人和虫都是这个道理。【精解点评：作者直抒胸臆，表达了对人和虫的聪明“头脑”的赞叹。】

对困难，法那斯米隆向来嗤之以鼻[chī zhī yǐ bí]（用鼻子轻蔑地吭气，表示瞧不起）。不仅如此，它还对我们的分类学不屑一顾。一说到食粪虫，就解释为牛粪的狂热追慕者。可法那斯米隆之所以重视牛粪既非为自己食用也不是为了自己的孩子们享用。我们常常会看见它呆在家禽、狗、猫的尸体架下，因为它需要尸体的脓血。我所绘出的那只葫芦就是立在一只猫头鹰的尸体下面的。对这种埋葬虫的胃口与圣甲虫的才能的结合，大家愿意怎么看就怎么看吧。我嘛，不想去解释这种现象，因为昆虫的一些癖好实在让我困惑不解，它们的这些癖好不是仅仅根据其外貌就能判断得出来的。

在我家附近就有一种食粪虫——粪金龟，是光顾死鼹鼠和死兔子的常客。它是尸体残余的唯一享用者。但是，这种侏儒殡葬工并不因此就鄙视粪便，它像其他的金龟子一样照旧对粪便大吃不误。也许它有着双重饮食标准：奶油球形蛋糕是供给成虫的，而口味浓重的略微发臭的腐肉食料则是喂给幼虫的。

别的昆虫在口味方面也同样存在类似的情况。捕食性膜翅目昆虫汲取花冠底部的蜜，但它喂自己的孩子时用的却是野味的肉。同一个胃，先吃野味肉，后汲取糖汁。这种消化用的胃囊在发育过程中发生了什么变化吗？不管怎么说，这种胃同我们人的胃一样，年轻时喜欢吃的东西，到了晚年就对此鄙夷厌恶了。

我弄到的那些葫芦全都干透了，硬得几乎跟石头一样，颜色也变成浅咖啡色了。让我们更加深入地观察研究一下法那斯米隆的杰作吧。我用放大镜仔细观察，里外都没有发现一丁点儿木质碎屑，而木质碎屑是牧草的一个证明。这么说，这怪异的食粪虫既没有利用牛屎饼，也没有利用任何类似的粪料。它是用其他材料制作产品的。

是什么材料呢？一开始挺难弄清楚。我把葫芦放在耳边摇动，有轻微的响声，好像是一个干果壳里有一个果仁在滚动时发出的声响一样。葫芦里是不是有一只因干燥而抽缩了的幼虫呢？我起先一直是这么认为的，不过我弄错了。那里面有比这更好的东西，可让我大长见识了。我小心翼翼地用刀尖挑破葫芦。在一个同质的均匀内壁——我的三个标本中最大的一个的内壁竟厚达两厘米，嵌着一个圆圆的核，满满当当地充填在内壁孔洞里，但却与内壁毫不粘贴，所以可以自由地晃动，因此摇动时就听见了响声。

内核与外壳就颜色与外形而言，并无差异。但是把内核砸碎，仔细检查碎屑，我从中发现一些碎骨、绒毛絮、皮肤片、细肉块，它们全都淹没在类似巧克力的土质糊状物中。我把这种糊状物在放大镜下面进行了筛选，去除了尸体的残碎物之后，放在红红的木炭上烤，它立即变得黑黑的，表层覆盖着一层鼓胀的光亮物，并散发出一股呛人的烟气，很容易闻出那是烧焦的动物骨肉的气味。这个核全部浸透了腐尸的脓血。

对外壳进行同样处理后，它也同样变黑了，但黑的程度没有核那么深。它几乎不怎么冒烟。它的外层也没有覆盖一层乌黑发亮的鼓胀物。它一点也没含有与内核所含有的那些腐尸的碎片相同的东西。内核与外壳经烧烤之后，其残余物都变成一种细细的红黏土。

经过这种粗略的观察分析，我们就能得知法那斯米隆是如何进行烹饪的了。供给幼虫的食品是一种酥馅饼。肉馅是它用头罩上的两把解剖

刀和前爪的齿状大刀，把尸体上能剔出来的所有东西全都剔出来做成的，有下脚毛、绒毛、捣碎的骨头、细条的肉和皮等。一开始，这种烤野味的作料拌稠的馅呈浸透腐尸肉汁的细黏土冻状，现在变得像砖头一般硬。最后，酥馅饼的糊状外表变成了黏土硬壳。这位糕点师傅对它的糕点进行了包装，用圆花饰、流苏、甜瓜筋囊加以美化。法那斯米隆对这种厨艺美学并非外行，它把酥馅饼的外壳做成葫芦状，并用指纹状的饰纹装饰。

这种外壳无法食用，而且在肉汁中浸泡的时间太短，所以并不受法那斯米隆的青睐。当幼虫的胃变得皮实了，可以消受粗糙的食物时，它会刮点内壁上的东西充饥，这一点倒是有可能的。但是，整体来看，直到幼虫长大能离开之前，这个葫芦一直完好无损。它不仅是开始时保护馅饼新鲜的保护神，而且始终都是隐居于其间的幼虫的保险箱。

紧挨着葫芦的颈部，在糊状物的上面，有一个被修整成黏土内壁的小圆屋，这是整个内壁的延伸部分，一块用同样材料制成的挺厚的地板把它与粮食隔开。这就是孵化室，卵就产在那儿，我在那儿发现了卵，可惜已经干了。

幼虫在这个孵化室里孵化出来，首先得打开一扇隔在孵化室和粮食之间的活动门，才能爬到那个可食的粪球处。幼虫诞生在一个高出那块食物并与之不相通的小保险匣里。新生幼虫必须及时地自己钻开那个食品罐头盒盖。后来，当幼虫呆在那罐头食品上面时，我确实发现地板上钻了一个刚好能够让它钻过去的孔。

由于这块美味的牛肉片，裹着厚厚的一层陶质覆盖层，所以这份食物根据缓慢孵化的需要，可以长时间地保持新鲜。但怎么达到这一效果的？我仍搞不清楚。卵在同样是黏土质的小屋里安全无虞地呆着，完好无损；到这时为止，一切都非常完美。法那斯米隆深谙[ān]（熟悉，知道，精通）构筑防御工事的奥秘，深知食物过早发干的危险。

现在剩下的是胚胎呼吸的需求问题了。在解决这个呼吸问题上，法那斯米隆也是匠心独运、智慧超群的。沿着轴线葫芦颈部打通了一条顶多只能插入一根细麦管的通道。这个闸口在内部开在孵化室顶部最高处，在外部则开在葫芦柄末端，呈喇叭形半张开着。这就是通风管道，它极其狭窄而且又有灰尘阻而不塞，因此便防止了外来的入侵者。这绝对是简单但绝妙的杰作。我说的有错吗？如果说这样一个建筑是偶然的结果的话，那么也必须承认盲目的偶然却具有一种非凡的卓识远见。

如何建好这项极其困难、极其复杂的工程的呢？对这种迟钝的昆虫来说，这项工程是如此精细。【精解点评：对昆虫的贬低，其实也是对它完成这项复杂工程的才能的肯定。】我在以一个旁观者的目光观察这南美潘帕斯草原的昆虫时，只有上述这个工程结构在指引着我。从这个工程结构可以大致推断出这个建筑工所使用的方法。就这样，我对它工作进行的情况进行了设想。

最初，它遇上了一具小昆虫尸体，尸体的渗液使下面的黏土变软。于是它根据软黏土的大小多多少少地开始收集起来。收集的量并没有明确的规定。如果这种软黏土非常之多，收集者就大加消费，粮仓也就更加地牢固。这样一来，制成的葫芦就特别地大，大得超过鸡蛋的体积，还有一个两厘米厚的外壳。可是，这么一大堆材料远远超出模型工的能力，所以加工得很不好，从外观上看，一眼就看出它是一项经过十分艰苦笨拙的劳动所创造出来的成果。如果软黏土非常稀少，它便严格节省着使用，这样它的动作也就自然得多，弄出来的葫芦反而匀称齐整。

可能先是通过前爪的按压和头罩的劳作，使那黏土变成球形，然后挖出一个很宽很厚的盆形。蜣螂和圣甲虫就是如此做的，它们在圆粪球的顶部挖出一个小盆，在对蛋形或梨形最后打磨之前，把卵产在小盆里。在这第一项劳作中，法那斯米隆只是一个陶瓷工。不管尸体渗液浸润黏土有多么不充分，只要具有一定的可塑性，任何黏土对它来说都是可以加工操作的。

接着，它用它那带锯齿的大刀从腐尸上切、锯下一些细碎小块来；它又撕又拽，把它认为最适合幼虫口味的部分弄下来。然后，它把这些碎片全部聚集起来，再把它们同脓血最多的黏土搅和在一块。这一切搅拌得非常均匀，就地制成了一只圆粪球，无须滚动，如同其他食粪虫制作的小粪球一样。补充说一句，这只粪球是按照幼虫的需要量制作的，它的体积几乎始终不变，无论最后那个葫芦有多大。在这项劳作中，它变成了肉类加工者。现在酥馅饼做好了。它被放进大张开口的黏土盆里存好。它没挤没压，以后可以自由转动，不会与其外壳有一点粘连。

这时候，又开始了陶瓷制作的活儿。昆虫用力挤压黏土盆厚厚的边缘，为肉食制好模套，最后使肉食的顶端被一层薄薄的内壁包裹住，而其他部分则由一层厚厚的内壁包住。顶端的内壁上，留有一个环形的软垫;这儿的内壁厚度与日后在顶端钻洞进粮仓的幼虫的弱小程度成正比。

随后，将这个环形软垫进行压模，变成一个半圆形的窟窿，卵就产在其中。然后通过挤压黏土盆的边缘，使之慢慢封口，变成孵化室，制作葫芦的工序就宣告结束了。这道工序尤其需要高超的技艺。在做葫芦柄的同时，必须一边紧压粪料，一边沿着轴线留出通道作通风口。

建造这个通风闸口是一件极其困难的工作，因为计算稍微有点偏差，这个狭窄的口子就会被堵住。如果缺少一根针的帮助，我们最优秀的陶瓷工中最心灵手巧的一位也是干不成这件活儿的。【精解点评：作者强调工作的难度，从侧面衬托出昆虫制作葫芦的高超技艺。】他把针先垫在里边，完工之后，就把这根针抽出来。

这种昆虫是一种用关节连接着的机械木偶，在它自己都没有意识到的情况下，就挖出一条穿过大葫芦柄的通道。如果它意识到了，也许就挖不成了。葫芦制作完后，就得对它装饰加工。这是一件费时费工的活儿，要使曲线完美流畅，并在软黏土上留下印记，正如史前的陶瓷工用拇指尖印在他的大肚双耳坛上的一样。

完成这件活计之后，它将爬到另一具尸体下面重新开工，因为一个洞穴只能有一个葫芦，多了不行，和圣甲虫制作它的梨形小粪球一样。

作者通过书信的方式，让朋友代替自己的双眼，来观察潘帕斯草原上的食粪虫，并将它与自己所在地的食粪虫进行对比研究，从中我们可以看到，作

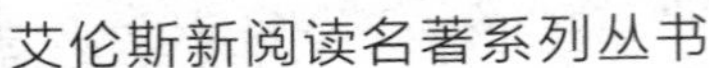

者对科学研究的极大热情和执着精神。同时，作者对小昆虫在制作方面很复杂的工作才能，也给予了高度的赞扬。

读品悟思

这篇文章中，我们见识了潘帕斯草原上的食粪虫。捕食性膜翅目昆虫，都会用肉质食料喂养后代。同是一个胃，幼虫时代吃猎取的野味，成虫时代吃糖食，这与我们人类很相像，原来，很多生物都是这样，年轻时代大嚼快咽的食物到了一定年纪就不感兴趣了。

考点巩固

1.粪金龟有着它的双重饮食标准，这标准指的是什么？

2.“别的昆虫在口味方面也同样存在类似的情况”，这里的“类似情况”是指什么情况？

3.人们常常有这种情况，年轻时喜欢吃的东西，到了晚年就对此鄙夷厌恶了。这在昆虫身上也具有吗？

（答案见最后）

强化训练

1.作者为什么一开始要表示自己对于长途跋涉探究科学的向往？

2.作者通过什么机会，对南美洲的潘帕斯草原上的食粪虫得以了解和研究？

3.作者对昆虫的这种复杂工作的才能，表示出什么态度？

绿　　蝇

名师导读

绿蝇是什么样的？你是否见过这种外表呈金绿色的蝇呢？这么漂亮的蝇，它却很喜欢与腐尸打交道，作者对绿蝇做了哪些介绍呢？我们一起来看看吧。

我曾经希望在自家附近能拥有一个水塘，这是我一生的愿望之一。这水塘要能避开冒失唐突的过路人的视线，周围还要长着一些灯芯草，水面上还得漂着浮萍、荷叶。空闲的时候，我可以坐在池塘边，柳阴下，思考那水中的生活，那种原始的生活，比我们现在所过的生活更加地单纯、温馨。【精解点评：虚写，这是作者憧憬中的理想池塘，表达了作者对这种自然生活的向往，以及对神秘自然的极大兴趣。】

在那里，我可以观察、研究软体动物的生活，可以观赏嬉戏的鼓甲、划水的尺蝽、跳水的龙虱和逆风而行的仰泳蝽。仰泳蝽仰躺在水面上，摇动着它那长长的桨在划水，而它那两条短小的前腿则收缩于胸前，等着猎物的出现，随时准备抓捕。我可以研究正在产卵的扁卷螺，在它那模模糊糊的黏液里凝聚着生命之火，宛如一片朦朦胧胧的星云中聚集着恒星一般。我可以观察新的生命在蛋壳里旋转，勾画出螺纹，也许那就是未来某个贝壳的轮廓。

如果扁卷螺略通几何学的话，它也许能够勾画出如同地球围绕太阳运转一样的轨道。假如能经常到池塘边小憩[xiǎo qì]（稍作休息。憩：休息），可以产生很多的想法。只可惜命运不让我遂愿，池塘终成泡影。我尝试着用四大块玻璃构成一座小池塘，可是心有余而力不足，我梦寐以求的这个水族馆终于没能建成。【精解点评：这里写了作者愿望的破灭，与前文中的美好憧憬形成对比，表达了他对现实的无奈。】

在美丽的春天，美国山楂树开花了，蟋蟀齐鸣。在这个时节，我脑海里又不断地浮现出我的第二个愿望。我走在路上时，看见一只死鼹鼠和一条被石头砸死的蛇。它们的死都是人为的。鼹鼠正在掘土刨坑，驱除害虫，不巧有一农夫在翻地，他的铁锹一下子挖到了它，把它拦腰斩断，扔到了一边。而那条游蛇是被春天唤醒的。它来到阳光下，蜕去旧衣，换上新衣。正在这时，被人发现。那人便说："啊！你这个可恶的东西，我要为民除害。"他边说边用石头把它的脑袋砸了个稀巴烂。这条保护庄稼、在消灭害虫的激烈战斗中帮助过我们的无辜的蛇，就这么一命呜呼。

它们的尸体已经腐烂。人们经过它们的身旁时，多扭头便走。只有观察家才会停下脚步，捡起这两具尸体。瞧了瞧，只见一群活物在其上爬来拱去，这些生命力旺盛的昆虫正在啃噬着它们。我把它们放回原处，因为"殡葬工"会继续处理这两具尸体的。它们会非常精心地完成自己负责的殡葬任务。【精解点评：这里用"殡葬工"代指清除腐尸的昆虫，形象地将它们的工作内容表现出来。】

了解清楚这些清除腐尸的清洁工的习惯，看着它们不停地在分解尸体，观察它们把死亡物质迅速加工后收到生命的宝库中去。这是我的脑海中一直浮现着的一个愿望。

或许有人会觉得我的这种愿望荒诞，认为我不干正事，却关注腐尸烂肉和食尸虫等令人作呕的昆虫。请大家千万别这么想。我们的好奇心所牵挂的最主要点，一个是起始，一个是终结。物质是如何聚集的，如何获得生命的？生命终止时，物质又是如何分解的？

假如我拥有一个小池塘，那些带有光滑螺纹的扁卷螺就可以为我的第一个问题提供宝贵的资料；而那只腐烂了的鼹鼠将会解答我的第二个问题，它将会向我显示熔炉的功能，一切都将在熔炉里熔化，然后重新开始。

现在我可以实现我的第二个愿望了。我有场地，有我的荒石园昆虫实验室。没有人会跑到这儿来打扰、嘲讽我，我的研究也得罪不了什么人。到目前为止，一切都很顺利，只是有一点小麻烦，因为我养了一些猫，它们会到处乱蹿，如果它们发现了我的观察物，就会前来捣乱、破坏，把它们叼得乱七八糟。为了避免那些猫的骚扰，我想到一个办法：建造一个空中楼阁，四条腿的动物上不去，只有专攻腐烂物者才能飞到那儿。

按照这个思路，我把三根芦苇绑在一起，做成三角架，放在荒石园中不同的地方，每个三角架上都吊有一只陶罐，里面装满沙子，离地面一米高，罐子底部钻一个小孔，如果下雨的话，雨水则可从小孔中流出。我把游蛇、蜥蜴、蟾蜍的尸体放在罐子里，因为它们的皮肤光滑无毛，我可以很容易地监视入侵者的一举一动。

不过，我有时也要选用毛皮动物、禽类和爬行动物。我以一点零钱作为酬劳，让邻居家的孩子为我提供货源。一到春天、夏天，他们便常常满心欢喜地跑到我这里来，有时用小棍挑着一条死蛇，有时用甘蓝菜叶包着一条蜥蜴。他们还向我提供用捕鼠器捕捉到的褐色家鼠、渴死的小鸡、被园丁打死的鼹鼠、被车轧死的小猫、被毒草毒死的兔子。

这是一桩买家和卖家都十分满意的交易，【精解点评：作者将他和小孩们的活动称为一桩买卖交易，语言诙谐而贴切。】村子里以前不曾有过，将来恐怕也不会有了。4月很快地过去了，罐子里的昆虫越聚越多。

首先到访的是小蚂蚁。正是为了躲开蚂蚁这不速之客，我才把罐子吊在空中的，可蚂蚁却对我的这番图谋嗤之以鼻。一只死动物刚放进罐子里还没两个钟头，还没发出尸臭，它们不知怎么就赶来了。这帮贪婪的家伙沿着三角架的支脚攀援而上，爬进罐内，开始解剖尸体。假如此

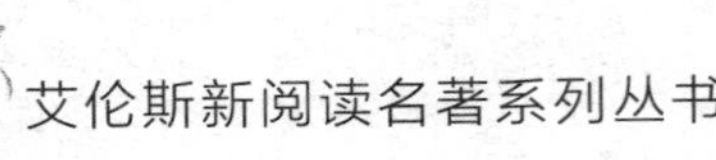

肉正合它们的胃口，那它们就会在沙罐里安营扎寨，挖一个临时蚁穴，逍遥自在地处理这丰富的食物。【精解点评：作者用拟人化的语言，将蚂蚁啃食尸肉的贪婪描写得真实可感。】

这个季节，正是蚂蚁工作最繁忙的时节。它们总是第一个发现死动物。而且，总是等到死尸被啃得只剩下一点被太阳晒得都发白了的骨头时，才最后一个撤离。这帮流动大军离得很远，怎么就会知道那看不见的高高的三角架顶上有吃的东西呢？而那帮真正的肢解尸体者则必须等到尸体腐烂，发出强烈的气味，才会知道方向。这说明蚂蚁的嗅觉比其他昆虫要灵敏得多，在臭气开始扩散开之前，它们就能嗅到尸体在哪。

尸体搁置了两天，被太阳烤熟烤烂了以后，就散发出臭气了。这时候，啃尸族也就纷纷地赶了来。只见皮囊、腐阎虫、扁尸甲、埋葬虫、苍蝇、隐翅虫等一窝蜂向尸体冲上去，啃噬它，消耗它，几乎把它吃个精光。如果只有蚂蚁在打扫战场的话，它们只能一点一点地搬，打扫卫生的工作要拖得很久。但上述的那帮昆虫，干起活来雷厉风行，很快就能完成清扫任务。还有些使用化学溶剂的昆虫效率更加高。

苍蝇那一类昆虫最值得一提，它们简直就是高级净化器。苍蝇的种类繁多，如果时间允许，这些骁勇善战的勇士每一位都值得我们去仔细观察，大书一笔。但这会让读者们感到厌烦，所以我们只需了解几种苍蝇的习性，便可知其他种类的苍蝇的习性了。

在此，我只把自己的观察研究范围局限在绿蝇和麻蝇身上。绿蝇浑身上下一片闪亮，是大家常见到的双翅目昆虫。它那通常呈金绿色的金属般的光泽，可以与最漂亮的鞘翅目昆虫，比如金匠花金龟、吉丁、叶甲虫等一比高低。【精解点评：这里是对绿蝇外形的描写，并将它与几个漂亮的鞘翅目昆虫相提并论，将它外形的美丽凸显出来。】当我们看到如此华丽的服装竟然穿在清理腐烂物的清洁工身上时，总不免会觉得十分惊诧。经常光顾我那些吊着的沙罐的是三种绿蝇：叉叶绿蝇、食尸绿蝇和居佩绿蝇。叉叶绿蝇和食尸绿蝇呈金绿色，数量不多，而居佩绿蝇则

闪着铜色光亮。

这三种绿蝇，眼睛都是红红的，眼圈则是银色的。个头儿最大的是食尸绿蝇，但干起活儿来最内行的当属叉叶绿蝇。4 月 23 日，我正碰巧碰见一只叉叶绿蝇在产卵。它落在一只羊的脖颈椎里，把卵产在那里面。它在那里一动不动地足足呆了一个钟头，才把卵全部都产了进去。我隐隐约约地看见了它那红眼睛和白面孔，小心翼翼地把它产下的卵全部收集起来。

本来，我想数一下究竟有多少个卵，但此刻却没法去数，因为它们聚在一起，密密麻麻，难以计数。只好把这个大家庭养于一只大口瓶中，等它们在沙土地里变成蛹之后再数。我发现了 157 只蛹，这肯定只是一小部分，因为根据我后来对叉叶绿蝇以及其他绿蝇进行的观察，它们总是分好几次产下一包一包的卵，真可以组建一支大兵团了。我之所以说绿蝇分好几次产卵，是因为我观察到以下的一些情形，可以作证。

我把一只经多日暴晒、有些发软的死鼹鼠平放在沙土上。它的肚皮边缘有一处鼓胀起来，形成一个穹窿。绿蝇和其他双翅目昆虫从来不在裸露的表面产卵，因为脆弱的胚芽受不了暴晒，所以必须把卵产在阴暗隐蔽的地方。

在目前的情况之下，唯一的入口就是死鼹鼠肚腹下的那个皱褶。所以，只有在那个地方才有产卵者在产卵。一共有 8 只绿蝇，只见绿蝇或单个或几个地潜入这个理想的穹窿下面。爬进穹窿的绿蝇在里面需要呆上一段时间，在外面的绿蝇则需等待。

等待者十分焦急，一次又一次地飞到洞口去张望，看看产房里的状况，是否已经产下了小宝宝。产房里的产妇终于出来了，停在死鼹鼠身上歇息，等待着下一轮再进入产房继续产卵。【精解点评：拟人手法的运用，将产卵的绿蝇的状况，和等待着的绿蝇的焦急状态表现得淋漓尽致。】

产房中进去了新的绿蝇，它们也得在里面呆上一段时间，然后才把床位让给下一批产妇，自己则到外面晒晒太阳，养精蓄锐。整个上午，就见它们这么进进出出，忙个不停。

根据这些观察记录，可以看出绿蝇产卵是分几次的，中间有几次休息的时间。当绿蝇感到已成熟的卵尚未进入输卵管时，它就会呆在太阳底下，不时起来飞上一圈，然后落在死鼹鼠身上凑凑合合地吃点喝点。当成熟的卵进入输卵管时，它们就会尽快地找到合适的产房生下宝宝，卸去重负。整个产卵过程需要持续两天。

把身下有绿蝇在产卵的死鼹鼠谨慎小心地掀起来，可以看到绿蝇正在产卵，十分忙碌。它们用输卵管的尖端迟疑地摸索着，想尽量地把卵排在卵堆的最深处，当红眼产妇神情严肃地生产时，有不少蚂蚁就在它的周围忙着打劫，许多蚂蚁在离开时嘴里都叼着一只蝇卵。我还看到一些胆大包天的抢掠者爬到输卵管下面去抢掠。

产妇任由它们去胡作非为，并不予以理睬，大概它心里有数，自己肚子里有的是卵，抢走那么一点算不了什么，无关紧要，不值得动肝火。确实，幸免于难的卵已足以保证绿蝇产妇组建一个兴旺发达的大家庭。

过了几天，我又回到那座妇产医院，【精解点评：这里的妇产医院就是那具死鼹鼠，可以看出作者语言的精妙。】掀起那具死鼹鼠看了看。在那具尸体下面恶臭的脓血里，许多只小虫子在蠕动着。蛆虫的尖脑袋冒出了浪尖，晃动一下，又立刻缩进到浪谷里去，使这里如波浪滚滚的海洋一般。掀起死鼹鼠的腰间部位之后，那景象让人恶心、发毛，但是，必须经受住考验，要不然以后见到更可怕的情景就难以撑住了。

下面这个产房是在一条死蛇上组建的。那条蛇盘成一个漩涡状，占满了整个罐子的底部。不少绿蝇纷纷飞来，而且还有一些在继续飞来，壮大着这支产妇大军。产房里没有你争我斗争抢床位的现象出现，产妇们都自顾自地在生产。

死蛇那一圈圈盘旋所造成的缝隙是最最理想的产卵处所，因为这里可以避开毒日头的暴晒。金色的苍蝇排列成一根链条，相互紧挨着。它们尽量地把输卵管往缝隙里插，连翅膀被揉皱翘到头上也不在乎，生产

是头等大事，哪儿还顾得上这种打扮上的小事？它们一个个屏气息声，红红的眼睛看着外面，所排成的链接，时而会出现几处断裂，那是因为有几个产妇离开了自己的产床，飞到死蛇产房旁边散步，等待下一批卵子成熟进入输卵管之后，再回到断裂处产卵。虽然链接时常出现断裂，但生产速度并没减下来。只是一个上午，那螺旋状的缝隙中，就布了一层密密麻麻的卵。

这些卵可以被成块地剥离下来，上面一尘不染。我用纸做了个小铲子，铲下来一大堆白色的卵，把它们放进玻璃管、试管和大口瓶里，然后再放上一些必要的食物。卵的长度约1毫米，呈圆柱形，表面十分光滑，两头略显圆圆的，24小时之内便可孵出。【精解点评：这里是对绿蝇的卵的描写，为读者详细地展现了出来。】

这时我想到了一个很重要的问题：绿蝇的幼虫将如何进食？我知道应该喂它们一些什么，可我不清楚它们怎么吃。它们的吃法，从严格意义上来说，那能叫吃吗？我的怀疑并不是没有道理的。

再来观察一下那些个头较大的绿蝇幼虫。它们是蝇类的普通幼虫，头部尖尖的，尾部呈截断状，整体呈长锥形。尾部的皮肤表面有两个棕红色的点，那是气门。被称为头部的那个部位，其实只是肠道入口，也可称之为幼虫的前部，那里有两个黑色的爪钩，装在半透明的套子里，时而微微向外凸出，时而收缩回套子里。

那是不是可以被视为大颚呢？绝对不行，因为这两个爪钩是平行地长着的，并不像真正的爪钩那样是上下对生的，它们永远不会相合。那么这两个爪钩到底是干什么用的呢？它们是幼虫的行走器官，是移动爪钩。它们可以起到支撑的作用，在反复地一伸一缩的过程中，幼虫就能往前爬去，幼虫就是靠着这个看似咀嚼器的器官在行走。

幼虫的喉头犹如一根登山用的拐杖。【精解点评：比喻手法的运用，将幼虫的喉头比作登山的拐杖，形象而贴切。】我把幼虫放在一块肉上，用放大镜仔细观察，便发现它在散步，时而抬起头来，时而低下头去，每次都在用爪钩捣肉。当它停下来时，其后部静止不动，而前部则保持弯曲以探测空间，那尖尖的脑袋在探索着，前进、后退，将那黑色的爪钩一伸一缩，如同活塞在不停地运作一样。

我观察得十分认真仔细，但并未发现它的“嘴”沾到过一点撕扯下来的肉，也没看见它吞进过肉。爪钩不停地敲打着那块肉，却从未从肉上咬下过一口来。然而，蛆虫却在不断长大、变胖。

那它到底是怎么吸取食物的呢？它可并未嚼食呀。它虽然没有吃，但它应该是喝了。它的食物是肉汁。肉是固体物质，它不会使之液化，那它就得运用某种特殊的烹调方法把肉变成可以吸食的液体。我们得想办法揭开这一秘密。

我弄了一块如核桃一般大小的肉块，用吸水纸把水分吸干，放在一头封闭的玻璃试管里，在这小块肉上，我还放了几小坨卵，是从沙罐里的那条死蛇缝隙中采集的，大约在200粒左右。随后，我把玻璃试管口用棉花球塞上，将试管竖起，放在实验室的一处避光的角落里。我又弄了一个玻璃试管，也依法而行，只是里面没有放蝇卵，我把它放在前一个试管旁边，用作参照。

结果让我感到十分的惊讶。蝇卵孵化后只两三天，那块用吸水纸吸干了的小肉块已经变湿了，甚至在幼虫爬过的玻璃管管壁上都留下了水迹。幼虫蠕动过的地方，都出现了一片水汽。而作为参照物的那个试管却仍是干的，这就说明在幼虫蠕动时所经过的地方留下的液体并不是从那块肉中渗出来的。

幼虫仍在不停地工作着，其结果更加证实了这一点。那块小肉简直像是放在火炉旁边的冰块似的，一点一点地在融化，很快那肉便变成了液体。它已经不能被称为肉了，而是里比希提取液。如果我把试管的棉花球弄掉，把试管倒置，里面的汁液会流得一滴也不剩。

作为参照物的试管里的那块同样大小的肉块，除了颜色和气味变了之外，看上去仍和原来的一样，原先是一整块，现在仍旧是一整块，所以这绝不是肉质腐烂所导致的溶解。这块经过绿蝇幼虫加工过的肉块，已经像是融化了的黄油似的稀稀的。我们所见到的就是绿蝇幼虫的化学

功能，恐怕就是研究胃液作用的生理学家见了也会惊叹不已。

为了获得更加强有力的证据，我又用煮熟的鸡蛋蛋白做了实验。我把蛋白切成榛子大小，经过绿蝇幼虫加工之后，溶解成为无色的液体，我若不是做实验，知道是什么材料，真的会以为那液体就是水。液体的流动性强，幼虫不谙水性，在液体中失去了依托，便溺死其中。它们是因为尾部被淹没窒息而亡的。幼虫尾部有张开的呼吸孔，如果泡在密度较大的液体中，呼吸孔会浮在液体表面上，但在流动性很强的液体中，呼吸孔就无法浮在水面上了。

我同时也放了一个试管在一旁作为参照，管子里同样没有放入绿蝇幼虫，结果，这个没有幼虫的试管里的熟蛋白块仍然和先前一样，硬度没有变，如果不被霉菌侵蚀的话，它会变得更加地坚硬。其他的装有四元化合物——谷蛋白、血纤维蛋白、酪蛋白和鹰嘴豆豆球蛋白——的那些试管里，也发生了类似的变化，只是程度有所不同而已。

幼虫吸食了这些物质里的蛋白质，身体长得胖胖的，只要能够避免被淹死，就可以万事大吉，健康地成长。生活在死尸上的幼虫也不见得比它们长得更好。而且，试管里的幼虫即使掉进液体中，也不必惊慌失措，因为试管里的物质只是处于半液化状态。

其实，那并不是真正的液体，只是糊状流质。即使使食物达到了这种不完全的液化状态，绿蝇幼虫仍不满意，它们仍然希望把食物变成液体。它们无法吃固体食物，所以喜欢流质，喜欢把头埋到流质里去吸食，仿佛喝汤似的。那种起到高级动物的胃液作用的溶液，无疑是来自它们的口腔。如同活塞似的不停地运作的爪钩持续不断地排出微量的溶液，只要是爪钩接触到的地方，都留下了微量的蛋白酶，使被接触处很快地渗出水来。

既然消化总的来说就是在液化，我们就可以得出结论：绿蝇幼虫是先消化食物，然后再进食。我从这种看似令人恶心的实验中得到了乐趣。

【精解点评：作者从看似恶心的实验中，得出了科研的结论，这使得他获得了乐趣，表现了他对科研的专注和不怕困难的勇气。】

意大利学者斯帕朗扎尼神父发现，生肉块在那沾了小嘴乌鸦胃液的海绵作用下，变成了流质时，想必与我此时此刻的感受是一样的。这位意大利学者发现了消化的秘密，并在试管里成功地完成了胃液作用的实验，而在当时胃液的作用尚不为人所知。我这个远方的信徒也见到了使这位意大利学者惊讶不已的现象，不过，实验物却是人们无法想象得到的。绿蝇幼虫代替了小嘴乌鸦，它们腐蚀了肉块，破坏了肉块中的谷蛋白和熟蛋白，使它变成了液体。我们的胃是在隐蔽状态下工作的，而绿蝇幼虫却是在体外，在光天化日之下完成它的功效的。

绿蝇先消化，然后才把消化物像喝汤一般喝下去。看到这些绿蝇幼虫把头埋进这种汤里去，我就在想，它们真的不会咀嚼吗？或者不会以更直接的方式进食吗？为什么它们的皮肤异常地光滑，难道皮肤能够吸收食物吗？【精解点评：一连串问题的提出，引导读者对绿蝇的习性进行更深入的思考，也引出下文中的实验。】

我在拿金龟子和其他食粪虫做实验时，发现它们的卵明显地在变大，自然而然地便认为那是因为它们吸入了孵化室里的油腻空气导致的。我认为，除了“嘴巴”在吸食像汤似的液体而外，绿蝇幼虫能够依靠自己全身的皮肤吸收食物，它们的皮肤在帮助吸收和过滤。这也许就是它们必须先把食物变成液体的原因。

为了证明幼虫事先将食物液化的事实，我再举一例。假如把鼹鼠、蛇或其他动物的尸体放在露天的沙罐里，在上面套上金属网罩防止双翅目昆虫侵入，那么尸体便会被烈日暴晒，逐渐变干、变硬，而不会像预料的那样使尸体下面的沙土润湿。尸体都是会渗出液体的，每一具尸体都像一块吸足了水分的海绵似的，虽然水分的渗出极其缓慢，但都会被干燥的空气和热气蒸发掉，因此尸体下面的沙土能够保持干燥，或者说基本上保持干燥。尸体也就变成了木乃伊，如同一张皮了。【精解点评：举例说明，作者再次举例，用来佐证自己的结论，表现了作者对科学结论的严谨态度。】

假如沙罐不用金属网罩住，任由双翅目昆虫自由进出，情况马上就

会大不相同。用不着几天工夫，尸体下面就会出现脓液，沙土地被浸湿一大片，这是液化开始的征兆。我又用一条长约1.5米的蛇做了实验，这条蛇有粗瓶颈那么粗。由于体积过大，超过了沙罐的容量，所以我把它盘成双层螺旋状。

当这个美味佳肴在旺盛地分解时，沙罐简直就成了一片沼泽地，无数只绿蝇幼虫和麻蝇幼虫在这片沼泽地里蠕动。沙罐里的沙土被浸湿之后，泥泞不堪，如同经受了一场大雨。液体从沙罐底部那个盖着一个扁卵石的预留小孔滴下来。这是蒸馏器在运作，那条死蛇在这只尸体蒸馏器中被蒸馏。

一到两周过后，液体将会消失，被沙土吸干，黏糊糊的沙土地上只会剩下一些鳞片和骨头。可以说，绿蝇幼虫是世上的一种力量，它将尸体进行蒸馏，分解为一种提取液，让大地吸收，使大地变成沃土，最大限度地将死者的遗骸归还给生命。

学海导航

这篇文章为我们介绍了一种漂亮的蝇类，即绿蝇，作者通过对绿蝇清理腐尸、产卵等内容的介绍，将绿蝇的习性展现出来。其中，比喻、拟人手法的运用，将绿蝇的真实生活状态表现得很生动，作者在论证自己的猜想的过程中，也采用了举例子、反复实验等方式，表现了作者对科研的严谨态度。

读品悟思

作者在这篇文章中，为我们介绍了一种外形很漂亮的绿蝇。作者通过一系列的实验，带领我们一起探究绿蝇的习性，并对自己的实验结果进行反复的验证，这也表现了作者作为一个科学家的严谨精神，对这种令人作呕的昆虫的研究，也表现了作者为科学不顾一切的精神，令人钦佩和敬重。

考点巩固

1.作者的好奇心主要在于什么方面？

2.“假如我拥有一个小池塘，那些带有光滑螺纹的扁卷螺就可以为我的第一个问题提供宝贵的资料；而那只腐烂了的鼹鼠将会解答我的第二个问题，它将会向我显示熔炉的功能，一切都将在熔炉里熔化，然后重新开始。”这里的第一个问题和第二个问题分别是指什么？

3.绿蝇的饮食习惯是什么样的？

（答案见最后）

1.经常光顾作者的沙罐的三种绿蝇是哪三种？

2.绿蝇为什么只喝像汤一样的流质食物？

3.绿蝇幼虫的外表是什么样的？

灰蝗虫

名师导读

在每年秋季收获的田野里，我们总能看到一种非常大的灰色的蝗虫，灰蝗虫确实被称为蝗虫族类中的巨人，那么它有着什么特殊的习性吗？作者对它又做了哪些观察和研究呢？一起来认识一下吧。

灰蝗虫是蝗虫族类中的巨人，在9月葡萄收获的季节，我们在葡萄树上可以很容易地见到它。它身体有一指长，所以观察起来比别的蝗虫方便得多。刚才我看到一件令人激动的事：一只蝗虫在最后蜕皮，成虫从幼虫的壳套中钻了出来。情景壮观极了！

初具成虫粗略模样的幼虫肥胖难看，一般呈嫩绿色，但也有的呈青绿色、淡黄色、红褐色，甚至有的已像成虫的那种灰色了。幼虫前胸呈明显的流线型，并有圆齿，还有小的白点，多疣。饰有红色纹路的后腿已像成年蝗虫一样粗壮有力，而长长的上腿上还长着双面锯齿。【精解点评：这是对初成成虫的灰蝗虫的外观的描写，将它的形象具体的展示了出来。】

再过几天，鞘翅就将大大超过肚腹，但现在还只是两片不起眼的三角形小羽翼，上端贴在流线型前胸上，下端边缘往上翘起，呈尖形披檐状。鞘翅只能勉强遮住裸体蝗虫背部，如同西服的垂尾，因省料子而剪短得不够长，显得非常难看。鞘翅遮盖着的是两条细长小带子，那是翅膀的胚芽，比鞘翅还短小。总之，不久将成为灵巧漂亮的羽翼，眼下还是两块为节省布料而剪得难看至极的破布头。从这堆破烂玩意儿里将有什么东西变出来呢？是一对极其宽阔美丽的翅膀。

整个蜕变过程是这样的。当幼虫感到自己已经成熟，可以蜕变之后，便用后爪和关节部位抓住网纱，而前腿则收回，交叉在胸前以支持背朝下躺着的成虫翻转身来。鞘翅的鞘——三角形小翼成直角张开尖帆；那两条翅膀胚芽的细长小带子在暴露出的间隔处中央竖起，并稍稍分开。这样，蜕皮的架势也已稳稳当当地摆好了。

第一步，必须让旧外套裂开。在前胸前端下部，由于反复一张一缩，推动力便产生了。在颈部前端，甚至在要裂开的外壳掩盖下的全身，都在进行着这种一张一缩的反复运动。

关节部位薄膜细薄，可以让人一眼看到这些裸露部位的张缩运动，但其前胸中央部位就因有护甲挡着而看不出来了。蝗虫中央部位血液在一涌一退地流动着，血液涌上时如同液压打桩机一般一下一下地撞击。血液的这种撞击，机体集中精力产生的这种喷射，终于使得外皮沿着在生命的精确预见下准备好的一条阻力最小的细线裂开。

裂缝沿着整个前胸的流线体张开，就像从两个对称部分的焊接线裂开一样。外套的其他部分都没法挣开，只在这个比其他部位都薄弱的中间地带裂开。裂缝稍稍往后延伸了一点，下到翅膀的连接处，然后再转到头部，直至触须底部分成左右短叉。这样，背部就从这个裂口显露出来，柔软而苍白，稍稍带点灰色。背部在缓慢地拱起，越拱越大，终于全拱出来了。随后头也拱出来了。

外壳被完好无损地撇在原地，但两只玻璃状的眼睛已什么都看不见了，样子极怪；触须的套子没有一丝皱纹，也未见任何异样，处于自然状态，垂在这张变成半透明的毫无生气的脸上。

从这么窄小又裹得如此紧的外套中钻出来时，它的触须并没有遇到

任何阻力，所以外套没有翻转过来，没有变形，连一点儿褶皱都没弄出来。触须的体积与外壳一样大小，而且同样有节瘤，但它却并没有损坏外壳就轻易地从中钻出来，如同一个光滑直溜儿的物件从一个宽大无障碍的管子里滑落出来一般。后腿的伸出也一样轻而易举，但更令人震惊。

接着是前腿，然后是关节部位摆脱臂铠和护手甲，但也未见有半分撕裂或丝毫的褶皱。这时蝗虫只用长长的后腿的爪子抓住网罩。它头冲下垂直悬吊着，我一碰纱网，它就像钟摆似的摆动起来。它的悬吊支点是四个细小的弯钩。如果这四个弯钩一松，没抓住，那这只蝗虫就没命了——因为除了在空中以外，它的巨大翅膀在其他地方是张不开来的。但是，它们抓得牢牢的，因为在它们从外壳伸出来之前，就已经变得坚硬牢固，能稳稳当当地完成随后从外壳中挣脱的使命。

终于，轮到鞘翅和翅膀出来了。那是四个窄小的破片，隐约可见一些条纹，形状如被撕裂的小纸绳，顶多只有最终长度的四分之一。它们软极了，支撑不了自身重量，耷拉[dā la]在头朝下的身子两侧。翅膀末端没有依靠，本该冲着后部，但现在却冲着倒挂的蝗虫的头部。蝗虫的未来飞行器官的那副惨相，就如同原本肉乎乎的四片小叶子被暴风雨打得破败不堪一般。【精解点评：比喻手法的运用，用被风雨击打的叶子来形容蝗虫飞行器官的惨相，贴切而生动。】

要彻底完成蜕变，蝗虫还必须进行一项深入细致的工作。这项机体内的工作甚至已经在充分进行着，也就是把黏液凝固，让不成形的结构定型。但是，从外部我们一点都看不出来其内部进行的这种神秘的实验。从外表看去，蝗虫似乎毫无生气。这期间，后腿摆脱出来。粗大的大腿呈现出来，向内的一侧呈淡粉色，但很快便变成了鲜艳的胭脂红。

后腿出来很容易，把收缩的骨头一伸，道路便畅通无阻了。但小腿就是另一码事了。当蝗虫成为成虫时，整条小腿上竖着两排坚硬锋利的小刺。另外，下部顶端还有四个有力的弯钩。这是一把货真价实的锯，有两排平行的锯齿，非常粗壮有力，除了小点之外，真可以与采石工人的大锯相媲美了。幼虫的小腿结构相同，所以也是裹在有着同样装置的外套里。每个弯钩都嵌在一个同样的钩壳之中，每个锯齿都与另一个同样的锯齿相啮合，并且咬合得严丝合缝，即使用刷子刷上一层清漆来替代要蜕掉的外壳，也不如它们那样紧紧相贴。可神奇的是，胫骨的这把锯子蜕出来时，却没有让紧贴着外壳的任何地方有一点点损伤。

如果我没有一而再、再而三地仔细观察，我绝对不敢相信，被抛弃的小腿护甲完完整整，毫发未损。不论是末端的弯钩还是双排锯齿，都没有弄坏一点软嫩的外壳。那外壳细嫩得一口气似乎能把它吹破，但尖利的大耙在其间滑动却未留下一丝擦伤。我从未想到会是这么一种情况。

我看到那披着刺棘的铠甲时，我就以为小腿的外壳会像死皮似的自己一块块脱落，或者被擦碰掉下。但事实却远非如此，这大出我所料！弯钩和刺棘毫不费力、没有一点阻碍地从薄膜里出来了，可它们是能让小腿如同一把可锯断软木头的锯子的呀！脱下来的衣服靠着其爪状外皮，钩在网罩的圆顶上，没有一丝一毫的褶皱和裂缝，用放大镜也没看到有什么硬擦伤，外壳蜕皮前后完全一模一样。那蜕下的护胫也同那条真腿一样，无丝毫的差异。

假如让我们把一把锯子从贴在其上的极薄的薄膜套里抽出来，而又不对薄膜套有丝毫损伤，那我们必然以为是在开玩笑，因为这根本就办不到。但生命却嘲弄了这类的不可能，生命在必要时有办法实现荒诞的事情。蝗虫的爪子就告诉了我们这一点。【精解点评：用蝗虫的事例，来警戒我们人类，表现了作者以虫性写人性的特点。】

胫骨锯一出套就很坚硬，紧紧地裹住它的套子如果不被弄碎，它肯定是出不来的。但困难被它绕开来了，因为胚甲是它唯一的悬挂带，只有绝对地完好无损，才能给它提供牢固的支撑直至它完全摆脱出来。

蜕变过程中的腿还不是能够行走的肢体，因为还没有达到之后的那种硬度。它非常软，极易弯曲。我对它的蜕皮部分做了实验，我把网罩倾斜，便会看到已经蜕皮的部分因受重力影响，随我的意愿在弯曲，细小的带状弹性胶质也没什么弹性了。但是，只几分钟工夫，它就硬了起来，具有了所必需的硬度。

在外套遮住的我看不见的部分里，小腿肯定很软，处在一种极具弹性的状态，可以说是流体状的，这使得它几乎可以像液体似的从通道中流出来。小腿上这时已经有锯齿了，但并不像它出来之后那么尖利。确实，我可以用小刀尖替小腿部分剔去外壳，并拔除被模子紧裹着的小刺。这些小刺是锯齿的胚芽，是柔软的肉芽，只要稍加外力便会弯曲，外力一除又立刻恢复原状。

为了方便蜕出，这些小刺向后仰倒，随着小腿的往外伸出，它们也在逐渐地竖起、变硬。我所观察着的不是单纯地把护腿套蜕去，露出在盔甲中已成形的胫骨，而是一种极其迅速而令人惊讶不已的诞生过程。螯虾的钳子在蜕皮时把两只手指的嫩肉从硬如石头的旧套中挣脱出来时，情况差不多也是这样，但细腻精确的程度却远远不如蝗虫。终于，小腿自由了，它们软软地折进大腿的骨沟里，静静地成熟起来。

肚腹蜕皮了，它那件精细的外套出现了皱纹，往上蜕去直至顶端，只有这顶端还在壳内卡了一会儿，除此而外，蝗虫全身都已经露在外面了。它垂直地吊挂着，头朝下，由现已空了的小腿护甲的钩爪钩住。蝗虫一动也不动，后部由破烂衣衫固定着。它的肚子鼓胀得非常大，看上去像是由储存的机体液汁撑起来的，翅膀和鞘翅很快就会动用这些液汁。蝗虫在休息，在恢复元气。

一直这么等了有 20 分钟。然后，就见它脊椎一着力，由倒悬成正挂，用前跗节抓牢挂在头上的旧壳。即使是用脚钩住高空秋千倒挂着的杂技演员，正过身来时，腰部也没有这么用力的。【精解点评：对比手法的运用，将灰蝗虫与杂技演员相对比，表现了它动作的高难度和敏捷性。】这么用力的一个翻转之后，一切就不在话下了。

依靠自己刚刚抓住的支撑物，蝗虫稍稍往上爬去，并碰到了罩子的网纱。这网纱恍若在野地里蜕变时所依托的灌木丛。它用四只前爪把自己固定在网纱上，这么一来肚腹末端就完全解脱了，最后又猛地一挣，旧壳便掉了下去。我对旧壳的落下颇感兴趣，它使我想起了蝉衣顽强坚毅地顶着凛冽寒风而未从挂住的小树枝上掉下去的样子。

蝗虫的蜕变方式几乎与蝉一模一样。可蝗虫的悬挂点怎么会那么不牢固呢？只要挺身动作没结束，弯钩就牢牢地钩住，而这个动作一做完，似乎全身一切都动摇了，稍稍一动便脱落下来。可见这时的平衡非常不稳定，这就再一次显出蝗虫从外套中出来是多么地精确无误的一件事呀！

因为找不到更好的术语，所以我便用了“挺身”一词，但是这并不完全贴切。“挺身”意味着猛烈，而这个动作并不猛烈，因为平衡的不稳定，稍微一用力，蝗虫便会摔下来，一命呜呼，或者至少它的飞行器官会因无法展开而成为一堆破烂。蝗虫并不是硬挣出来，而是小心谨慎地从外套中滑动出来，仿佛有一根柔软的弹簧在把它轻轻弹出。

这时，再回头看看那些蜕皮之后表面上没有丝毫变化的鞘翅和翅膀。它们仍旧残缺不全，几乎像是上面有细竖条纹的小绳头。它们要等到幼虫完全蜕皮并恢复正常姿态之后，才会展开来。

蝗虫翻转身子，头朝上了。我们刚才看到的这种翻身动作，足以让鞘翅和翅膀回到正常位置。原先它们因自身重量而极其柔软地弯曲地垂着，自由的一端朝着倒置的头部。现在，它们仍旧因自身的重量而修正姿势，使之处于正常方向。已不再有弯曲的花瓣，颠倒的位置也调正过来了，但这并没使它们那不起眼的外表有任何的改变。

一束轮辐状的粗壮翅脉横贯翅膀，成为可张可缩的翅膀构架。翅膀完全张开时呈扇形，翅脉间有无数横向排列的小支架层层叠起，使整个翅膀成为一个带矩形网眼的网络。

鞘翅粗糙而过小，也是这种网络结构，不过网眼是方块形的。鞘翅和翅膀形状像小绳头时，都看不出这种带网眼的组织来。上面仅仅有几条皱纹，几条弯曲的小沟，表明这些残废肢体是经精巧折叠使体积达到最小的织物。

从肩部附近，翅膀开始展开。那儿一开始看不出有什么变化，但很快便现出一块半透明的纹区，有着清晰而美丽的网络。逐渐地，这块纹区用一种连放大镜都观察不到的缓慢速度一点点扩张，使末端那胖得不成形状的东西在相应地缩小。

在逐渐扩展和已经扩展的这两部分的相接处，我无论如何也看不出所以然来：我什么也没看出来，如同我在一滴水中什么也看不出来一样。但是，稍安毋躁，很快那方块网络组织就非常清晰地显现出来了。根据初步观察，我们真的会以为这是一种可以组织成实物的液体突然凝固成带肋条的网络了；甚至还会以为眼前的是一种晶体，因其突如其来，颇像显微镜载玻片上的溶化盐似的。但并非如此，情况不会是这样的：生命在其创作中是没有这种突如其来的。

我用大倍数的显微镜对着一个折断的发育了一半的翅膀仔细观察。这一次，它让我满意了。似乎在逐渐结网的两部分的交接处，这个网络实际上已预先存在着。我很清楚地辨别出其中已经粗壮的竖翅脉；我还看见其中横向排着的支架，虽说它们确实还很苍白且不凸出。我成功地把末端的几块碎片展开来，找到了想找的一切。

经过这一观察，可以完全证实，翅膀此刻并不是织布机上由电动梭子生产出来的一块布料，而是一块已经完全织成了的成品布料。它所缺少的只是展开和刚性，无须费多少事，这就像熨衣服时用熨斗一熨就成。

【精解点评：比喻手法的运用，将它的翅膀比作成品布料，形象地表明它的翅膀已经发育完全。】

鞘翅和翅膀在3个多小时后，就全部展开来了。它们竖立在蝗虫背上，如同一张大帆，忽而无色，忽而嫩绿，和蝉翼一开始时相同。联想到它们原先只像是个不起眼的小包袱，如今展开得这么宽大，真令人惊叹不已。这么多东西是怎么在那小包袱里装下去的啊！

曾经在小说中看到一个故事，讲一粒大麻籽儿里装着一位公主的全套衣裳。而我们这儿所见的是另一粒更加惊人的籽儿。小说里的那粒大麻籽儿为了发芽不断地增长繁殖，最后用了多年才长出办嫁妆所需要的那么多大麻，而蝗虫的这粒“籽儿”，只需短时间便长出一对漂亮的大翅膀。

慢慢地，这个竖起四块平板来的绝妙大翅膀坚硬起来，而且增添了色彩。第二天，那颜色便已定型。翅膀第一次折合成一把扇子，贴在它应在的地方，鞘翅则把外边缘弯成一道钩贴在体侧。

蜕变完成了。大灰蝗虫只需在灿烂的阳光下使自己更加壮实，让自己的外衣晒成灰色就可以了。让它去享受它的快乐，我们还是稍稍回头看看。前面说过，在紧身甲顺着底部中线裂开后不久便从外套中出来的那四个残缺不全的东西，包含着有翅脉网络的鞘翅和翅膀，这网络即使谈不上完美无缺，但至少整体看来无数细部已经定型。为打开这寒碜的包袱，并让它变成美丽的翅膀，只需让起压力泵作用的机体，把储存着为此刻用的液汁注入已准备好的管道里面去就可以了，而这一时刻是最为辛劳的时刻。通过这个事先弄好的管道，一股细流把翅膀给撑开了。

仍旧包裹在外套里的这四片薄纱，究竟是种什么情况呢？幼虫翅膀的镘刀、三角翼端是不是一些模具，按它们那弯曲折叠的皱襞的模样，把包裹着的东西加工定型，然后编织出来鞘翅和翅膀的网络呢？假如我们看到的不是个真正的模具，我们就可以稍许歇上一歇了。我们会想，用模具铸出来的东西跟凹模一样，这很简单。可是，我们脑子里的信息只是表面的，因为我们必然会想，模具那么复杂的结构也得有它自己的出处呀！

我们也别追得那么深。对我们来说，这一切可能都是两眼一抹黑，我们局限在所观察到的情况就行了。我把一只已成熟要蜕变的幼虫的一个翼端放在放大镜下仔细观察。我看到上面有一束呈扇形辐射开来的粗壮翅脉，其间夹杂着另外一些苍白而细小的翅脉。最后，还有许多很短的横线，弯成人字形，更加细微，补足了这个组织。

可见，未来鞘翅的简略雏形与成熟的鞘翅真是有天壤之别！如同建筑物梁木的翅脉的辐射状布局完全不一样，由横翅脉构成的网络丝毫不像未来的复杂结构。继粗略雏形之后的是极其复杂的结构，在粗糙的基础上的是臻[zhēn]（臻，趋于，达到）于完善。翅膀的翼及其果实，即最终的翅膀也同样是这种情况。

当准备状态和最终状态都呈现在眼前时，就一目了然了：幼虫的小翼并不是按其模样加工材料，并按照其凹模来制造鞘翅的简单模具。不是这样的！我们所期待的包裹状薄膜还没在这个雏形当中，这个包裹一

旦打开，其组织之大、之极其复杂将令我们惊讶不已。或者更确切地说，这个包裹状薄膜就在雏形中，但却是处于潜在状态。在成为真正的实物之前，它只是个虚拟形态，但可以变成实物。它存在于雏形之中，就像是橡树存在于橡栗之中一样。

为一圈半透明的小肉球所包围着的翅膀鞘翅的翼端，没有固定的边缘。经高倍放大镜放大之后，可以看见其中有几个若有若无的未来锯齿的雏形。这很可能是将来生命使其物质运动的工地。没有任何可以看得出来的东西，使人感觉到那个神奇网络的存在，我们感觉不到这个网络，但每一个网眼将都会有自己明确的形状及其精确的位置。

所以要使这种可以组织起来的材料具有薄纱状，并让脉序构成一个难以绕出的迷宫，势必有比模具更巧妙更高级的结构，必然有一张标准的平面图，有一个让每一个原子进入规定位置的理想的施工说明书。在材料动起来以前，外形已经明确地勾勒出来，供可塑性液流流动的管道也已经铺设好了。我们建筑物的砾石，已经按照建筑师思考好的施工说明书码放好了。它们先按设想的码放，然后再真正地垒砌起来。

从不起眼的外套中挣脱出来的蝗虫翅膀，犹如美丽的花边薄翼，让我们知道了有另一位建筑师，它画出了一些平面图，生命则按它们去建造。生物的诞生方式多种多样，蝗虫的诞生便让人惊叹不已，但是，那都是在不知不觉中进行的，被时间这巨大的帷幕遮盖住了。如果我们没有持之以恒的精神，那神秘缓慢的进程就不会让我们看到最激动人心的场面。【精解点评：作者在此直抒胸臆，表达了对生物中不同生命诞生方式的赞叹，也对人们没有耐心研究以致看不到这神奇和激动人心的场面的惋惜。】

但是，蝗虫的蜕变却不一样，它快得出奇，所以必须全神贯注，即使你再犹豫也不能放松警惕。要想看一看生命以多么不可思议的灵巧在工作，而又不想枯燥乏味地等候，去看葡萄树上的大蝗虫是个好选择。种子发芽、叶子舒展、花朵绽放都极其缓慢，我们的好奇心难以得到满足，但葡萄树上的大蝗虫却可以了却我们的心愿。我们无法看到小草缓慢生长，但我们却可以十分清楚地观察到蝗虫的鞘翅和翅膀蜕变的过程。

这个大麻籽儿在几个小时内就变成了一张漂亮的大帆，是多么让人目瞪口呆啊！生命在编织蝗虫的翅膀上，真不愧是个能工巧匠，而蝗虫只是那些微不足道的昆虫中的一种而已。老博物学家普林尼谈到它时说过："葡萄树蝗虫在这个刚向我们指出的不为人知的角落，显示出它是多么强大，多么聪慧，多么完美！"

据说有一位博学的研究者认为，生命只不过是物理力和化学力的一种冲突而已。他苦思冥想，希望有一天以人工的方法能获得那种可加以组织的材料，亦即行话所说的"原生质"。假如我有这种能力，我会急于满足这位雄心勃勃的人的。看，就这样，你准备好了各种各样的原生质。经过深思熟虑、深入研究、耐心细致、谨慎小心，你的愿望实现了；【精解点评：用词准确，作者用"深思熟虑""深入研究""耐心细致""谨慎小心"这四个词语，来代表了他的研究过程，简练而贴切。】你从你的实验仪器中提取了一种易于腐败、过几天就发臭的蛋白质黏液，总之是一种脏得很的玩意儿。

你要如何处置你的产品？将把它组织起来吗？或者给它以活的建筑结构吗？你将用一种注射器把它注入两片不会搏动的薄片中间去，以获得一只小飞虫的翅膀？蝗虫几乎就是按这种方法做的。它把它的原生质注入小翅膀的两个胚层之间，材料也就在其间变成了鞘翅，因为它在那儿有我们前面所说的原型作为指引。它在自己行程的迷宫中依照先于它存在在那儿、并且已制定好的施工说明书行动。这种对形状进行协调的原型，这个事先存在的调节物，你的注射器里有吗？

回答肯定是否定的。所以说你就把你的产品扔掉吧。生命绝不会是从这种化学垃圾中进化出来的。

学海导航

作者用一贯的拟人化的语言，为我们介绍了灰蝗虫这种小昆虫。文中，比喻手法的运用，为文章增添了很多趣味性和可读性，将灰蝗虫的形象和蜕

皮的过程，生动地表现出来。作者多次直接抒情，对灰蝗虫的蜕变过程，表达了自己的掩饰不住的激动。

读品悟思

这篇文章为我们介绍了蝗虫种类里个头最大的灰蝗虫，它被称为蝗虫族类中的巨人，作者重点对它的蜕皮过程做了详尽的描述。在文中，作者难掩内心的激动，多处表达了对观察到的灰蝗虫蜕皮的精彩场面的赞叹，同时，他也对没有耐心研究昆虫的人们，无法看到这样的精彩场面，表示出惋惜之情。

考点巩固

1.初具成虫粗略模样的幼虫的形象是什么样的？

2.当幼虫感到自己已经成熟，可以蜕变之后，它会有什么动作？

3.要彻底完成蜕变，蝗虫还必须进行一项深入细致的工作，这项工作是什么？

（答案见最后）

强化训练

1.你印象中的灰蝗虫的形象是什么样的？

2.灰蝗虫蜕变的过程是怎样的？请用简洁的语言描述出来。

3.作者是如何观察它蜕变的过程的？

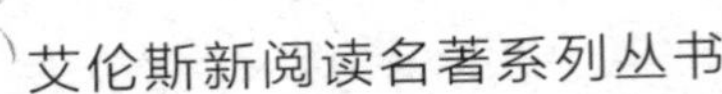

小阔条纹蝶

名师导读

小阔条纹蝶是一种很漂亮的小蝶蛾，在作者的笔下，它又有着怎么的故事呢？现在就随着作者的笔端，一起来看看吧。

一个7岁的男童，脸上透着灵气，但并不每天洗脸，他光着脚，破烂的短裤用一条带子系着，他每天都给我家送来萝卜和西红柿。有一天早晨，他提着蔬菜篮子来了，收下了我给的蔬菜钱，放在手心里，一枚一枚地数着那几枚他母亲期盼的苏，然后又从口袋里掏了一件东西，是他头天沿着一个藩篱割兔草时发现的。

他把那东西递给我说，“还有这个，这个您要不？”“要呀，我当然要。你想法再给我找一些，你找到多少我要多少，而且我答应你每个星期天带你去玩旋转木马。喏，我的朋友，这是两个苏，给你的。把这两个苏单放，别同萝卜钱混在一起，免得向你妈报账时报不清楚。”这个头发乱蓬蓬的小家伙看到这么多钱简直开心极了，似乎感到自己要发大财了。

这东西值得花气力去寻找。他走了之后，我仔细地观察了一番。那是一个漂亮的茧，呈圆盾形，使人很容易联想到蚕房里的蚕茧。它很坚硬，呈浅黄褐色。【精解点评：对小阔条纹蝶的外貌进行了简短的描述，使读者对它有了初印象。】根据书本上的一些简单介绍，我几乎可以肯定这是一只橡树蛾的茧。如果真是的话，那真是老天所赐！我就可以继续我的研究，也许还可以补足大孔雀蝶让我隐约瞥见的材料了。

作为一种传统的蝶蛾，没有一本昆虫学论著不谈及橡树蛾在婚恋期间的突出表现。据说有一只雌性橡树蛾被困在一个房间里，还坚持在一只盒子底部孵卵。它远离乡野，困于一座大城市的喧闹之中。但是，孵卵之事还是传给了树林里和草坪间的相关者。雄性橡树蛾在一个不可思议的指南针引导之下，从遥远的田野间飞来，飞到盒子跟前，聆听、盘旋、再盘旋。这些奇闻趣事是我从书本中了解到的，但是亲眼看到，同时还再稍做一番实验，那完全是另一回事。我花了两个苏买的那东西里面有什么呢？会从中飞出著名的橡树蛾吗？

橡树蛾又叫布带小修士。这个新颖别致的名字是由其雄性的外衣命名的，那是一件棕红色修士长袍，但它不是棕色粗呢，而是柔软的天鹅绒，前面的翅膀上横有一条泛白的、长有眼珠似的小白点。

这种小阔条纹蝶，不是那种在某个时候，我们心血来潮，带上个网子出去一捉就能捉到的平淡无奇的蝴蝶。在我们村子周围，特别是在我的荒石园中，我住了 20 来年还从来没有见到过它。确实，我不是狩猎迷，我对标本上的死昆虫并不太感兴趣，我要的是活物，要能表现其天赋才能的。【精解点评：作者对活的小昆虫的观察和研究，表现了他对大自然和生命的尊重。】

不过，我虽无收集者的那种热情，但我对田野里生机盎然的一切都十分关注。一只身材和服饰如此与众不同的蝴蝶要是被我遇上，我肯定会捉住它的。我许诺带他去骑旋转木马的那个小家伙再也没能捉到第二只。3 年中，我拜托朋友和邻居，特别是求那些年轻人帮我找，他们是荆棘丛林中眼明手快的搜索者。我自己也在枯叶堆中翻来找去，查看一堆堆的石块，掏摸一个个的树洞，但都一无所获，稀罕的蝶茧仍未能找到。可见在我住处周围小阔条纹蝶十分罕见。到时候我们将会看到这一点是多么重要。

幸亏，我猜测的没错——我那只唯一的茧正是那种著名的蝴蝶。8月20日，一只雌蝶从茧中爬出来，胖嘟嘟的，大大的肚子，衣着与雄蝶一样，但是其长袍是米黄色的，更加淡雅。我把它放在我工作室中间的一张大桌子上，用金属钟形网罩罩住。大桌子上放满了书籍、短颈大口瓶、陶罐、盒子、试管，还有一些其他器械。【精解点评：这是作者工作场所的特写，表现了他平时工作的性质和状态。】

大家知道这个环境，就是我为大孔雀蝶准备的处所。有两扇窗户朝向花园，阳光照进屋里。一扇窗户是关着的，另一扇则白天黑夜全都敞开着。小阔条纹蝶就呆在这两扇窗户中间那四五米间隔之处的半明半暗之中。当天余下的时间以及第二天过去了，没什么值得一提的事情发生。小阔条纹蝶用前爪抓住金属网纱，吊挂在朝阳的那一边，一动不动，像死了似的，翅膀不曾颤动，触角也没有抖动，和大孔雀蝶的情况一样。

终于，雌小阔条纹蝶发育成熟，细皮嫩肉变结实了。它不知运用何种我们的科学尚毫无头绪的解决方法，在制作一种无法抗御的诱饵，把一些拜访者从四面八方吸引过来。它那胖嘟嘟的身体里出现了什么状况？里面发生了什么变化，把周围闹得天翻地覆？假如我们能了解它那炼丹术的秘诀，那将会增加很多知识。

在新娘子已经准备好的第三天，这里像过节似的热闹起来了。我当时正在花园里，因为事情拖得太久，对成功已经感到绝望，突然，约莫下午3点钟，天气很热，阳光灿烂，我隐约看见一群蝴蝶在开着的那扇窗框间飞来飞去。

有一些从房间里飞出来，另一些则飞进去，还有一些落在墙上休息，似乎因长途跋涉而疲惫不堪了。它们是一些来向美人儿献媚取宠的情郎。我还隐约看见一些从远处飞来，飞进高墙，飞过高高的柏树冠。它们从四面八方飞来，但数量越来越少。

我未能看到婚庆开始的情况，因为现在客人们差不多都已到齐了。我们上楼去看看吧。这一次是在大白天，任何细节都没漏掉，我又见到了那次夜巡大孔雀蝶让我头一回见到的惊讶不已的情景。

在我的工作室里，一大片雄性小阔条纹蝶在翻飞，转来绕去，据我目测估算，大概有60来只。在围着钟形罩绕了几圈之后，有一些便向敞开的窗户飞去，但随即又飞了回来，又开始围着钟形罩转悠开来。还有猴急的则停在钟形罩上，用爪子相互抓挠、推搡，争着取代别人抢占最佳位置。钟形罩里面的女性把大肚子垂着贴在网纱上，不动声色地等待着，在这群纷乱的雄蝶面前，没有表现出一丝激动的表情。

在3个多小时的过程中，雄性小阔条纹蝶无论是飞走的还是飞来的，无论是坚守在钟形罩上的还是在室内飞舞的，一直都在疯狂地舞动着。但是日已西下，气温有点下降，雄蝶们的激情也随着降温。有许多飞走了，没再飞回来。另外一些占好位置以图明日再战，它们紧贴在那扇关着的窗户的窗棂上，如雄性大孔雀蝶一样。今天的节庆活动到此结束。明天肯定还将继续，因为受网纱阻隔，活动还未有任何结果。

可是接下来发生的事令我大为沮丧，活动终于没能继续，这都是我的错！【精解点评：到底发生了什么事，作者的写法，为下文设置了悬念，吸引了读者的阅读兴趣。】

晚上，有人给我送来一只螳螂，个头儿特别小，所以我非常喜欢。因为老是想着下午的种种情况，不经意地，我便匆忙把它这个食肉昆虫放进了那只雌性小阔条纹蝶的钟形罩里了。我压根儿就没想到这两种昆虫共居一室会产生恶果。那只螳螂一副小样儿，而那只雌性小阔条纹蝶却是那么胖嘟嘟的！所以我一点也没起疑心。

第二天，我惊呆了！只怪我对带铁钳的食肉昆虫的凶残性认识太差！我痛苦地发现那只小螳螂正在啃咬那只胖蝴蝶。后者的脑袋和前胸已经没有了。可怕的昆虫！你让我遭遇了多么惨痛的时刻啊！再见了，我整夜冥思苦想的研究工作。3 年中，我因为没有研究对象而无法继续我的研究。

不幸中的万幸，我们还是了解到了那么一点点情况。仅一次聚会，就将近有60只雄性小阔条纹蝶飞来。假如我们考虑到这种蝴蝶的稀少，假如我们记起我和我的助手们整整数年连续无果的研究，那这个数目将让我们惊讶不已。找不到的那种蝴蝶在一只雌蝶的引诱下，一下子来了这么多!

嗅觉在引导雄蝶们，在远处向它们发出信息。它们为嗅觉所控制，不去考虑视觉所提供的信息，所以途经美人儿正被关押的玻璃囚室时，一飞而过，直奔那散发神奇气味的纱网、沙土层，直奔女魔法师除了气味之外什么也没留下的那座空房。

需要一定的时间才能配制好那无法抗拒的尤物。我想它像一种挥发性气体，一点点地散发出去，被一动不动的大肚雌蝶沾过的东西便浸满了这种气体。假使玻璃钟形罩放在桌子正中间，或者更好一些，放在一块玻璃上，里外都无法很好地沟通，而且雄蝶因为凭嗅觉什么也感觉不到，它们就不会前来，无论你实验多久都无济于事。可我眼下不能以这种内外无法沟通作为理由，因为即使我搞出一个好的沟通环境，用3个小垫子把钟形罩抬离支座，雄蝶们也不会一下子飞来，虽说屋子里蝴蝶为数不少。但等上半个小时左右，盛有雌蝶尤物的蒸馏器就开始启动了，求欢者们立即就会像通常那样纷纷而来。

对这些出乎意料的驱云拨雾的材料的掌握，让我可以进行不同的实验了。这些实验在同一个方面全都是具有结论性的。早晨，我把雌蝶放在一个钟形金属网罩里。它的栖息处同先前一样，是那根橡树细枝。雌蝶在里面一动不动，像死了似的。它在细枝上呆了许久，藏在大概浸润着其散发物的叶丛中。当探视时间临近时，我把浸足了散发物的细枝抽出来，放在离敞开的那扇窗户不远处。另外，我把钟形罩中的雌蝶放在房间中央的桌子上显眼的地方。

先是1只，然后是2只，3只，很快就是5只，6只。蝴蝶纷纷来到，它们进来，出去，又回来，飞上飞下，飞来飞去，始终只在那扇窗户附近——那根细橡树枝放在椅子上，离窗户不远。谁也没往那张大桌子飞，而雌蝶就在那儿的金属网罩中等候它们，离它们并没有多远。

可以清楚地看出来，它们在迟疑，它们在寻找。最后，它们终于找到了。【精解点评：这是对蝴蝶的心理状态的描摹，表现了作者对昆虫心

理的准确把握。】它们找到什么了？找到的正是那根早晨曾是胖雌蝶粉床的细枝。它们急速扑扇着翅膀；它们飞落在叶丛上；它们忽上忽下地搜寻，抬起、移动树叶，最后导致那束很轻的细枝被弄掉到地上去了。它们仍在落在地上的细枝叶丛中搜索。在翅膀和细爪的扑打抓挠下，细枝在地上移动着，如同被一只小猫用爪子抓扑的破纸团。【精解点评：将细枝比作被小猫玩耍的纸团，形象地表现了细枝的动态。】

细枝连同那群搜索者渐渐移动到远处。突然新飞来两只小阔条纹蝶，那把刚才放有细枝的椅子就在它俩飞经的途中。它俩在椅子上落下，急切地在刚才放过细枝的地方不停地嗅闻。然而对于先来者和新到者来说，它们热盼的那个真实目标就在那儿，很近，被一只我忘了遮盖起来的金属网罩罩着。可是，它们谁也没有注意到它。它们在地上继续推挤雌蝶早上睡过的那个小床，它们在椅子上继续嗅闻那张粉床曾经放过的地方。

日影西斜，撤退的时刻到了。撩拨的气味也在渐渐地淡去、消散。拜访者们没什么可做的了，只好飞走，明日再来。从随后的实验中我得知，任何材料，不管是哪一种，都可以代替我那偶然的启示者——带叶的细枝。

我稍许提前一点把雌蝶放在一张小床上，上面有时铺垫着呢绒或法兰绒，有时放些棉絮或纸张。我甚至还强迫雌蝶睡木质的、玻璃的、大理石的、金属的硬硬的行军床。所有这些东西在雌蝶接触了一段时间之后，都像雌蝶本身似的对雄蝶们有着同样的吸引力。它们全都具有这种吸引雄蝶的特性，只不过是有的强些有的弱些。最好的是棉絮、法兰绒、尘土、沙子，总之是那些多孔隙的东西。金属、大理石、玻璃会很快地失去它们的功效。不管怎么说，但凡雌蝶接触过的东西，都能把其吸引力的特性传出去。因此，橡树细枝掉到地上之后，雄蝶们仍然纷纷飞到那把椅子的坐垫上。

为了看到新奇的事，我在一根长试管或小阔条纹蝶正好可以飞进去的一只短颈大口瓶里，放上最好的床——法兰绒，让雌蝶整个上午都呆在上面。来访者们钻入器皿中，在里面拼命扑腾，但却怎么也飞不出来了。我给它们布置了个陷阱，可以让它们有多少死多少。我们把那些落难者放走，把藏在盖得严严实实的盒子里的最秘密处的那块床垫抽出来。晕头转向的雄蝶们又回到那支长试管里，又钻入陷阱之中。它们是受到浸透尤物的法兰绒传给玻璃的那种气味的引诱。

因此，我坚信了自己的想法：为了邀请周围的众蝶飞赴婚宴，为了老远地通知并引导它们，婚嫁娘散发出一种人的嗅觉感觉不出来的极其细微的香味。我的家人，包括孩子们最灵敏的鼻子，凑近那只雌性小阔条纹蝶闻也没有闻出丁点气味来。雌性小阔条纹蝶停留过一段时间的任何东西都很容易地浸润了这种尤物。因而这些东西自此也就如雌性小阔条纹蝶一样，成为具有同样功效的吸引力中心，直到它的散发物消失掉。

求欢者们心急火燎地纷飞在刚刚弄好的纸床上，但那里没有任何可以用眼看出的诱饵，没有任何看得出的痕迹，也没有一点浸润的样子。其表面在浸润了尤物之后与没有浸润之前一样地干净整洁。

这种尤物配制得非常慢，必须一点一点地积聚，然后才能充分地散发出去。雌蝶被从其粉床弄走，移到别处，暂时失去了诱惑力，变得冷漠起来；雄蝶们飞向的是那经长时间浸润之后的雌蝶栖息地。御座重新放好，被抛弃的女皇又重新掌权了。【精解点评：拟人化手法的运用，将雌蝶比作女皇，表现了它的强权和能力，将栖息地比作御座，形象而贴切。】

根据昆虫品种不同，信息流通的出现时间有早有晚。刚孵出的雌性小阔条纹蝶需要一段时间才能发育成熟，才能安排自己的蒸馏器似的器官。而雌性大孔雀蝶早晨孵出，有时候当晚便有探访者飞来，但更经常的是第二天，经过 40 来个小时的准备后才有求欢者到来。雌性小阔条纹蝶则把自己召唤异性的活动推得更迟；它的征婚广告要等个两三天以后才发布。

现在，让我们稍稍回过头来看看它的触角的蹊跷功用。雄性小阔条纹蝶与其婚恋方面的竞争对手一样有着漂亮的触角。把其层叠状的触角视做导向罗盘是不是合适？我并没有太大把握地对它们进行了我以前做

过的那种截肢手术。被动过手术的雄性小阔条纹蝶没一只再飞回来过。但也别忙于下结论。从大孔雀蝶那儿我们已经知道，它们的一去不复返有着比被截肢的结果更加重要的原因。

此外，苜蓿[mù xu]（一种生长广泛的重要的欧洲豆科牧草植物）蛾蝶，第二种小阔条纹蝶——与第一种小阔条纹蝶很相近，也有着华美的羽饰，它也给我们出了一道难题。在我家附近常常能见到它们，就在我的那座荒石园里我都发现过它的茧，非常容易与橡树蛾的茧搞混，我一开始也曾把它们搞混过。我原指望从6只茧中得到小阔条纹蝶，但将近8月末时，我得到的却是6只另一品种的雌蝶。这下可好，这6只在我家孵出的雌蝶周围，从来没见过有一只雄蝶出现，尽管附近无疑有雄性小阔条纹蝶出没。

假如说，宽大而多羽的触角真的是远距离信息传输工具，那为什么我那些有着华美触角的邻居，却没有获知在我工作室中发生的情况呢？为什么它们的美丽羽毛装饰并没有让它们对一些事情发生兴趣呢？而所发生的这些事情本会让另一种小阔条纹蝶纷纷飞来的呀！这再一次说明器官并不决定才能。即使有着相同的器官，但某种才能一种昆虫有，而另一种却未必会有。

作者通过自己的经历，带我们认识了一种漂亮的蝴蝶，它就是小阔条纹蝶。作者通过比喻和拟人等手法的运用，将小阔条纹蝶的形象和生活习性表现得很生动。作者对活的昆虫的研究，表现了他对自然生灵的敬重。

读品悟思

这篇文章中，作者为我们介绍了小阔条纹蝶，作者在自己的研究过程中，对这种小昆虫的生活习性进行了详致的介绍。从文章中，我们看到了一个昆虫观察家，而不是一个残忍的昆虫解剖者，这也表现了作者对昆虫以及所有生命的尊重，这也是作者与其他昆虫研究者的不同之处。

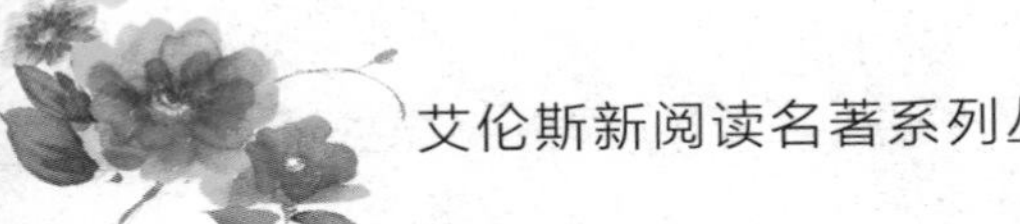

1.小阔条纹蝶的茧是什么样的?

2.作者谈及昆虫学论著对橡树蛾在婚恋期间的突出表现时,讲述了什么案例?

3.橡树蛾又叫布带小修士。这个新颖别致的名字是从什么地方来的?

(答案见最后)

1.雌蝶的外观形象是什么样的?

2.“只怪我对带铁钳的食肉昆虫的凶残性认识太差”,作者说这句话是什么意思?

3.作者对活的昆虫进行观察和研究,表现了作者什么样的品格?

天　　牛

名师导读

天牛生活在橡树的树干里，同时却是毁坏橡树的罪魁祸首，那么天牛是一种什么样的小昆虫呢？它又是怎么生活的？现在就随作者的笔端，一起来一探究竟吧。

著名的肯迪拉克，曾经是我年轻时顶礼膜拜的对象。肯迪拉克认为天牛具有很强的嗅觉，它嗅着一朵玫瑰花，然后只是依靠所闻到的香气，便能产生各种各样的念头。对于这种推理，我曾经一直深信不疑，整整20年间都对于这位富有哲学思想的教士的神奇说教佩服得五体投地。我以为只要嗅一下这个伟人的雕塑，他就会活过来，能使我增强视觉、记忆、判断等方面的能力。

可是，经我的良师们——昆虫们的耐心教导，我抛弃了这种幻想。昆虫们所提出的问题比起教士的说教来，更加深奥、更加让我受益匪浅。天牛将要告诉我的就是这种颇有教益的知识。

天老是灰蒙蒙的，这是冬日即将到来的明显前兆。我开始储备树段、木头，以备过冬取暖之用。我还向樵夫们买了一些被蛀虫蛀得千疮百孔的朽木树段。樵夫们以为我是个傻子，在暗地里嘲讽我。我当然知道好木头更经烧，但我自有用处，他们也就按我的要求去做了。【精解点评：

在此选择了“被蛀虫蛀得千疮百孔的朽木树段”，为下文研究树干中的天牛的内容做铺垫。】

在漂亮的橡树干上可以看到一条条伤痕，有些地方则被开膛破肚，橡树那带着皮革味道的褐色眼泪在伤口处发光。【精解点评：比喻，把橡树的树油比拟成“褐色眼泪”，经过作者的笔的润色，所有的生命都充满了感情，这也表现了作者对生命的敬重。】

这些满是虫眼的树干，有的是一条条伤痕，有的是一道道深沟，树枝被咬烂，树干遭啃啮 [kěn niè]（啃咬。比喻折磨）。我观察到，在干燥的沟痕里，各种要过冬的昆虫都已经做好了宿营准备。吉丁已经准备好了扁平的长廊；壁蜂用嚼碎的树叶在长廊里为自己修建好了房屋；切叶蜂在前厅和蛹室里用树叶做好了睡袋。

我在这一章中要介绍的天牛，正在多汁的树干里休憩着，它可是毁坏橡树的罪魁祸首。天牛的幼虫非常奇特，就像是一段蠕动着的小肠子。每年仲秋时节，我都能看到两种年龄段的天牛幼虫：年长些的幼虫有一根手指头那么粗；年幼些的幼虫则如粉笔一般粗。此外，我也见到过颜色深浅各不相同的天牛蛹，还有一些完全成形了的天牛。它们的腹部都是鼓鼓的，等到春暖花开、天气暖融融的时候，它们就会爬出树干。它们在树干里大约要生活 3 年。

天牛是怎么度过这漫长而孤独的囚徒生活的呢？它们缓慢地在粗壮的橡树干内爬行，在挖掘通道，用挖掘出来的东西充饥。天牛的上颚如同木匠的半圆凿，黑乎乎的，短短的，但却非常坚硬有力，虽然没有锯齿，但却像是一把边缘锋利的汤勺，是天牛用来挖掘通道的有力工具。被凿出来的木屑，经幼虫消化之后被排泄出来，堆积在它身后，留下一条被啃噬过的深痕。幼虫一边挖掘通道一边在进食，随着工程的进展，道路开通了；随着残渣不断地阻断了后路，幼虫在不断地向前。就这样，幼虫既获得了食物，同时又得到了安身之所。【写作参考点：比喻，这里将天牛幼虫“吃路”的过程，比作挖掘通道的“工程”，恰当而又形象。】

为了使两片半圆凿形的上颚可以顺利地进行工作，天牛幼虫将肌体

的全部力量都集中到身体的前半部，使之成为杵头状。另一个优秀的木匠，吉丁幼虫也是用同样的姿势进行工作。吉丁幼虫的杵头更为夸张，用来猛烈挖掘坚硬木层的那部分身体应该具有强健的肌肉；而身体的后半部由于只需跟在后面，因此显得较纤细。【精解点评：对比介绍天牛幼虫和吉丁幼虫工作的状态，这其中表现了作者对昆虫十分熟悉。】

上颚既然充当挖掘的工具，就必须有很强的支撑和强劲的力量。天牛幼虫便用围绕其嘴边的黑色角质盔甲，来加固它那半圆凿形的上颚。除了这硬硬的上颚以外，其身体的其他部位的皮肤是非常细腻的，而且白如象牙。皮肤之所以如此细腻与洁白，全都是其体内所含的丰富脂肪导致的。也是，幼虫每天唯一要做的事，就是不停地啃噬[shì]；不停地进入幼虫胃里的木屑，在不断地给它补充着营养。

天牛幼虫的足分为三个部分。第一部分呈圆球状，最后一部分为细针状，这两部分都是退化了的器官。它的足长只有1毫米，对爬行起不了什么作用，因为身体肥胖，足够不着支撑面，所以连支撑身体都不能够，又怎么能用来爬行呢？幼虫用来爬行的器官属于另一种类型。金匠花金龟幼虫已经向我们展示过它是如何利用纤毛和脊背的肥肉，把普通的习俗颠倒了过来，仰面爬行的。天牛幼虫更为灵巧，它既可以仰面爬行也可以腹部朝下行走；它用爬行器官取代了胸部软弱无力的足。【精解点评：这里将“天牛幼虫”与“金匠花金龟幼虫”两种小虫相对比，突出表现了天牛爬行的灵活自如。】

这种爬行器官与众不同，长在背部。天牛幼虫有七个环节，上下长着一个满是乳突的四边形平面。这些乳突可以让幼虫随心所欲地鼓胀、突出、下陷、摊平。上面的四边形平面又一分为二，从背部的血管分开来；下面的四边形平面则看不出有两个部分。这就是天牛幼虫的爬行器官。

如果幼虫想要往前，它便先把后部的步带鼓起来，也就是把背部和腹部的步带鼓起来，压缩前半部的步带。由于表面很粗糙，后面的几个步带便把身体固定在狭窄的通道壁上，好得到支撑。在压缩前面的几个步带的同时，它尽量把身子伸长，缩小身体的直径，使它能够向前滑动，爬行半步。

在它走完一步时，它还要在身体伸长之后，把后半部身子拖上前来。所以幼虫必须让前部步带鼓胀起来，作为支点，同时又让后部步带放松，让体节自由收缩。幼虫凭借背部与腹部的双重支撑，交替收缩和放松身体，能够在它所开凿的隧道里进退自如。但是，假如上方和下方的行走步带只能动用一个时，那幼虫就无法前进了。

假使把幼虫放在表面很光滑的桌面上，它便会慢慢地弯起身子，动弹个不停，一会儿伸长身子，一会儿收缩身子，却总也无法向前爬去。假如你把它放到有裂痕的橡树干上时，它便神气起来，因为橡树皮很粗糙，凹凸不平，像是被撕裂开了似的，它可以在上面从左往右、从右往左地缓缓地扭动身子的前半部，抬起、放低，一再重复这一动作。这是幼虫最大的行动幅度。幼虫那已经退化了的足一直都没有动，一点作用也起不了。

如果说这些残肢废足还能作为成年天牛的前身而存在，那么成虫那敏锐的眼睛在幼虫身上却未见丝毫影迹。在幼虫身上，看不到任何微弱的视觉器官的存在痕迹。幼虫生活在树干内，黑漆漆的一片，视力有何用?【精解点评：反问句的使用，加强语气，同时引起读者的思考。】与此同时，幼虫也没有听觉。在橡树树干那黑暗的深处，没有任何声响，与视觉一样，听觉自然也失去了作用。

如果谁对此心存疑惑，我们不妨来做一个实验，以便释疑解惑。我把树干剖开来，留下半截通道，便可以跟踪监视在树干里面正在劳作的居民。环境十分安静，幼虫忽而挖掘前方的长廊，忽而停下活计，休息一会儿。休息的时候，它便用步带将身子固定在通道的两侧壁上。趁它休息之机，测试一下它对声音的反应吧。

我先用硬物互相敲击，继而用金属击打发出回响，最后改用锉刀锉锯子，但是却没见到天牛幼虫有什么反应。它对这种种声响无动于衷，既不见它的皮肤有任何的颤动，也不见它有何警觉的表现，即使我用尖尖的硬物刮擦它身旁的树干，模仿幼虫啃啮树干发出的声音，都不能奏

效。这就足以证明：天牛幼虫毫无听觉。【精解点评：天牛幼虫对声音的无反应，说明它无听觉能力，作者通过实验和推理得出最后的结论，逻辑清晰，说服力强。】

另外，各种情况也都表明，天牛幼虫也不具有嗅觉能力。嗅觉只是作为寻找食物的辅助功能，但天牛幼虫却用不着费心劳神地寻找食物。它的住所就是它的食物，它栖身的木头就在向它提供活命的食品。

另外，我也对此做过实验。我找了一段柏树，把树干挖了一条沟痕，直径与天牛幼虫所挖掘的长廊的直径一样大小，随后我就把幼虫置于其中。柏树的气味浓重，具有大多数针叶植物所具有的那种很浓烈的树脂味。当我把幼虫放到那条沟痕里去之后，它很迅速地便爬到了通道的尽头，然后就一动不动了。它的这种一动不动不正是它没有嗅觉能力的证明吗？

天牛幼虫长期生活在橡树干里，树脂这种不同的气味应该能引起它的不适或厌恶，它本应通过身体的颤动或逃跑的企图来表现它的厌恶之感，但是它却并没有做出这种反应来。它在找到合适的位置后，便立刻停下脚步，呆着歇息，一动不动了。

接着，我又做了另外一个实验。我把一小包樟脑放在长廊里，离天牛幼虫很近，可仍然未见它有什么反应。然后，我又用萘做了同样的实验，结果仍然相同。做了这么多实验之后，我认为天牛幼虫没有嗅觉能力是毋庸置疑的了。

天牛幼虫是有味觉的，只是这种味觉应该属于“残缺不全”。天牛幼虫在橡树树干中生活了3年，其食物很单一，就是橡树木纤维，别无其他。那幼虫对这唯一的食物会有什么评价呢？顶多也就是吃到新鲜多汁的橡树干时会觉得非常鲜美，而吃到干燥无汁的树干时便觉得不大有滋味罢了。

那么它的触觉呢？它的触觉点分布得很散，而且是被动的。任何有生命的肉体都具有触觉，一旦被尖刺儿刺到，就会觉得疼痛，然后抽搐、扭曲。总之，天牛幼虫的感觉只有味觉和触觉，而且还都非常地迟钝。

既然如此，我不禁在想，那么天牛幼虫这种消化功能很强，但感觉功能却极弱的昆虫，其心理状态又是怎么构成的呢？【精解点评：这是过渡句，具有承上启下的作用，同时提出一个问题，吸引读者，设置了悬念。】触觉与味觉会给那些已经退化了的感觉器官带来些什么呢？很少，几乎什么也没有。天牛幼虫只知道好的木头有一种收敛性的味道，未经精心刨光的通道壁会刺痛皮肤，仅此而已。这就是天牛幼虫的智力所能达到的最高程度。而肯迪拉克却错误地认为，天牛具有很好的嗅觉，是科学的一个奇迹，一颗灿烂的宝石。它可以回想往事，可以比较、判断，甚至推理。可是现实中，这个处在似睡非睡、似醒非醒中的大腹便便的昆虫，真的会回忆、会比较、会推理吗？我认为天牛幼虫如同一截会爬行的小肠，【写作参考点：比喻，将天牛比作一截小肠，突出说明了天牛不具备完整的感觉能力。】仅此而已，我觉得我的这一比喻十分贴切，天牛幼虫的全部感觉能力，就是一截小肠所拥有的能力罢了。

从另一方面来说，也不可小看这个小家伙，它虽然对自己现在的情况昏昏然，却能预知未来，具有神奇的预测能力。对这一奇怪的观点，请读者允许我慢慢地道来。

在整整3年时间里，天牛幼虫在橡树干里过着流浪生活。它爬上爬下，忽而在这，忽而又在那；为了另一处的美味，它会放弃眼下正在啃噬的木块，不过它始终都不会远离树干深处，因为这儿温度适宜，环境幽静安全。当危险的日子来临时，它将被迫离开隐蔽所，去面对外界的种种危险。光吃还不够，它还得离开自己的生活之地。

天牛幼虫有着精良的挖掘工具和强健的身体，要想钻入另一处去躲灾避祸，对它来说并不困难。但是，未来的成虫天牛，将去外界度过它那短暂的时光，那它是否具有这样的能力呢？在橡树干内那幽暗的环境中诞生成长的长角昆虫，它知道替自己挖掘一条逃离的通道吗？【精解点评：疑问句的提出，引起读者的思考，并引出下文的实验。】

为了弄清这一问题，我又做了点实验。我发现，在实验中，成年天牛若想利用幼虫挖掘的通道从树干深处逃逸，是不可能的事。天牛幼虫

的通道犹如一座迷宫，十分地复杂，非常长，不见尽头，而且还堆满了坚硬的障碍物，另外直径又是从尾部往前逐渐地在缩小。幼虫钻入橡树干时，它只有一段麦秸那么长那么细，而这时它已变得如手指头一般粗细了。它在树干里3年的挖掘工作，始终根据自己的身体大小进行。

结果不言自明，幼虫钻入树干的通道和行动路线对成年天牛的离去已经帮不上忙了。成年天牛触角很长，足也不短，而且其甲壳也无法折叠，原先的那条通道对它来说已经是一个无法通过的障碍；它若想以这通道为逃逸之路，就必须清除掉坑道内的障碍物，并且还要大大地拓宽通道。这样倒不如另辟蹊径，挖掘一条新的通道来得方便一些。但是，成年天牛有这种能力吗？

我们不妨做实验来观察一番。我把一段橡树干一劈两半，并在其中挖掘出一些适合成年天牛的洞穴。在每一个洞穴中，我都放了一只刚刚变态了的成年天牛。这些天牛是我10月份从冬储木柴中找到的。然后，我便把两半树干用铁丝紧紧地捆在一起。

6月已经来到。只听见树干里传出来敲击的声音。它们能够出来吗？它们是不是没法从里面逃出来啊？我原以为从里面逃出来，对它们来说易如反掌，因为它们只需要钻1个2厘米长的通道便可逃生。可是，竟未见一只天牛从树干里跑出来。等到树干里面听不见一点动静时，我觉得很蹊跷，便把捆着的树干松开，却发现里面的俘虏全都死了。洞穴里只有一小撮木屑，还不足抽了一口烟的烟灰量。那就是它们的全部劳动成果。

看来好工具并不一定就能造就一名好工匠，我对成年天牛的上颚估计过高，以为它是无坚不摧的利器。尽管良好的挖掘工具在握，但长期隐居者却缺少技艺，只好在洞穴里等死。之后，我又找了一些成年天牛，对它们进行比较容易点的实验。我把它们拘于直径与天牛的天然通道的直径相同的芦苇管里，同时找了一块天然隔膜作为障碍物，这隔膜很薄，只有三四毫米厚，一捅就破。实验结果发现，有一些天牛能够从芦苇管里逃生，有一些则死于其中。这就说明，遇到障碍，勇往直前者胜。一个隔膜这种小小的障碍都闯不过去,待在坚硬的橡树干里岂不必死无疑?

这些实验的结果告诉我，天牛成虫徒有其表，实属外强中干，竟然无力靠自己的力量逃离树干监牢。【精解点评：通过实验，得出天牛成虫外强中干的结论，回答了上文中的问题，在结构上前后照应。】劈开逃生门，还得仰仗貌不惊人的肠子状的天牛幼虫的智慧。这种情况就像幼虫天牛是在以另一种方式重现卵蜂的壮举。卵蜂的蛹身上带有钻头，为以后那长翅无能的成虫挖掘通道。

天牛幼虫不知是受何种神秘预感的驱动,离开其安然宁静的隐蔽所，离开那无法攻破的城堡，爬向橡树表面，不顾那些正在寻找美味多汁的昆虫天敌们对它的威胁。幼虫就这么冒着生命危险，勇敢无畏地挖掘着通道，一直挖到橡树表层，只留下一层薄薄的阻隔当窗帘遮挡自己。有些冒失的幼虫，甚至把这块窗帘捅破，干脆留出一个洞口。

这就是天牛成虫的出口，它只需用上颚和额角轻轻一触，就能把窗帘捅破，逃生而出。刚才已经说了，有的幼虫连窗帘也不留，干脆就留出了一个洞口,天牛成虫不用任何劳作,便可直接逃离。每到春暖花开，天气转暖时，这些身披古怪羽饰、笨手笨脚的成虫便从黑暗中出来了。

把逃生之路准备完毕之后，天牛幼虫便又开始忙起眼前的活计来。挖好逃生通道，它就退回到长廊中不太深的地方，在出口一侧，凿出一个蛹室。这间蛹室陈设豪华，壁垒森严。蛹室为一个扁椭圆形的宽敞的窝，周长近100毫米，扁椭圆结构的两条中轴，长度不同，横向轴长25到30毫米，纵向轴则只有5毫米。【精解点评：数字说明，用精准的数字为我们呈现一个具体可感的蛹室。】这么大的空间，比成虫的体积要大，使成虫的足部可以自由伸展。打破壁垒逃出牢笼的时刻到来时，这样的蛹室将不会让天牛成虫感到任何不便。

这种壁垒是指蛹室的封顶,是天牛幼虫为了防御外敌入侵而建造的。封顶有两层或三层。外层由木屑构成，是天牛幼虫挖掘树干时留下的残留物;里面的那一层是一个矿物质的白色封盖，呈凹半月形。一般来说，在最内侧还有一层木屑壁垒与前两层连在一起。有了这种多层壁垒的保

护，天牛幼虫便可在房间里，踏踏实实地为变成蛹做准备工作。天牛幼虫从房壁上锉下来一条一条的木屑，这便是细条纹木质纤维的呢绒。天牛幼虫把这些呢绒贴回到房间四周的墙壁上去，铺成壁毯，厚度近 1 毫米。这就是天牛幼虫在自己蛹室墙壁上挂上的精细双面绒挂毯。可以看出，天牛幼虫在不停地劳作，它为变成蛹做了精心的准备。

那层堵住入口的矿物质封盖，可以说是这间房间布置得最奇特的部分。这个封盖是个椭圆形帽状封盖，呈白石灰色，是坚硬的含钙物质，内部十分光滑，外面呈颗粒状突起，犹如橡栗的外壳。这种颗粒状突起表明，这层封盖是天牛幼虫用糊状物一口一口筑成的。

封盖外部由于无法触碰到，幼虫没办法加以修饰，因而凝固成了细小的突起。而内侧那一面，因为在天牛幼虫力所能及的范围内，所以被抹得光滑平整。这种封盖像钙一样，既坚硬又容易破碎。不需加热，就能溶于硝酸，并且立即释放出气体来。不过溶解过程比较缓慢，一小块封盖往往需要几个小时的时间才能逐渐溶化掉。溶化之后，剩下一些泛黄的沉淀物质，看上去像是有机物。如果对封盖进行加热，它就会变黑，可见其中含有可以凝结矿物的有机物。

如果在溶液中加入草酸氨，溶液会变得浑浊，并留下白色沉淀。这说明，其中含有碳酸钙。我原想从中发现一些尿酸氨的成分，因为在昆虫变成蛹的过程中，常会有尿酸氨存在。可我在封盖的溶液里，并没有发现尿酸氨。因此，我认为封盖仅仅是由碳酸钙和有机凝合剂构成的，这种有机物大概是蛋白质，使钙体变得非常坚硬。【精解点评：作者的语言逻辑性很强，推理合理，使人信服。】

根据实验，我相信是天牛幼虫的胃分泌出这些石灰质物质，而这能乳化的生理器官为它提供了钙质。胃从食物里把钙分离出来，或者直接得到钙，或通过与草酸氨的化学反应来获得。在幼虫期结束时，它便将所有的异物从钙中剔除，只将钙保存下来留作构筑壁垒之用。这点并不令人惊讶，某些芫菁科昆虫，如西塔利芫菁，通过化学反应能在体内产生尿酸氨；飞蝗泥蜂、长腹蜂、土蜂等，也是在自己体内生产茧所需要的生漆。

在通道修筑完工，房间粉刷装饰完毕，用三重壁垒封好之后，灵巧而勤劳的天牛幼虫便完成了自己的使命，挖掘工具也完成了历史使命，幼虫开始进入蛹期。

襁褓状态之下的蛹十分虚弱，躺在柔软的睡垫上，头始终冲着门的方向。这看似无关紧要的一点，实际上却至关重要。天牛幼虫身子柔软，伸缩翻转，随心所欲，所以在这间小房间里，头无论朝何方，都无伤大雅。可从蛹中出来的天牛成虫，却没有随心所欲翻来倒去的自由，它浑身披挂着坚硬的角质盔甲，无法在小房间里将身体从一个方向转向另一个方向，甚至因为房间太狭小，连弯曲一下身子都办不到。所以它的头必须始终冲着出口，否则便只能在自己建造的囚室里等死。

不过这种意外是不会发生的，因为这节小肠向来知道未雨绸缪的重要性，【精解点评：代指，前面用小肠喻指天牛幼虫，这里则再次用小肠代指天牛幼虫。】早就为将来做好了准备，不会出这种差错，让自己头朝里进入蛹期。到了该出山的时节，向往光明的天牛的面前没有太大的障碍，只不过是一些细碎的木屑，扒拉几下便可以清理掉。然后，便是那层石质封盖，它也不必费心费力地去把它打碎，只要用坚硬的前额这么一顶，或者用足这么一推，封盖便会整体松动，从框框里脱落。我发现被弃置的封盖全都完好无损。最后就是那木屑构成的第二层壁垒了，这就更不在话下，比第一层更加容易清除。这么一来，通道畅通，天牛成虫只要沿着通道便可准确地爬到出口。假如窗帘没有掀开，它只需用牙一咬，那薄薄的窗帘也就破了，这对它来说易如反掌。终于，它走出了黑暗，见到了光明，长长的触须激动得不停地颤抖。

在这篇介绍天牛的文章中，通过作者在现实中的细致观察和认真研究，为我们呈现了天牛的生活习性。语言真挚而朴实，严谨而又生动活泼，情趣盎然而又充满诗意。我们在这些昆虫的身上，似乎看到了人类的影子，正像

鲁迅曾评论法布尔的话:“他以人性观照虫性,并以虫性反观社会人生。”作者在对小昆虫的观照中,也深入思考着生命价值,同时对人类社会也有着指引作用。此外,作者以实验求结论的作风,也让我们看到一个科学家的严谨态度。

读品悟思

本文主要讲述了天牛的幼虫为了化蛹为虫,凭着自己微弱的感知能力,耗时3年时间,在黑暗的树干中,默默无闻地挖掘通道。即使它的感觉能力并不强,它这种敢于冒险的精神还是值得敬佩的。在化蛹之后,它的头要“始终朝着门的方向”,这是幼虫强大的生理潜能所致,也是它的祖先在不断进化中遗留下的启示。此外,天牛幼虫还有非常独特的预见能力。

考点巩固

1.作者在文中用实验证明了,天牛幼虫只有哪两种感觉能力?

2.“这些实验的结果告诉我,天牛成虫徒有其表,实属外强中干,竟然无力靠自己的力量逃离树干监牢。”这句话在结构上有什么作用?

3.“我认为天牛幼虫如同一截会爬行的小肠”,这句话运用了什么修辞手法?有什么表达效果?

(答案见最后)

强化训练

1.在作者的笔下,天牛幼虫是什么样的一种小虫?

2.作者对于天牛幼虫挖掘通道,持怎样的看法?

3.作者对天牛成虫的外强中干有着怎样的态度?

参考答案

第9面

1.算数、乐器和雕塑黏土。

2.寻找鸟巢、采集野菌。

3.偷鸟蛋是件残忍的事;而鸟兽是同人类一样的,它们各自都有各自的名字。

第23面

1.外祖父曾一脚把它们踩死。外祖母与昆虫之间的联系,也许就只有蹲在水龙头下洗菜的时候,会立刻把偶尔在菜叶上发现的可恶的毛虫打掉。

2.祖父的语言,表现出他的严厉和对孙子喜爱昆虫的不理解。

3.“演绎法”。我面向太阳,那是使我心醉的眩目光辉。这种光辉对我的吸引力甚至要比光对于任何一只飞蛾的吸引力还要大得多。当我这样站着的时候,我的脑海里突然冒出一个问题:我究竟在用哪个器官来享受这灿烂的光辉?是嘴巴?还是眼睛?——请读者千万不要见笑,这的确算得上一种科学的怀疑。于是我把嘴也张得大大的,又闭起眼睛来,然后光明消失了;而当我张开眼睛闭上嘴巴,光明又重新出现了。这样反复试验了几次,得出的结果都是相同的。于是我的问题被自己解决了:我确定我是用眼睛来看太阳的。

第26面

1.引出下文中对蝇的介绍,强调了蝇也是这样一种昆虫。

2.这是外形描写,将“绿头苍蝇”的外观勾勒出来,使读者对其形成最初印象。

3.当它们嗅出在哪里有死去的动物时,便会立即成群结队地赶去在那里产卵,随后,那动物的尸体变成了液体,里面会有几千条头尖尖的小虫子。被它们消灭的动物的尸体,还会分解成能被泥土吸收的元素而最终成为其他生物的养料。

第29面

1.首先是引起读者的阅读兴趣;其次引出文章的主要叙述对象,即建在房子里的玻璃池塘。

2.既能够便于观察水中生物,还能

免于受到外界的打扰。

3.这些硬块上面有许多绒毛般的绿绿的苔藓,它们能够使水保持清洁。

第 37 面

1. 在屋檐下的蜂窝里捉了 40 只蜜蜂, 把它们放在纸袋里, 带着它们走了二里半路, 然后打开纸袋把它们放飞, 在每个被放飞的蜜蜂的背上都做了白色的记号,看它们是不是能飞回来。

2. 用新屋和老家距离的远,来衬托出小猫对老家的难以割舍,突出小猫为回到老家的不辞辛苦。

3. 蚂蚁并非能辨认方向,而是仅凭对沿途景物的记忆,找到回家的路。

第 46 面

1.4 年。

2. "那种钹的声音足以歌颂它的快乐,如此难得,而又如此短暂。"

3.5 个星期。

第 56 面

1. 它腹部的底端有一条明显的沟, 沟里隐藏着一根刺。当有敌人来侵犯时, 这根刺可以沿着沟来回移动, 以便保护自己。

2.表达了作者对辛勤的蜜蜂的赞美之情和敬佩之意。

3.当一只刚要出来的蜂与另一只正要进去的相遇时,要进去的蜂会很客气地让路,让里面的蜜蜂先出来。

第 60 面

1. 它们用嘴巴作剪刀,靠眼睛和身体的转动,给叶子剪出了小洞。

2.它们这么做,既不是觉得好吃,也不是因为好玩,而是因为这些剪下来的小叶片在它们的生活中有着极其重要的作用。它们会把这许多小叶片凑成一个个针箍形的小袋子,用来储藏蜂蜜和卵。

3.比作圆规画圆和用手臂画圆的过程。

第 81 面

1.为了整个家族的利益考虑选择这样的地点来筑巢建穴的,达到共同舒适的目的。当然,舍腰蜂选择烟筒还有一个重要的原因。那就是它及它的家族成员对温度的要求, 这是本能的原因, 它们的住所必须建在十分温暖的地方, 而这一点是和其他的黄蜂、蜜蜂之间存在巨大差异的。

2. 它会优先考虑冒出黑烟的烟筒, 因为,那里将会提供给它必需的温暖与安逸。如果烟筒里面并没有什么黑烟的话,它是绝对不会来这样的地方建筑自己的家的。

3.锅,还有炉灶,是舍腰蜂首选的理想家园, 此外, 还有任何可以让它觉得舒适、安逸的角落,比如,在花房里,在厨房的天花板上, 可关闭窗户的凹陷处,还有茅舍中卧室的墙上等等。

第 87 面

1.这是对采棉蜂的巢，即一个精致的棉袋的描述。

2.表达了作者对这种巢的欣赏，以及对采棉蜂才能的赞叹。

3. 它用后足把采来的棉花撕开铺平，并用嘴巴把棉花内的硬块扯松，然后一层层地叠起来，并用它的额头把它压结实。

第 95 面

1.比喻。将捕蝇蜂脚上的一排硬毛形象地表现出来。

2.只有这样，当它为孩子们捕了蝇回来的时候，才可以轻而易举地打开一条通路，把猎物拖到洞里去。

3.这里将捕蝇蜂比作家庭主妇，表现了它的勤劳和任劳任怨。

第 113 面

1.一种薄而柔韧的材料做成的。这种材料是木头的碎粒，看上去就像是一种棕色的纸。它的上面有成条的带，由于所用木头的不同而色彩不一。

2.指的是黄蜂们残忍地咬住幼虫的后颈，然后粗暴地将它们逐个从小房间里拖出来，拉到蜂巢外面，抛到那土穴底下的垃圾堆里。

3.巢里要保持绝对的干净整洁。

第 121 面

1.它拥有纤细的腰肢，玲珑的身材，分成两节腹部——下面大，上面小，就好像是用一根细线连起来的一样，还有一条红色的腰带围在黑色的肚皮上面。

2.疏松的极容易钻通的泥土是赤条蜂通常建筑巢穴的地方。在小路的两旁，有太阳照耀着的泥滩上，这些地方的草长得都很稀疏。

3.一种通常生活在地底下的灰蛾的幼虫。

第 128 面

1.蛛网观察家，也就是研究蜘蛛的人员。

2. 当每年一定的月份来临的时候，蜘蛛们便会在太阳下山前约 2 个小时的时候开始它们的工作。

3.直的扁平的“地基”，具有不规则的结构。也正是由于它的这种错综交叉，才使这个“地基”异常牢固。

第 132 面

1.它不是靠自己的眼睛来观察，而是由网的振动通知它网上有猎物的信号。

2.虫子的振动带动了网的振动，网的振动又通过“电报线”传导到了那守株待兔的蜘蛛的脚上。

3. 这根电报线的神奇之处就在于，它像一部电话——就像我们所使用的电话一样——能够传来各种真实声音。蜘蛛用它的一个脚趾连着电话线，用腿听着信号，并分辨出哪个是囚徒挣扎的

信号,哪个又是被风吹动所发出的错误信号。

第 140 面

1.条纹蜘蛛有着榛仁一般大小的肥胖的身躯,身上还有着黄、黑、银三色相间的条纹。

2. 它从不挑食,各种小虫子它都爱吃。

3. 它会用丝囊射出丝花,把蝗虫完全缠住,当蝗虫不能反抗时蜘蛛才得意洋洋地用它的毒牙咬住蝗虫,高高兴兴地饱餐一顿。

第 145 面

1.蜘蛛家族都会织网,克鲁蜀蜘蛛能为自己纺出最精美的丝,也算是其中很美丽的一种;而它的名字来源于古希腊三位命运女神中的一位,她就是负责掌管纺线杆,万物各自不同的命运都是从她那里纺出来的。

2.因为并不是每个地方都适合它们生存。

3.用娇贵公主的床与克鲁蜀蜘蛛的床作对比,突出表现了克鲁蜀蜘蛛的床很豪华且异常柔软。

第 151 面

1.由于它是横着走的,像螃蟹一样,所以叫做蟹蛛。

2.蜜蜂。

3. 只要埋伏在花丛后面等猎物经过,然后爬过去在它颈部轻轻一刺,就这简单的一刺,就足以致它的猎物于死地。

第 159 面

1. 被称作美洲狼蛛的黑色蜘蛛;拥有性能很好的潜水袋的水蛛。

2.迷宫蛛有着“双尾”的特点。

3.不像其他蜘蛛那样会用黏性的网作为陷阱,它的丝是没有黏性的,它的网妙就妙在它的迷乱。

第 175 面

1.传说的插入,增加了文章的趣味性,增强了文章的可读性,也为狼蛛的出场做了铺垫。

2.因为会有蚱蜢和带着毒刺的蜂飞进它的洞和它进行决斗。它们旗鼓相当,唯一能胜出的办法就是扑到敌人身上,立刻用毒牙把它杀死。但它必须迅速地把毒牙刺入敌人最致命的位置。

3.当它的洞里没有任何可以帮助它猎食的设备,它只能傻傻地守候着。如果是没有恒心和耐心的昆虫,是一定不会这样坚持的,肯定用不了多久就缩回洞里睡觉去了。狼蛛并不是这样没有志气的昆虫。它确信,猎物总有一天会来。所以狼蛛只需等待时机,时机一到,它就立刻窜上去杀死猎物,或是当场吃掉,或者拖回去以后吃。

第 180 面

1.蜘蛛有着很特别的织网方式，每一种蜘蛛都会按照自己的份数把网等分，同一类蜘蛛所分的份数是相同的。在安置辐的时候，我们会发现蜘蛛毫无规律地向各个方向乱跳，但是那规范又美丽的蜘蛛网正是在这种表面看似无规律的运动中产生的。

2.角的度数都相等。

3.螺旋曲线。

第196面

1.这个“约定”是指作者先不赶走松毛虫，而要松毛虫将自己的故事告诉他，即作者对松毛虫产生了兴趣，想要研究松毛虫。

2.因为它们总是一只跟着一只，排着队出行的。

3.指的是无条件的跟从。

第214面

1.如针般的硬钩，可以用镰钩钩住你的手指；锯齿般的尖刺，可以用它来扎、刺你的手；还有一对锋利无比且十分健壮的大钳子。

2.首先，是先发制人，以迅雷不及掩耳之势猛烈地刺向敌人的颈部，使它中毒。对手中了毒，自然也就浑身无力，也就不能继续作任何抵抗与防卫了。

3.因为它会吞食自己的丈夫作为美餐；它还会抛弃它自己的子女，弃家出走且永不返还。

第228面

1.荒地上坚韧的草丛，还有在日光照耀下和在石头的遮蔽下的矮丛树。

2.可以持续10个月以上。

3.因为它喜欢以蝗虫为食，还有一些对于未成熟的谷类有害的种族也属它们的捕食范围。

第248面

1.表现了蟋蟀乐观和积极向上、热爱生活的态度。

2.那些有着良好的排水条件，并且有充足而温暖的阳光照耀的地方。

3.安全可靠的躲避隐藏的场所；舒适与安逸；同时，在它自己的辖区，其他的昆虫都不可能居住下来，与它们成为邻居。

第252面

1.它是用那种被水浸透后剥蚀、脱落下来的植物的根皮组成的。

2.石蚕本来是在泥潭沼泽中的芦苇丛里生活的。它常常依附在芦苇的断枝上，随着芦苇在水中漂泊，而那小鞘就是它可以移动的家，也就是说它随时带着它的简易房子旅行。

3. 玻璃池塘中水甲虫与石蚕相斗时，石蚕使用了金蝉脱壳的妙计，从小鞘里溜出。

第268面

1.一件朴素得不能再朴素的外衣，

上面没有任何的装饰物品，从这里可以看出，它们不拘小节的性格特点。

2.外衣主要以那些光滑的、柔韧的、富有木髓的小枝和小叶为材料，其次则会用草叶和柏树的鳞片枝等代替，最后如果材料不够用了，它们还会用那些干叶的碎片和碎枝。只要是轻巧的、柔韧的、光滑的、干燥的、大小适当的就可以。

3.它总是原封不动地利用材料，完全都是依照其原有的形状，一点儿都不加以改变。也就是说既保持原有材料的性质，又保持原有材料的形状。即使对于一些过长的材料，它也从不修整一下，使其成为适合的、适当的长度。

第 273 面

1.一只其貌不扬的狗。

2.“我”是为了研究找枯露菌的课题，商人寻找枯露菌是为了做生意。

3.这是作者揣测狗的心理，替它说出来的话，表现了作者对动物心理的准确把握。

第 289 面

1.在它捉食它的俘虏之前，先要将俘虏麻醉使其失去知觉和防御抵抗的能力，这样才有利于它捕捉并食用。

2.先将蜗牛制成稀滑的流质肉粥，然后再来饮用。

3.雄萤只有雌萤那许多盏灯中的小灯，也就是说，只有尾部最后一节处的两个小亮点。这两个小点，通常是可以在身体的任何一个方向都能看见的。而雌萤所特有的那两条宽带子则只会在下面发光的。这就是雄、雌萤的主要区别。

第 298 面

1.从前的埃及人想象这个圆球是地球的模型，而蜣螂的动作正是与天上星球的运转相符合。在他们看来，这种甲虫具有这样多的天文学知识，实在是很神圣的，所以他们把它称作“神圣的甲虫”。

2.然而现在我们可以了解到，事实上，这仅仅是它的食物储藏室而已，里面根本没有卵。

3.甲虫所从事的工作，就是从土里收集污物，而这个球就是它把路上与野外的垃圾，很仔细地搓卷起来做成的。

第 303 面

1.它是一种长茎、小叶的野生植物，最初长在滨海悬崖。

2.靠卷心菜生长的，以卷心菜皮及其他一切和卷心菜相似的植物叶子为食，像花椰菜、白菜芽、大头菜，以及瑞典萝卜等。

3 作者做了这样的推测：卷心菜的叶片上有蜡，滑得很，为了要使自己可以在上面走路而不滑倒，它就必须弄一些细丝来攀缠住自己的脚，如果要做出丝来，那就需要一种特殊的食物。所以，它要吃掉卵壳,因为那是一种和丝性质相似的物质,在这初生的小虫柔弱的胃里,只有它更容易转化成小虫所需要的丝。

第 309 面

1.金蜂会用别的蜂的幼虫喂养自己的孩子,而灰蝇则会将卵产在其他昆虫的猎物上。

2.表面漂亮而内心奸恶。

3.懒汉吃别人的东西,牺牲了同类来养活自己,而昆虫从来不掠取其同类的食物,昆虫中的寄生虫掠夺的都是其他种类昆虫的食物,所以跟我们所说的"懒汉"还是有区别的。

第 313 面

1.红棕色的　一种长得极为漂亮的毛虫　杏叶

2.指雄性孔雀蛾向雌性孔雀蛾求爱的事情。

3.这是侧面描写,将小小的孔雀蛾和强壮的猫头鹰相提并论,从侧面衬托出孔雀蛾的英勇和顽强执着的精神。

第 321 面

1.这些动物个头不大,还没有樱桃核大,生着一副奇怪的形状!身体短而肥,后部是尖的,有着很长的脚,伸开来和蜘蛛的挺相似,后足呈弯曲形,生得更长,最适合挖土和搓小球。

2.西西弗被罚将一块大石头滚上高山,可是每次好不容易到达了山顶,那石头又会滑落下来,重新滚到山脚下。他就这样一直做着重复的事情。

3.坚忍不拔、有毅力,不怕困难的优秀品质。

第 330 面

1.田螺　水蛭　蚊子

2.比喻。将池塘比作辽阔、神秘而丰富的殿堂,表达了作者对池塘的好奇和喜爱之情。

3.这是一句过渡句,在结构上起着承上启下的作用,上承"我"的脚受了伤,又引出下文小鸭的脚也受折磨的内容。

第 340 面

1.因为做成圆球,可以把食物保存得既不干也不硬。甲虫是一个生着长而弯的腿的动物,把球在地上滚来滚去是比较便利的。

2.甲虫在日常的工作中,非常不熟悉做球这样的工作;然而,到了产卵期,它就会突然改变以往的习惯,将自己储存的所有食物都做成一个圆圆的团。

3.它最与众不同的地方,就是它胸部的陡坡和头上长的角。

第 356 面

1.掘地蜂将自己的住所直接暴露在外面,其走廊的外口并未设置类似上一种蜂的手指形的防御壁垒。

2.一方面,厚厚的茧可以保护幼虫

不致于被草率而建的巢里的墙壁碰撞而受到不必要的伤害；另一方面，也可以使得小幼虫免于仇敌的爪牙的侵袭，不致于还在襁褓之中，就遭到不测而夭折离世。

3.既可以给这个小小的动物当做一个安全的木筏，以便使它能漂浮在这个可怕的蜜湖中不被粘掉，又可以为幼虫提供第一顿美味佳肴。

第368面

1. 这块地方是偏僻荒芜的不毛之地，鲜有人问津，又遭日头的曝晒，不过却是刺茎菊科植物和膜翅目昆虫们所喜爱的地方。因人迹罕至，作者便可以在那里不受过往行人的打扰，专心致志地对砂泥蜂和石泥蜂等进行研究。

2. 其他人对昆虫开膛破肚，做实验进行研究，而作者却是让它们活蹦乱跳地生活着，对它们进行观察、研究；其他人把它们变成了可怕又可怜的东西，而作者则是让人们更加地喜爱它们；其他人是在实验室里干活，而作者是在蔚蓝色的天空下，边听着蝉儿欢快的鸣唱边仔细地观察着；其他人使用试剂测试蜂房和原生质，而作者则是在它们各种本能得以充分表现时探究它们的本能；其他人探索的是死，而作者探究的则是生。

3.昆虫的本能、习性、生活方式、劳作、争斗和生息繁衍。

第376面

1.按照砂泥蜂的工作顺序来观察它的捕猎情况。

2.埋葬虫、扁甲虫、阎虫、皮囊等“食尸者”昆虫，就是靠着自己的嗅觉，才能急匆匆地赶往有一只死鼹鼠的地方去。

3.视觉，嗅觉，听觉，触角。

第387面

1.米诺多　蒂菲

2. 以疑问句开头，不仅激发读者的阅读兴趣，也起着引起下文的作用。

3.作者在这里设置悬念——这一事实有什么价值，引发读者的思考，也为下文的描写做铺垫。

第396面

1. 奶油球形蛋糕供给成虫，而口味浓重的略微发臭的腐肉食料则喂给幼虫。

2.捕食性膜翅目昆虫汲取花冠底部的蜜，但它喂自己的孩子时用的却是野味的肉。

3.昆虫也具有这种情况，同一个胃，先吃野味肉，后汲取糖汁。

第407~408面

1. 好奇心所牵挂的最主要点，一个是起始，一个是终结。

2. 第一个是指物质是如何聚集的，如何获得生命的；第二个是指生命终止时，物质又是如何分解的。

3.绿蝇先消化，然后才把消化物像喝汤一般喝下去。

第419面

1.这时的它肥胖难看，一般呈嫩绿色，但也有的呈青绿色、淡黄色、红褐色，甚至有的已像成虫的那种灰色了。幼虫前胸呈明显的流线型，并有圆齿，还有小的白点，多疣。饰有红色纹路的后腿已像成年蝗虫一样粗壮有力，而长长的上腿上还长着双面锯齿。

2. 它会用后爪和关节部位抓住网纱，而前腿则收回，交叉在胸前以支持背朝下躺着的成虫翻转身来。它的三角形小翼成直角张开尖帆；那两条翅膀胚芽的细长小带子在暴露出的间隔处中央竖起，并稍稍分开。

3.是一项机体内的工作，也就是把黏液凝固，让不成形的结构定型。

第428面

1.呈圆盾形，使人很容易联想到蚕房里的蚕茧，它很坚硬，呈浅黄褐色。

2.据说有一只雌性橡树蛾被困在一个房间里，还坚持在一只盒子底部孵卵。它远离乡野，困于一座大城市的喧闹之中。但是，孵卵之事还是传给了树林里和草坪间的相关者。雄性橡树蛾在一个不可思议的指南针引导之下，从遥远的田野间飞来，飞到盒子跟前，聆听、盘旋、再盘旋。

3.是由其雄性的外衣命名的，那是一件棕红色修士长袍，但它不是棕色粗呢，而是柔软的天鹅绒，前面的翅膀上横有一条泛白的、长有眼珠似的小白点。

第439面

1.味觉和触觉，并且非常迟钝。

2.通过实验，得出天牛成虫外强中干的结论，回答了上文中的问题，在结构上前后照应。

3.比喻，将天牛幼虫比作一截小肠，突出说明了天牛幼虫不具备完整的感觉能力。